高等职业教育艺术设计类专业系列规划教材

校企合作系列丛书

三维短片制作

——造型基础

主　编　郑　晶　孙　佶

副主编　郭　峰

主　审　罗　雄

合作企业

CATS EYE STONE

MAKE IT DIFFERENT

猫眼石影视传媒（北京）有限公司

WUHAN UNIVERSITY PRESS

武汉大学出版社

图书在版编目(CIP)数据

三维短片制作:造型基础/郑晶,孙佶主编.—武汉:武汉大学出版社,2022.1
校企合作系列丛书
高等职业教育艺术设计类专业系列规划教材
ISBN 978-7-307-22706-4

Ⅰ.三…　Ⅱ.①郑…　②孙…　Ⅲ.三维动画软件—高等职业教育—教材
Ⅳ.TP391.414

中国版本图书馆 CIP 数据核字(2021)第 222402 号

责任编辑:杨赛君　　　责任校对:路亚妮　　　装帧设计:吴　极

出版发行:**武汉大学出版社**　(430072　武昌　珞珈山)
(电子邮箱:whu_publish@163.com　网址:www.stmpress.cn)
印刷:武汉市金港彩印有限公司
开本:880×1230　1/16　印张:15.75　字数:497 千字
版次:2022 年 1 月第 1 版　　2022 年 1 月第 1 次印刷
ISBN 978-7-307-22706-4　　定价:68.00 元

序

视频作为当今世界影响力最大的艺术创造和文化传播方式之一，具有庞大的观众群和广阔的覆盖面。影视媒体行业发展迅速，对影视媒体制作人才，特别是三维短片制作人才的需求越来越大，同时也对从业者提出了更高的要求。

新形势要求教材建设不仅要适应行业发展趋势，而且要适合高职院校学生特点，同时融入思政教育、劳动教育内容。本教材严格遵循教育部贯彻的“以就业为导向，以提高能力和素质为本位”的方针和“以学生为本”的教学理念，课程标准对应企业职业岗位技能标准，按难度阶梯构建内容，重视实用性，突出实践技能。本教材在项目案例的选取中融入思政教育内容，适时地引导学生树立正确的人生观、价值观和培养职业精神：将我国改革开放过程中有代表性的建筑如东方明珠广播电视塔作为案例，引导学生学习三维模型制作的同时了解我国改革开放历程；将我国传统元素榫卯结构引入课堂，引导学生认识榫卯，并通过自己的设计让榫卯结构焕发魅力；通过海派建筑这一切入点，让学生在了解上海的文化和历史的同时，结合企业工作流程以任务清单方式帮助学生树立严谨的工作观、劳动观。

本教材加入了视频、优秀作品、模型、贴图材质等大量媒体内容，可作为影视传媒、动画、游戏制作、数字媒体等相关专业的三维基础类课程的教材，亦可作为动画、影视从业人员的自学资料。全书安排 64～96 课时，各学校可根据自己的实际情况，在教学时对书中的内容进行适当取舍。

上海行健职业学院和猫眼石影视传媒（北京）有限公司开展校企合作，广泛听取企业专家们的意见和建议，为本教材提供丰富的资料。上海行健职业学院郑晶、孙佶担任本书主编；郑晶负责整体内容安排与构思，确定编写要求并统稿润色，负责第 1 章的编撰；孙佶负责第 2、3 章的编纂和审阅。猫眼石影视传媒(北京)有限公司创始人兼总经理郭峰担任本书副主编，参与教材的策划和内容安排，并编写了第 7 章。上海行健职业学院贲笑慈参与第 3 章部分案例制作文稿整理；张宸恺参与第 3 章、第 4 章、第 7 章部分文稿整理；万文龙参与第 5 章部分文稿整理；陈哲参与第 6 章部分文稿整理。上海行健职业学院罗雄担任本书主审，审阅了全书并提出了许多宝贵的意见。在此向所有参与者一并表示最衷心的感谢。

由于编者水平有限，教材中不足之处在所难免，恳望同人不吝赐教，敬请广大读者给予批评与指正。

编　者

2021 年 8 月

目录

数字资源目录

1 Maya 的三维世界

1.1 Maya 软件简介

1998 年 Alias 公司开发的三维动画软件 Maya 面世后，始终在角色动画和特技效果方面处于业界领先地位。2005 年，Alias 公司被 Autodesk 公司并购，Maya 成为 Autodesk 旗下著名的三维建模和动画软件。Maya 功能完善、使用灵活，制作效率极高，渲染真实感极强，是电影的高端制作软件，主要应用对象包括专业的影视广告、角色动画、电影特技、游戏开发等。

Maya 自诞生起就不断给世人奉上一个又一个视觉盛宴，创造了许多令人印象深刻的视觉神话，借由 Maya 平台创作的著名作品有《星际大战》、《最终幻想》（全三维电影）、《黑客帝国》、《玩具总动员》、《怪物史莱克》等。

本书实训部分采用的软件是 Maya 2016 版和 Maya 2019 版，建议使用 Maya 2019 版，因为该版本功能相对完善，对低版本有更好的兼容性，且在渲染器和动力学方面有更加引人注目的改进。

1.2 三维动画制作的工作流程

三维动画的制作是一个漫长的过程，一部动画从前期构思到后期成片产出，往往需要耗费大量的资金、人力与时间。三维动画制作的整体流程按照制作周期通常分为前期准备、中期制作和后期制作三个阶段，细分的环节又包括模型、动画、材质和灯光、特效、渲染、合成等诸多环节，具体流程如图 1-1 所示。由于本书介绍三维建模，因此下文重点讲解中期制作的三维制作部分。

（1）模型。

建模师通过三维动画制作软件制作角色模型，即将前期绘制好的角色平面三视图导入软件中制作角色模型。模型的制作一定要按照模型制作规范，结构形态符合角色设计稿样式，拓扑布线符合动画制作时的布线要求，以便为动画制作打好模型基础。在模型制作过程中，通过网格线来构建物体的形状。这些网格线既要塑造形体，又要考虑布线的合理性。三维动画片中出场的所有角色和场景都需要通过模型来搭建。

（2）动画。

动画环节又可以细分为绑定和动画制作两个部分。绑定指的是为模型添加骨骼与蒙皮，为后续的动画制作做准备。其中，骨骼通过关节链条进行连接，在需要运动的位置添加骨骼关节，通过蒙皮将模型与

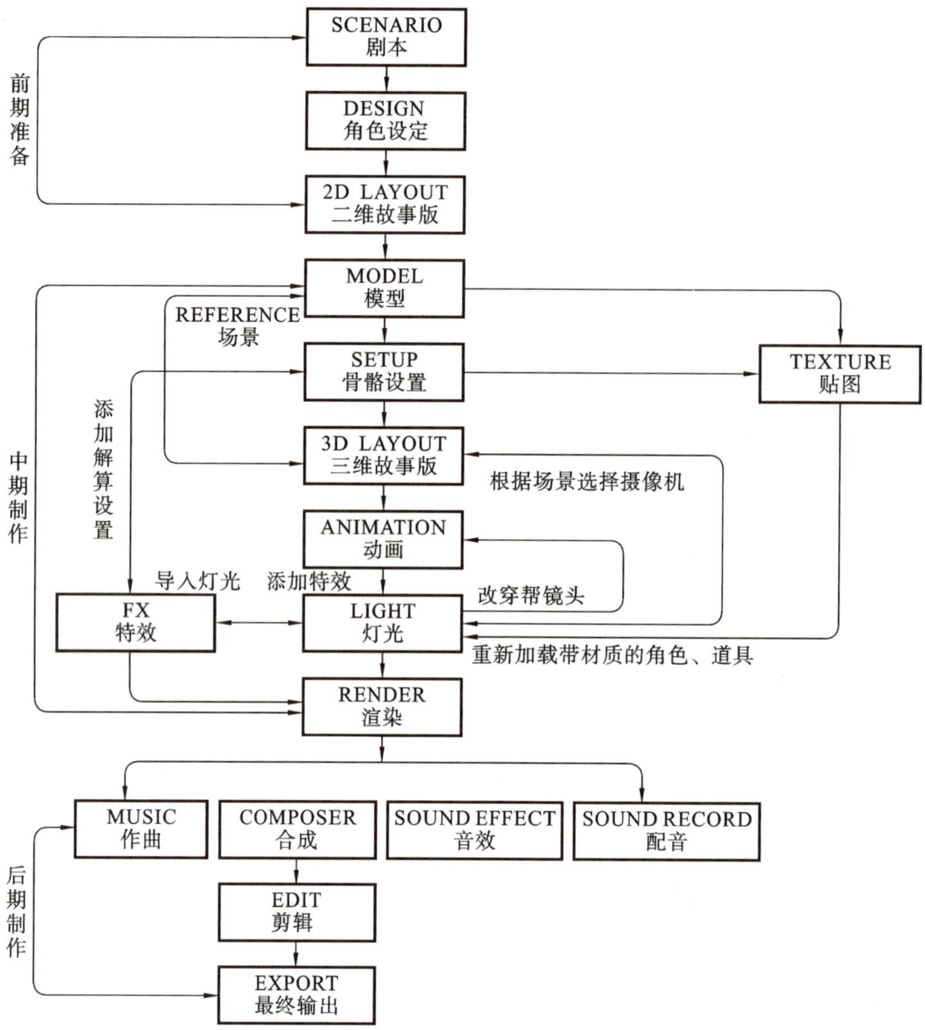

图 1-1

骨骼关联，再通过绘制蒙皮权重来重新编辑各个骨骼关节在模型相对应位置上顶点的控制权重，达到制作动画的要求。动画制作是三维动画制作中最重要的一环，三维动画设计思路是通过动画调节角色的活动，而角色的动作、表情又是剧情发展和展现角色性格特点的关键。比较常见的动画制作方式有关键帧动画、动作捕捉和动力学。

（3）材质和灯光。

材质制作时使用灯光可以表现出自然环境中任何物体的颜色和质感，如玻璃、金属、木头、塑料等。材质用贴图绘制可以表现出模型的图案纹理以及凸凹质感，灯光的使用可以快速模拟出时间和环境。模型和材质有着十分直接的关系，模型的布线不仅直接影响贴图的绘制和处理，同时模型的结构也将影响灯光和渲染的最终效果。

（4）特效。

特效其实包含布料模拟、毛发模拟、肌肉模拟、镜头修型等多个部分。动画师将角色的动作调整好之后，此时镜头里角色的头发和衣服是不会动的，这时候就需要角色特效师给角色的衣服和毛发添加动画效果。角色特效师使用一系列软件和插件给人物的头发、衣服以及一些挂件进行动力学设置，使之具备符合物理规律的视觉效果。除了角色特效外，场景特效也十分重要，主要包括画面中的山、水、雾、雨，人物打斗的光效和爆炸、破碎、烟雾等。需要说明的是，特效和模型息息相关，因为这些动力学设置直接受到模型复杂程度的影响。

(5) 渲染。

完成了前面模型的制作、动作、特效、数字绘景等工作后,将全部素材集中到灯光师的手中,灯光师根据人物的情绪和整体环境的氛围,给场景打灯。很多时候剧情的发展和人物情绪的烘托都是要靠灯光来实现的。打完灯之后,接着在合成软件里进一步精修灯光氛围和一些细节的地方,符合要求之后再将文件传送给渲染农场进行逐帧渲染。

(6) 合成。

合成渲染师将画面全部渲染完成后,剪辑师根据剧本和导演要求,用 Premiere 或其他剪辑软件,将所有片段按照一定顺序组合起来,合成为一个完整的电影,再给画面调色、添加字幕和镜头与镜头之间的转场。由于动画的特殊性,从一开始,导演和编剧基本都已经确定好了动画的镜头顺序,最后只要将镜头按照一定顺序排列在一起稍加修改就可以了。

总之,三维动画制作的中后期制作流程都是相互关联的,几乎没有独立的环节,全面学习、抓住重点是非常明智的三维动画制作学习方法。

注意:本书是基于在线开发课程"三维造型基础"撰写的,更多的学习资料可以加入课程获取(课程网址:http://www.xueyinonline.com/detail/204430335)。

2 熟悉 Maya 的工作环境

2.1 工作界面架构

Maya 操作界面初识

2.1.1 界面布局

Maya 的界面布局如图 2-1 所示，为了方便大家学习，图中对每一个部分都做了标注，后面将对每个架构进行简单的介绍。

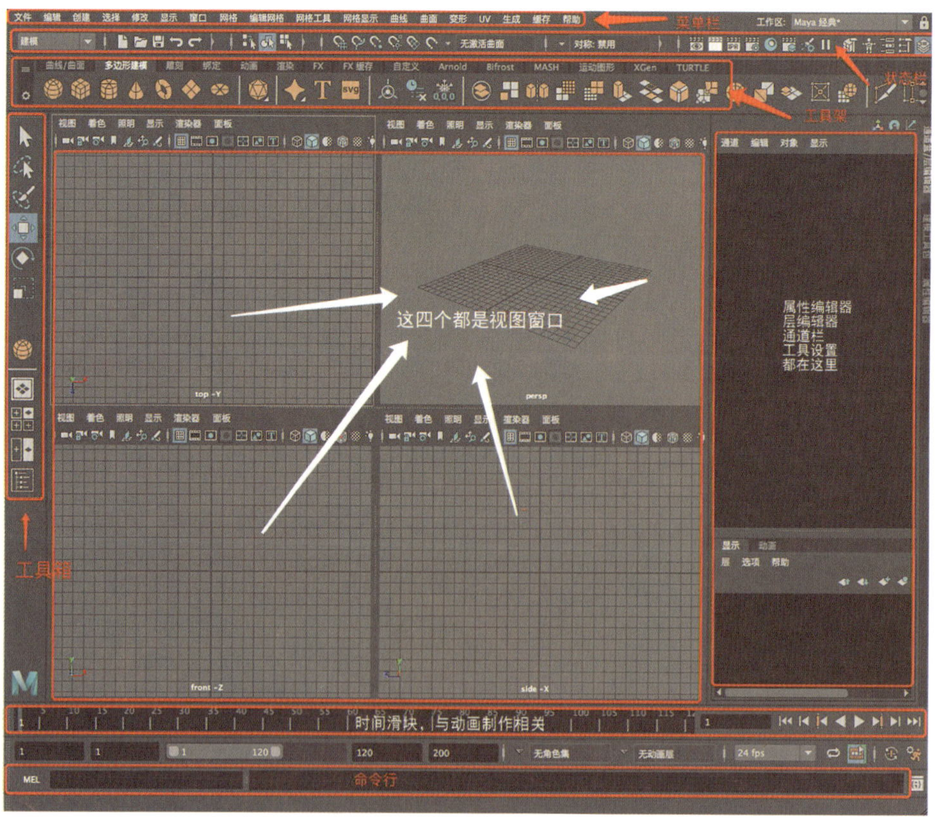

图 2-1

2.1.2 菜单栏

菜单栏包含各场景中制作所使用的工具和操作，主菜单位于 Maya 窗口的顶部，还有用于面板和选项窗口的单独菜单。

三维动画的制作通常由若干部门完成，Maya 也分为若干个模块，可以在菜单集中进行切换，如图 2-2 所示。

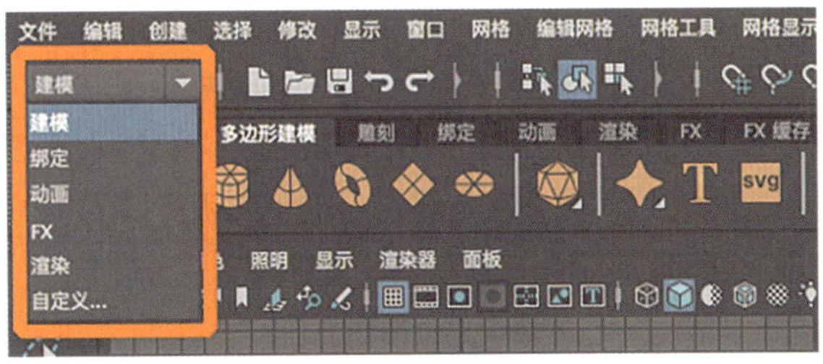

图 2-2

2.1.3 工具架

默认工具架分为多个选项卡，代表 Maya 中设置的每个主要工具。每个选项卡均包含许多图标，分别代表每个集最常用的命令，如图 2-3 所示。例如，【装备】选项卡包含“装备”菜单集中最常用命令的对应图标。

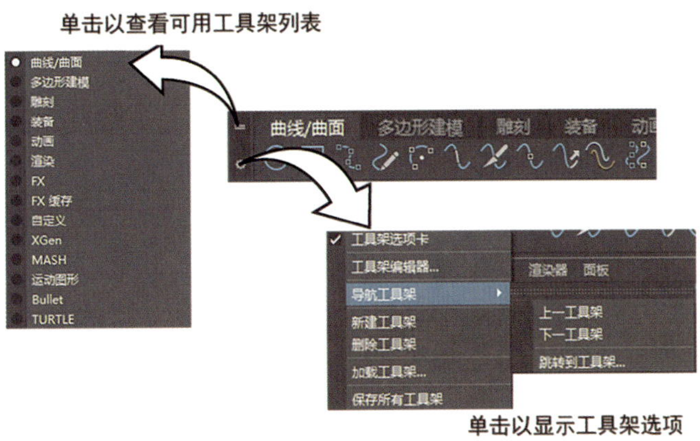

图 2-3

工具架的真正功能在于可以创建自定义工具架，创建后只需单击一次即可快速访问所添加的工具或命令快捷键。选择菜单项将其添加到工具架中时，请按住＜Shift＋Ctrl＋鼠标右键＞并点击所要添加的内容。

用户也可以将自定义脚本和面板布局添加到工具架，以便于访问。

2.1.4 状态栏

状态栏包含许多常用的常规命令所对应的图标(如【文件】→【保存】)，以及用于设置对象选择、捕捉、渲染等的图标，还提供了快速选择字段，可针对输入的数值进行设置，如图 2-4 所示。单击垂直分隔线可展开和收拢图标组，如图 2-5 所示。

图 2-4

图 2-5

图 2-6

2.1.5 工具箱

工具箱包含用于选择和变换场景中对象的工具，如图 2-6 所示。可使用标准键盘中的快捷键进行操作，如【选择】工具（快捷键＜Q＞）、【移动】工具（快捷键＜W＞）、【旋转】工具（快捷键＜E＞）、【缩放】工具（快捷键＜R＞）、【显示操纵器】（快捷键＜T＞）、【访问在场景中使用的最后一个工具】（快捷键＜Y＞）。

2.1.6 视图窗口

视图窗口也叫工作区，是用户操作的重点区域，基本上所有的可视化操作都在这里进行。

Maya 的视图窗口通常由三个正交视图（没有透视关系上的近大远小效果）和一个透视图（符合近大远小的透视原理）组成，在默认布局中，左上角为顶视图，左下角为前视图，右上角为透视图，右下角为侧视图（左侧）。除了四视图的布局，Maya 中比较常见的还有单个视图的布局方式，可以把鼠标移动到某个视图中，然后按空格键将鼠标所在的视图放大，还可以使用工具箱中的（透视图）和（四视图）工具进行切换。

2.1.7 时间滑块

这个部分整合了时间滑块和播放控制键功能，用于动画制作时控制关键帧和动画播放。

2.1.8 命令行

命令行用于 MEL 语言的快捷输入（左半段），以及执行命令以后的提示（右半段）。

2.2 视图和基本工具的操作

2.2.1 视图的操作

视图的操作主要是指在几个视图中调动默认摄像机变化观看角度的操作，这里涉及的平移、缩放、旋转（翻滚）操作都是针对观看角度的，并不会导致我们创建的模型对象的变化。

在透视图中所有的操作都可以进行，但是在正交视图中旋转（翻滚）操作被锁定了，无法进行。

①视角平移：按住＜Alt＋鼠标中键＞拖动，以相对于视角的向上、向下或侧向平移。

②视角缩放：使用鼠标滚轮，或按住＜Alt＋鼠标右键＞拖动，以移近和移远。

③视角翻滚：按住＜Alt＋鼠标左键＞以围绕视图上的物体进行旋转。

2.2.2 基本工具的操作

(1) 选择工具。

 按钮都是工具箱中的选择工具，其中第一个最常用。

“选择”是 Maya 中最常见的也是最基础的操作，常见的操作方法主要有以下四种：

①点选，即将鼠标移动到目标对象上后，单击鼠标左键。

②框选，即按住鼠标左键不松开，在视图中拖出一个虚线框，被虚线框接触的对象都将被选中，绘制出需要的虚线框后松开鼠标左键。

③加选，即在原有选择对象的基础上，按住＜Shift＞键不松开，使用方法①、②将其他对象添加到选择集合中。

④减选，即在原有选择对象的基础上，按住＜Ctrl＞键不松开，使用方法①、②将其他对象从原有的选择集合中删除。

除了上述四种选择方法以外，Maya 还提供一种特殊的选择方法——【软选择】(快捷键＜B＞)，这种选择方式可以让被选中的对象根据与选择中心的距离来影响受操控的比例，被选中的对象会呈现从黄色到红色再到黑色的渐变颜色，如图 2-7 所示，左边为普通选择，右边为【软选择】情况。但是这种选择方法只运用于组件。

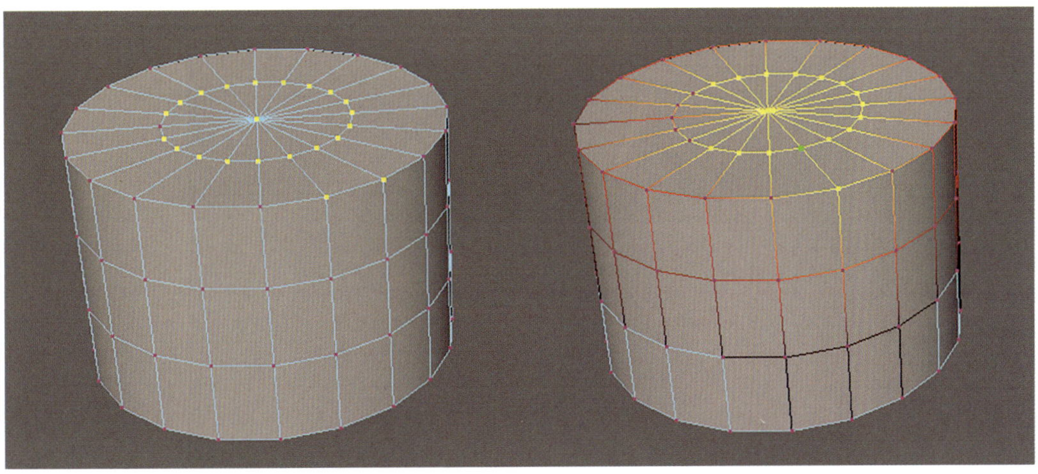

图 2-7

注意：初学者经常会出现误触【软选择】的情况，如果选中组件出现渐变颜色就是开启了【软选择】，可以通过快捷键＜B＞来进行“关闭/开启”切换。

(2) 移动工具。

移动工具用于对象和组件的位移，具体使用方法如图 2-8 所示。

X 控制轴：鼠标左键按住此箭头移动时，被选物体(组件)只能沿该方向位移。

Y 控制轴：鼠标左键按住此箭头移动时，被选物体(组件)只能沿该方向位移。

Z 控制轴：鼠标左键按住此箭头移动时，被选物体(组件)只能沿该方向位移。

XY 控制：鼠标左键按住此方块移动时，被选物体(组件)只能沿着 *XY* 平面位移。

XZ 控制：鼠标左键按住此方块移动时，被选物体(组件)只能沿着 *XZ* 平面位移。

YZ 控制：鼠标左键按住此方块移动时，被选物体(组件)只能沿着 *YZ* 平面位移。

中心控制轴：鼠标左键按住此处移动时，被选物体(组件)可以沿着任意方向位移。

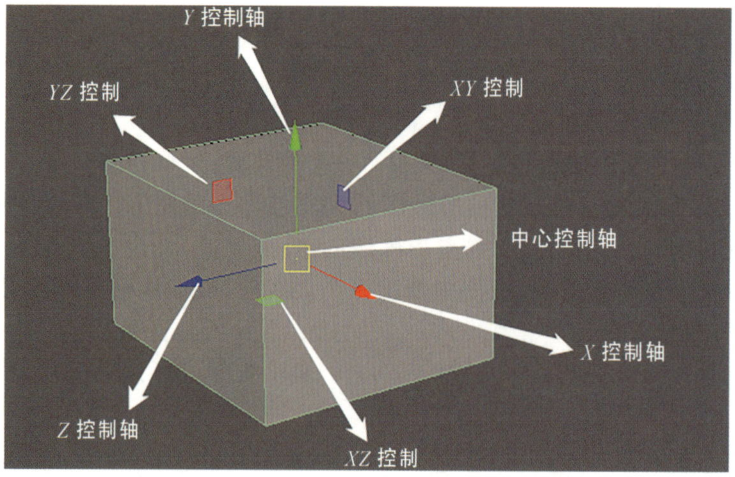

图 2-8

注意：在实际操作中，为了能够更加准确地进行位移，极少使用中心控制轴位移。

(3) 旋转工具。

旋转工具用于对象和组件的旋转，具体使用方法如图 2-9 所示。

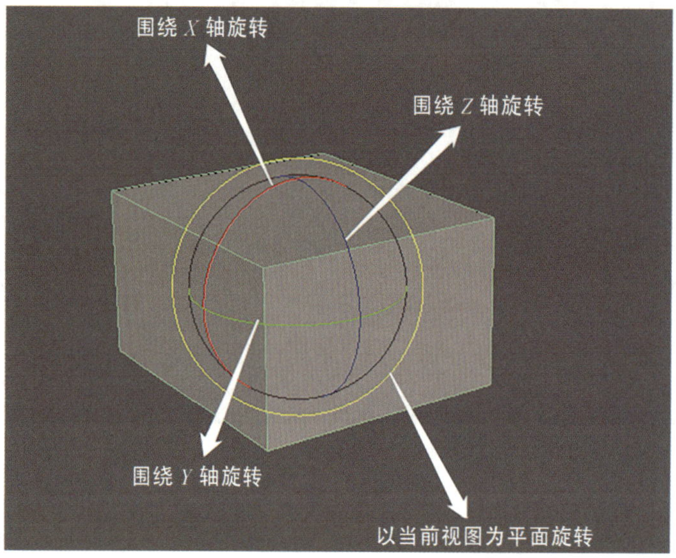

图 2-9

X 控制轴：鼠标左键按住此圆环拖动时，被选物体(组件)只能围绕该方向旋转。

Y 控制轴：鼠标左键按住此圆环拖动时，被选物体(组件)只能围绕该方向旋转。

Z 控制轴：鼠标左键按住此圆环拖动时，被选物体(组件)只能围绕该方向旋转。

外圈控制轴：鼠标左键按住此处拖动时，被选物体(组件)可以当前视图为平面旋转。

注意：在实际操作中，为了能够更加准确地进行旋转，一般都是围绕逐个轴旋转。

(4) 缩放工具。

缩放工具用于对象和组件的大小缩放，具体使用方法如图 2-10 所示。

X 控制轴：鼠标左键按住此方块移动时，被选物体(组件)只能沿该方向缩放。

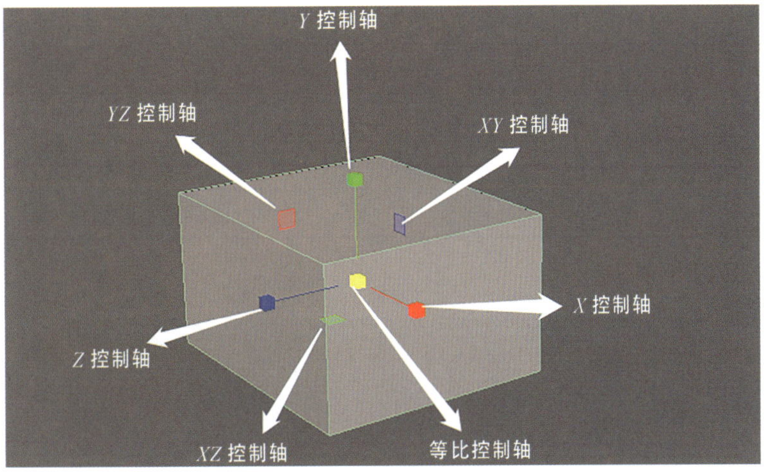

图 2-10

Y 控制轴：鼠标左键按住此方块移动时，被选物体(组件)只能沿该方向缩放。
Z 控制轴：鼠标左键按住此方块移动时，被选物体(组件)只能沿该方向缩放。
XY 控制：鼠标左键按住此方块移动时，被选物体(组件)只能沿着 XY 平面缩放。
XZ 控制：鼠标左键按住此方块移动时，被选物体(组件)只能沿着 XZ 平面缩放。
YZ 控制：鼠标左键按住此方块移动时，被选物体(组件)只能沿着 YZ 平面缩放。
等比控制轴：鼠标左键按住此处移动时，被选物体(组件)可以进行等比缩放。

2.3 操作工具的快捷键

操作工具的快捷键见表 2-1、表 2-2。

表 2-1

快捷键(单击)	功能	快捷键(单击)	功能
Q	选择工具	5	实体显示模式
W	移动工具	6	实体和材质显示模式
E	旋转工具	7	灯光显示模式
R	缩放工具	+	放大操纵杆
Z	返回上一步操作	−	缩小操纵杆
G	重复上一个命令	Ctrl+N	建立新的场景
F	满屏显示被选目标	Ctrl+O	打开场景
B	软选择/修改笔触影响力范围	Ctrl+S	存储场景
D	改变枢轴位置	Ctrl+Shift+S	场景另存为
P	建立父子关系快捷键	Ctrl+D	复制
S	设置关键帧快捷键	Ctrl+G	群组
1	低质量显示模式	Ctrl+H	隐藏所选对象
2	低、高质量共同显示模式	Ctrl+Shift+H	显示上一次隐藏的对象
3	高质量显示模式	Shift+鼠标右键	调出菜单栏
4	线框显示模式	Ctrl+1	单独显示选中对象

表 2-2

快捷键(按住不放)	功能
X	吸附网格
C	吸附曲线
D	激活枢轴的移动

显示模式示例如图 2-11 所示。

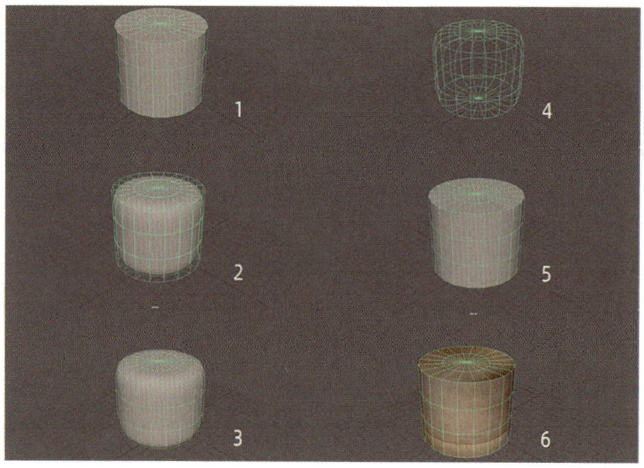

图 2-11

2.4 坐标系统

在三维世界中，最基本的可视图元为点。点没有大小，但有位置。为确定点的位置，首先应在空间中建立任意一点作为原点。随后便可将某个点的位置表示为原点左侧(或右侧)若干单位、原点上方(或下方)若干单位、原点前方(或后方)若干单位。这三个数字表示空间中点的三维坐标。例如，对于位于原点右侧 7 个单位(*X*)、原点前方 4 个单位(*Z*)和原点上方 3 个单位(*Y*)的点，其坐标为 (7,3,4)，如图 2-12 所示。

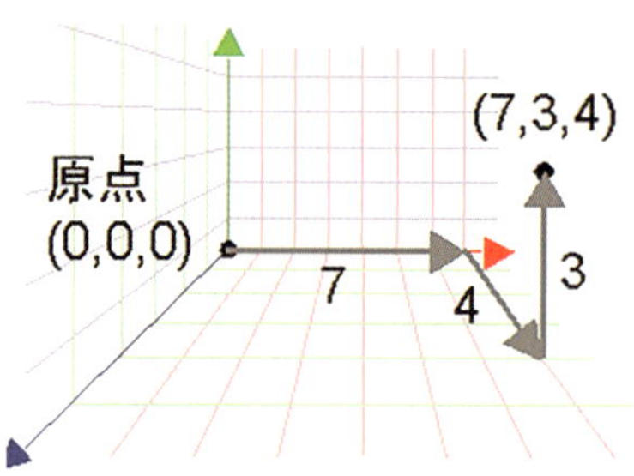

图 2-12

在计算机图形中，实际上我们不说点位于“左/右”“上 /下”或“前/后”，而是将这三个维度称为 *X* 轴、*Y* 轴和 *Z* 轴。

通常在三维图形应用软件中，使用笛卡儿坐标系，Maya 是其左手坐标系，即 *X* 轴正方向朝向右边，*Y* 轴正方向朝向上面，*Z* 轴正方向朝向前面。

2.5 东方明珠广播电视塔案例

东方明珠广播电视塔模型制作视频

在这个案例中，我们将学习如何使用 Maya 中的基本操作，配合最简单的几何体模型的创建，制作一个简单的东方明珠模型。

2.5.1 案例介绍

东方明珠广播电视塔(图 2-13)是上海的标志性文化景观之一,位于浦东新区陆家嘴,塔高约 468 米。

图 2-13

东方明珠广播电视塔是多筒结构,主干是 3 根直径 9 米、高 287 米的空心擎天大柱,大柱间由 6 米高的横梁联结;在 93 米标高处,由 3 根直径 7 米的斜柱支撑着,斜柱与地面呈 60°。

电视塔有下、上、顶 3 个球体。顶球称为太空厅,中心标高 342 米,球体直径 16 米,共有 4 层,依次是电梯机房、会议厅、观光层、管道层。对于上、下球体,根据不同受力特点,上球体为悬挂结构,下球体为预应力混凝土壳体。上球体直径 45 米,中心标高 272.5 米,共 9 层,分别为公用设备层、调频机房、冷却设备层、发射机房、空中 KTV 包房、旋转餐厅、瞭望平台、微波机房、上球变配电间。下球体直径 50 米,中心标高 93 米,共 4 层,作为室内游乐场,下球变配电间设在碗状壳体内。3 个垂直筒体由 5 道横梁联结,组成 5 个小球,每个小球直径约 12 米,设计为高空旅馆。从地面大台阶进入基层塔座,塔座直径 158.4 米,共 3 层,其中心部分直径为 60 米,2 层高的空间为电视塔的大堂和电梯厅。

2.5.2 制作过程

(1) 单击【创建】→【多边形基本体】→【球体】命令,如图 2-14 所示,然后在栅格上按住鼠标左键拖动,创建出第 1 个球体,如图 2-15 所示。

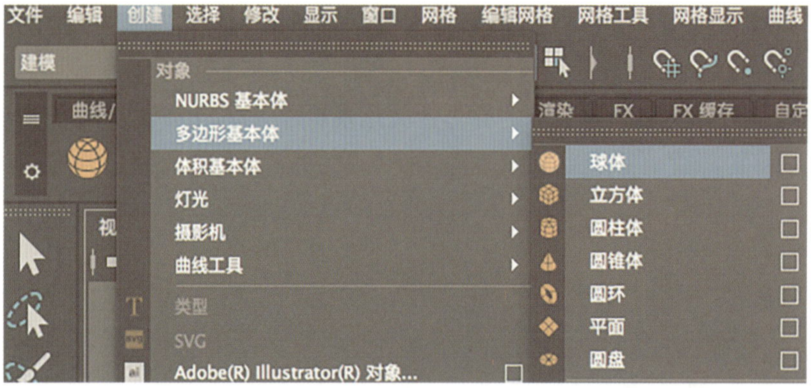

图 2-14

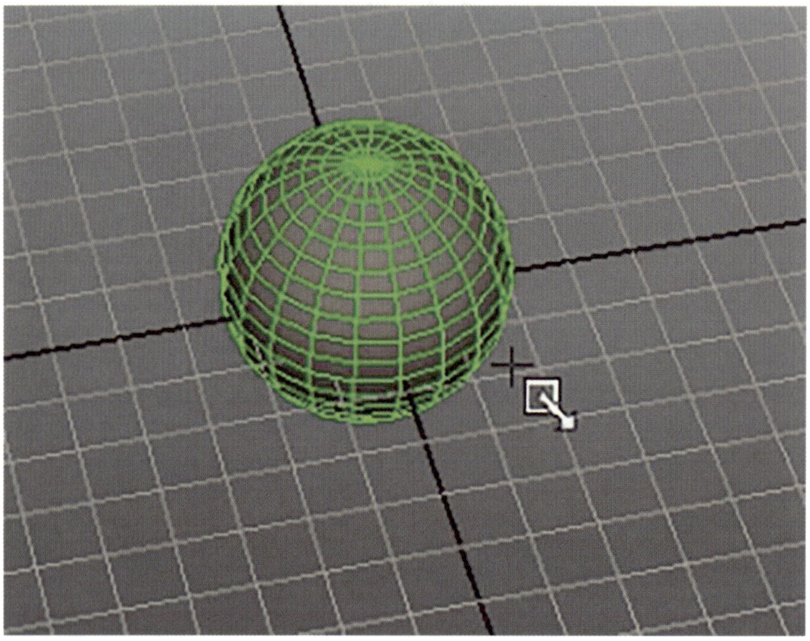

图 2-15

(2) 在选中对象的情况下，在通道栏中把【平移 X】与【平移 Y】的数值设置为“0”，如图 2-16 所示。

(3) 在【前视图】中，使用【选择】工具(快捷键<Q>)，选中创建的球体进行复制操作(快捷键<Ctrl+D>)，再使用【移动】工具(快捷键<W>)，沿 Y 轴向上移动，创建第 2 个球体，如图 2-17 所示。

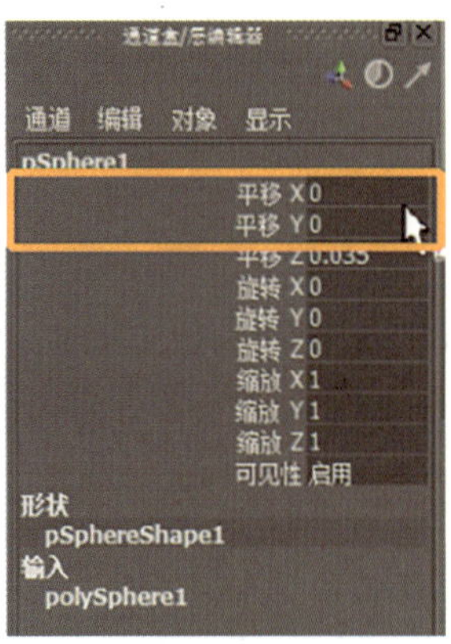

图 2-16

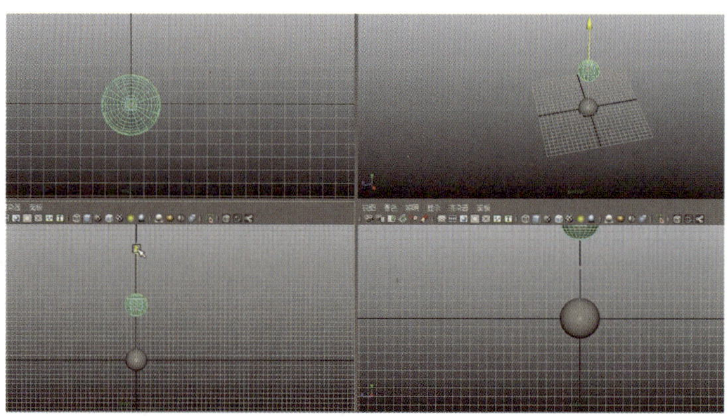

图 2-17

(4) 重复上一步操作,复制出第 3 个球体,如图 2-18 所示。

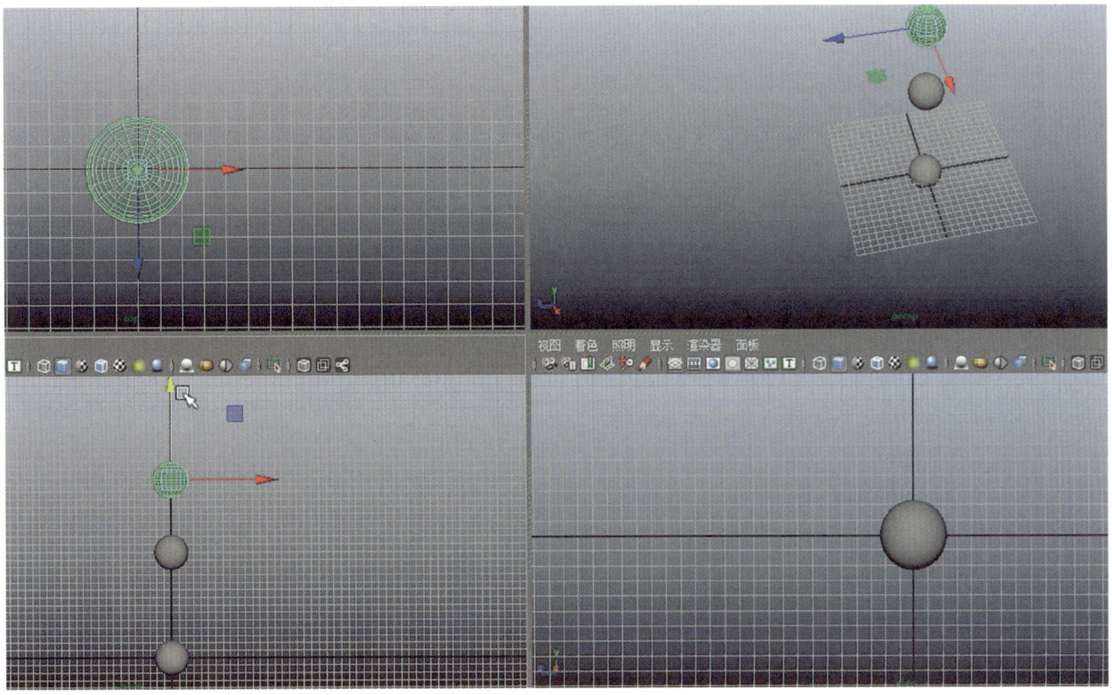

图 2-18

(5) 使用快捷键＜R＞切换到【缩放】工具,用鼠标左键按住中间的方块进行拖动,缩放 3 个球体至合适大小,如图 2-19 所示。

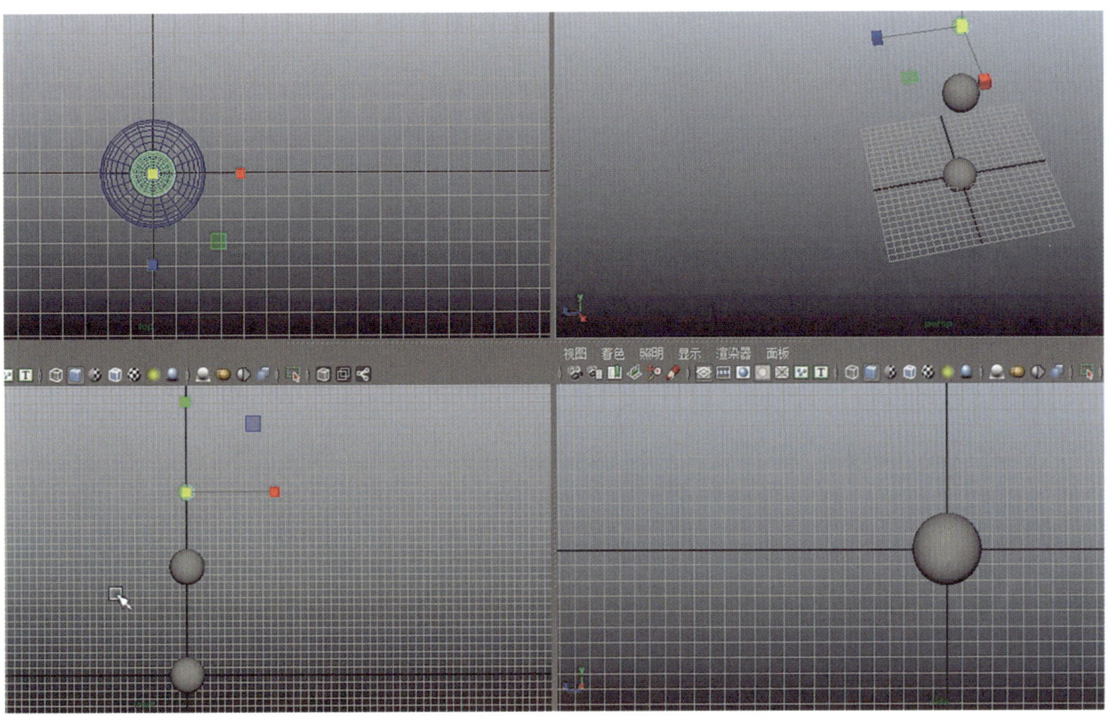

图 2-19

（6）单击【创建】→【多边形基本体】→【圆柱体】，在【顶视图】中进行拖动，创建出 1 个圆柱体，如图 2-20 所示。

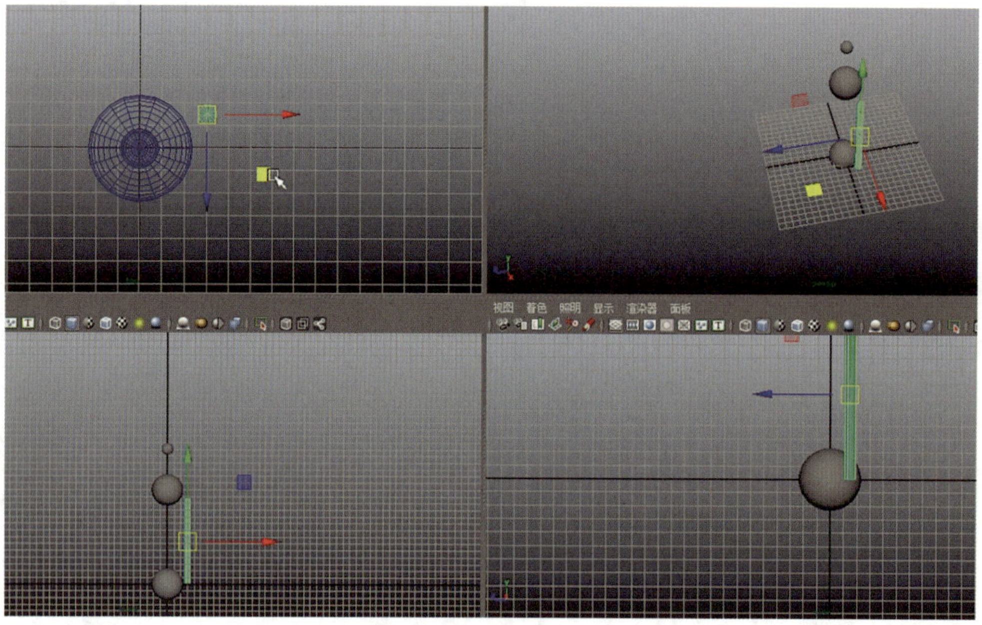

图 2-20

（7）使用【移动】工具，在【顶视图】中将圆柱在 *XZ* 平面移动至合适位置，制作出东方明珠广播电视塔贯穿 2 个主要球体的 3 根圆柱之一，如图 2-21 所示。

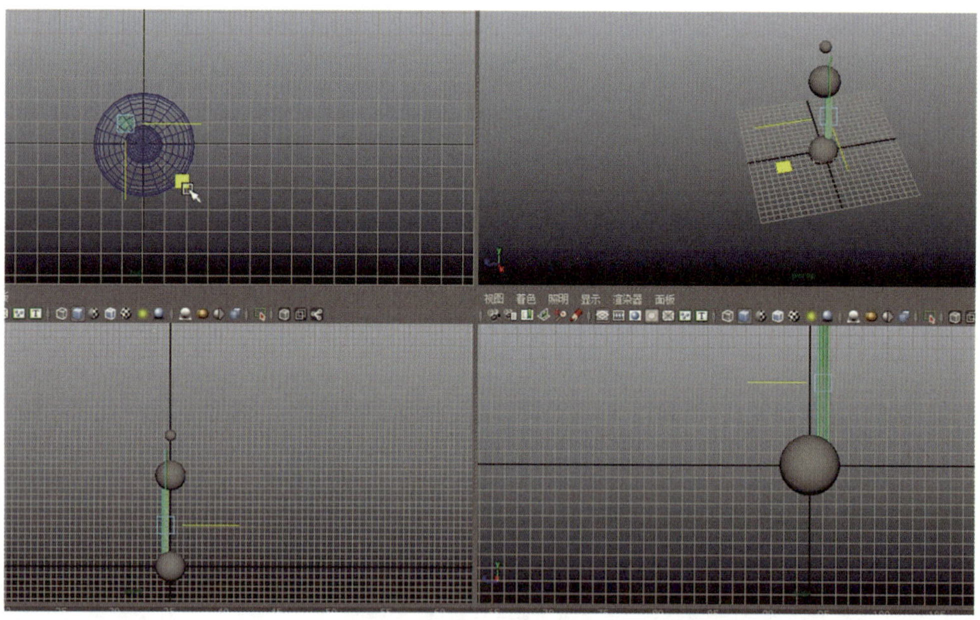

图 2-21

（8）在选中圆柱的状态下，使用快捷键＜Ctrl＋D＞复制出 2 根圆柱，在【顶视图】中移动至合适位置，如图 2-22 所示。

（9）框选 3 根圆柱，使用【缩放】工具（快捷键＜R＞），只沿 *Y* 轴缩放圆柱到合适长度，如图 2-23 所示。

（10）切换到【移动】工具（快捷键＜W＞）进行高度位置的调整，移动至合适位置，如图 2-24 所示。

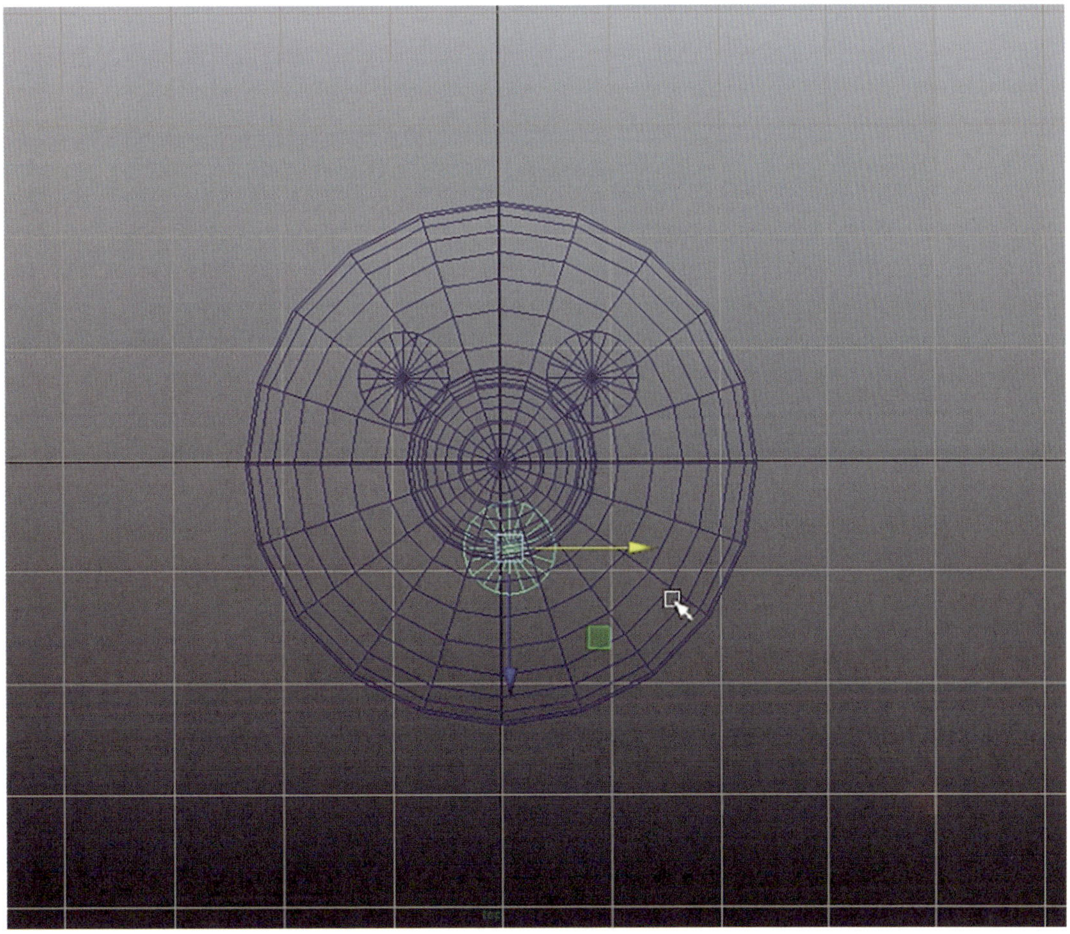

图 2-22

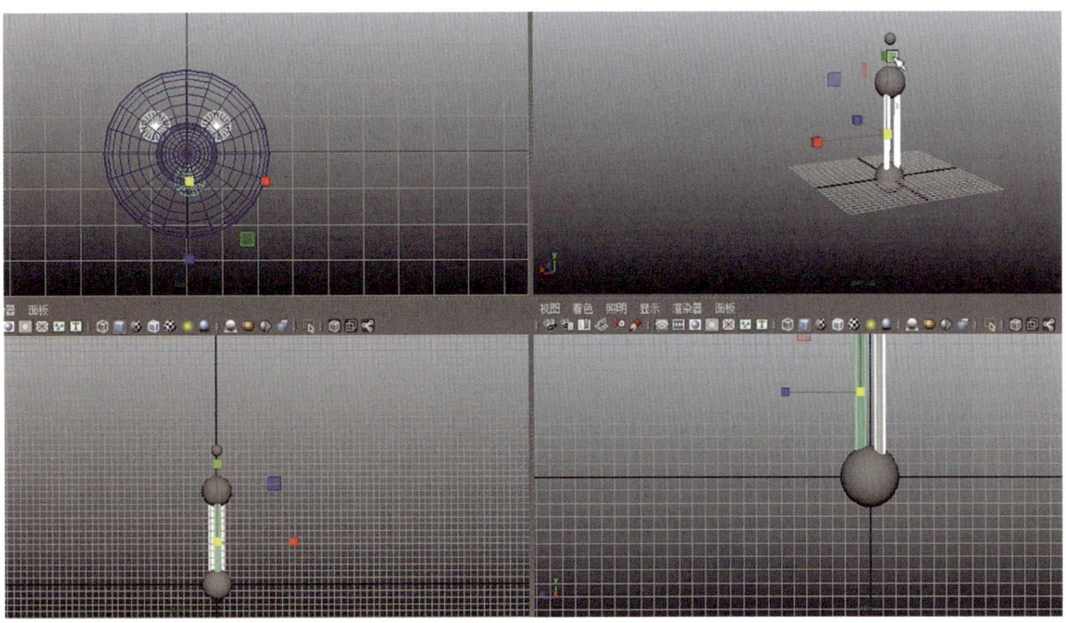

图 2-23

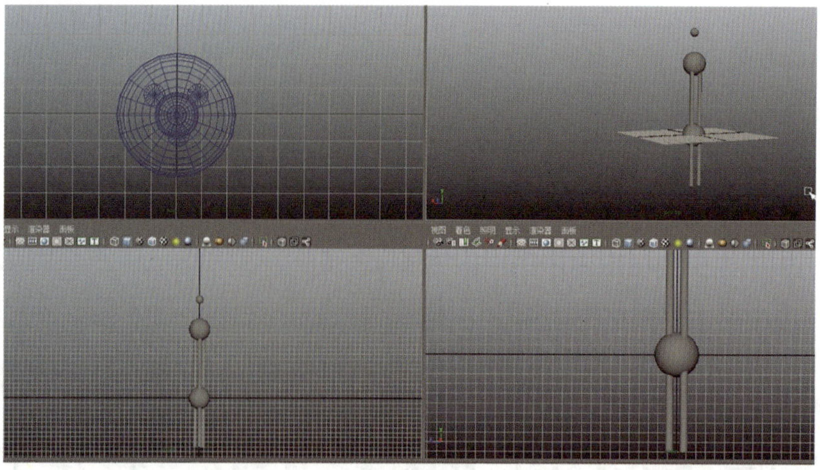

图 2-24

(11) 使用工具架上的快捷按钮，如图 2-25 所示，创建 1 个圆锥体，并使用【缩放】工具调整至合适大小，如图 2-26 所示。

图 2-25

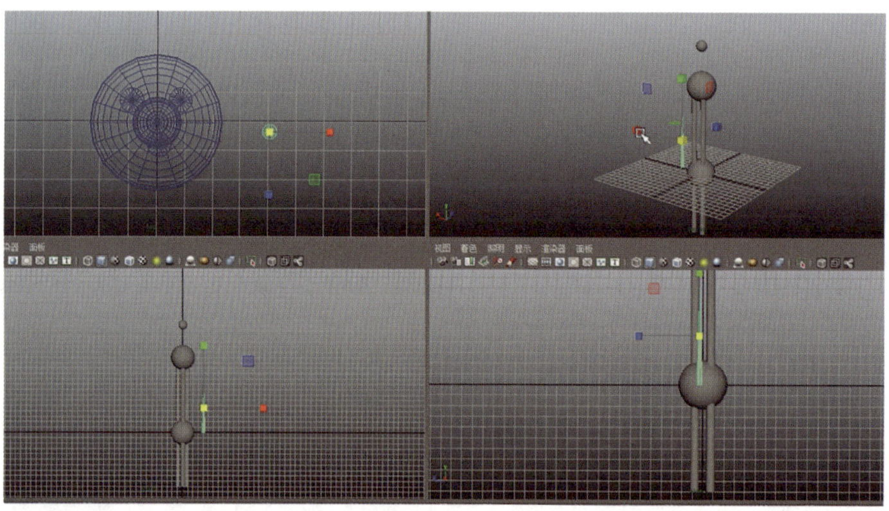

图 2-26

注意：我们可以使用【创建】菜单中【多边形基本体】命令下的子命令来进行基本几何体的创建，也可以使用工具架中【多边形】选项卡下的快捷按钮进行创建。

(12) 在选中圆锥体的状态下，将通道栏中【平移 X】与【平移 Y】的数值调整为“0”。使用【缩放】工具与【移动】工具将圆锥体调整至合适大小和位置，如图 2-27 所示。

(13) 再次创建一个圆柱体，使用【缩放】工具调整至合适大小，使用【移动】工具移至合适位置，如图2-28 所示。在【前视图】中使用【旋转】工具(快捷键<E>)，围绕 Z 控制轴旋转，如图 2-29 所示。

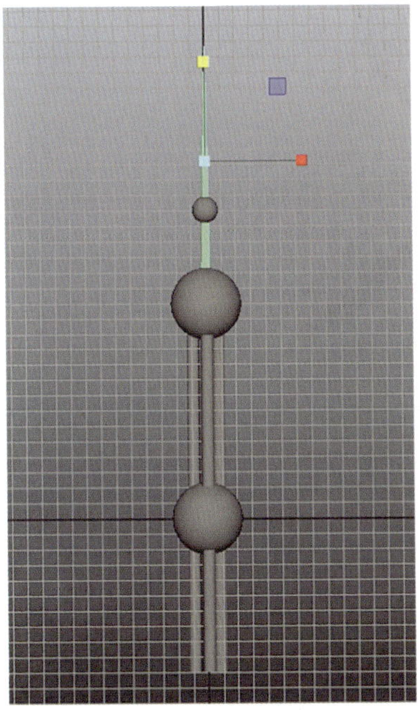

图 2-27

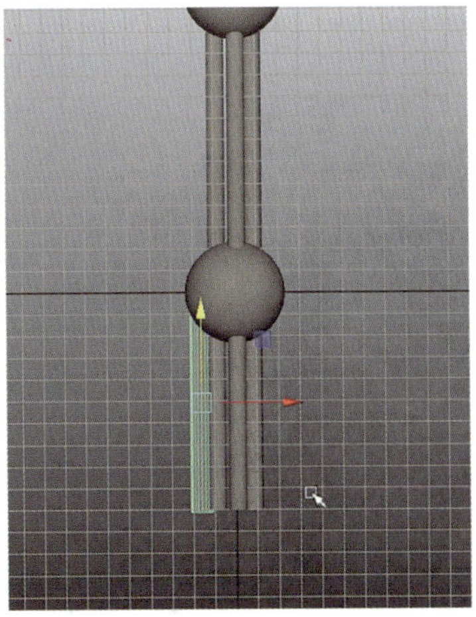

图 2-28

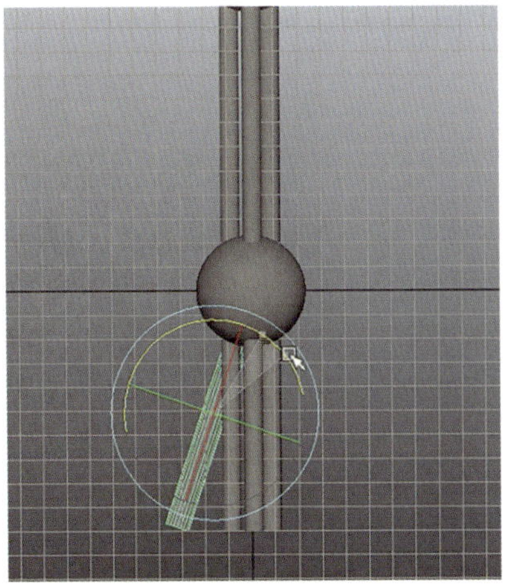

图 2-29

(14) 进入【顶视图】，使用外圈手柄进行旋转调整，如图 2-30 所示。

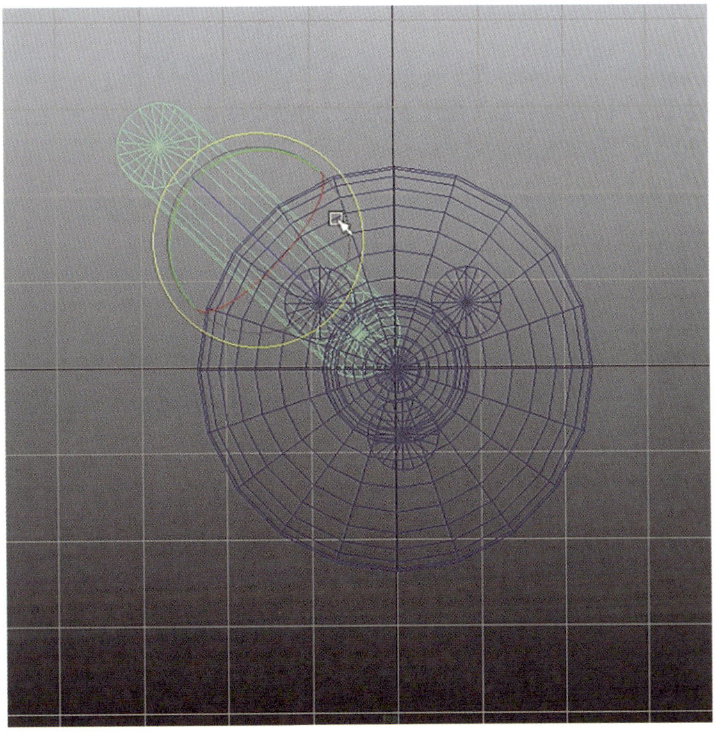

图 2-30

(15) 将调整好的圆柱在选中的状态下复制(快捷键＜Ctrl＋D＞)2 个，并且用相同的方式旋转、移动至合适位置，如图 2-31 所示。

(16) 进入【透视图】，创建 1 个立方体，如图 2-32 所示。

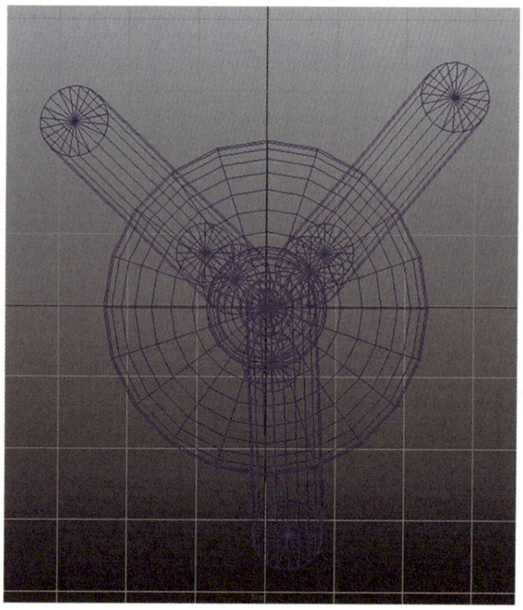

图 2-31

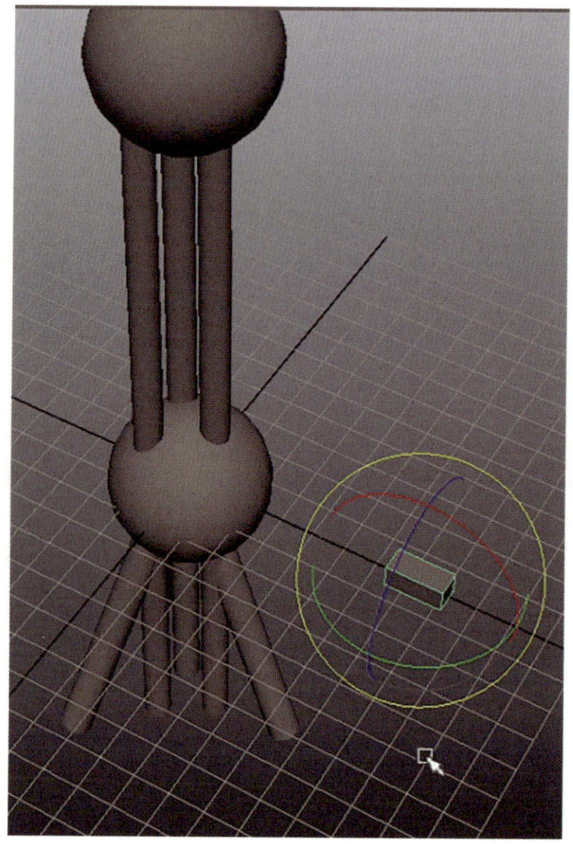

图 2-32

(17) 进入【四视图】(按空格键)，在【顶视图】中进行操作，将立方体移动到主体中段，然后在正交视图中操作，将立方体移至圆柱体之间，如图 2-33 所示。

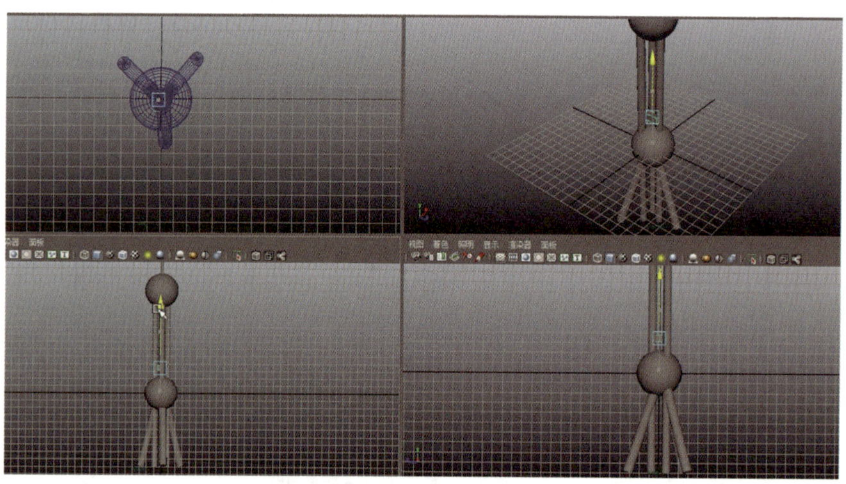

图 2-33

(18) 在【透视图】中使用【旋转】工具(快捷键＜E＞)，微调立方体的旋转角度，如图 2-34 所示。

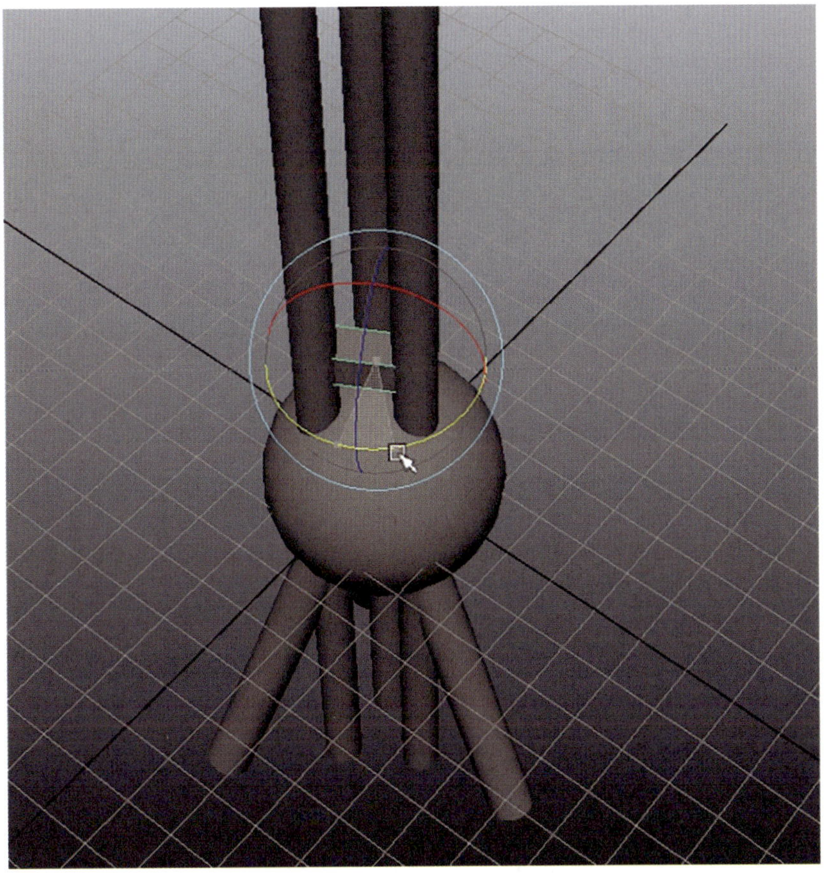

图 2-34

（19）选中立方体复制（快捷键<Ctrl+D>），并使用【移动】工具向上移动，使用类似方法制作出 5 个立方体，如图 2-35 所示。

（20）同时选中 5 个立方体进行复制（快捷键<Ctrl+D>），使用【旋转】和【移动】工具调整至合适位置，制作出另外一面的立方体，如图 2-36 所示。

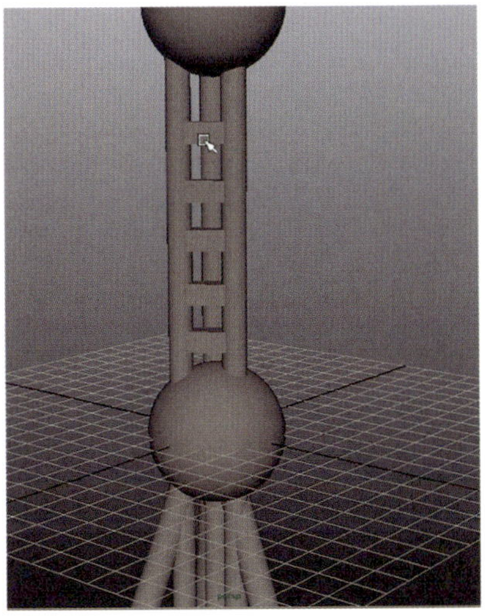

图 2-35

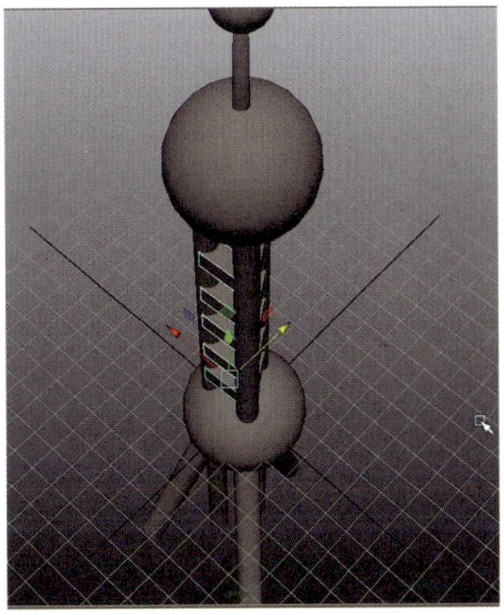

图 2-36

最终的结果需要在透视图中通过多个角度来观察是否正确。

本章小结

1. 初识 Maya 的操作界面和布局方式。
2. Maya 界面的使用方法，以及常用工具的使用方法、对应的快捷键。
3. 通过不同视图的切换来获得模型的准确位置，并进行精确操作。

练习作业

根据参考图(图 2-37)创建世博馆中国馆模型。

图 2-37

3 Low Poly 风格咖啡馆模型制作

3.1 项目介绍

在这个项目中，我们将创建一个 Low Poly（低面）风格的咖啡馆模型，如图 3-1 所示。该模型建筑、道具等棱角分明、色彩简洁，细节较为简单，十分适合初学者操作。

图 3-1

知识拓展

什么是 Low Poly 风格？

这种设计风格的特点是低细节，面较少且棱角分明，高度渲染，经常配以柔光效果。其实，这种设计风格在早期计算机建模和动画效果中就被广泛采用。当时受计算机性能的限制，不得已只能采取较少的块面，而现在随着计算机性能日新月异，这种风格在快要被遗忘时，突然又流行起来。

众所周知，所有的 3D 建模都需要借用多边形。模型的多边形越多，模型细节就越多。在一般情况下，三维效果通常会柔化多边形的棱角，让物体的外观看起来更和谐。但是 Low Poly 风格建模设计则反其道而行，其建模阶段使用的多边形较少，这样最后便会呈现出一种简洁、抽象的效果。Low Poly 风格更注重渲染，而不是更注重柔化多边形，因此打造出一种封闭、冷硬的感觉，有点像现实生活中的手工艺品，有一种复古的感觉。

3.2 项目模型制作

3.2.1 底座和路基模型制作

制作咖啡馆的底座和路基，如图 3-2 所示。这个底座和路基的基本形状就是一个扁平的长方体，但是每个棱角上都有一定的切角。

底座模型制作视频

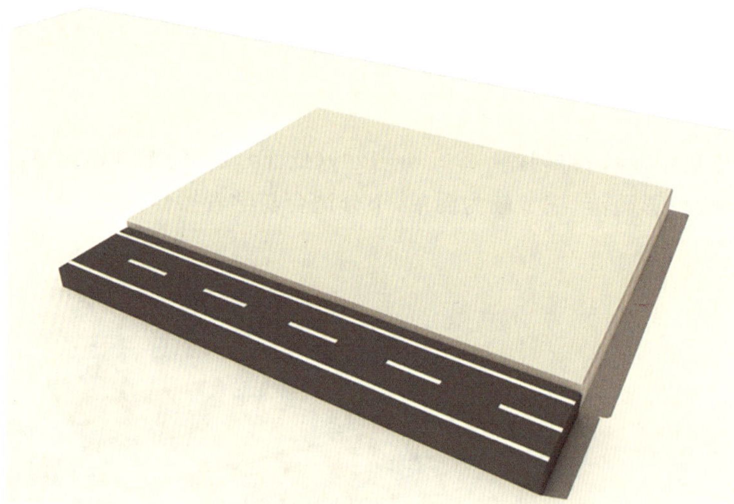

图 3-2

（1）立方体创建方式有两种：①在工具架的【多边形建模】下使用【创建立方体】工具；②使用菜单栏中【创建】下的【多边形基本体】命令，具体命令位置如图 3-3 所示。

当视图区出现“在栅格上拖动出底面，然后向上拉确定高度”提示时，按住鼠标左键，在栅格上拖出一个立方体的底面，拖动到合适大小后松开鼠标左键；再次按住鼠标左键进行上下拖动，拖出立方体的厚度。如图 3-4 所示。

在创建好立方体之后，如果需要进行调整，可以在右侧通道栏中进行，上半段可以调整对象的位置，包括移动、旋转以及缩放等，下半段可以调整对象的大小和细分，如图 3-5 所示。

这里的“细分”和我们日常生活中的“细分”概念有些不同，简单来说，这里的“细分”就是指三维对象上有多少条线，多少个点，这些线、点越多，可编辑的东西就越多，可以实现的形状就越复杂。如图 3-6 所示，将创建出的长方体的【细分宽度】、【高度细分数】、【深度细分数】的数值都改为“2”。

（2）回到创建的初始状态（【细分宽度】、【高度细分数】、【深度细分数】的数值都为“1”）。可以看到本项目中第一个长方体实际上有一些切角（倒角），这就要求我们进入更加微观的层级对对象进行编辑，即在对象的点、线、面层级上进行编辑。

首先我们来认识一下这些层级，以及层级中组件的名称。

图 3-3

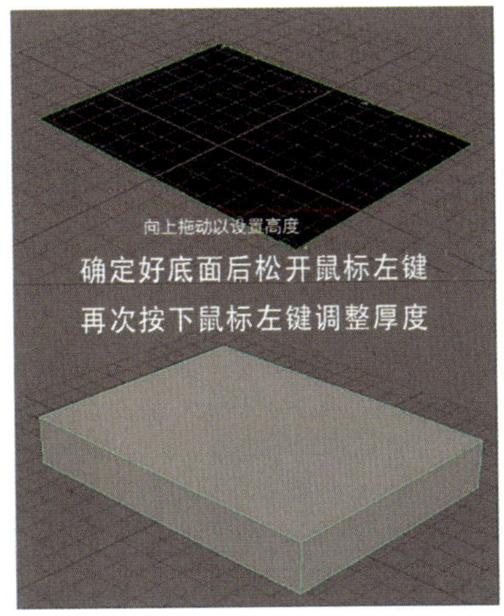

图 3-4

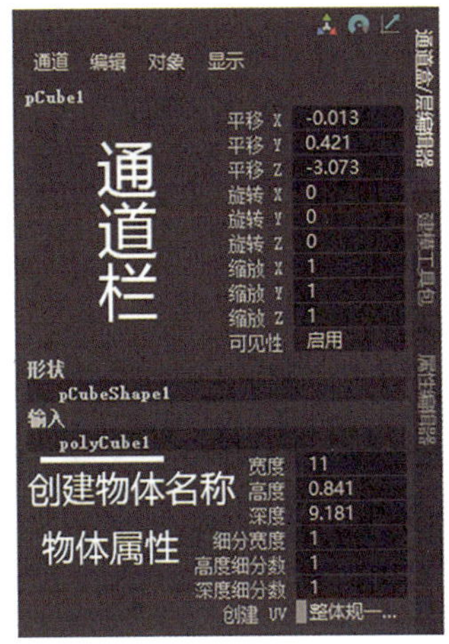

图 3-5

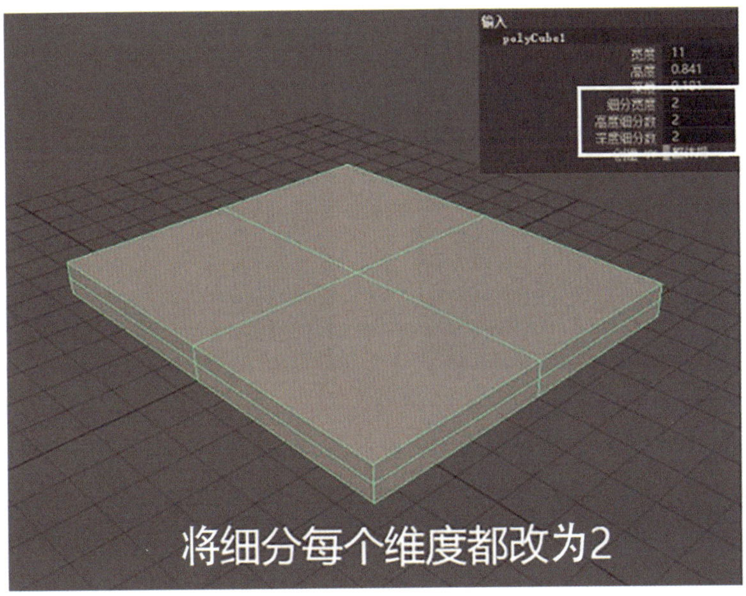

图 3-6

在选中物体的情况下，按住鼠标右键会出现一个菜单，如图 3-7 所示。在保持鼠标右键按下的情况下，拖动鼠标到某一层级菜单（如【边】）后再松开鼠标，即能够进入相应的层级，对该层级的组件进行编辑。

我们先进入【边】层级。鼠标移动至想要选择的边会显示为红色，其余未选中的边显示为蓝色，单击选中则显示为橙黄色，如图 3-8 所示。

【顶点】层级：鼠标移动至想要选择的顶点会显示为红色，其余未选中的顶点会显示为紫色，单击选中则显示为黄色，如图 3-9 所示。

【面】层级：鼠标移动至想要选择的面会显示为红色，其余未选中的面显示为灰色，单击选中则显示为橙黄色，如图 3-10 所示。

框选选中所有的边，同时按下＜Shift＋鼠标右键＞拖动至【倒角边】命令，并单击命令右边的“□”，如图 3-11 所示。

在【倒角选项】的设置框中将【宽度】（默认为“0.5000”）设置为“0.1000”，如图 3-12 所示。

（3）选中物体的【顶点】层级，根据参考图进行微调。这也是我们最常用的调节模型的方法。

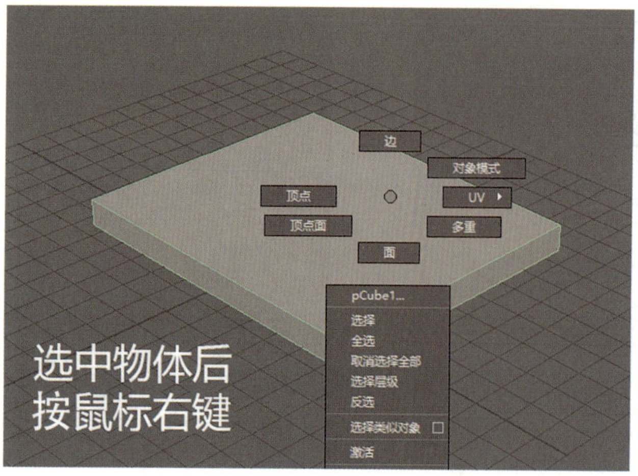

图 3-7

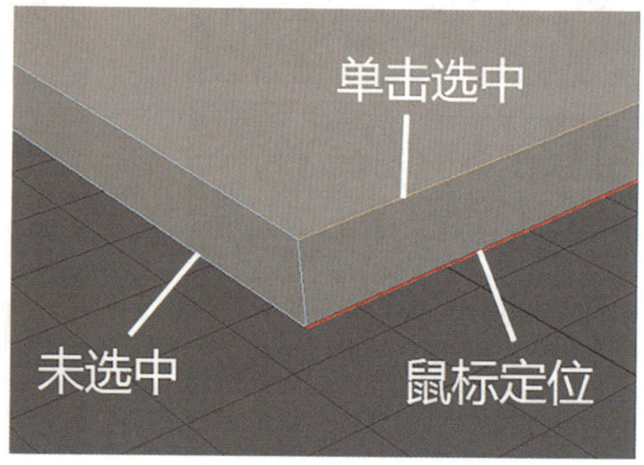

图 3-8

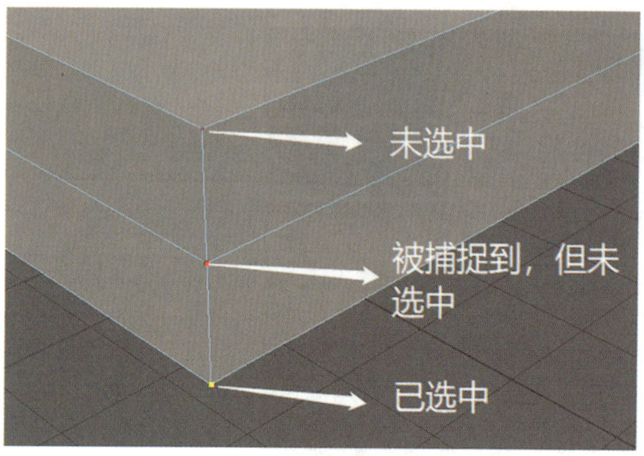

图 3-9

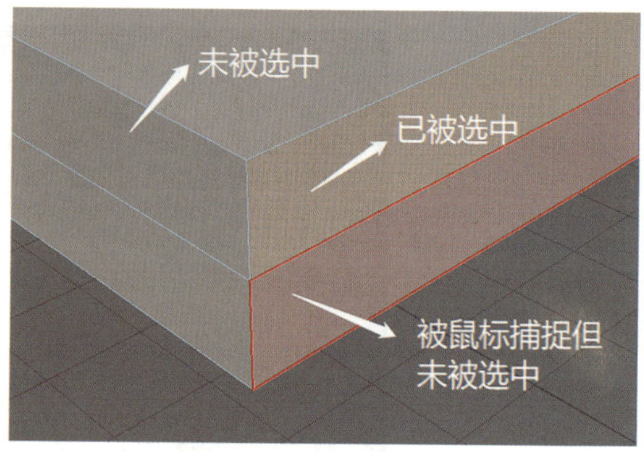

图 3-10

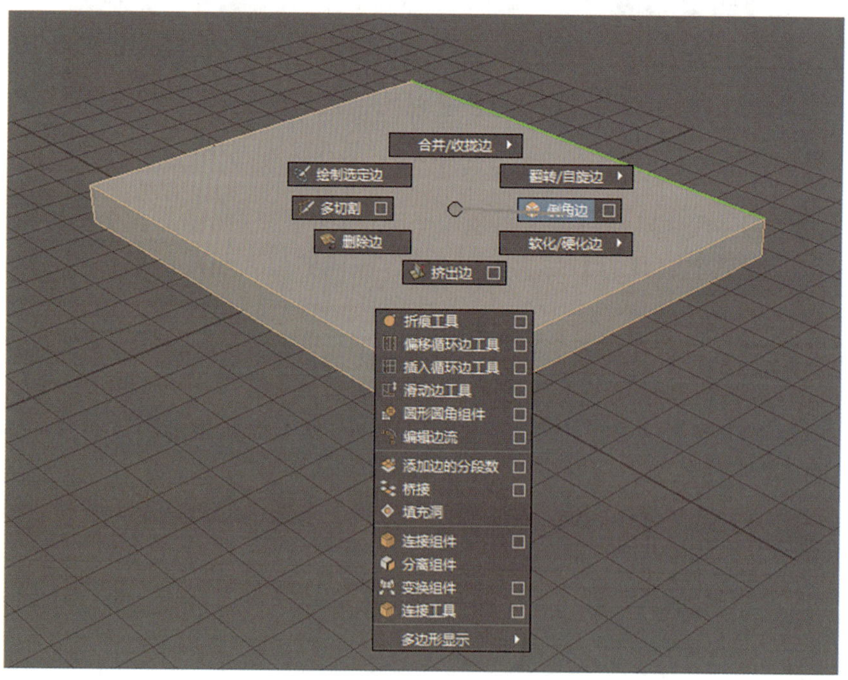

图 3-11

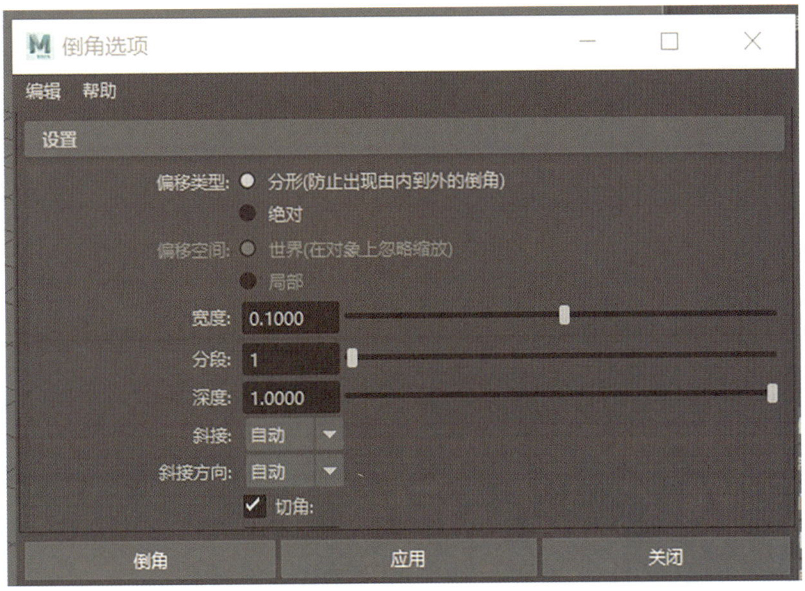

图 3-12

将物体旋转到合适的角度，框选需要调整的点，使用【移动】工具，在某一轴向上进行平移拖动，最后调整至与项目相似的大小即可，如图 3-13 所示。

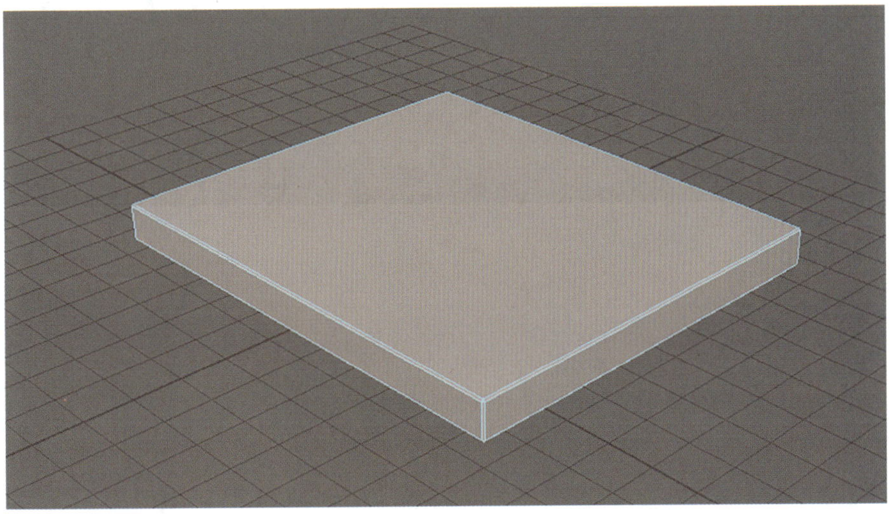

图 3-13

> **注意：**当我们使用【移动】工具时，最好选择在某一轴向的箭头方向进行移动，仅在一个轴向或者两个轴向上调整，避免直接单击中间的控制轴进行位移。

(4) 由于路基和底座两个形体非常相似，可以使用快捷键<Ctrl+D>进行复制，使用【移动】工具将复制出来的路基拖出来，移动到合适位置，如图 3-14 所示。进入【顶点】层级，选中靠前部分的顶点，使用【移动】工具移动顶点，将路基变窄。切换到【四视图】，选中上面一层顶点，使用【移动】工具移动顶点，将路基略微变扁。进入【对象模式】对路基进行整体移动，将两个物体靠拢至合适位置，如图 3-15 所示。

此时，我们会发现坐标轴到了物体的外侧，如图 3-16 所示。这时可以选择菜单栏中【修改】菜单下的【居中枢轴】命令，如图 3-17 所示，使坐标轴回到物体的物理中心。

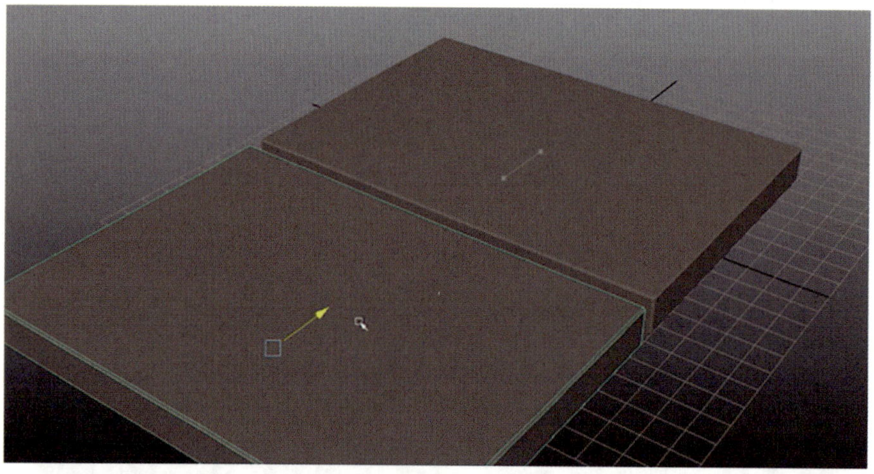

图 3-14

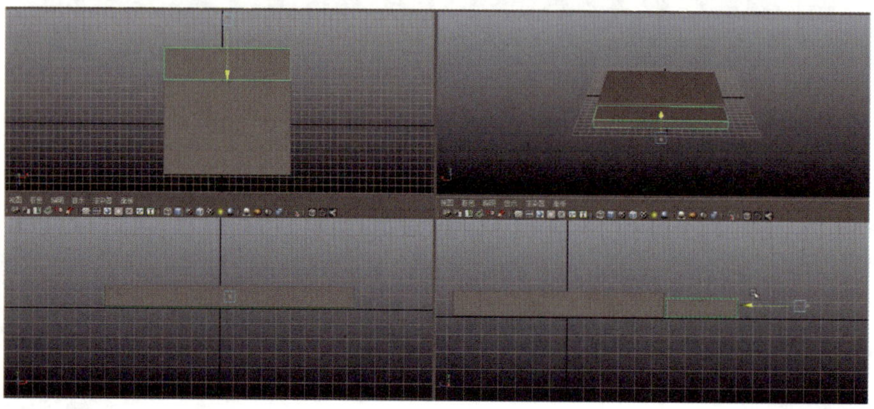

图 3-15

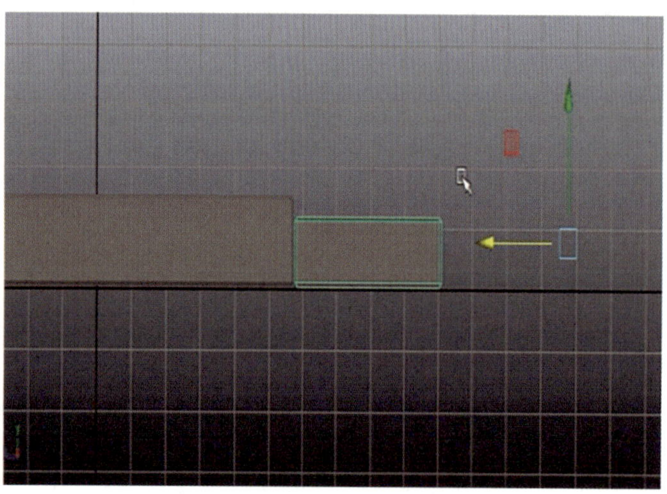

图 3-16

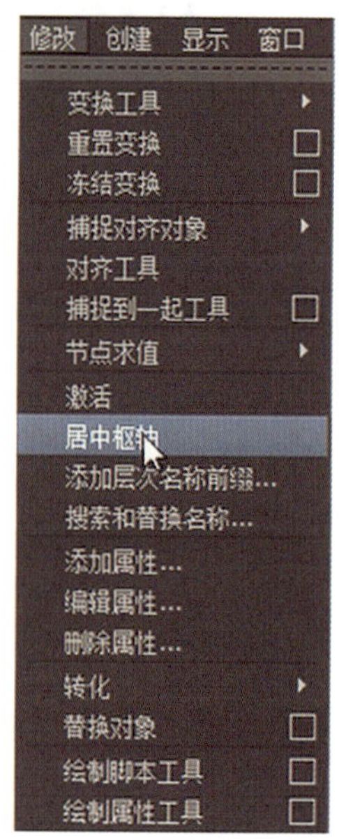

图 3-17

3.2.2 一层小楼模型制作

一层小楼模型制作视频

创建一层小楼，这个小平房是一个右侧开门、顶面略大的结构，如图 3-18 所示。

(1) 创建出一个新的长方体，作为一楼的天花板。在【四视图】内使用【缩放】工具，调整长方体的位置以及长、宽、高，如图 3-19 所示。

为了方便后续编辑，我们将天花板单独显示，在选中对象的前提下单击(隔离显示)图标，或者使用快捷键<Ctrl+1>，将隔离显示作为天花板的立方体。如图 3-20 所示，可以在视图的小工具架上使用这些图标进行不同显示状态的切换。

图 3-18

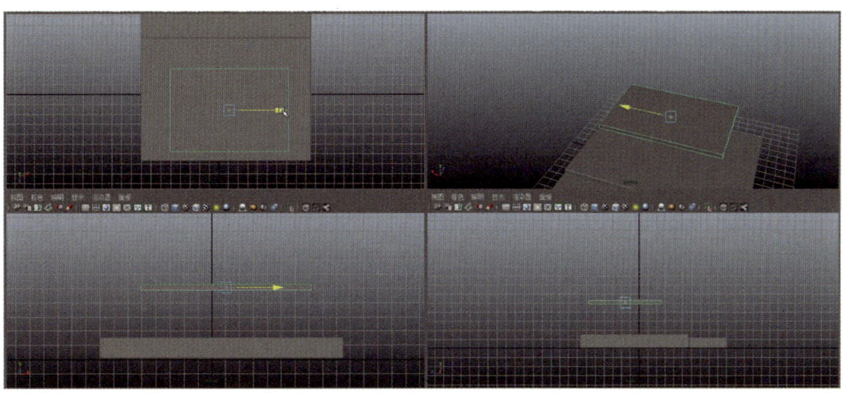

图 3-19

图 3-20

（2）按住＜Shift＋鼠标右键＞调出菜单，找到【插入循环边】工具，当鼠标改变形状后即可对物体进行编辑，如图 3-21 所示。再插入循环边为横竖都是两条线的“井”字形，如图 3-22 所示。

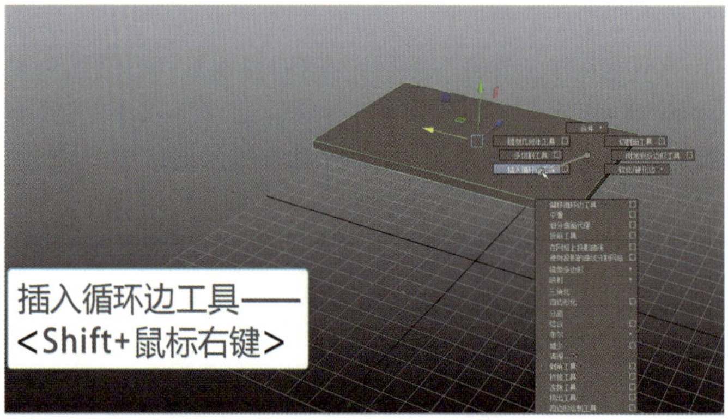

图 3-21

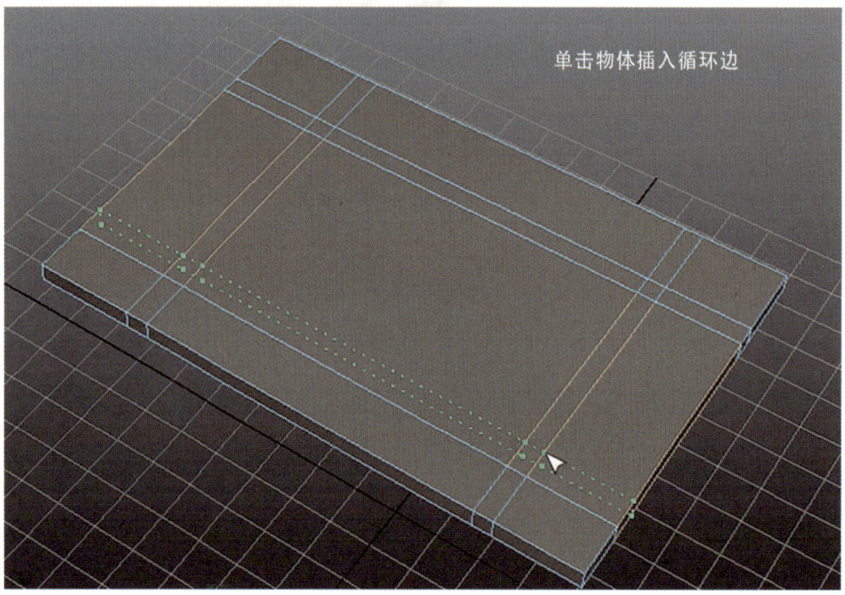

图 3-22

如果对插入的循环边位置不满意，可以在【边】层级下双击边，选中整条循环边，使用【移动】工具对其进行调整。

（3）进入【面】层级，选中图 3-23 中橙黄色高亮显示的面，在选择过程中按住＜Shift＞键可以进行面加选。按住＜Shift＋鼠标右键＞，在调出的菜单中选择【挤出面】命令，沿着 Z 轴向下拖出合适的高度，如图 3-24 所示。

（4）制作侧边小门。按住＜Shift＋鼠标右键＞，在调出的菜单中选择【插入循环边】工具。通过插入 3 条循环边，确定小门的高度与宽度，如图 3-25、图 3-26、图 3-27 所示。

（5）切换到【面】层级，选中门位置的对应面，按＜Delete＞删除键，如图 3-28 所示。注意将里层与底层的面一并删除。

（6）在【边】层级下，双击门框上其中一条边，选中整条循环边按住＜Ctrl＞键，减选最底下的两条边，如图 3-29 所示。将剩下的边桥接，按住＜Shift＋鼠标右键＞，在调出的菜单中选择【桥接】命令，并设置桥接的【分段】为“0”，最后退出【隔离显示】（快捷键＜Ctrl＋1＞），切换至【四视图】，将一楼小房子用【移动】工具调整至合适的位置即可，如图 3-30 所示。

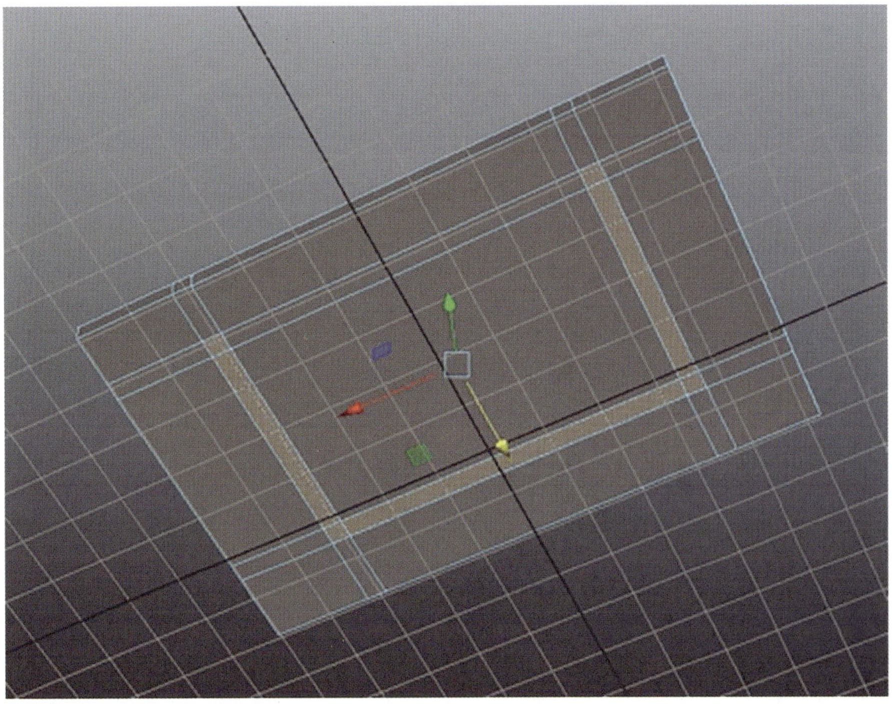

图 3-23

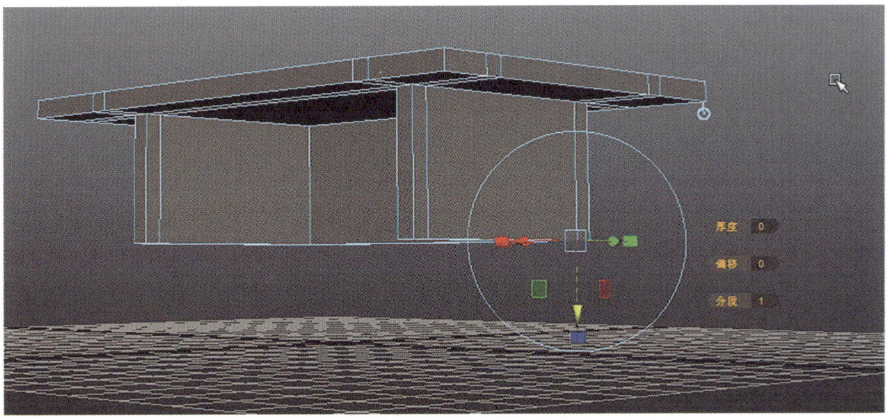

图 3-24

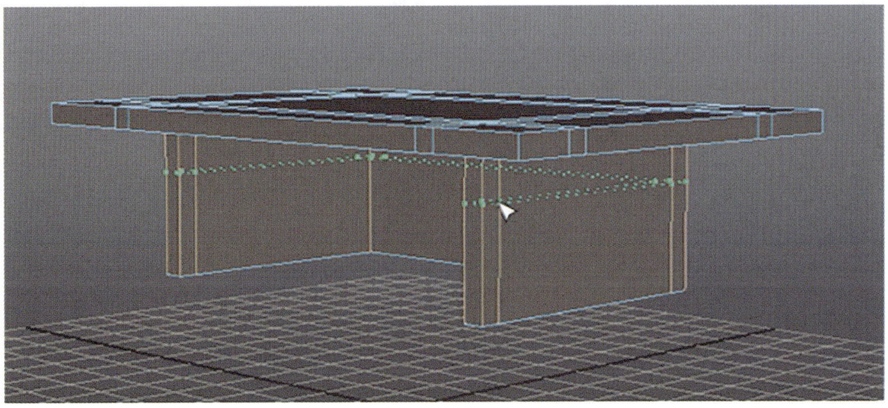

图 3-25

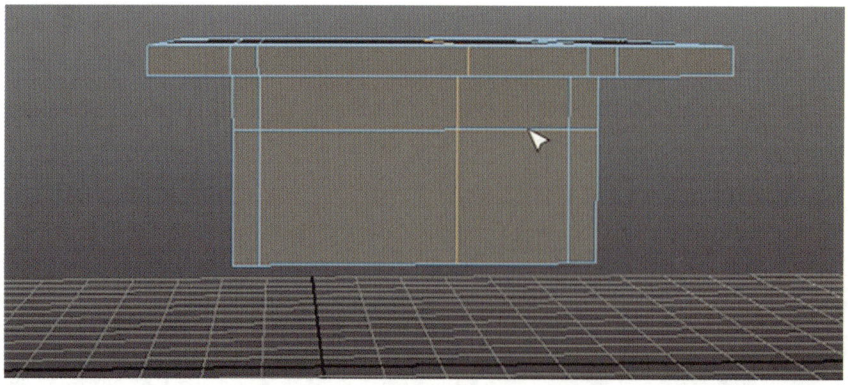

图 3-26

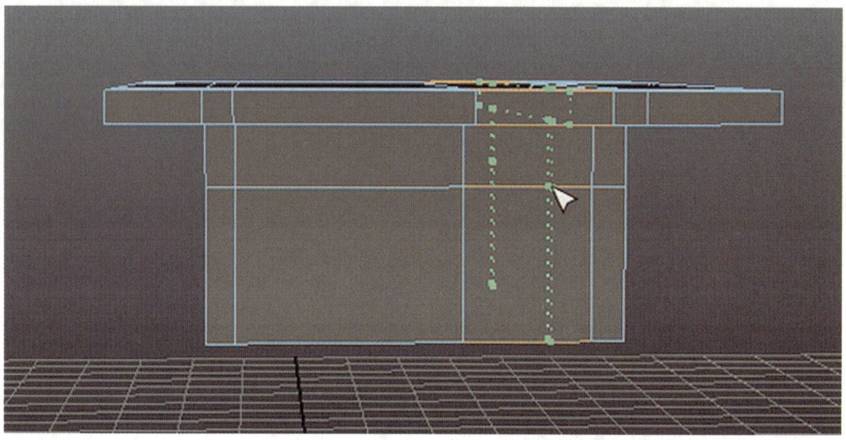

图 3-27

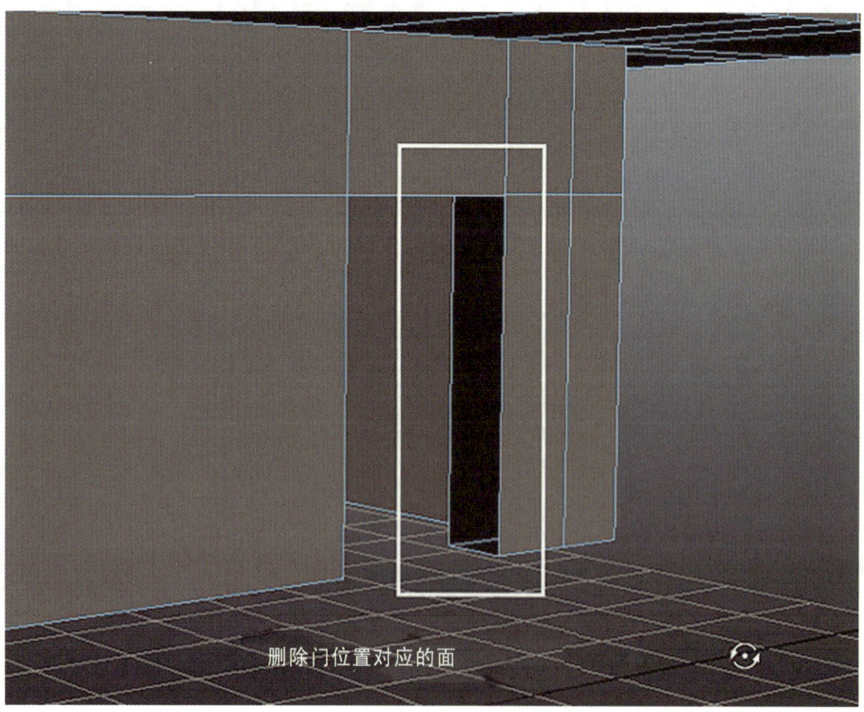

图 3-28

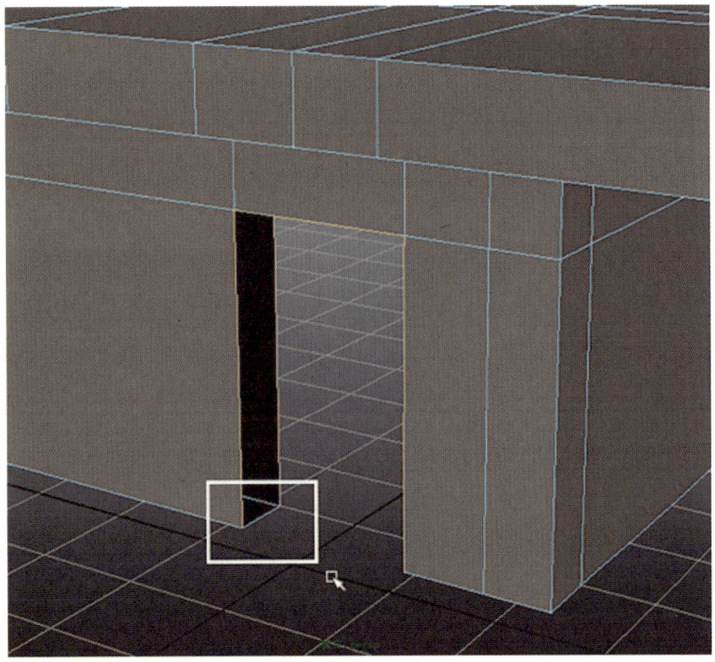

图 3-29

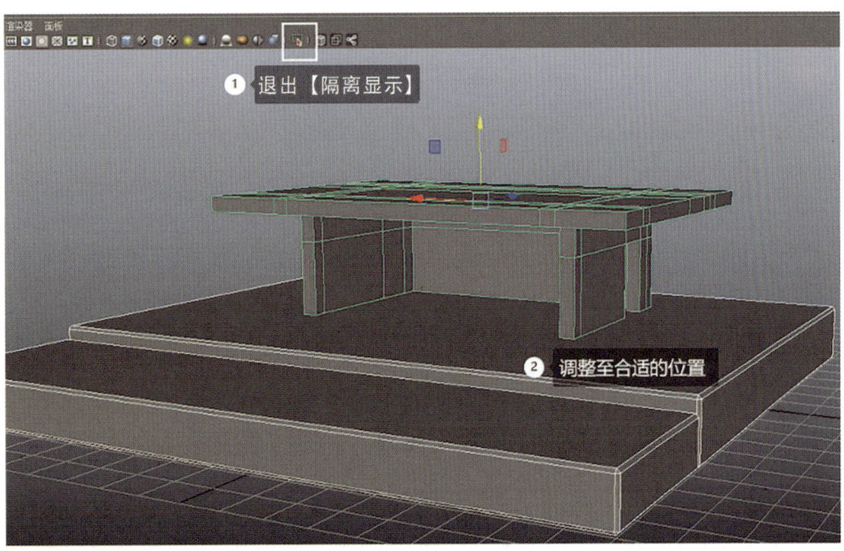

图 3-30

本节涉及的【插入循环边】、【挤出】工具详解见本书最后活页设计部分。

3.2.3 二层小楼模型制作

屋顶的制作难度在于窗户反复的挤出操作，需要熟悉【挤出】工具的使用。

(1) 选中第一层楼的模型，按【激活曲面】工具，可以将被激活的对象表面当成栅格面，在上面创建模型，省去对齐步骤，如图 3-31、图 3-32 所示。在第一层楼上创建完模型后关闭【激活曲面】，将模型调整至需要的位置。

(2) 在【对象模式】下按住＜Shift＋鼠标右键＞，在调出的菜单中选择【插入循环边】工具，插入 3 条循环边，如图 3-33 所示。

二层小楼模型制作视频

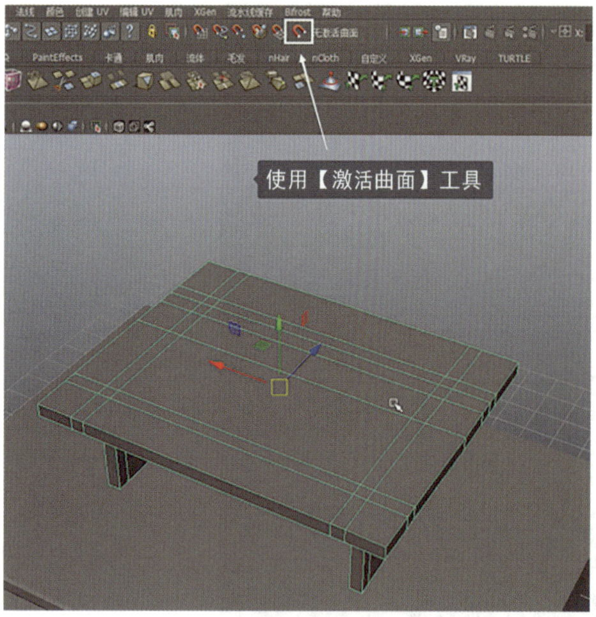

图 3-31

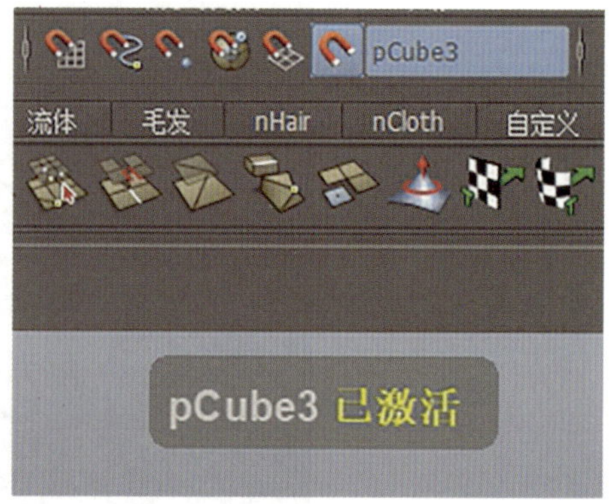

图 3-32

图 3-33

（3）进入【面】层级，选中门位置的对应面，执行【挤出面】操作，沿着 Z 轴向里拖动，挤出一个门框的厚度，如图 3-34 所示。橙黄色高亮显示面需要被删除，单击<Delete>键进行删除，如图 3-35 所示。

（4）再次使用【插入循环边】工具，在两个侧面分别添加循环边，定义出两侧窗户的位置和高度，窗户顶高度大致与门框一致，如图 3-36 所示。

（5）进入【面】层级，分别对 A、B 两个面执行【挤出面】操作，均沿着 Z 轴向内移动，如图 3-37、图 3-38 所示。

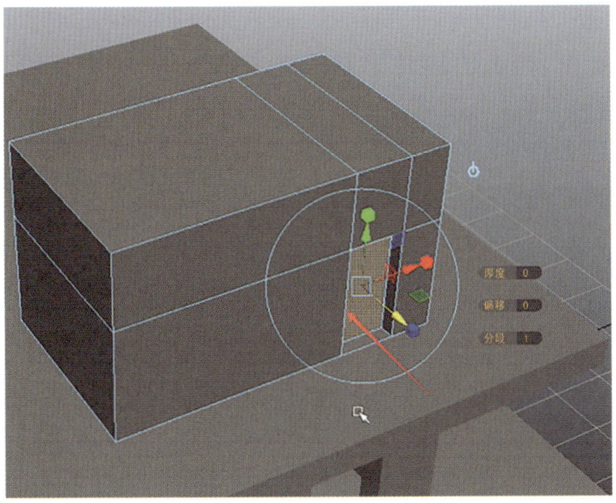

图 3-34

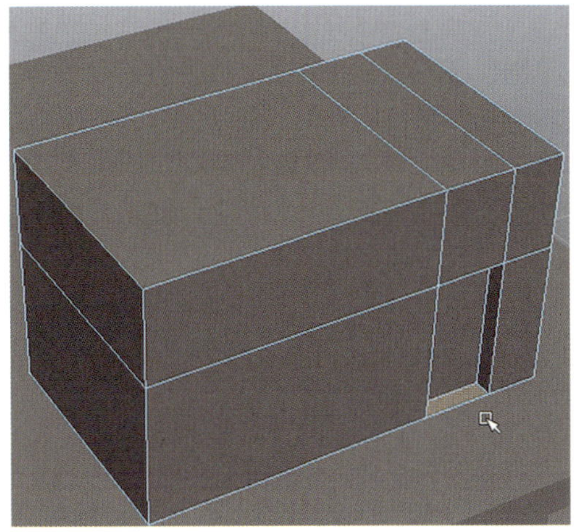

图 3-35

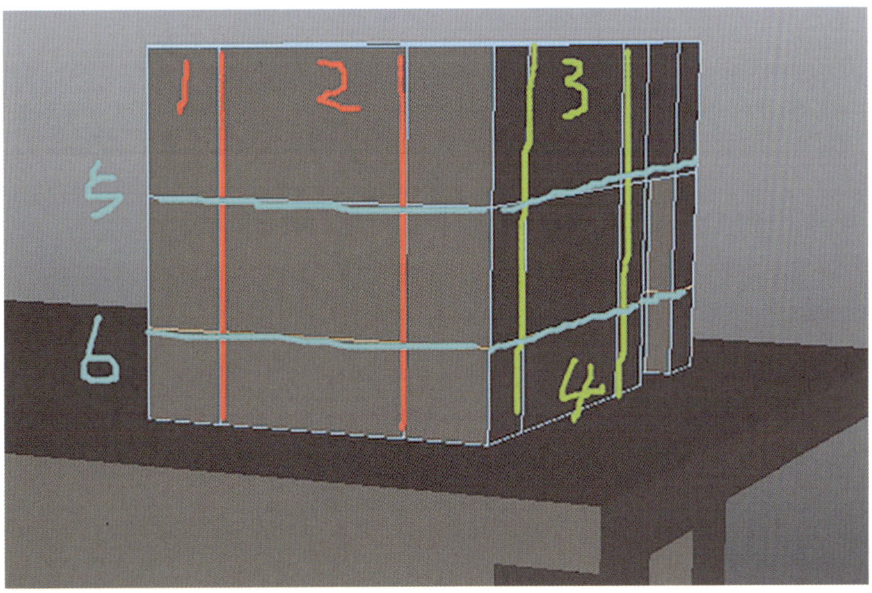

图 3-36

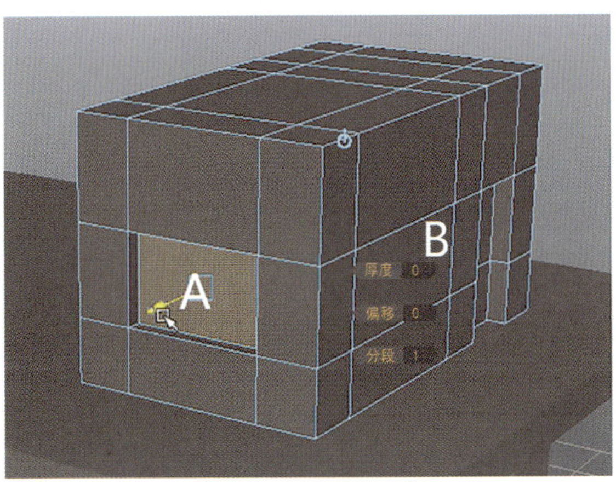

图 3-37

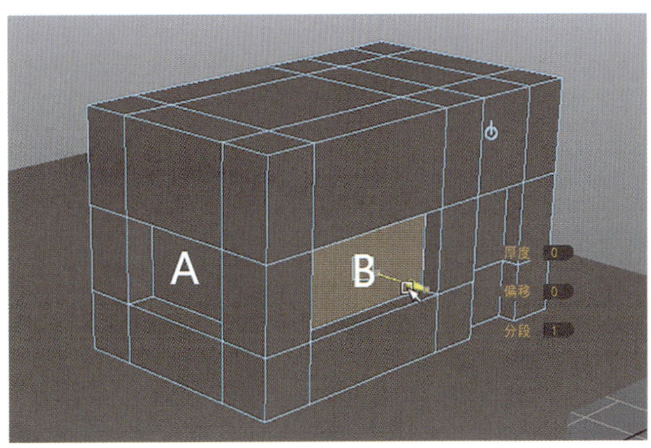

图 3-38

(6) 进入【面】层级，选中 A 面再次执行【挤出面】操作。与之前不同的是，这次我们不再拖动箭头进行 Z 轴向的位移，而是使用挤出工具中操纵杆的缩放挤出，因此需要单击挤出工具操纵杆上面箭头顶端的方块进行切换，如图 3-39 所示。然后，单击左下角的小方框，可以在 X、Y 轴上进行等比缩放，如图 3-40 所示。

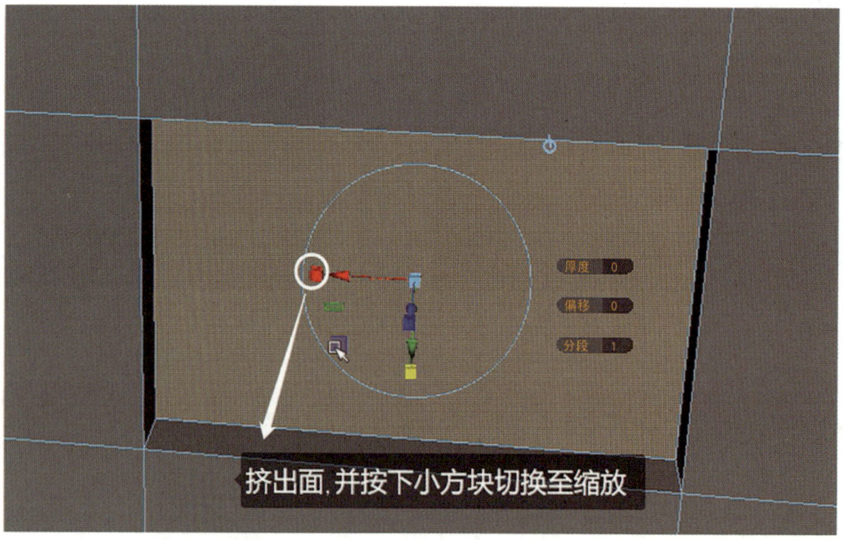

图 3-39

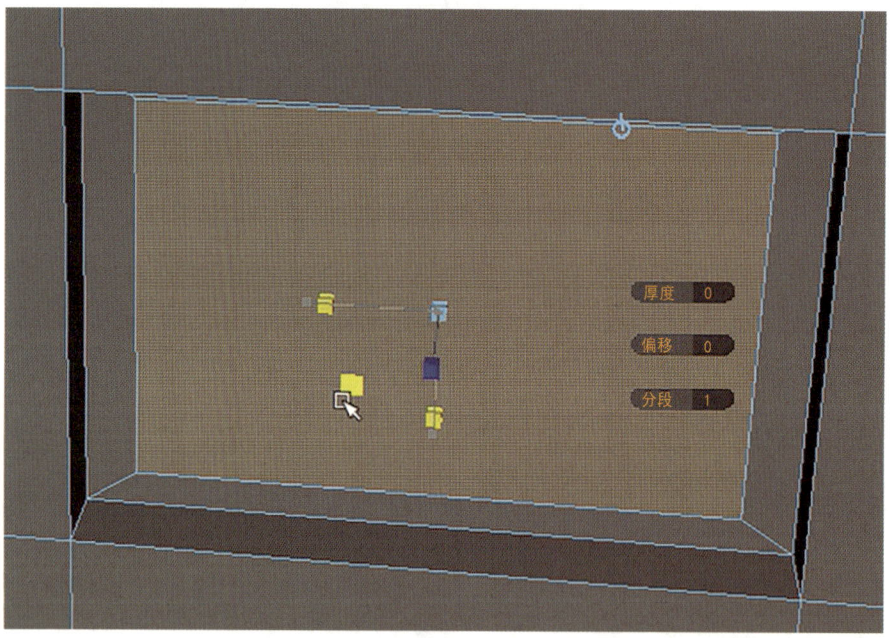

图 3-40

(7) 在已选择的面上继续进行【挤出面】操作，沿着 Z 轴往内推，得到窗框的厚度，如图 3-41 所示。另外一侧的窗户也执行同样的操作，如图 3-42 所示。

(8) 再次使用【插入循环边】工具，单击【插入循环边】后面的“□”，进行工具的设置，选择【多个循环边】，并将【循环边数】改为“2”，在窗户的位置插入 2 条循环边，定义出每扇窗的宽度，如图 3-43 所示。

(9) 切换至【四视图】，进入【点】层级，选中图 3-44、图 3-45 中的顶点，使用【缩放】工具将这些顶点压平进行对齐。在侧视图里也进行同样的操作。

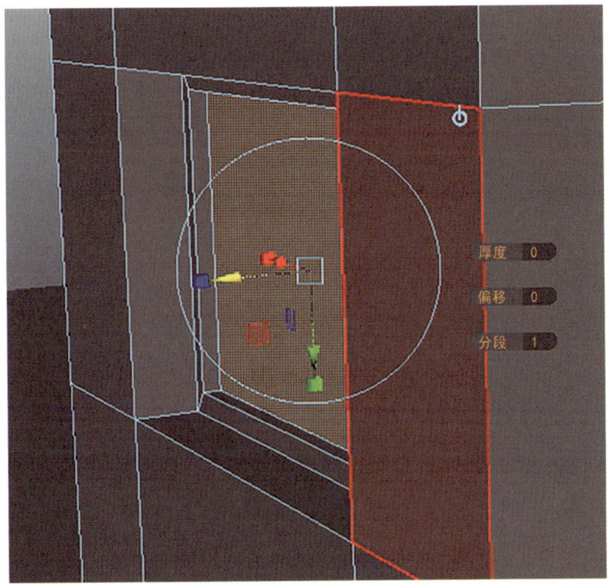

图 3-41

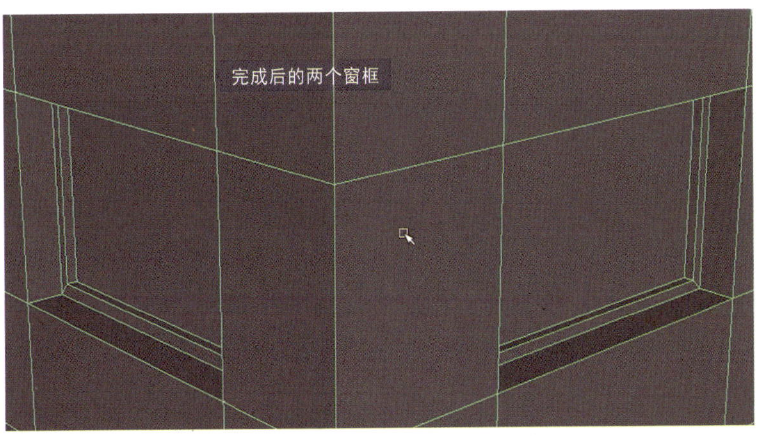

图 3-42

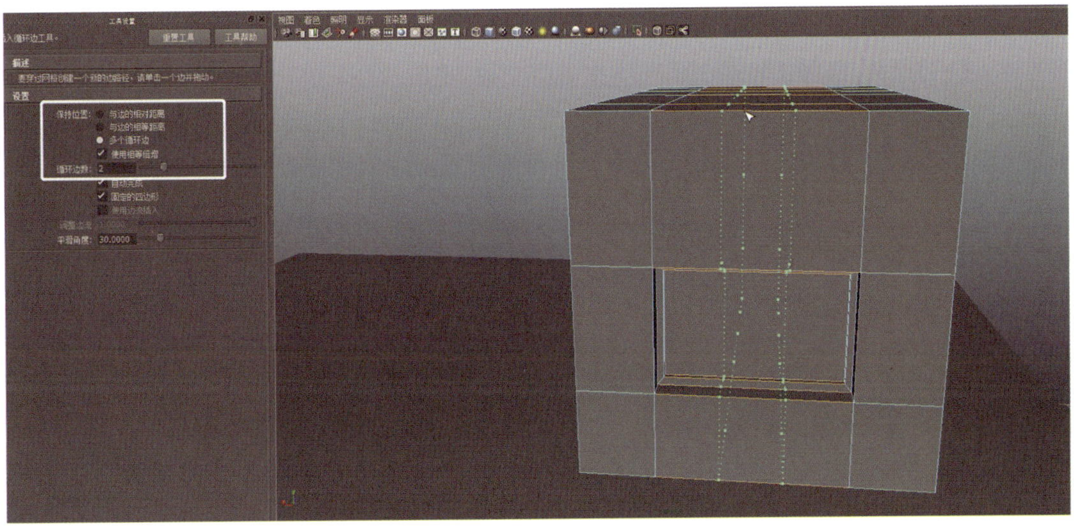

图 3-43

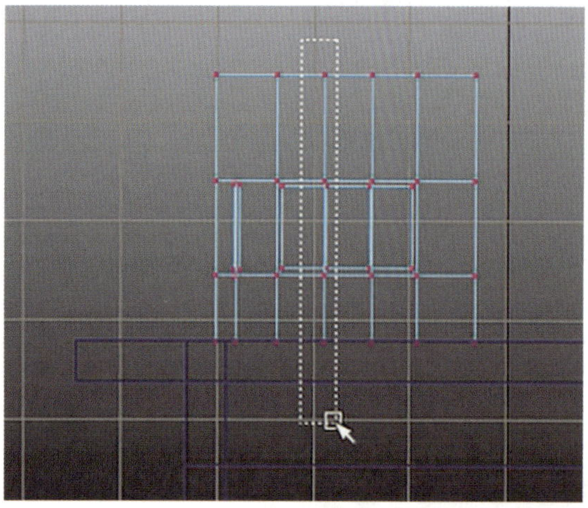

图 3-44

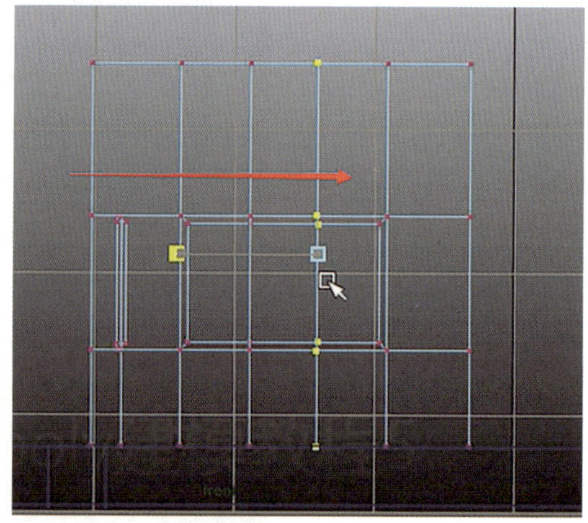

图 3-45

注意：在三维软件中，使用【缩放】工具是很常用的对齐方式。

(10) 回到【透视图】，将【插入循环边】工具恢复至初始设置，添加窗框的循环边，另一侧的窗户也执行同样的操作，如图 3-46、图 3-47 所示。

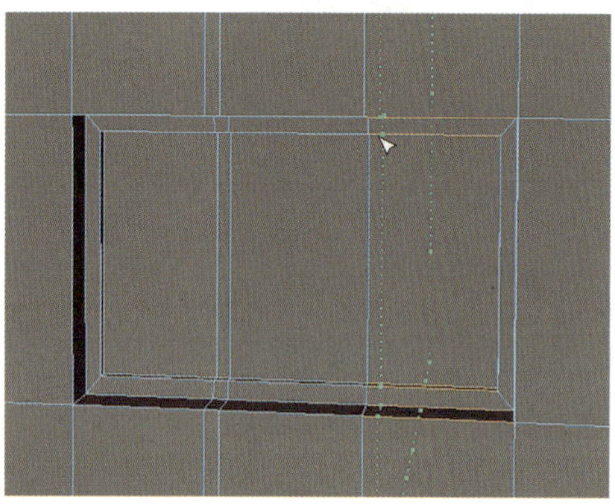

图 3-46

图 3-47

(11) 进入【面】层级，选择图 3-48、图 3-49 中的四个面，单击<Delete>键进行删除。

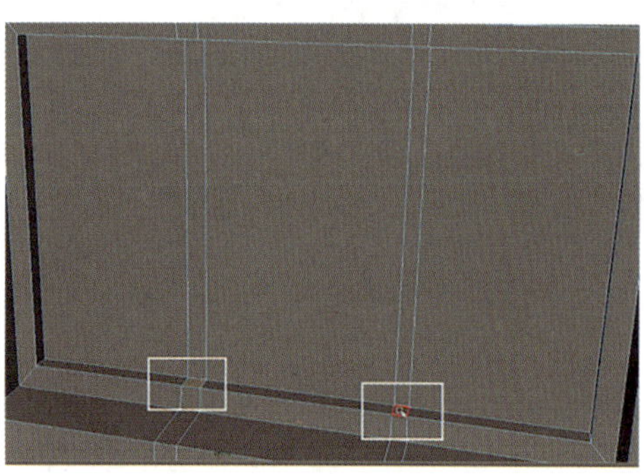

图 3-48

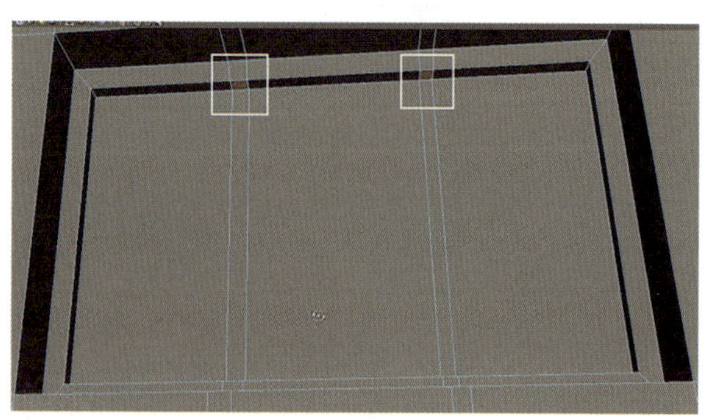

图 3-49

(12) 对选中的窗框面执行【挤出面】操作，切换至【世界坐标】，如图 3-50 所示。将门框沿着 Z 轴拖动，挤出至与刚才删除的面基本重合的位置，如图 3-51 所示。

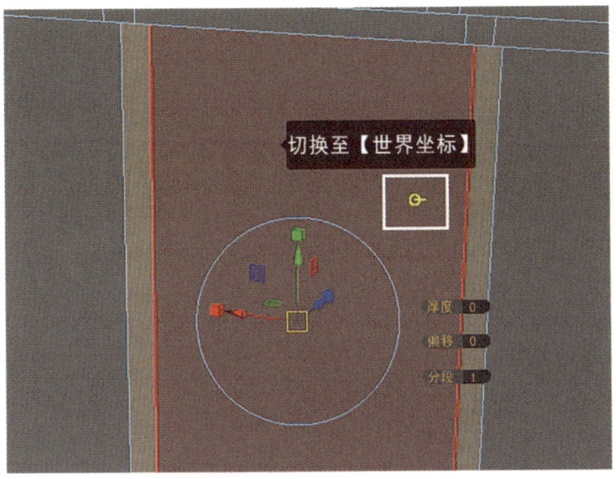

图 3-50

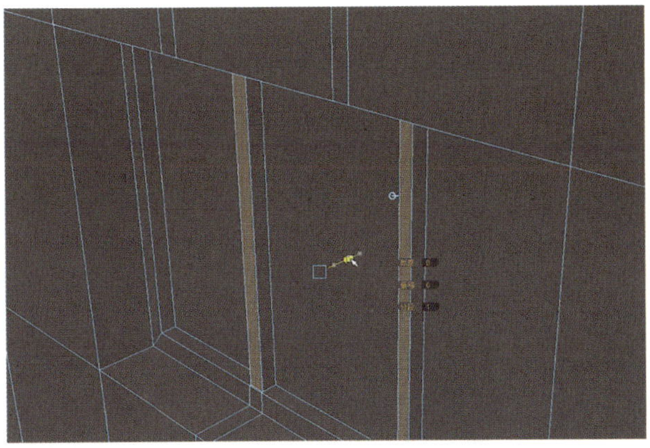

图 3-51

(13) 回到【顶点】层级，框选出窗框整个区域的顶点，如图 3-52 所示，按住<Shift+鼠标右键>，在调出的菜单中选择【合并顶点】→【合并顶点】，单击【合并顶点】右边的“□”，设置【阈值】，如图 3-53 所示。【阈值】默认情况下为“0.0100”，而小于这个“阈值”的点将发生合并，这里我们将数值修改为“0.0800”(小于这个距离的点将被合并为一个顶点)。

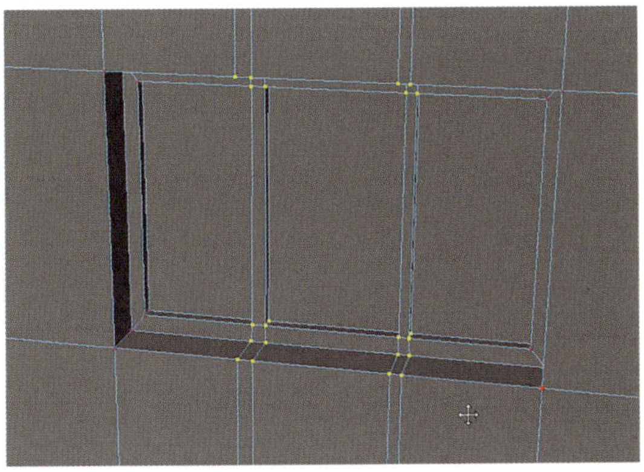

图 3-52

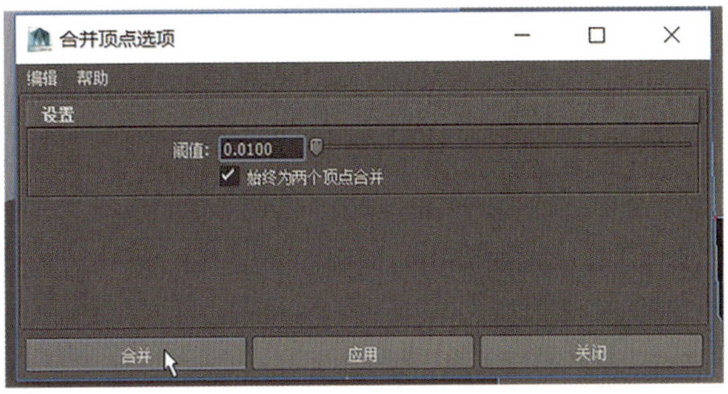

图 3-53

(14) 在【对象模式】下，在立方体的偏上位置使用【插入循环边】工具插入 1 条循环边，制作屋顶的平面部分，如图 3-54 所示。进入【面】层级，选择上面的一圈循环面，执行【挤出面】操作。为了方便观察，这时可以切换到【四视图】。将挤出工具切换为【世界坐标】并单击操纵杆上的方块，切换为缩放操纵，并沿着 X、Z 轴方向进行挤出，如图 3-55 所示。

(15) 最后在【四视图】内调整一下细节，如图 3-56 所示。

3.2.4 类似小楼的复制和编辑

类似小楼模型制作视频

(1) 三楼的部分与前面制作的小楼形状大同小异，可以使用快捷键<Ctrl+D>进行复制操作。切换至【四视图】，将复制的三楼使用【移动】工具调整至准确位置，如图 3-57 所示。

(2) 完成顶楼凹槽部分的制作。进入【面】层级，切换至【顶视图】，选中顶上的这个面，随后按住<Ctrl>键减选不需要的面，也可以通过【缩放】工具来调整面的大小，如图 3-58 所示。对已经选中的面执行【挤出面】操作，切换至【世界坐标】，沿着 Y 轴向下拉，完成下沉式屋顶制作，如图 3-59 所示。

(3) 制作侧面的房子。同样也是选中之前制作的小房子，使用快捷键<Ctrl+D>复制后，沿着 X 轴移动至另外一侧，如图 3-60 所示。

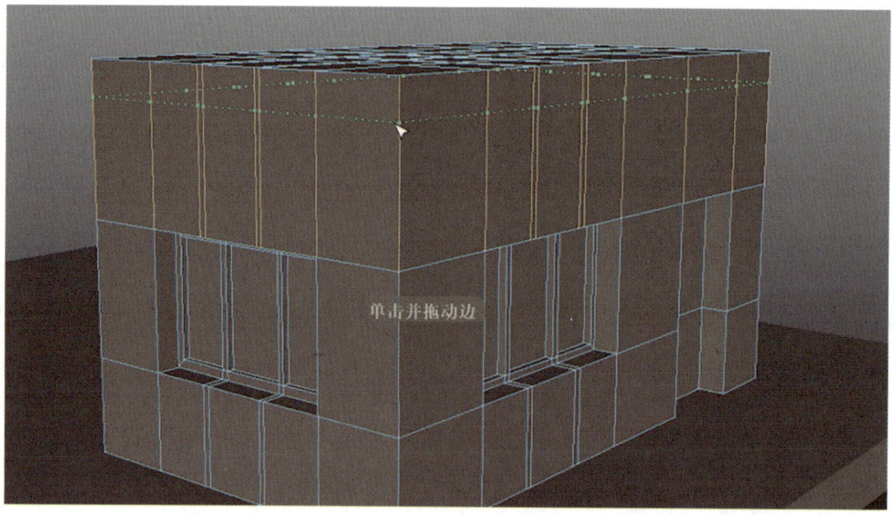

图 3-54

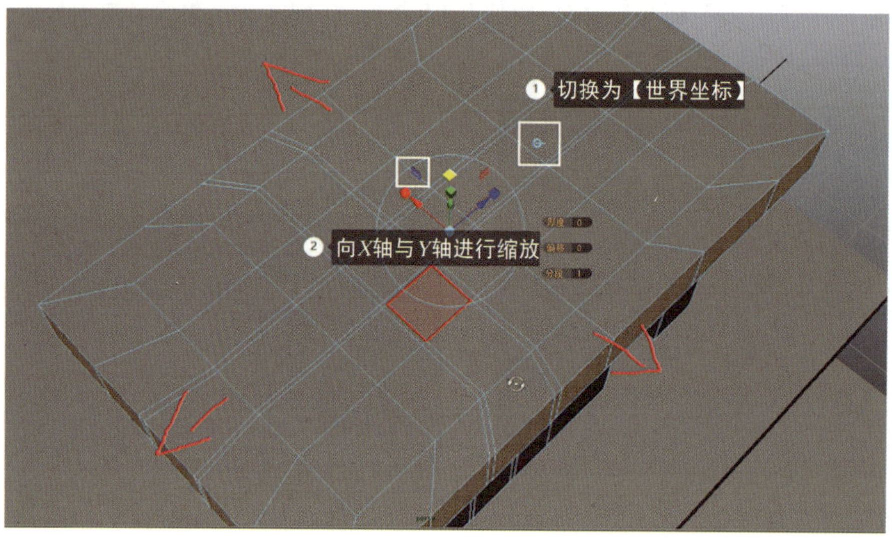

图 3-55

图 3-56

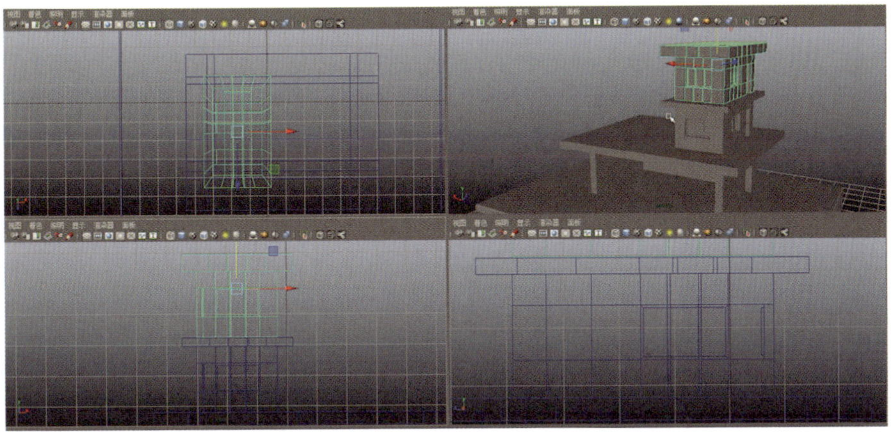

图 3-57

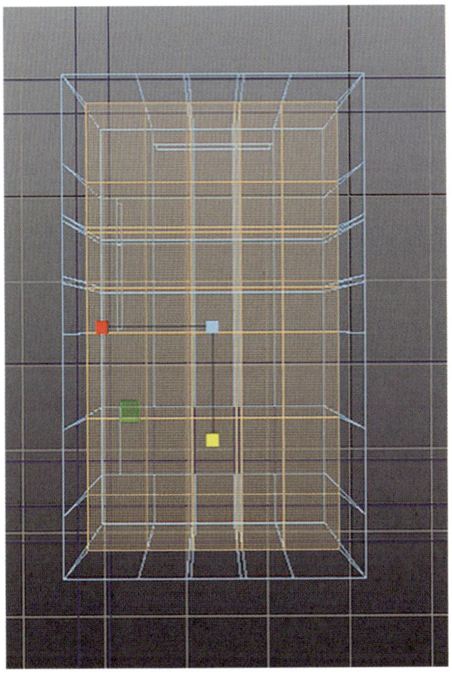

图 3-58

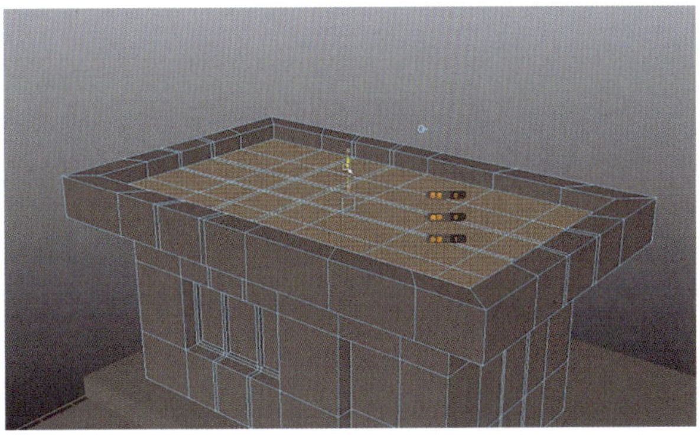

图 3-59

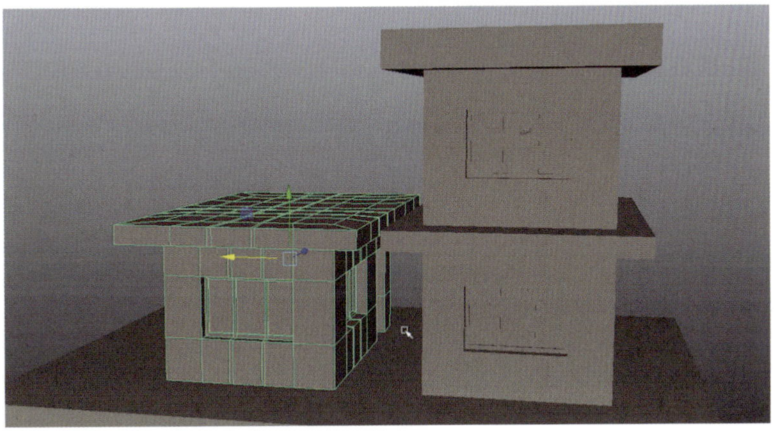

图 3-60

(4) 拖动出来的房子仅仅是项目图片中的左半边，因此还需要复制出另外一边。单击【编辑】菜单→【特殊复制】命令右边的“□”，在【特殊复制选项】中设置，如图 3-61 所示。【几何体类型】选择【复制】，【缩放】的 X 方向数值(缩放行的第 1 个数值)修改为“-1.0000”。

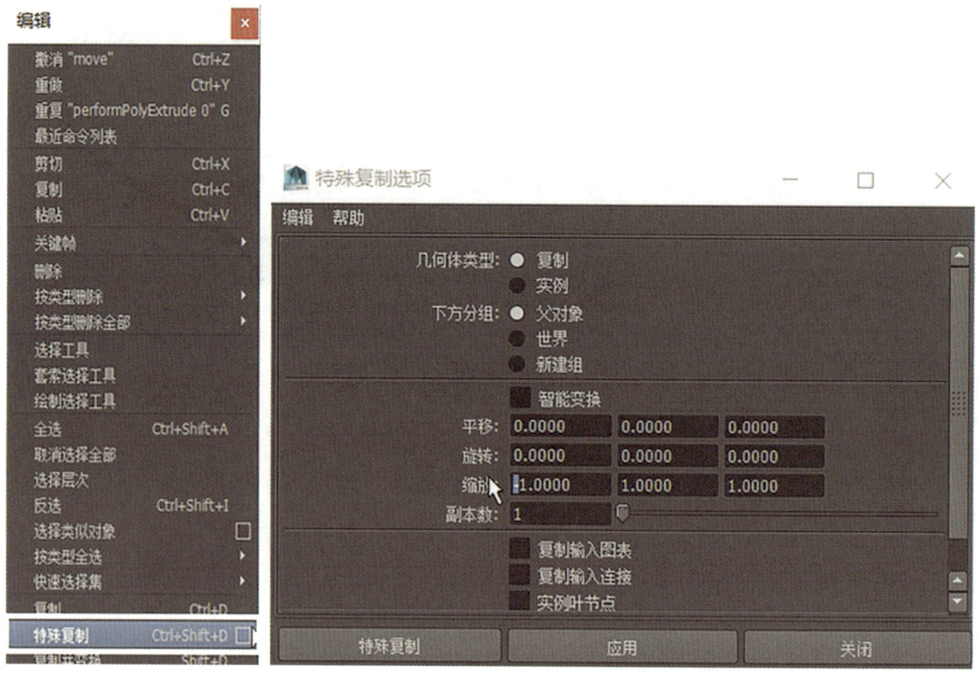

图 3-61

(5) 应用后，将复制完成的物体拖动出来。(由于 Maya 新老版本的不同，老版本的 Maya 会翻转法线，导致整个复制出来的房子是黑色的。如果出现这个情况，就进入【面】层级选中所有的面，按住<Shift+鼠标右键>，找到【面法线】下的子命令【翻转法线】命令。)

为了方便编辑，可将两个物体进行隔离显示(快捷键<Ctrl+1>)。

进入【面】层级，将不需要的面删除，可以按住<Ctrl>键减选需要的面，选中的面如图 3-62、图 3-63所示。单击<Delete>键将选中的面删除。

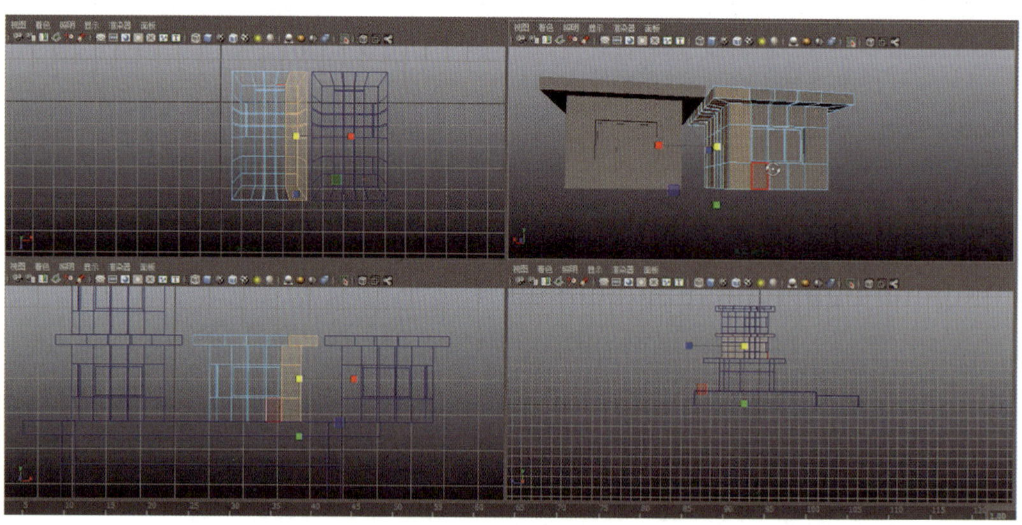

图 3-62

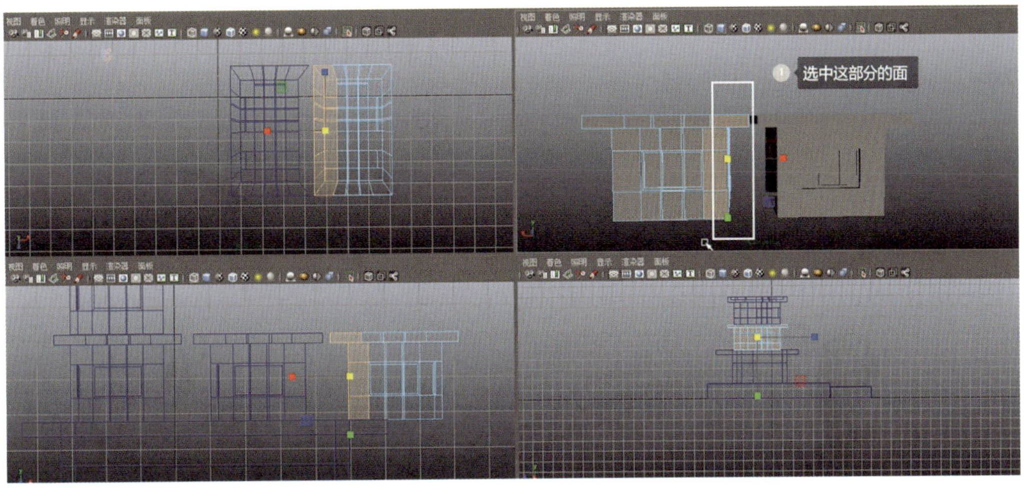

图 3-63

(6) 进入【顶点】层级，将两端不平整的顶点使用【缩放】工具进行调整，如图 3-64 所示。

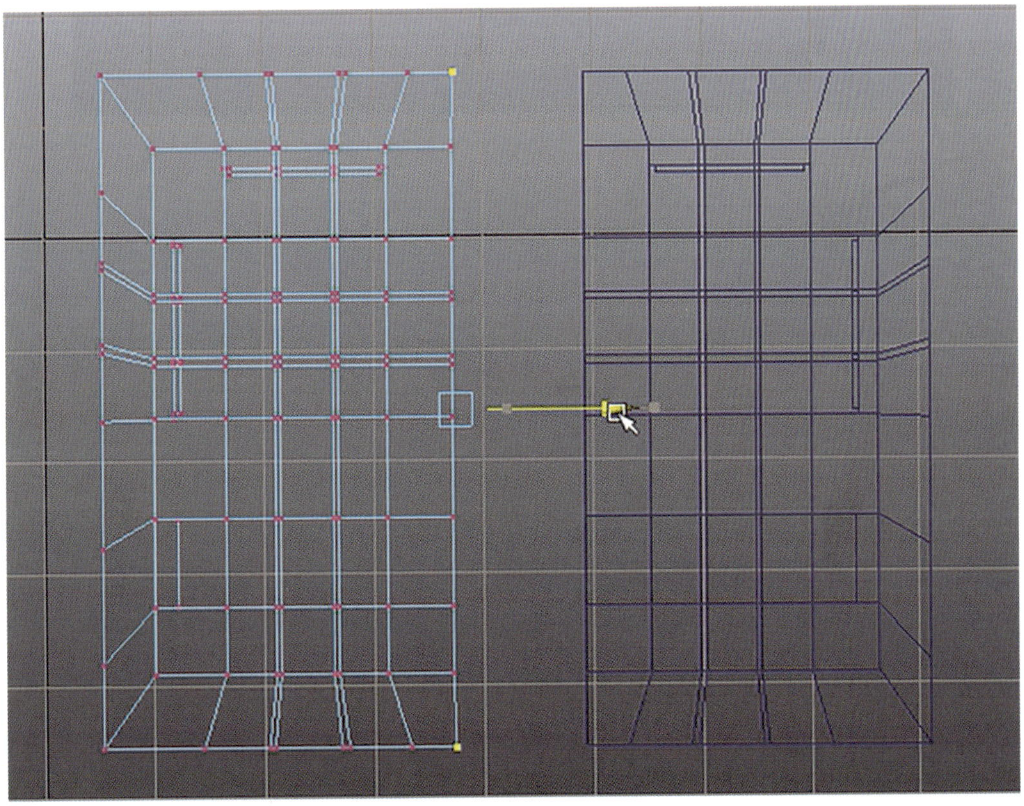

图 3-64

(7) 将两座房子移动到一起，在【对象模式】下选中两个对象，按住<Shift+鼠标右键>，执行【结合】命令，如图 3-65 所示。

(8) 在【顶视图】中进入【顶点】层级，选中两个房子中间相交的顶点，使用【缩放】工具将顶点沿着 X 方向压平整，如图 3-66 所示。保持这些顶点的选中状态，按住<Shift+鼠标右键>，在调出的菜单中选择【合并顶点】→【合并顶点】，操作如图 3-67、图 3-68 所示。

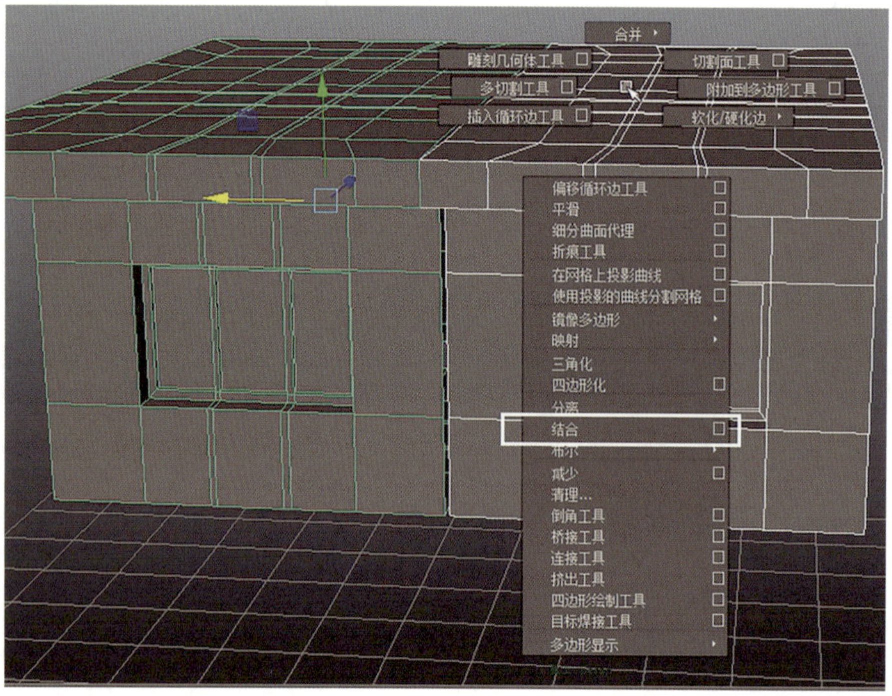
合并
雕刻几何体工具
切割面工具
多切割工具
附加到多边形工具
插入循环边工具
软化/硬化边
偏移循环边工具
平滑
细分曲面代理
折痕工具
在网格上投影曲线
使用投影的曲线分割网格
镜像多边形
映射
三角化
四边形化
分离
结合
布尔
减少
清理...
倒角工具
桥接工具
连接工具
挤出工具
四边形绘制工具
目标焊接工具
多边形显示

图 3-65

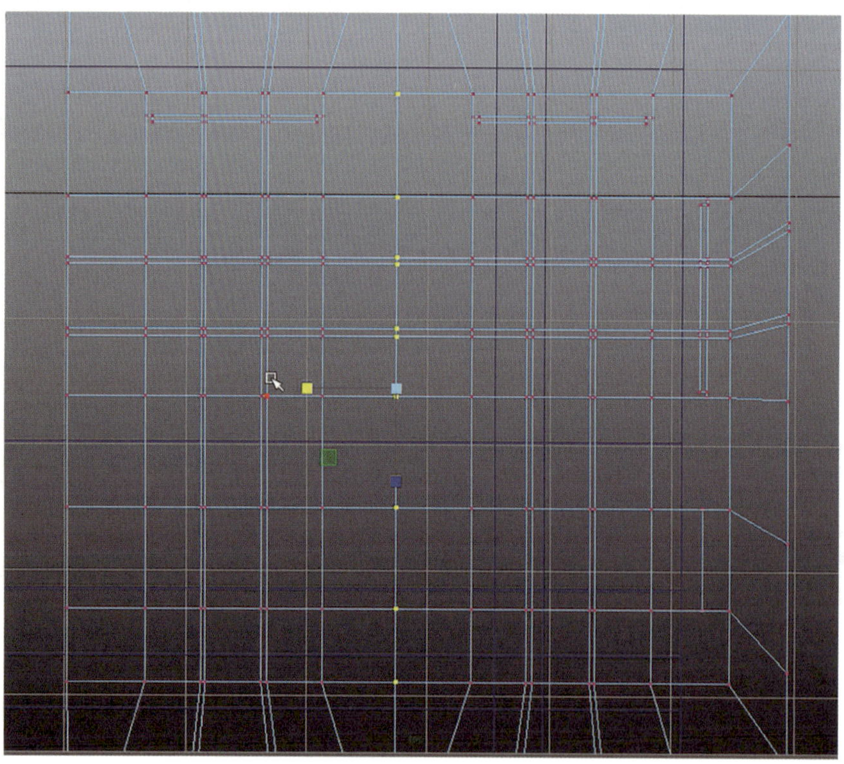

图 3-66

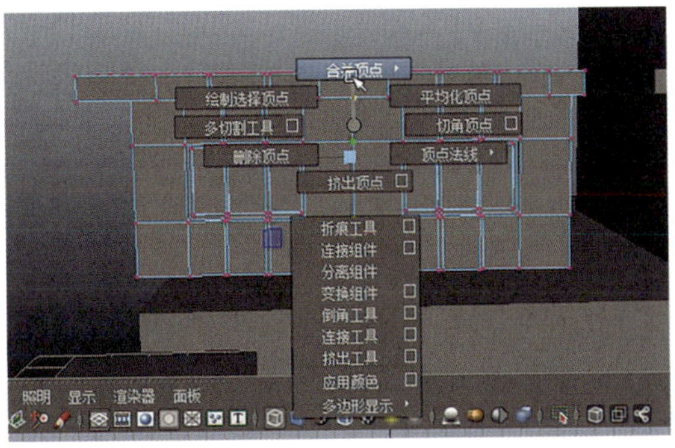

图 3-67

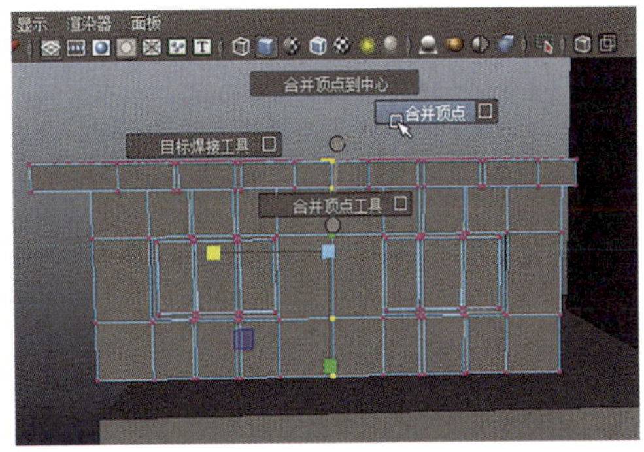

图 3-68

(9) 进入【边】层级，双击中间的边，如图 3-69 所示，按住<Shift＋鼠标右键>，选择【删除边】命令来删除，如图 3-70 所示。

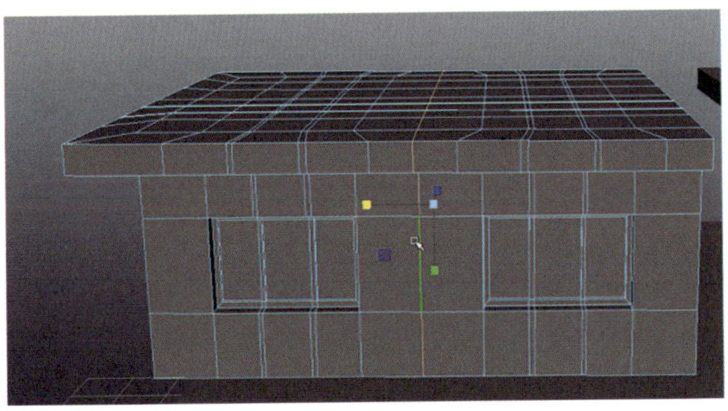

图 3-69

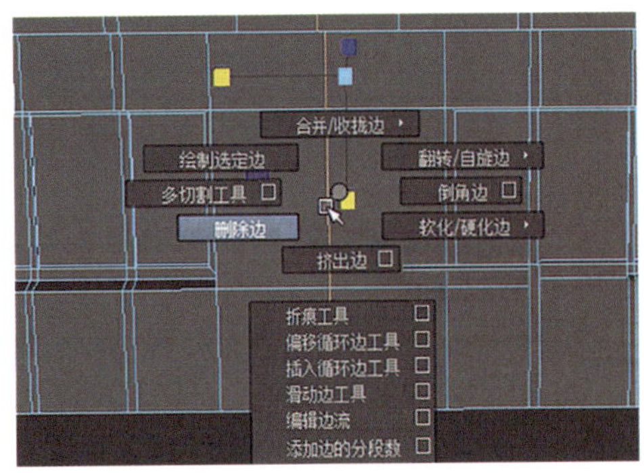

图 3-70

注意：边的删除与面的删除不同，不能直接选中后单击<Delete>键删除。

(10) 进入【顶点】层级，选中左侧的顶点，通过【移动】工具对顶点进行调整，将左侧房子整体向右移，如图 3-71 所示。并通过【修改】菜单下的【居中枢轴】命令将枢轴位置调整到房子的中心，对房子的位置进行细节调整，如图 3-72 所示。

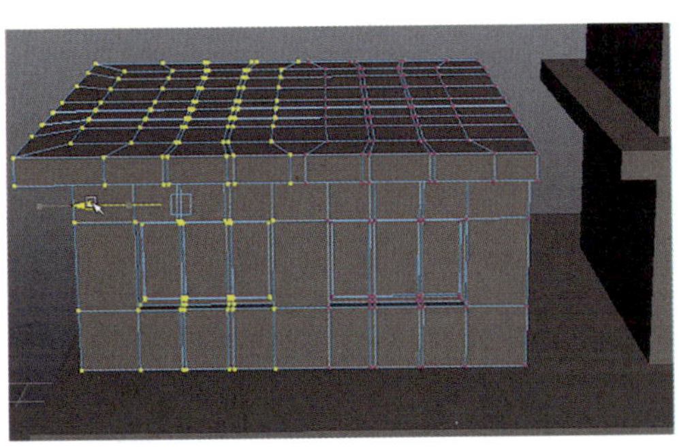

图 3-71

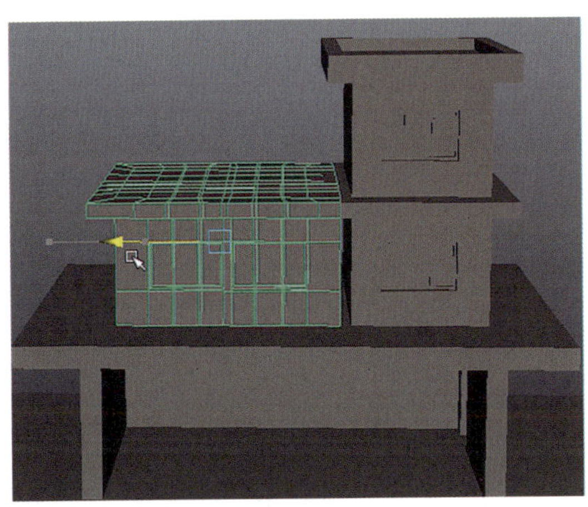

图 3-72

(11) 由于房顶的两边有交叉的面，如图 3-73 所示，这种情况在后续渲染过程中会出问题，因此要删除多余的面。为了方便操作，可以进入【隔离显示】模式，进行线框和实体共同显示。

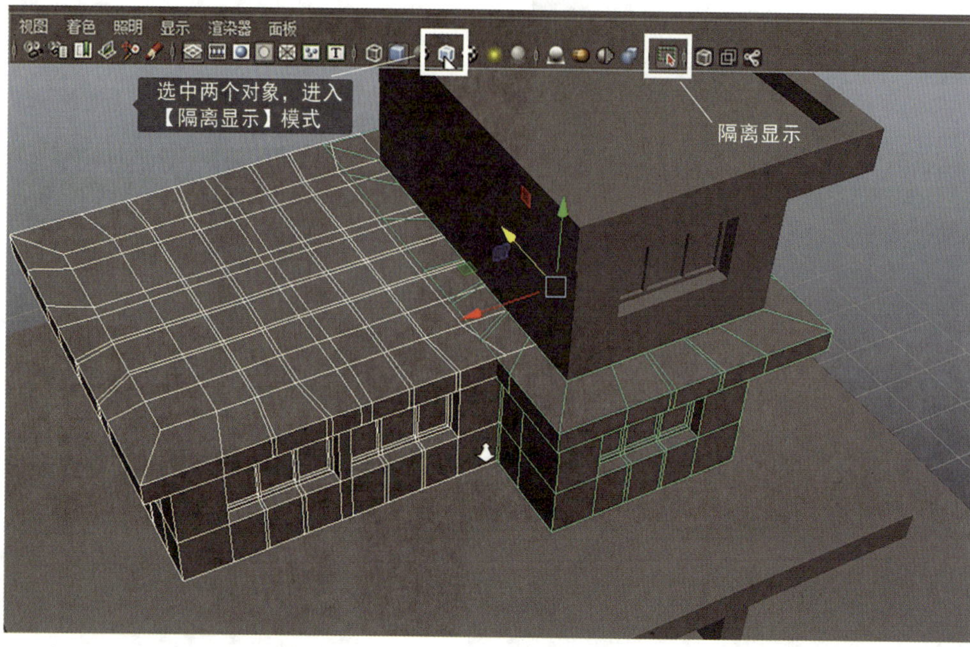

图 3-73

在【顶视图】中进入【面】层级，将左边小楼交错的面选中，如图 3-74 所示，单击<Delete>键进行删除。进入【顶点】层级，将图 3-75 中的顶点移动至另外一幢小楼的边缘对齐的位置。单个顶点的点的对齐可以使用快捷键<V>开启【点捕捉】，全部完成后，退出【隔离显示】。

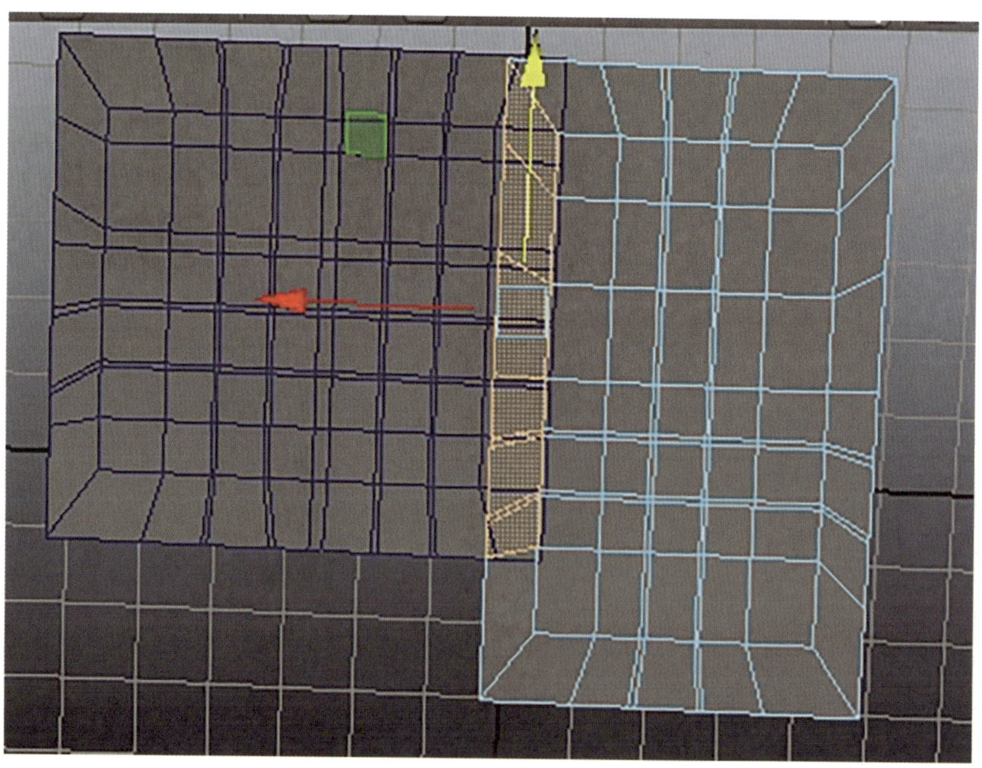

图 3-74

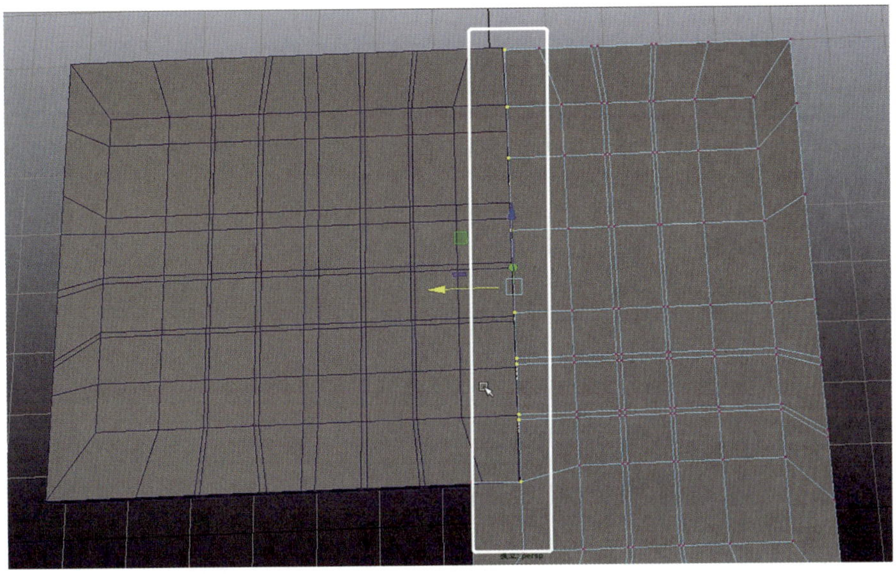

图 3-75

3.2.5 天台和阳台模型制作

天台和阳台模型制作视频

(1) 选择二楼左侧的房间，单击【激活对象】，即可以将被激活对象视作栅格，直接在上面创建物体(被激活对象将无法编辑，线框呈现深绿色)，如图 3-76 所示。

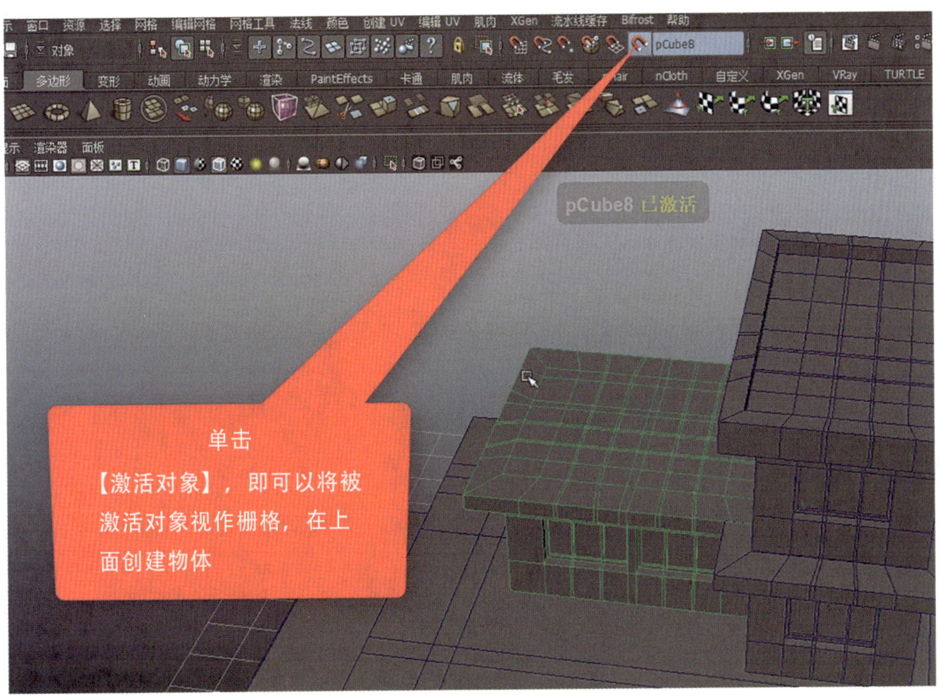

图 3-76

(2) 在被激活的二楼左侧房间上面创建一个立方体，关闭【激活对象】命令。并在刚创建好的立方体中间偏上位置按住<Shift+鼠标右键>，在调出的快捷菜单中单击【插入循环边】命令，插入一圈循环边，如图3-77 所示。

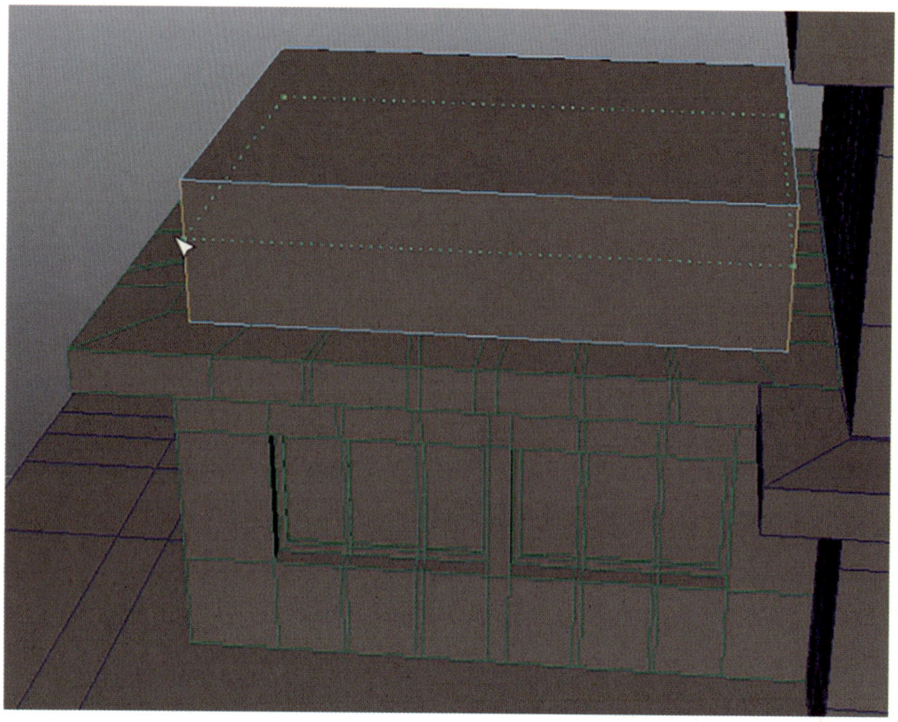

图 3-77

(3) 进入【面】层级，选中上方一圈循环面，使用＜Shift＋鼠标右键＞执行【挤出面】操作，并沿 Z 轴向外拖曳，挤出天台的护栏厚度，如图 3-78 所示。完成后，进入【顶点】层级，调整点的位置，以更加贴近样图。

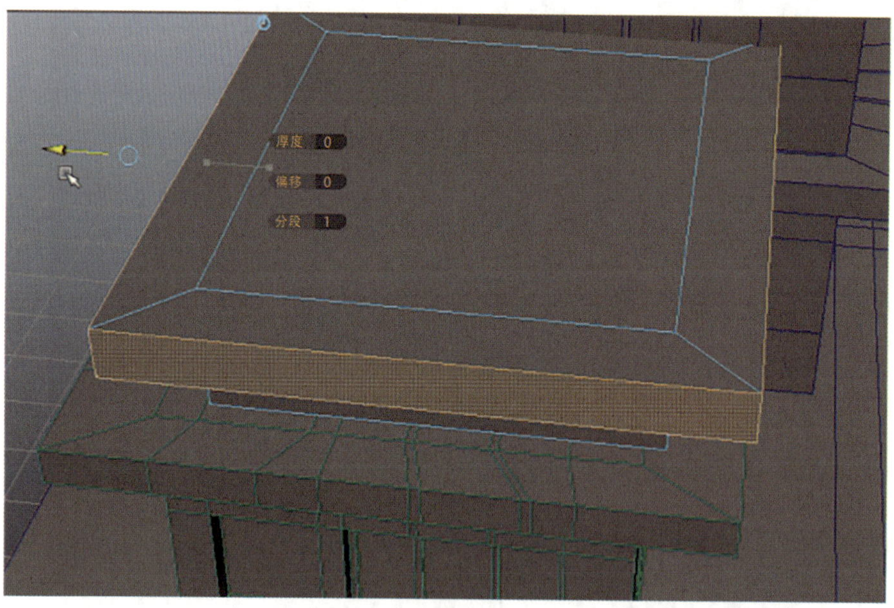

图 3-78

(4) 选中顶面中间的面，使用＜Shift＋鼠标右键＞执行【挤出面】操作，并沿 Z 轴向下拖曳，挤出天台的护栏高度，如图 3-79 所示。

(5) 创建一个新的立方体并移动到阳台的位置，可以在【四视图】中进行位置和大小的微调，如图 3-80 所示。

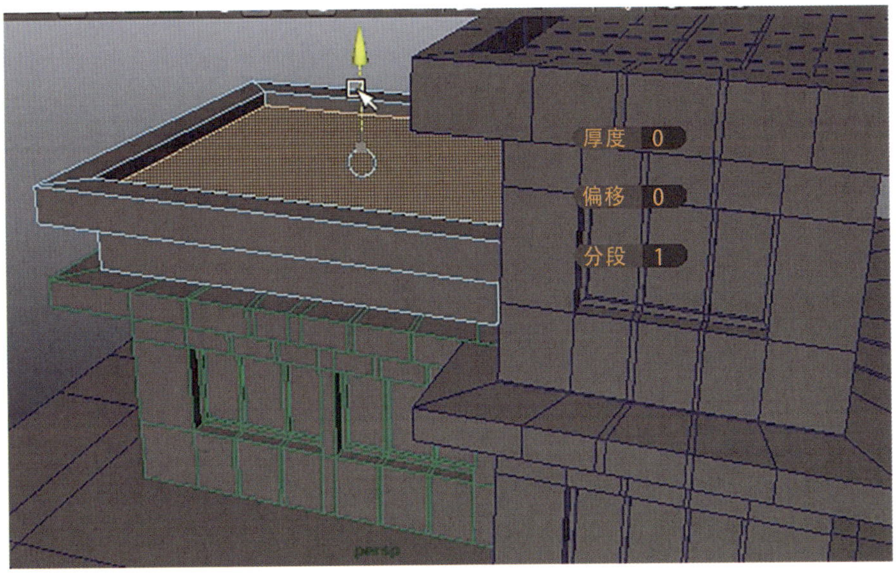

图 3-79

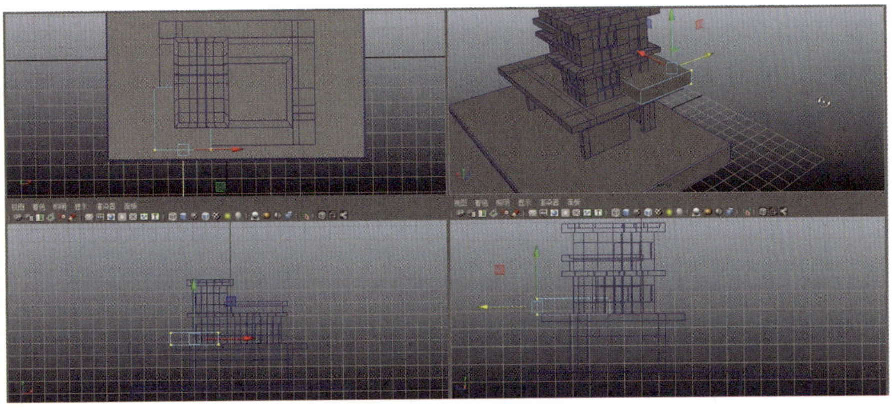

图 3-80

(6) 进入【面】层级，选中该立方体的顶面，使用<Shift+鼠标右键>执行【挤出面】操作，单击操纵杆切换至缩放手柄，在 XZ 平面上进行缩放制作栏杆的厚度，如图 3-81 所示。保持面的选中状态，使用<Shift+鼠标右键>执行【挤出面】操作，并沿 Z 轴向下拖曳，挤出阳台的护栏高度，如图 3-82 所示。

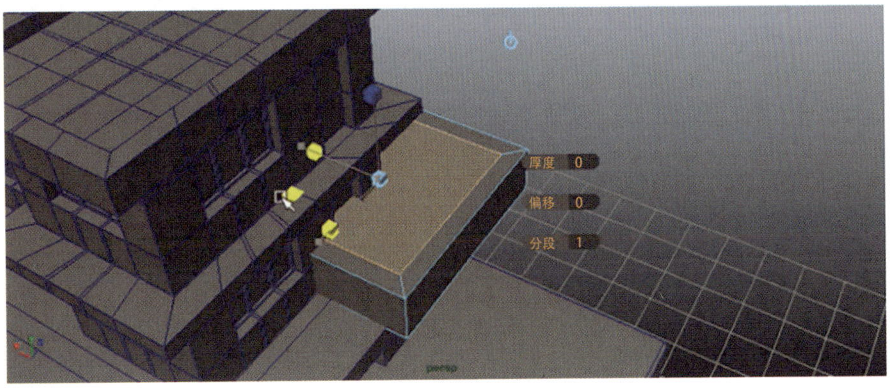

图 3-81

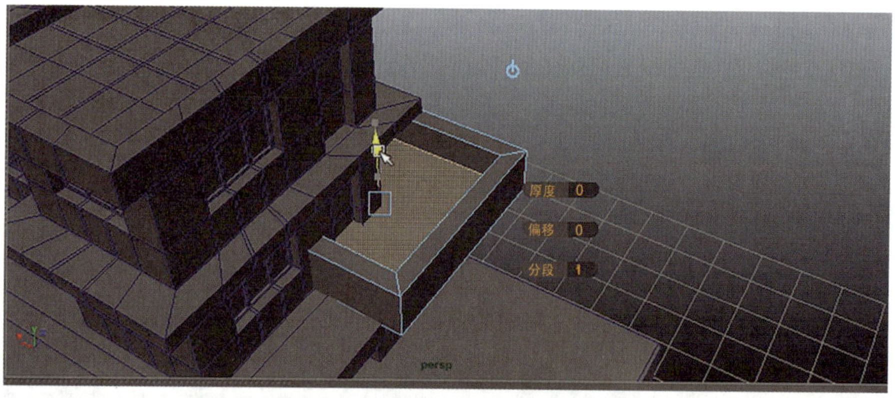

图 3-82

本节涉及的【合并顶点】、【特殊复制】工具详解见本书最后活页设计部分。

3.2.6 雨棚模型制作

之前普遍使用的是从一个大立方体通过加线丰富细节的方式来建立模型，这是一种从整体到局部的制作思路。雨棚制作与此不同，它是从一个局部面片开始制作的，通过执行【挤出边】操作、调整顶点位置等让模型变得立体，这是一个从局部到整体的建模思路。

(1) 在【前视图】中使用【多边形平面】工具(图 3-83)，创建一个雨棚大小的面片后，在右侧通道栏中将创建面片的【细分宽度】数值调整为“12”，如图 3-84 所示。

图 3-83

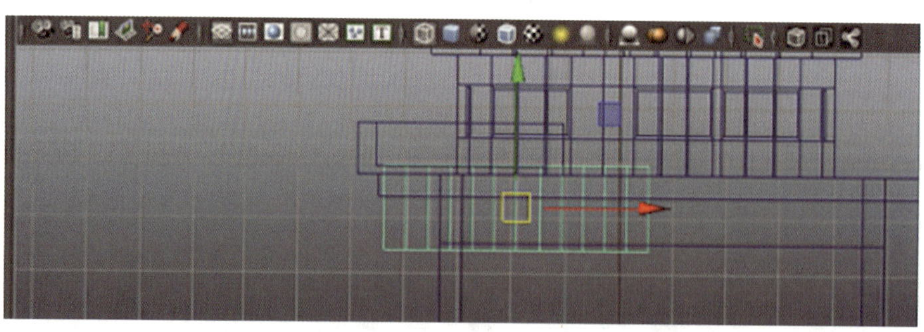

图 3-84

(2) 进入【顶点】层级，使用【移动】工具进行细调。每隔一个点选中两个点，沿着 Y 轴向下拖动，如图 3-85 所示。进入【对象模式】，使用快捷键<Ctrl+D>复制出两个相同的雨棚，并向右移动至合适的位置，将三个雨棚拼接成一个长的雨棚，如图 3-86 所示。

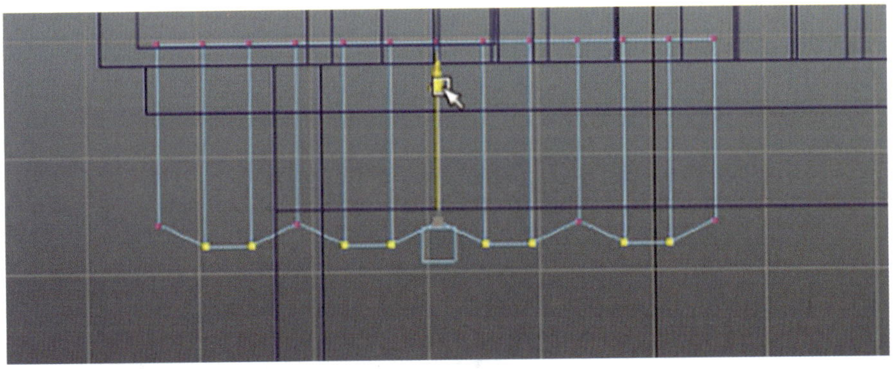

图 3-85

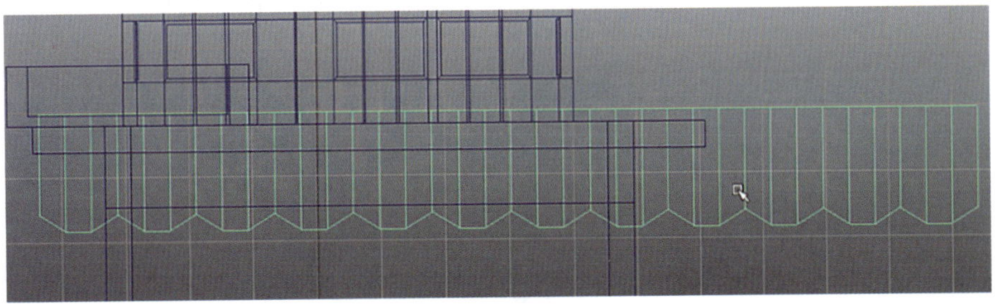

图 3-86

(3) 选中三个雨棚,使用<Shift+鼠标右键>执行【结合】命令,使得三个雨棚成为一个对象。进入【顶点】层级,使用【缩放】工具进一步对齐两处接缝的顶点,使用<Shift+鼠标右键>执行【合并顶点】下的【合并顶点】子命令。

(4) 在【修改】菜单下执行【居中枢轴】命令,然后在【顶点】层级调整雨棚的高度,在【对象模式】调整雨棚的大小,放置到合适位置,如图 3-87 所示。

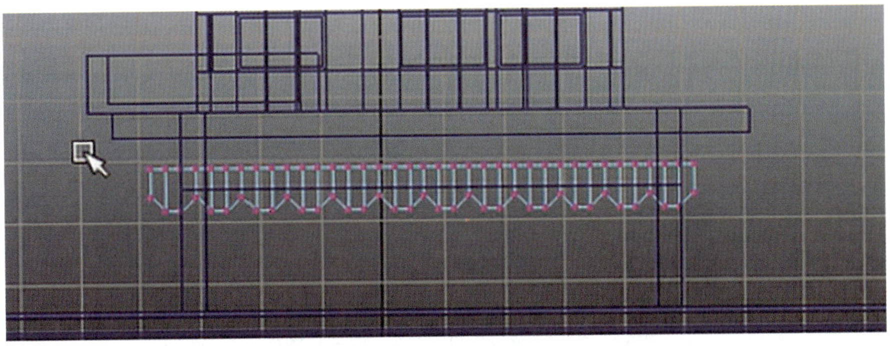

图 3-87

(5) 进入【边】层级,选中最上沿的边,按住<Shift+鼠标右键>执行【挤出边】命令,沿着 Z 轴向后方拖动,挤出雨棚的宽度,如图 3-88 所示。

(6) 同时选中雨棚两边最外侧的两条边,按住<Shift+鼠标右键>执行【挤出边】命令,沿着 Z 轴向下进行挤出操作,如图 3-89 所示。

(7) 进入【顶点】层级,选中图 3-90 中的顶点,按住<Shift+鼠标右键>进入【合并顶点】菜单,使用【目标焊接】工具进行焊接,用鼠标左键选中顶点①后不松开,拖曳到目标顶点②位置松开。雨棚左右两边执行相同操作。

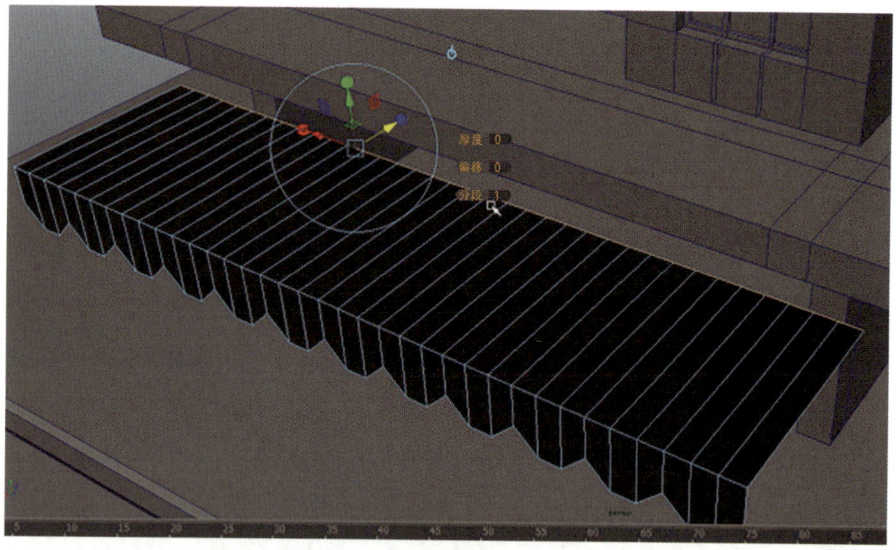

图 3-88

图 3-89

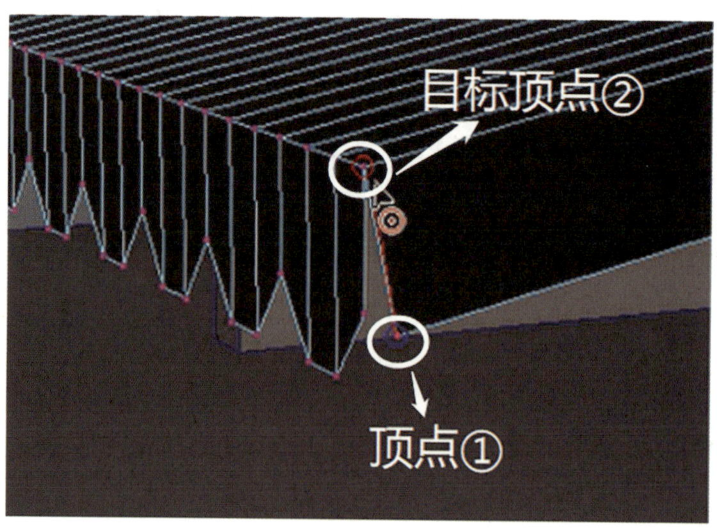

图 3-90

调整细节后将雨棚放置到合适位置，如图 3-91 所示。

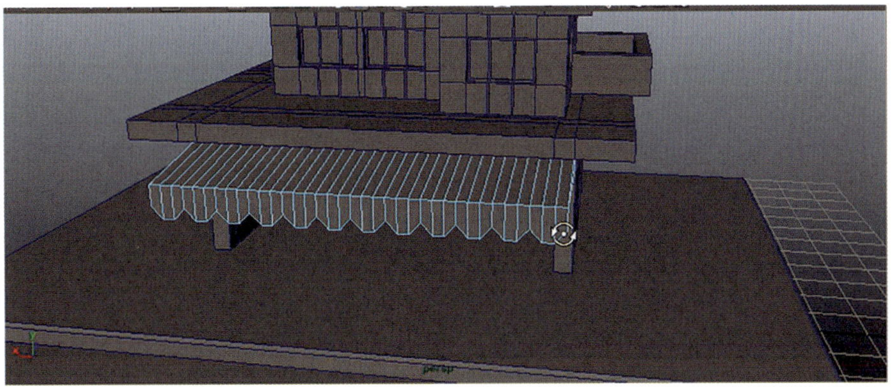

图 3-91

3.2.7 文字的创建

文字的创建在 Maya 中有很多方法，可以通过制作立方体，添加细节后挤出，也可以通过 AI 格式（Adobe Illustrator 格式）的路径导入来生成。在本项目中，我们直接使用 Maya 自带的文本工具进行文字创建，虽然比较方便，但是字体的支持格式比较少。

文字创建和周围环境模型制作视频

（1）单击【创建】菜单下【文本】右边的“□”，弹出【文本曲线选项】，如图 3-92 所示，在【文本】处输入“cafe”，【类型】选择【倒角】，为了符合 Low Ploy 的风格，取消【创建倒角】中对【在开始处】与【在结束处】的勾选，完成创建。

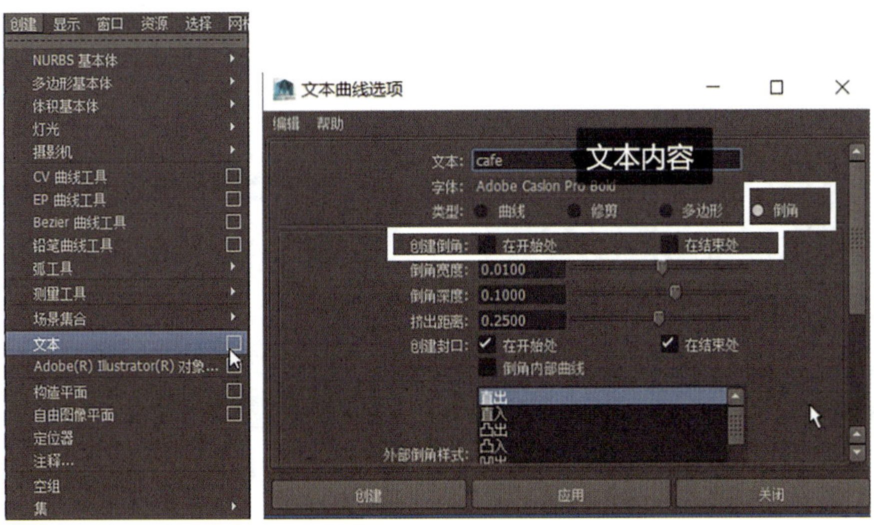

图 3-92

注意：Maya 2019 版的文本创建是执行【创建】菜单下的【类型】命令，具体设置在【属性编辑器】的【type】选项卡下进行。

（2）在右侧【属性栏】（选中对象后，使用快捷键＜Ctrl＋A＞）找到【bevelPlus1】（倒角设置）、【textForBevel1】（更改文字内容与字体）、【innerStyleCurve1】（样式）选项，可进行文字编辑和修改。将文本模型沿着 Y 轴旋转 180°，并在【四视图】中将文本模型移动到合适的位置，如图 3-93 所示。

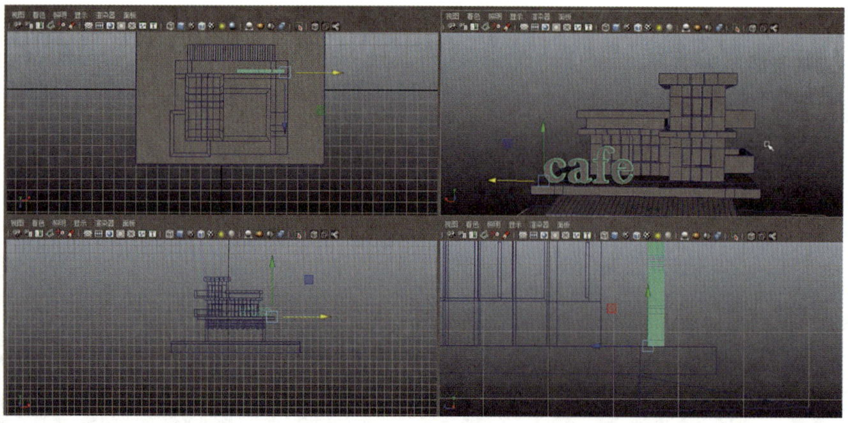

图 3-93

注意:部分字体可能无法与 Maya 软件兼容,就会出现切换字体后模型消失的情况。

3.2.8 周围环境模型制作

(1) 桌子的制作。创建新的立方体作为桌面,使用【插入循环边】工具,在四个桌腿的位置运用熟悉的“井”字线布边,插入 4 条循环边,如图 3-94 所示。进入【面】层级,视图转到桌子底部,选中桌腿的 4 个面,如图 3-95 所示。使用<Shift+鼠标右键>执行【挤出面】操作,沿着 Z 轴向下拖动,挤出桌腿,如图3-96 所示。

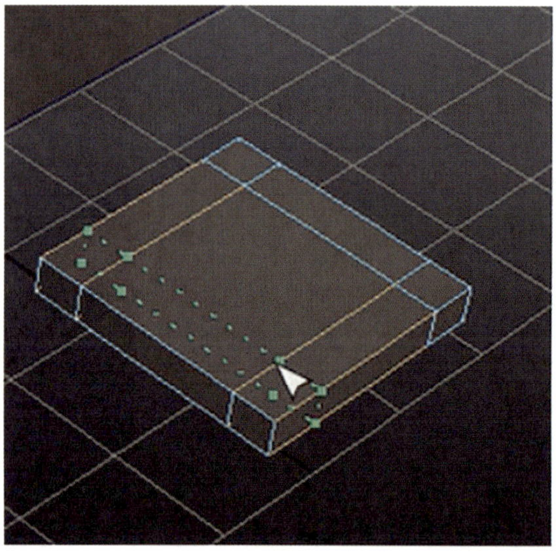

图 3-94

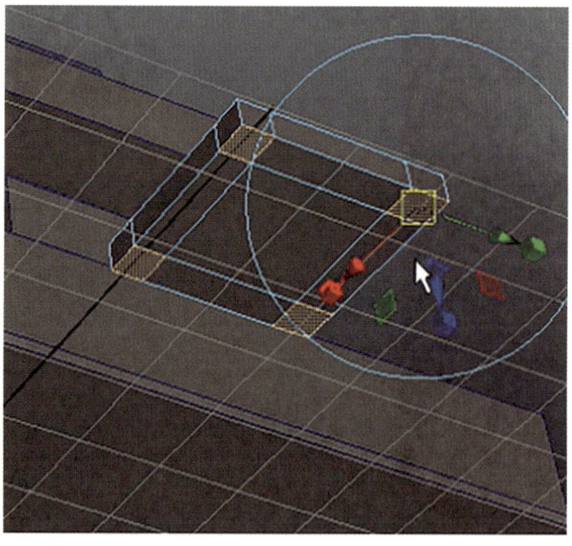

图 3-95

(2) 椅子的制作。使用快捷键<Ctrl+D>复制出一个新的桌子,使用【缩放】工具将复制出的桌子缩放到椅子大小,并移动到合适位置。进入【面】层级,选中靠背位置的面,按住<Shift+鼠标右键>执行【挤出面】操作,沿着 Z 轴向上拖动,挤出椅子靠背。切换至正交视图并调整桌椅的大小和位置,桌子和椅子的制作结果如图 3-97 所示。

(3) 选中椅子,单击【编辑】→【特殊复制】命令右边的“□”,在【特殊复制选项】中进行工具设置,【几何体类型】选择【复制】,【副本数】修改为“3”,【旋转】中 Y 轴数值(旋转行第二个数值)设置为“90”,进行特殊复制,如图 3-98 所示。最后,在【顶视图】中切换为【线框模式】(快捷键<3>),将椅子调整至合适的位置。

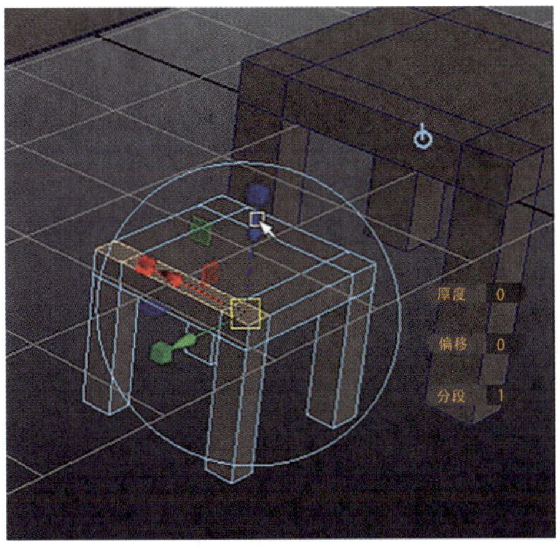

图 3-96

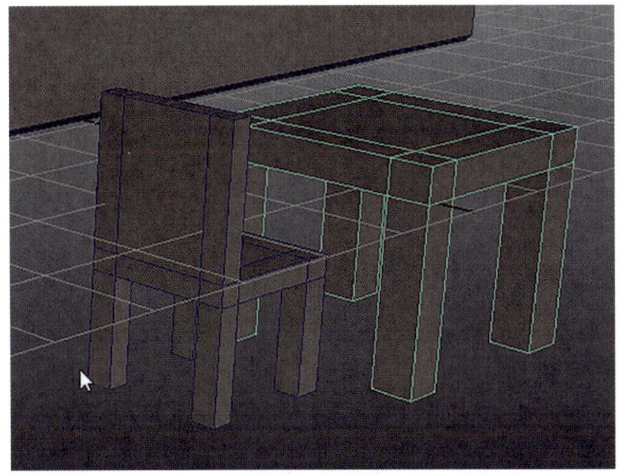

图 3-97

(4) 框选整套桌椅,使用快捷键<Ctrl+G>进行分组,并执行【修改】菜单下的【居中枢轴】命令,让枢轴固定到组的物理中心,如图 3-99 所示,根据参考图复制出其他的桌椅。

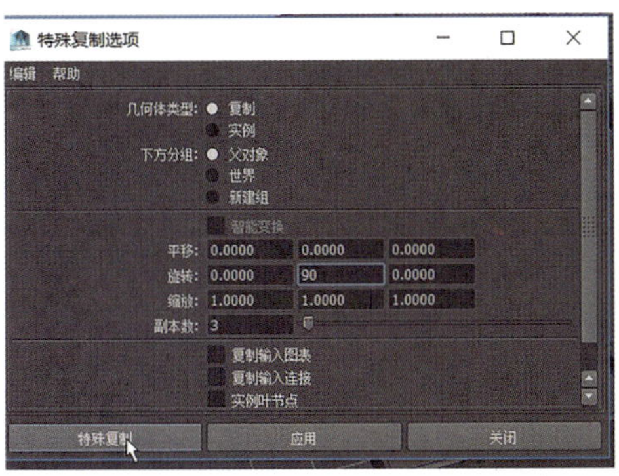

图 3-98

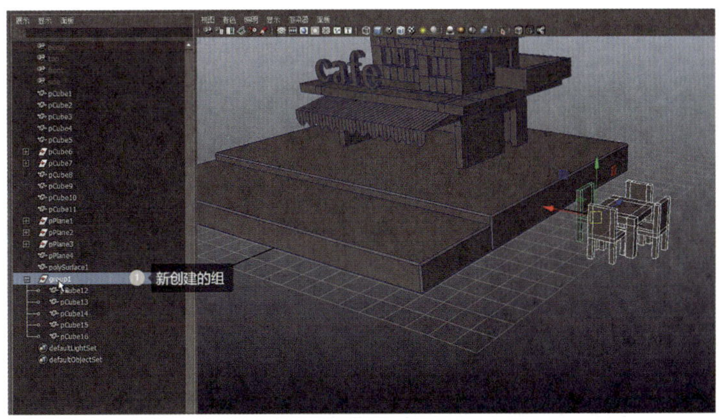

图 3-99

注意:一般情况下单击某个对象,只会选中组中的某一个对象,此时按住键盘上的<↑>键即可选中整个组。同理,如果选中了组,可以通过<↓>键选中组中的某一个对象。

(5) 创建树干。选中底座后执行【激活选定对象】,创建一个新的圆柱体,在通道栏的【输入】卷展栏下,设置模型的长、宽、高与分段数,修改【轴向细分数】的数值为“6”,完成树干的创建。

(6) 创建树冠。执行【创建】→【多边形基本体】→【柏拉图多面体】命令,将创建的柏拉图多面体进行缩放和移动,放至树冠的位置。在通道栏的【输入】卷展栏下,设置该柏拉图多面体的【实体类型】为【二十面体】,如图 3-100 所示。进入【面】层级,选中所有的面,在使用<Shift+鼠标右键>调出的菜单中执行【平滑面】命令。

树干和树冠的制作结果如图 3-101 所示。

(7) 与桌椅一样,选中树冠与树干,使用快捷键<Ctrl+G>进行分组后,选中组,使用快捷键<Ctrl+D>复制出五组,并在【顶视图】中移动到相应位置。

(8) 制作草皮。选中底座,单击【激活选定对象】工具,在底面上创建一个扁平的立方体,进入【顶视图】完成【顶点】层级的细节调整。最后关闭【激活选定对象】工具。

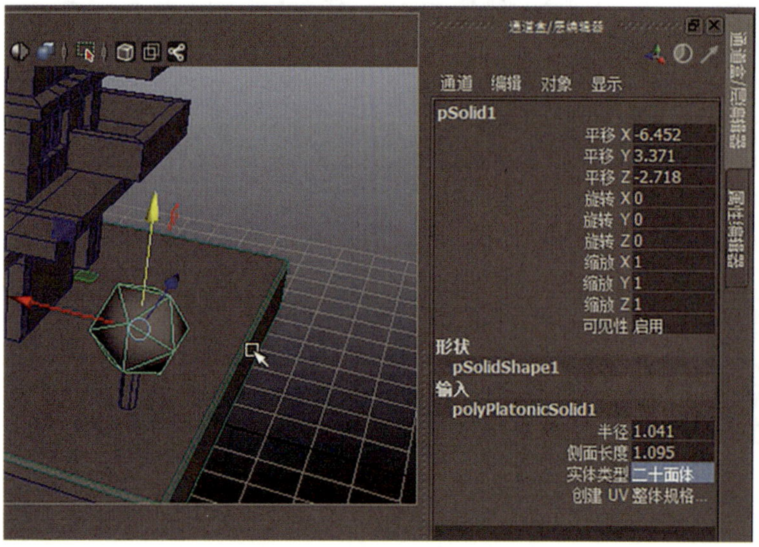

图 3-100

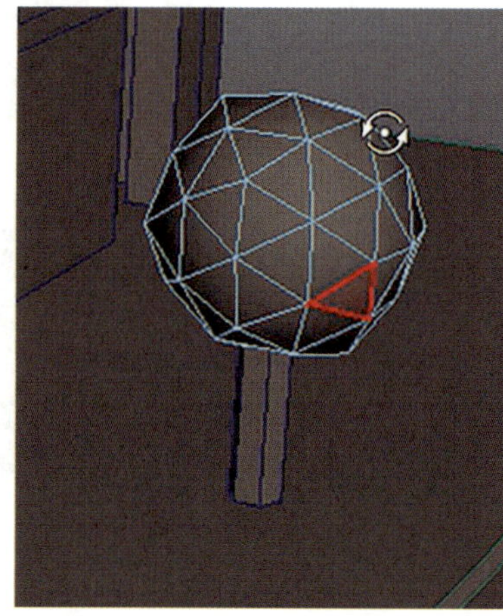

图 3-101

（9）制作灌木。选中刚刚创建好的草皮，单击【激活选定对象】工具，在底面上创建一个立方体，然后进入【边】层级，框选所有的边，使用<Shift＋鼠标右键>进入【倒角边】工具，单击该工具后的“□”进行工具设置，将【宽度】设置为“0.1”，并应用。关闭【激活选定对象】工具，在【顶视图】中调整灌木丛的位置和大小，如图 3-102 所示。

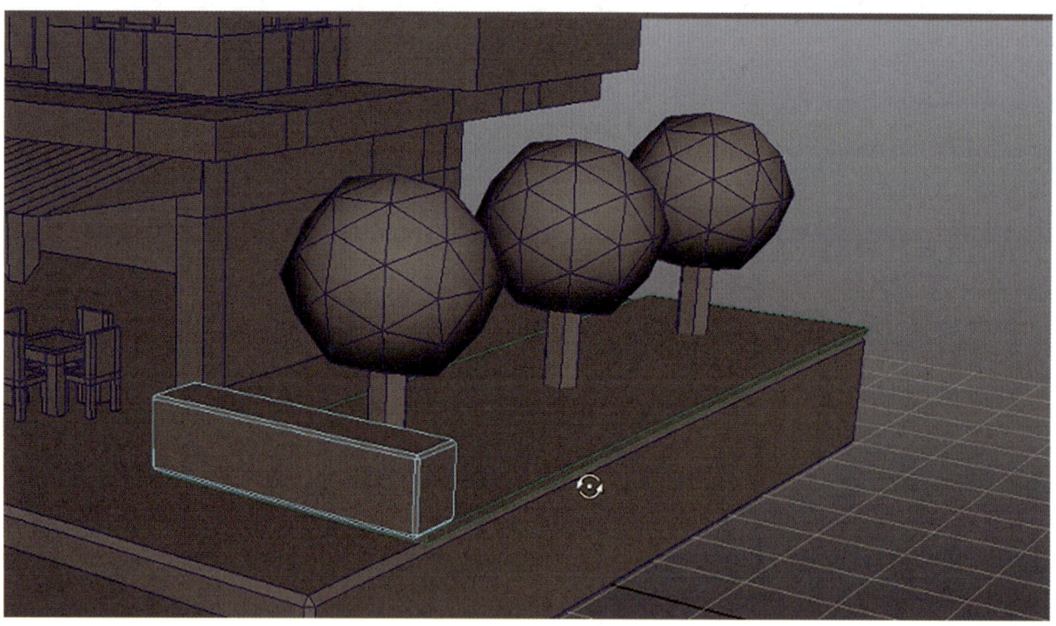

图 3-102

（10）制作路灯。选中底座，单击【激活选定对象】工具，创建一个新的立方体，作为路灯的灯杆，确认灯杆的高度与厚度。关闭底座的激活状态，随后选中刚刚创建的灯杆，单击【激活选定对象】工具。在路灯灯杆的顶面上创建路灯的第二个方块，将灯杆的激活状态关闭，在【四视图】内将方块修改为一长方体。最后创建一个新的立方体用来制作灯罩，在正交视图内将灯罩调整至合适的位置，如图 3-103 所示。选中路灯的三个部件，使用快捷键<Ctrl＋G>进行分组，并在【修改】菜单下执行【居中枢轴】命令，将该组枢轴回归到中心位置。

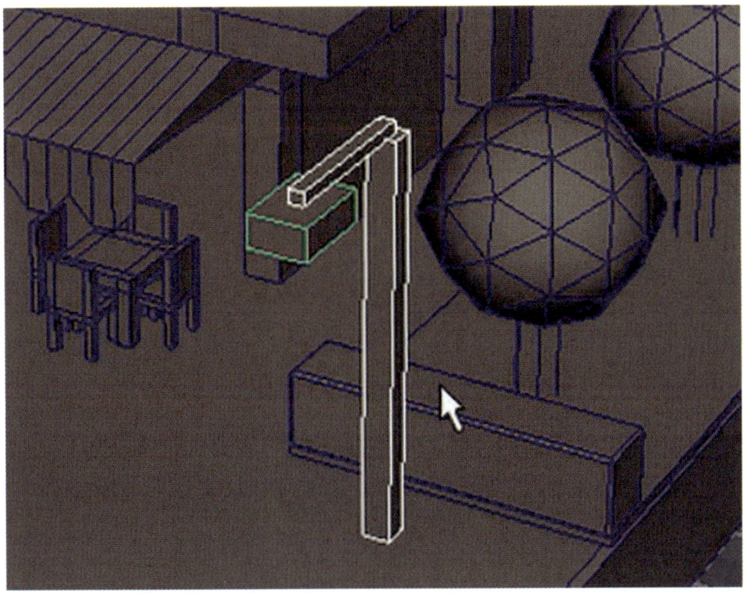

图 3-103

(11) 选中草皮、灌木丛、路灯(组),使用快捷键＜Ctrl＋D＞进行复制,整体移动到左侧,在正交视图中对齐底部的面,如图 3-104 所示。

图 3-104

在这个阶段,模型的创建已经基本完成,场景中有很多对象。为了方便管理,我们可以将对象按照造型进行分组管理,并为每一组命名,方便后续操作。

3.2.9 场景的材质设置

场景材质设置视频

在本节中,我们将为场景中的对象设置简单的材质。材质可以看成材料和质感的结合,是对象表面各可视属性的结合。这些可视属性是指对象表面的色彩、纹理、光滑度、透明度、反射率、折射率、发光度等。

在这个项目中,我们主要对材质的颜色属性进行编辑。

(1) 选中树冠的 6 个圆球,在保持选定的情况下,单击鼠标右键,在快捷菜单中选择【指定新材质】命令，如图 3-105 所示。在弹出的【指定新材质】菜单中定义新材质的类型，如图 3-106 所示，右侧的列表中都是不同类型的材质。在列表的【Lambert】处，用鼠标左键双击创建材质。

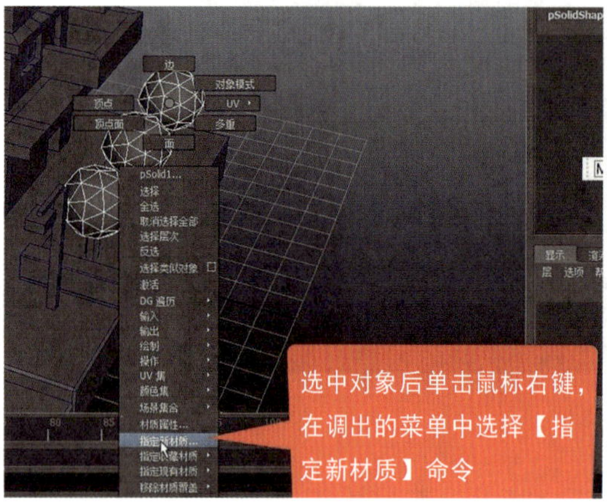

图 3-105

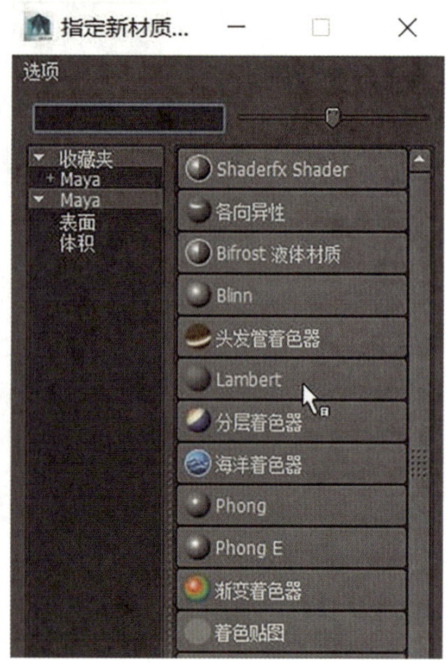

图 3-106

（2）在【属性编辑器】中，可以看到刚刚创建的材质，为了避免混淆，我们将刚刚创建好的【lambert2】更改为【lambert_tee】，并单击【公用材质属性】卷展栏中【颜色】后面的灰色色块，修改为绿色，如图 3-107 所示。

（3）如同在现实生活中多个物体为同一种材质一样，在 Maya 中一个材质也可以指定给多个对象。

因此，在【对象模式】下，选择草坪和灌木，如图 3-108 所示，单击鼠标右键，在调出的菜单中选择【指定现有材质】，如图 3-109 所示，并使用刚刚创建的【lambert_tee】。

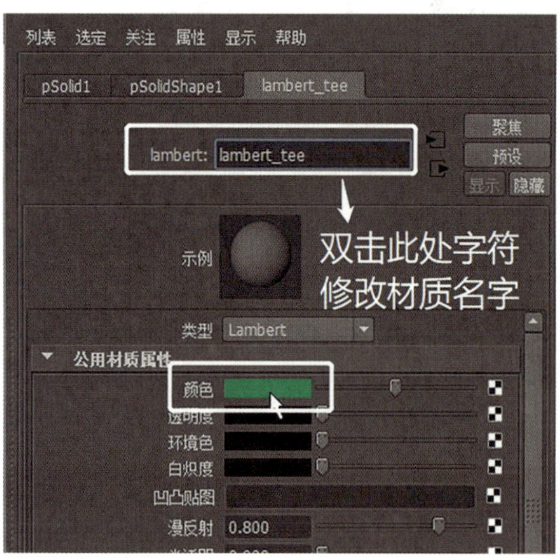

图 3-107

图 3-108

（4）将场景中的桌椅（命名为【lambert4_zuoyi】）、底座（命名为【lambert5_dimian】）和文字（命名为【lambert3_dianzhao】）都用上面的方法，赋予新的材质，如图 3-110 所示。

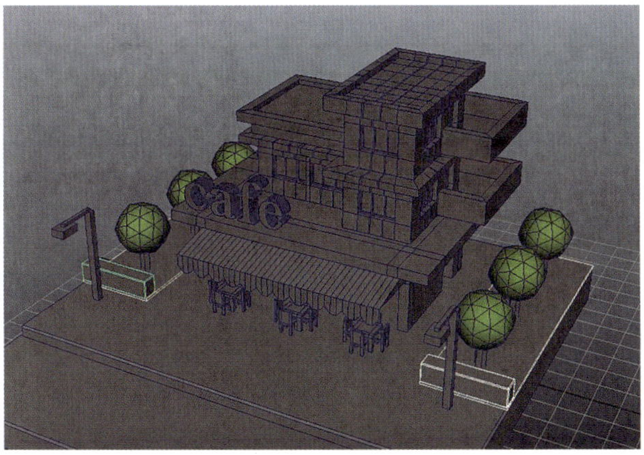

图 3-109

图 3-110

注意：

1. 在赋予材质的过程中，同一材质（本项目中为同一个颜色）的对象应使用同一个材质，并应在创建过程中为每个材质命名（命名不得使用中文字符或者%、*、& 等非法字符）。

2. 在修改材质属性的过程中，不要修改【lambert1】的属性，该材质是系统的默认材质，一旦修改，所有对象的材质（包括即将创建的材质）都将被修改。

（5）选择雨棚，进入【面】层级，框选所有的面，单击鼠标右键，选择【指定现有材质】中的【lambert5_dimian】，如图 3-111 所示。在【前视图】中间隔选择面，如图 3-112 所示，单击鼠标右键，选择【指定新材质】，在【指定新材质】菜单中定义新材质的类型为【Lambert】，并命名为【lambert6】，单击【公用材质属性】

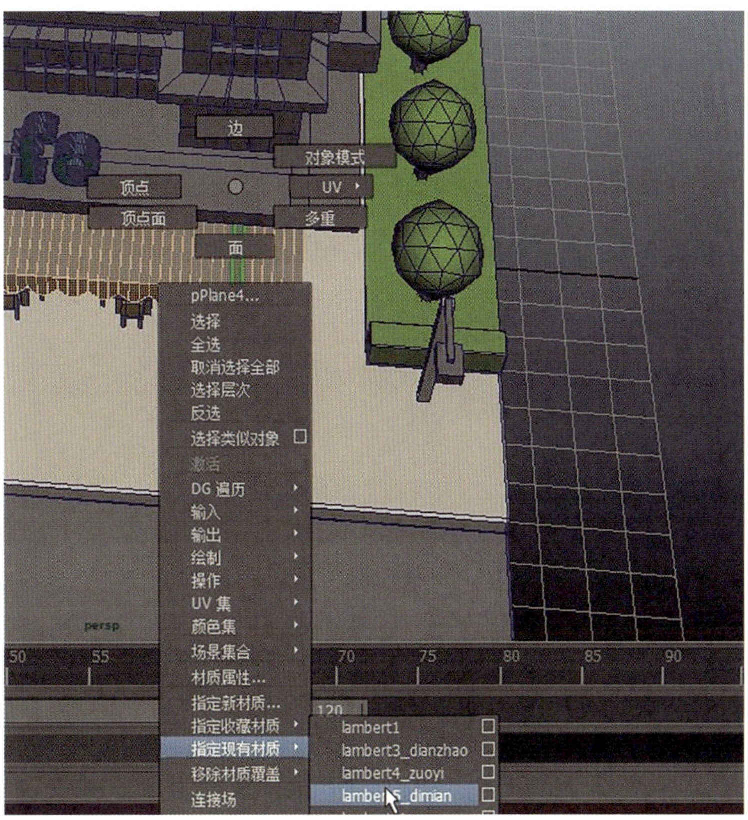

图 3-111

卷展栏中【颜色】后面的灰色色块，修改为红色，如图 3-113 所示。

(6) 将场景中的房子按步骤(5)的方法赋予材质，如图 3-114 所示。需要注意的是，因为房子的白色部分和雨棚、底座都是同一个颜色，使用同一个材质(【lambert5_dimian】)即可；房子的红色部分和雨棚的红色部分是同一个颜色，故使用同一个材质(【lambert6】)即可。

图 3-112

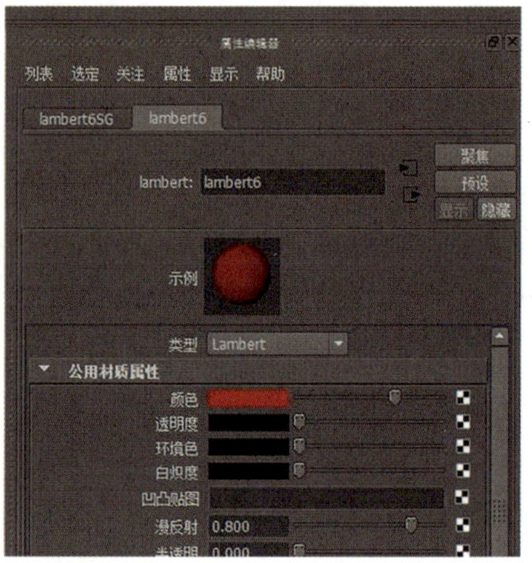

图 3-113

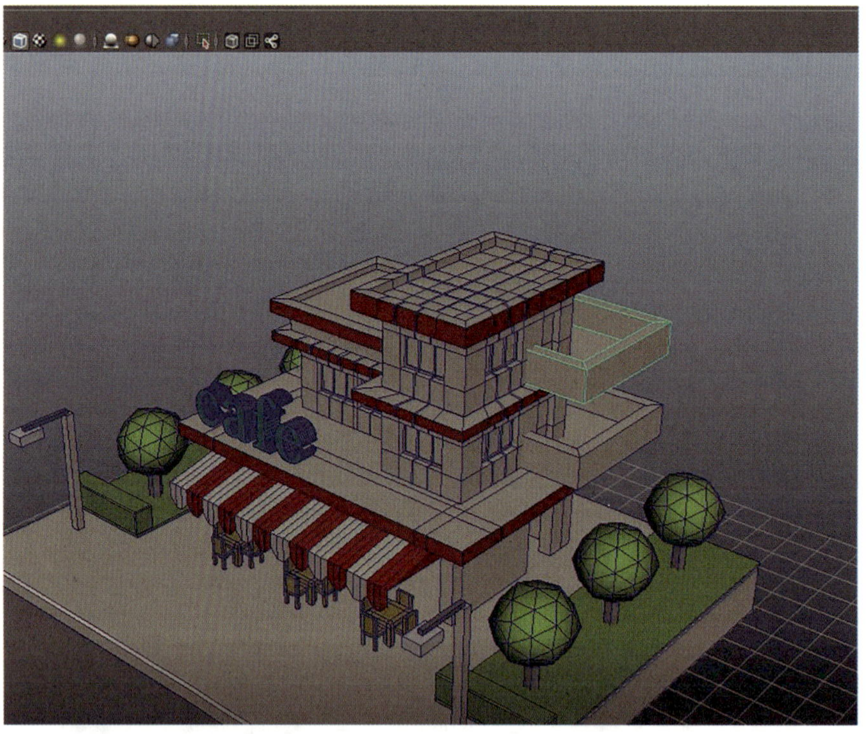

图 3-114

(7) 阳台也可以使用类似方法赋予材质，但是需要为阳台添加分段数。选择阳台，按住<Shift+鼠标右键>选择【插入循环边】工具，为阳台插入 2 条循环边，如图 3-115 所示。

(8) 马路部分也使用类似方法赋予材质。进入【顶视图】，按住<Shift+鼠标右键>选择【插入循环边】工具，为对象插入 6 条循环边，如图 3-116 所示。如图 3-117 所示，单击【插入循环边】工具后面的“□”，在【工具设置】面板的【保持位置】选项中选择【多个循环边】，并将【循环边数】设置为“9”，为路面插入多个循环边，如图 3-118 所示。

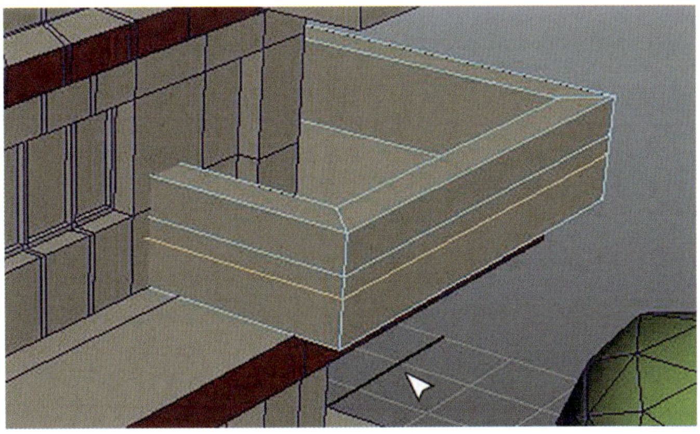

图 3-115

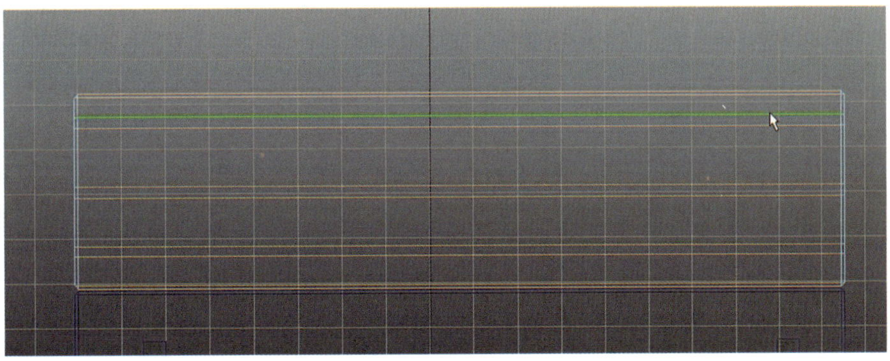

图 3-116

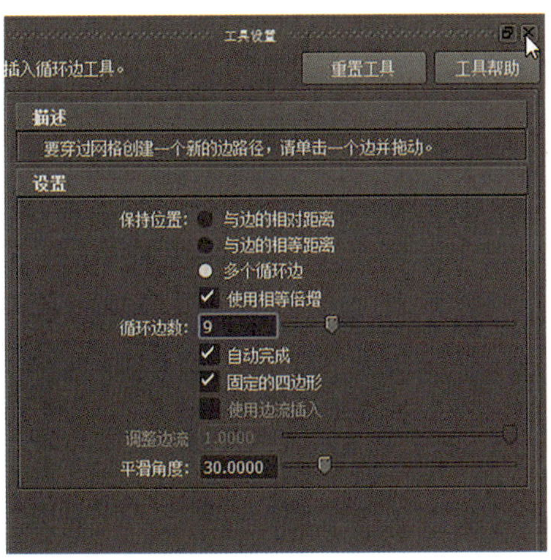

图 3-117

图 3-118

(9) 进入【面】层级，选择马路上的白色部分的面，单击鼠标右键，选择【指定现有材质】中的【lambert5_dimian】。

(10) 制作玻璃材质。玻璃材质因其特殊的属性，需要有一定的厚度才能更好地体现玻璃的反射特性。因此，在制作前需要将所有玻璃材质的面提取出来。

进入【面】层级，选择房子上的窗户玻璃，可以按住<Shift>键进行加选。选中所有面后，按住<Shift+鼠标右键>，在调出的快捷菜单中选择【提取面】命令，如图 3-119 所示。

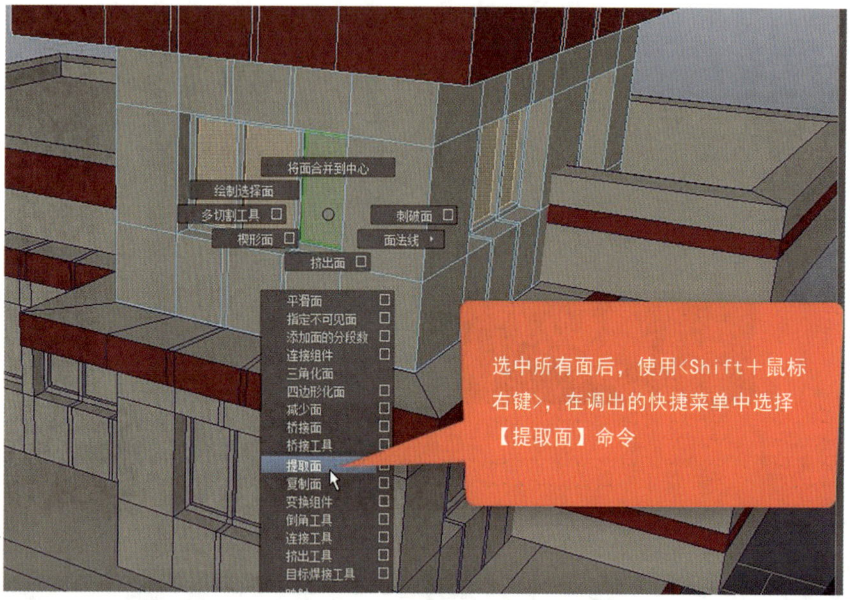

图 3-119

(11) 选中所有被分离出的玻璃的面，按住＜Shift＋鼠标右键＞，在调出的快捷菜单中选择【结合】命令，将所有的玻璃结合成一个对象。进入该对象的【面】层级，按住＜Shift＋鼠标右键＞，选择【挤出面】，沿着 Z 轴向外拖动一点(这个距离就是玻璃板的厚度，此处 Z 方向位移为“0.016”)。

(12) 选中玻璃，单击鼠标右键，选择【指定新材质】→【VRay】→【VRay Mtl】，如图 3-120 所示。双击【属性设置】的【VRay Mtl】材质中【Reflection】卷展栏下的【Reflection Color】属性右侧的黑色色块，调整为浅灰色，如图 3-121 所示。

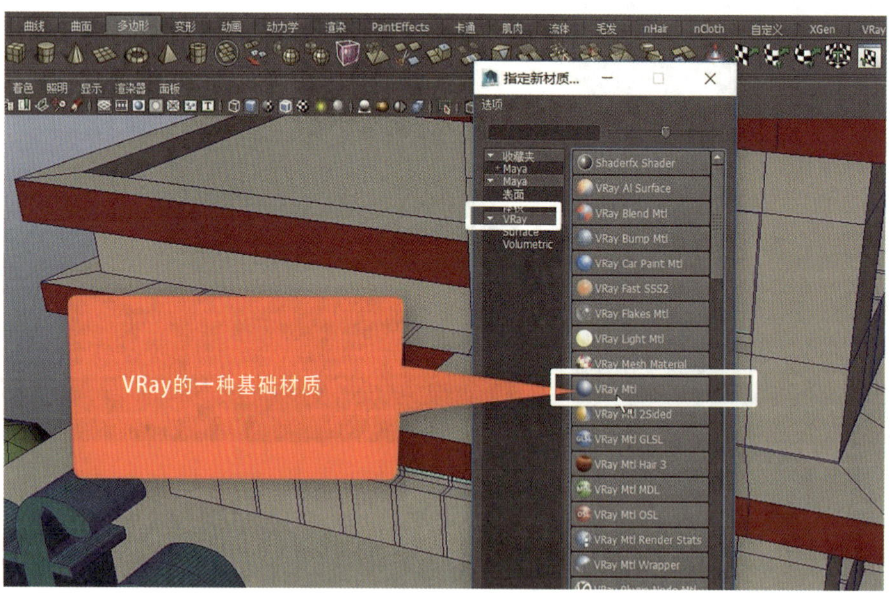

图 3-120

注意：VRay Mtl 材质是 Maya 中插件 VRay 的特定材质，需要安装 VRay 后才可以正常使用。

图 3-121

3.2.10 场景的灯光和渲染设置

场景灯光和渲染设置视频

(1) 在工具架中，单击(渲染器设置)图标，如图 3-122 所示。在【渲染设置】中【使用以下渲染器渲染】的下拉选项中，选择【V-Ray】(默认情况下为【Maya Software】)，如图 3-123 所示。

(2) 打开【渲染设置】中的【GI】选项卡，勾选【GI】卷展栏下的【On】，即激活全局光照明选项，如图 3-124 所示。打开【渲染设置】中的【Overrides】选项卡，进入【Environment】卷展栏，单击【Create Sun】和【Create Sky】，创建 VRay 太阳和天空，如图 3-125 所示。

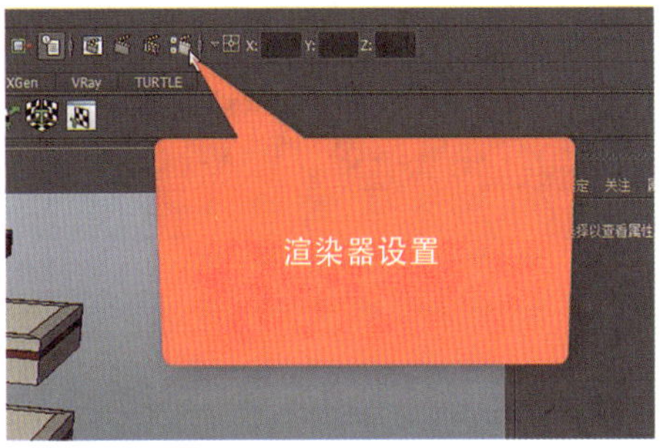

图 3-122

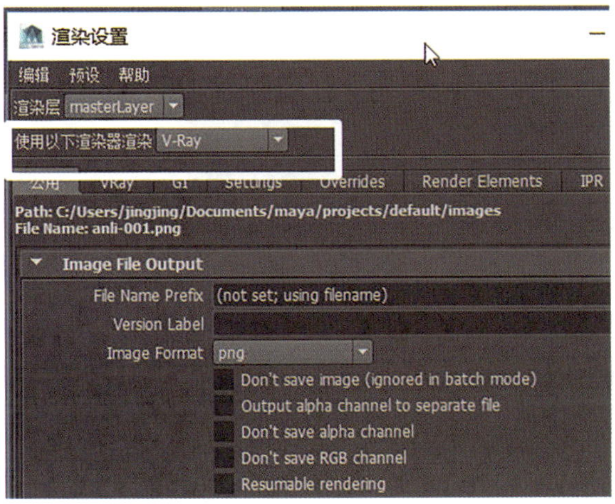

图 3-123

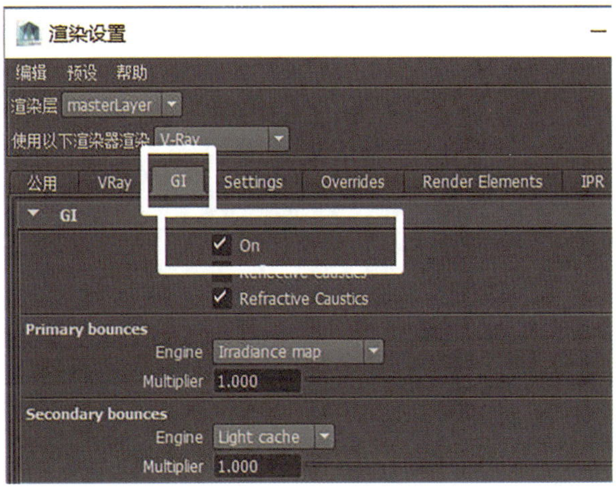

图 3-124

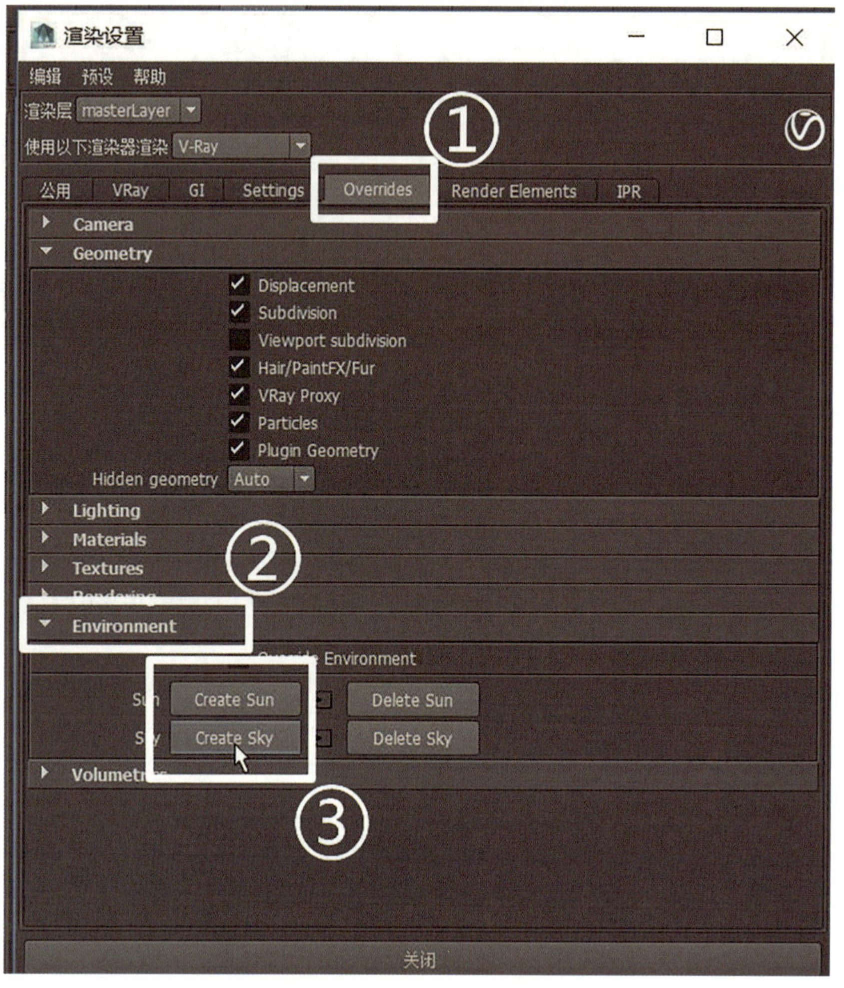

图 3-125

(3) 调节太阳光的亮度。在【透视图】中选择太阳光(圆柱形框线,如图 3-126 所示),在【属性编辑器】里找到【VRaySunShape1】选项卡,在【Parameters】卷展栏下,修改【Intensity multiplier】数值为“0.020”,如图 3-127 所示。

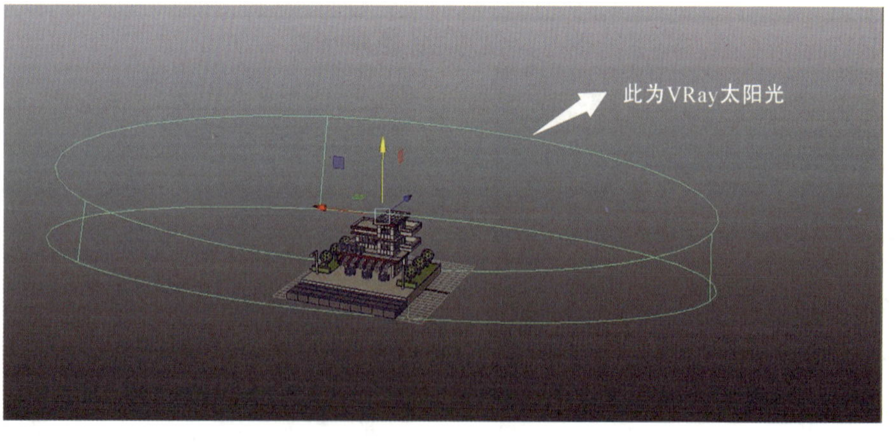

图 3-126

(4) 调整太阳光的角度(时间)。选择【属性编辑器】里的【VRayGeoSun1】选项卡,将【Time】卷展栏下的【Local Hour】数值调整为“8”,如图 3-128 所示。

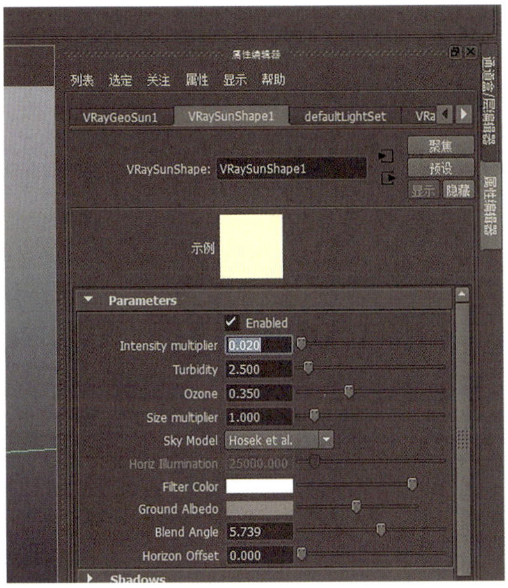

图 3-127

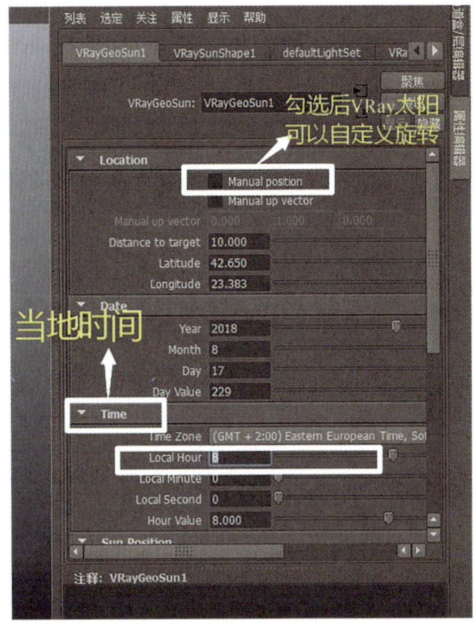

图 3-128

VRay 的太阳光是基于现实中的太阳进行设置的，因此可以通过修改时区(【Time Zone】)、当地时间(【Local Hour】)等选项来进行太阳光角度、亮度、光线色温等的调整。也可以勾选【Manual position】来自定义太阳角度，而不受现实时区、时间等因素的影响。

(5) 完成全部设置后，单击工具架上的（渲染当前帧）图标进行渲染，如图 3-129 所示。渲染后单击【保存】，将效果图保存到自定义位置，如图 3-130 所示。

图 3-129

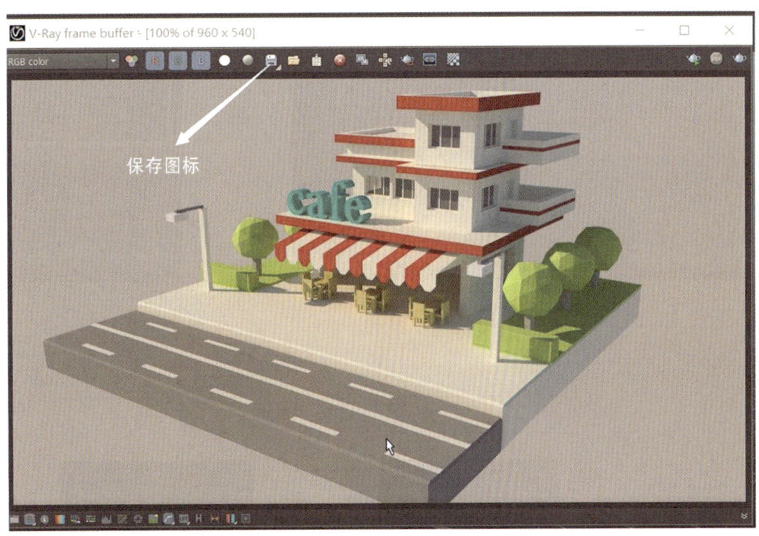

图 3-130

知识拓展

1. VRay

VRay 是目前业界最受欢迎的渲染引擎之一，基于其内核开发的有 V-Ray for 3ds Max、V-Ray Maya、V-Ray SketchUp、V-Ray Rhino 等诸多版本，为不同领域的优秀 3D 建模软件提供了高质量的图片和动画渲染。为了方便使用者渲染各种图片，VRay 渲染器提供了一种特殊的材质——VRay Mtl。在场景中使用该材质能够获得更加准确的物理照明（光能分布），更快的渲染，反射和折射参数调节更方便。

在 Maya 中 VRay 作为插件存在，因此在安装好 VRay 以后如果没有在【渲染设置】中【使用以下渲染器渲染】的下拉选项中找到 VRay，则需要在【窗口】菜单中【设置/首选项】下的【插件管理器】中进行加载，具体方法如图 3-131、图 3-132 所示。

2. 全局光照（GI）

全局光照是三维模型制作软件中的特有名词。光具有反射和折射的性质，在真实的大自然中，光从太阳照射到地面是经过无数次的反射和折射的，所以我们白天看到地面上任何地方都是清晰的。虽然三维软件中的光也具有现实中光的所有性质，但是光的辐射能传递却不是很明显。【全局光照】开启前，三维模型制作软件仅会计算阴暗面以及光亮面，而开启后将会计算光的反射、折射等各种光效，如图 3-133 所示。

图 3-134 和图 3-135 为 *Physically Based Rendering：From Theory to Implementation*（Second Edition）的封面，图 3-134 为没有开启【全局光照】的渲染效果，可以发现暗部的细节很难看清楚，黑成一片；图 3-135 为开启【全局光照】的渲染效果，因为光的反射，暗部的细节被照亮，渲染效果十分逼真。

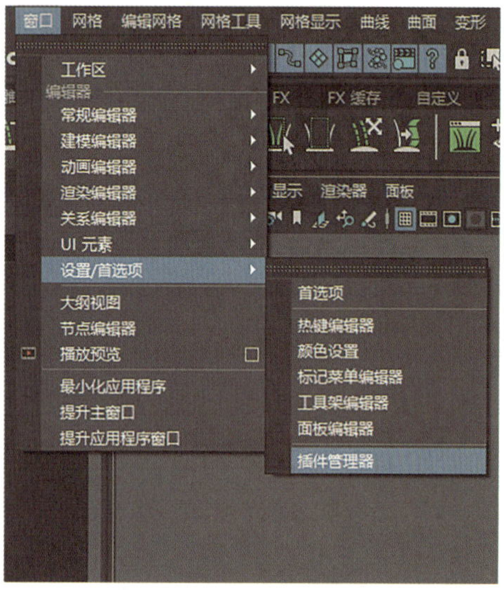

图 3-131

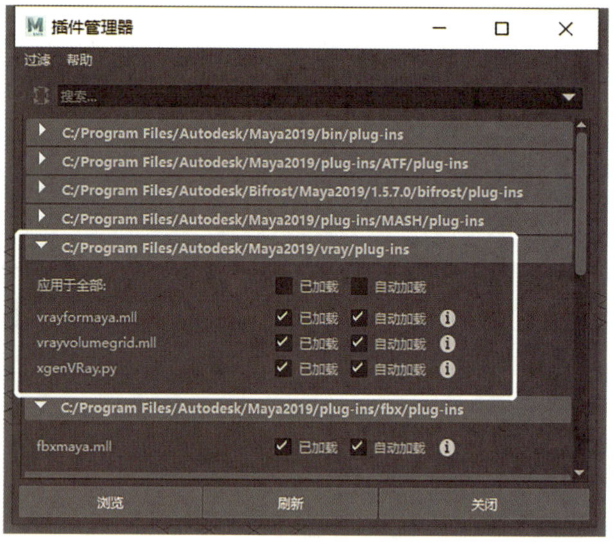

图 3-132

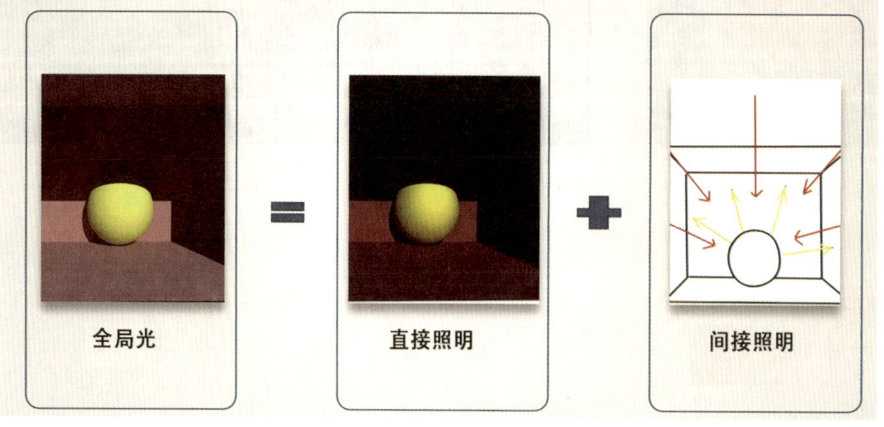

图 3-133

图 3-134

图 3-135

本章小结

本章完成了一个较简单的模型制作项目，使学生掌握了基本的软件操作技能。具体的知识要点如下：

1.【倒角边】命令的使用场景及其工具设置参数的含义。

2. 结合操纵杆和不同坐标的切换，介绍多种挤出工具的使用方法。

3.【插入循环边】命令的使用场景及其工具设置参数的含义。

4. 基本的材质原理和渲染方法。

练习作业

以图 3-136、图 3-137、图 3-138 为参考图，创建一个 Low Poly 风格小屋。

图 3-136

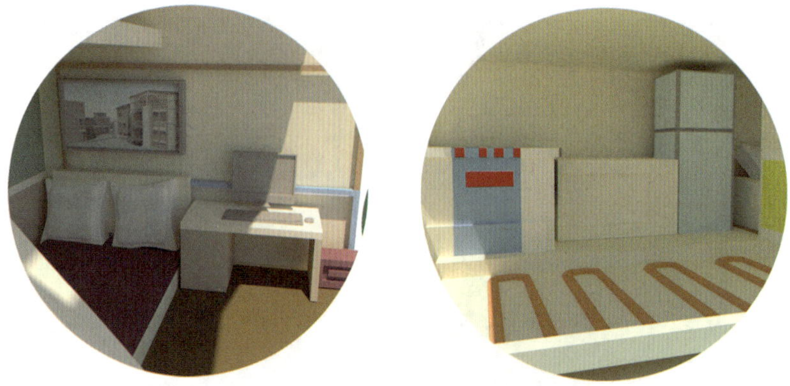

图 3-137

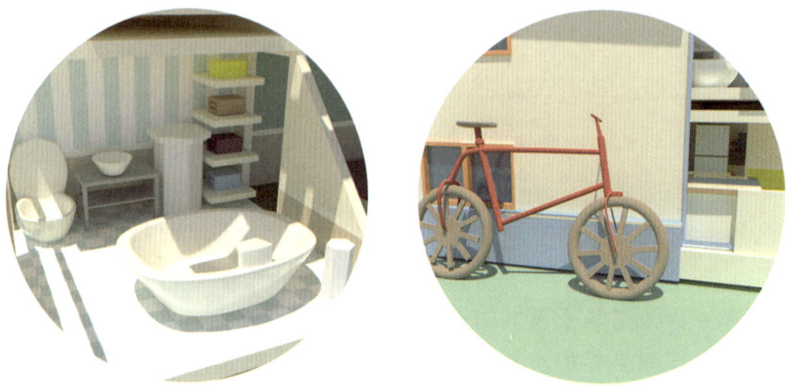

图 3-138

优秀作品欣赏

扫描下方二维码欣赏优秀作品。

优秀作品欣赏

4 城堡模型制作

4.1 项目介绍

在这个项目中，我们要完成城堡及其附属物件的模型制作、UV 拆分和材质贴图制作，以及使用 VRay 太阳光进行整体渲染。城堡参考图如图 4-1 所示，虽然看起来有些复杂，但是经过分析可以发现，基本上都可以使用较为简单的几何体进行制作。

图 4-1

在具体制作过程中，整个城堡模型大致分为 4 个部分，分别为一楼小屋、飞艇、塔楼、小部件。在这个项目中，将会涉及较为多样的材质，包括金属、玻璃、陶瓷、墙体、木纹等，因此在 UV 拆分和贴图制作中也将涉及比较多的拆分方式和多种贴图的拼贴。

4.2　项目模型制作

4.2.1　一楼小屋模型制作

创建有窗户的墙面视频

4.2.1.1　创建有窗户的墙面

（1）选中工具架的【多边形】下的【圆柱体】工具，如图 4-2 所示。在前视图栅格上拖动，生成圆柱体，使圆柱体底面正对着前视图，如图 4-3 所示。

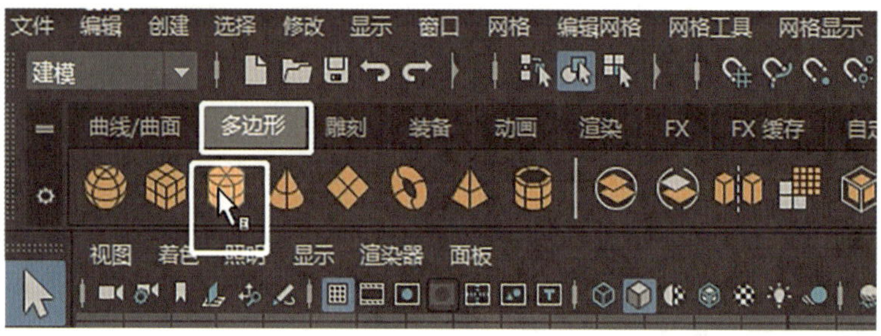

图 4-2

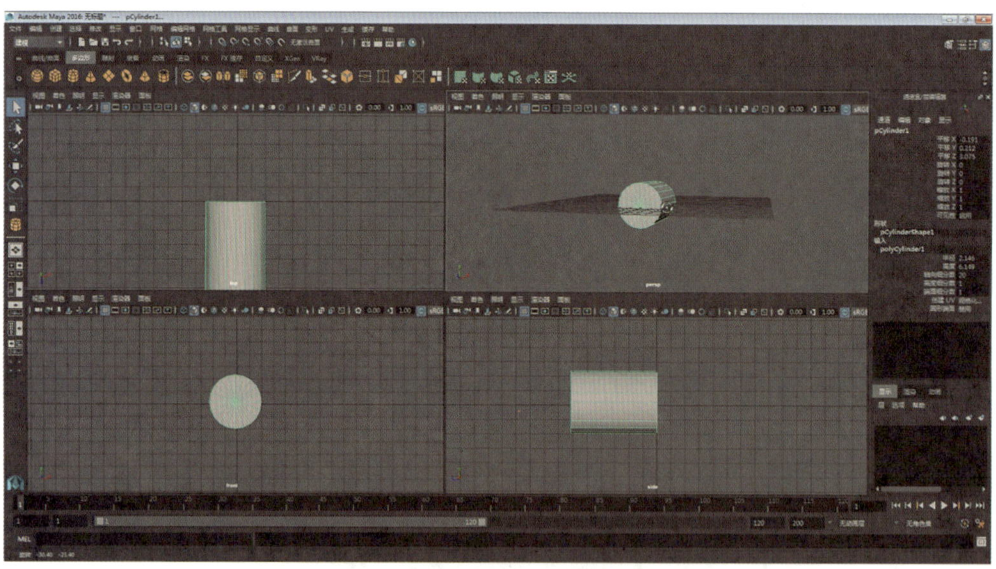

图 4-3

想一想：如果不是在前视图，而是在透视图上进行圆柱体的创建，圆柱体的朝向会怎么样？如何调整到图 4-3 所示的位置？

（2）选中圆柱，把通道栏处的【轴向细分数】数值改为“8”，如图 4-4 所示。

（3）单击鼠标右键，选择【面】层级，框选圆柱底面和立面，单击<Delete>键删除。保留圆柱端面对着前视图的面，如图 4-5 所示，保留下来的这个面用于制作圆形窗户。

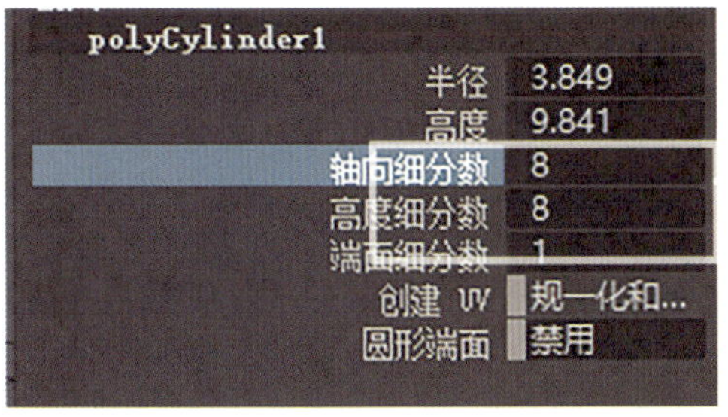

图 4-4

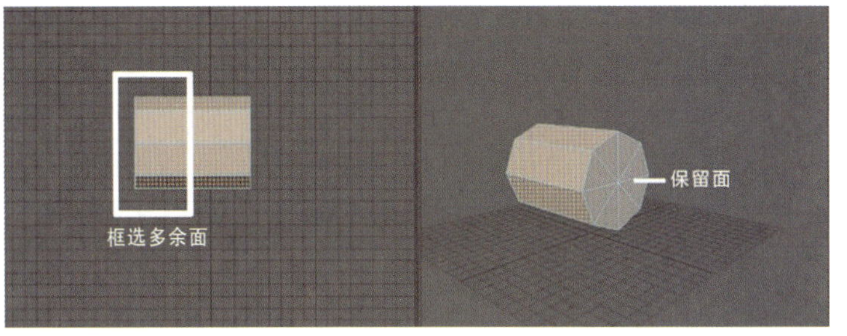

图 4-5

（4）单击鼠标右键，选择【边】层级，把门洞形状外面的一整圈全部选中。按住<Shift＋鼠标右键>，在调出的快捷菜单中选择【挤出边】，按<W>键调出【移动】工具，沿着黄色箭头（*Z* 方向）拖动，如图 4-6 所示。单击鼠标右键，进入【顶点】层级，使用【缩放】工具，调整最外一圈的点，直至变为矩形，如图 4-7 所示。

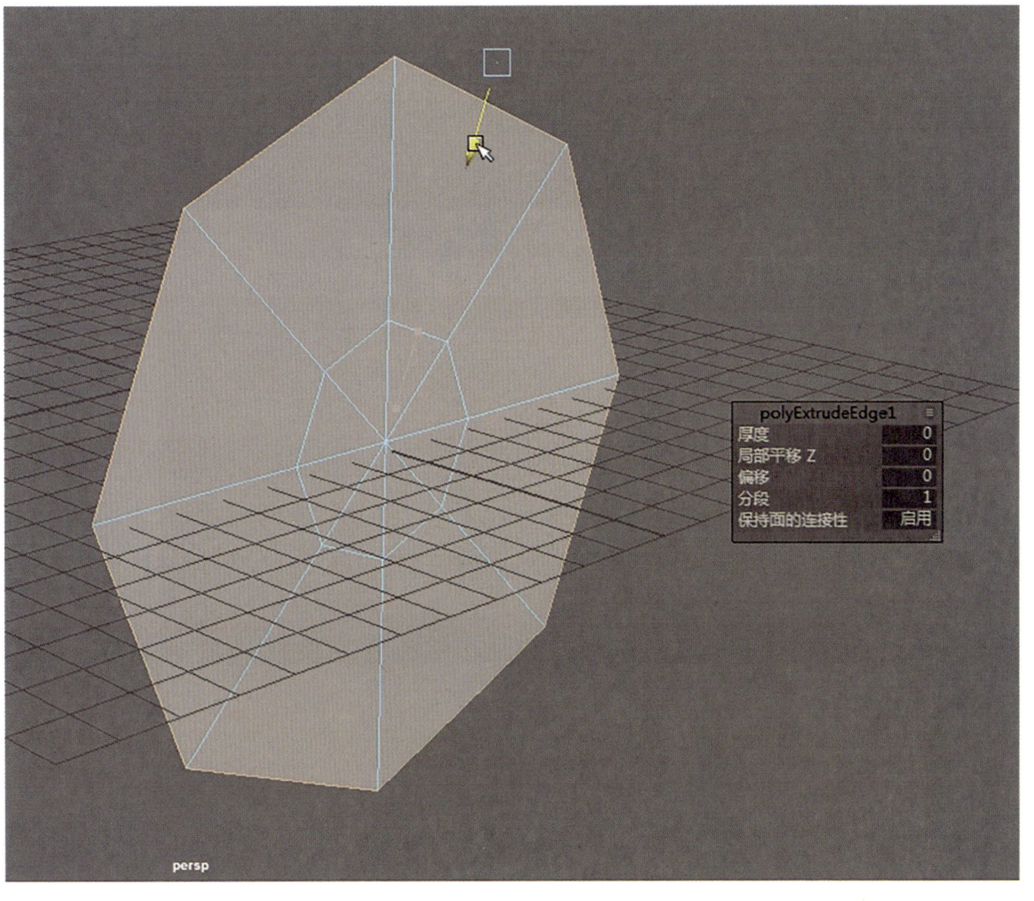

图 4-6

（5）单击鼠标右键，进入【面】层级，框选中间的面，按住<Shift＋鼠标右键>，选择【挤出面】命令，拖曳 *Z* 方向箭头往里推，挤出圆形窗户窗框的厚度，如图 4-8 所示。

（6）进入【对象】层级，使用工具架上的【镜像】工具，如图 4-9 所示。在【镜像】工具中，将【合并模式】设置为【合并边界顶点】，如图 4-10 所示。

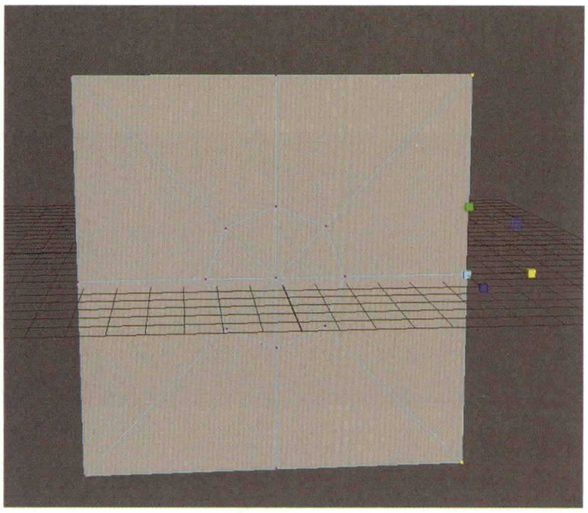

图 4-7

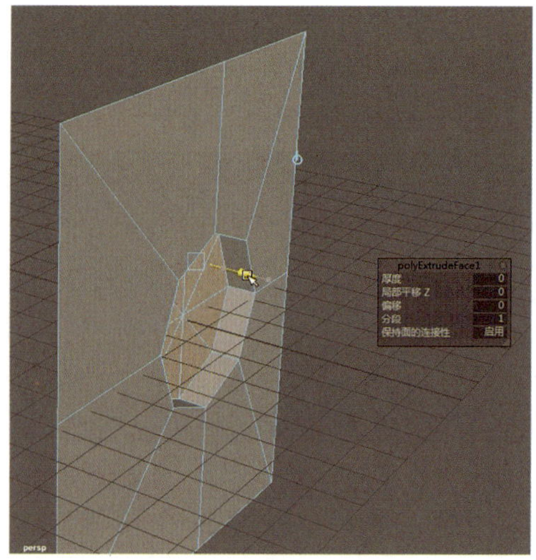

图 4-8

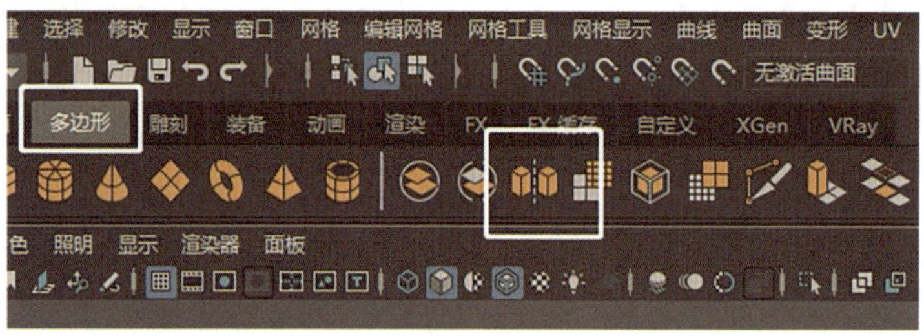

图 4-9

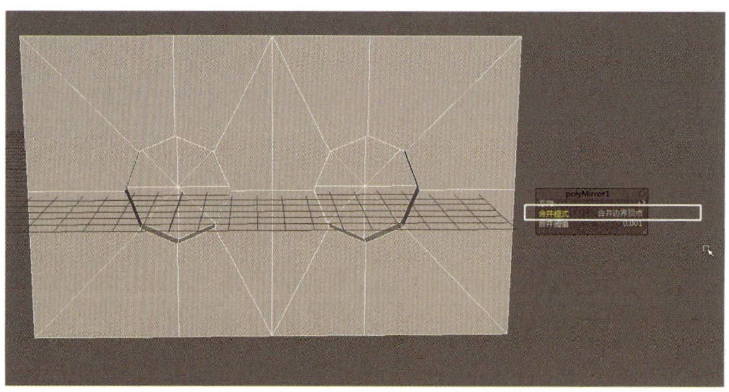

图 4-10

想一想：如果不使用【镜像】工具，而是使用【特殊复制】工具，那要怎么操作呢？

4.2.1.2 优化现有窗格的布线

(1) 改线。模型中布线的修改，主要是为了让模型的布线在被平滑后，依旧可以相对均匀地分布在结构点上，不至于过于密集而产生“凸点”。部分不合理的布线在平滑模式(按键盘上<3>键显示的模式)下，或者经过平滑后会有不自然的阴影。

因此，我们对图 4-11 中的高亮线条，使用【多切割】工具进行加线。加线的时候注意线条需要分段添加，单击鼠标左键添加一个点，完成加线后单击鼠标右键结束本段线条的添加。

优化窗格布线视频

（2）使用【删除边】工具删除图 4-12 中选中的边。

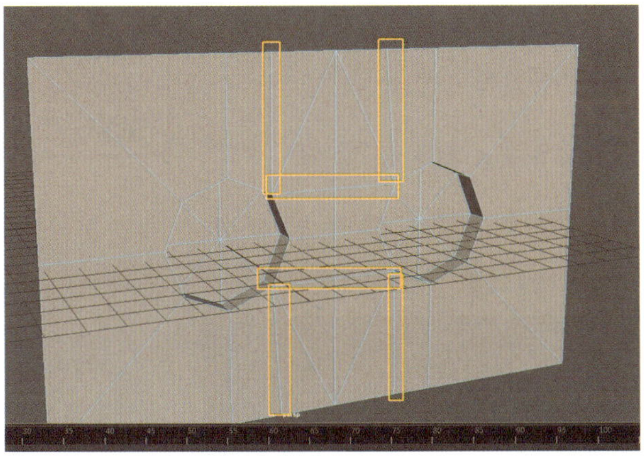
图 4-11

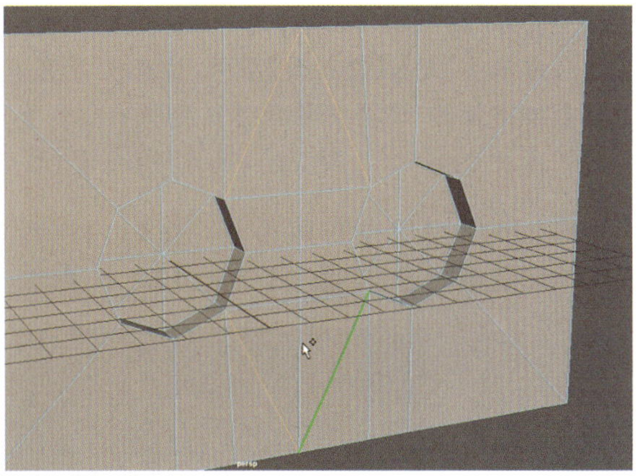
图 4-12

（3）锁边（锁住两条边之间距离非常近的地方，平滑后可以保持比较尖锐的折边）。图 4-13 所示为模型是否锁边的平滑结果对比，平滑前初始模型都是立方体，左边为未锁边模型平滑后的结果，右边为锁边后模型平滑后的结果。

图 4-13

按住<Shift＋鼠标右键>，选择【插入循环边】工具，在模型有较大转折角度的边缘插入循环边进行锁边，如图 4-14、图 4-15 所示。

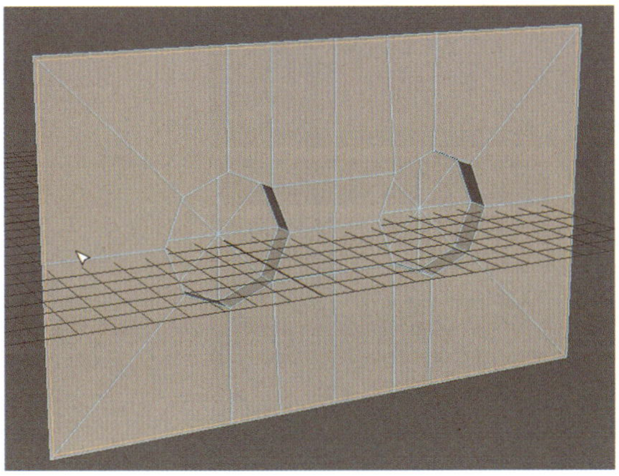
图 4-14

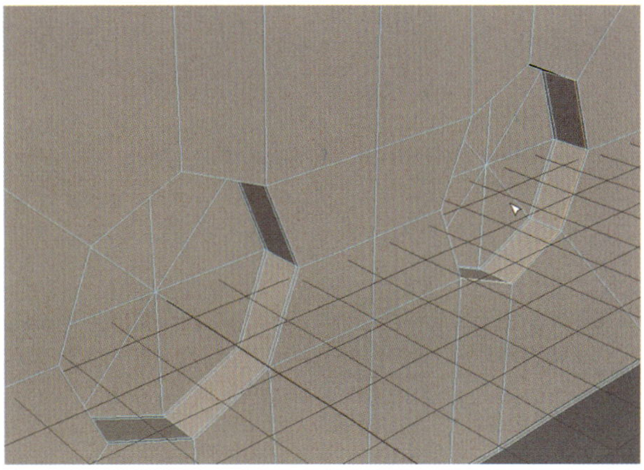
图 4-15

4.2.1.3 挤出其他三个墙面并优化布线

挤出其他三面墙并优化布线视频

注意：模型制作到该阶段以后，可以适时进行模型的检查，检查方法如下：

方法1：进入【顶点面】层级，检查是否有多余的细线，如果有类似的问题，则存在重复挤出操作，需要撤销操作或参照4.2.5节内容修改。

方法2：按＜3＞键，进入高质量（平滑）显示模式，观察布线是否连贯、平滑。

(1) 挤出小屋左右两面墙。在【边】层级下，选中最左侧和最右侧的边，按住＜Shift＋鼠标右键＞，选择【挤出边】命令，沿着 Z 轴向后拖动，如图4-16所示。

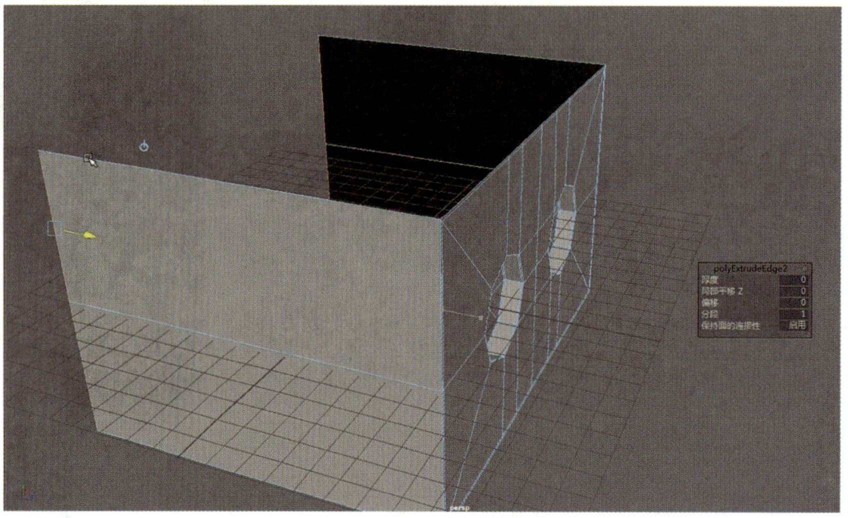

图 4-16

(2) 挤出两面墙后，在【边】层级中选中最边缘的边，按住＜Shift＋鼠标右键＞，选择【桥接】工具，并把【分段】的数值设置为“0”，制作无顶无底的小盒子，如图4-17所示。

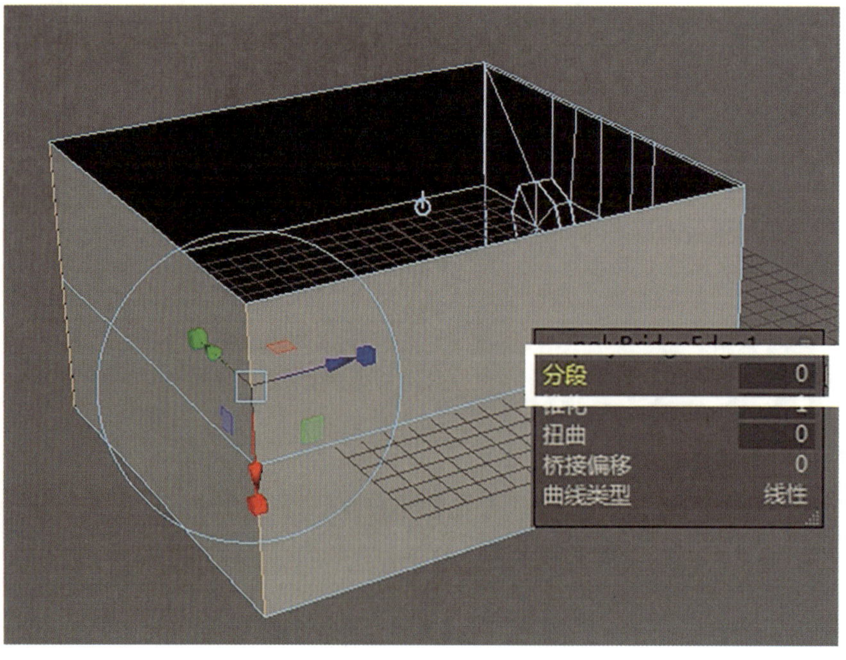

图 4-17

(3) 进一步在模型的四个转折处进行锁边，按住<Shift+鼠标右键>，选择【插入循环边】工具，在靠近转折的地方插入循环边，如图 4-18 所示。

(4) 对于小屋上方一圈无法使用【插入循环边】工具进行锁边的边，可使用【多切割】工具。按住<Shift+鼠标右键>，选择【多切割】工具，把所有环绕的边连接起来，单击鼠标左键添加顶点，加线完成后，单击鼠标右键结束加线，如图 4-19 所示。小屋下方一圈边也同样操作。

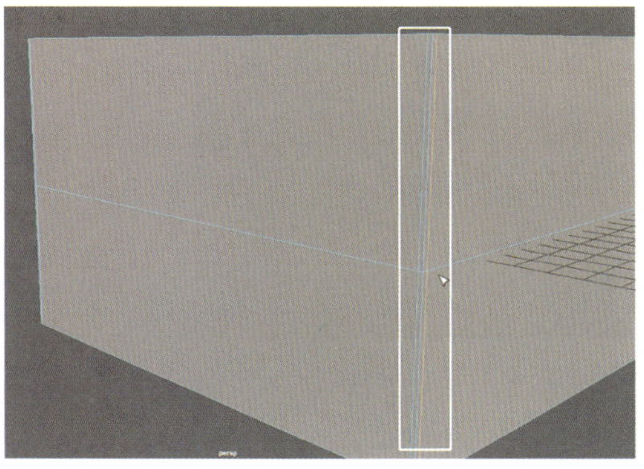

图 4-18

图 4-19

在有窗口的正面的四个角上，用【多切割】工具把两点连接后，使用【删除边】工具把多余的线删除，如图 4-20 所示。

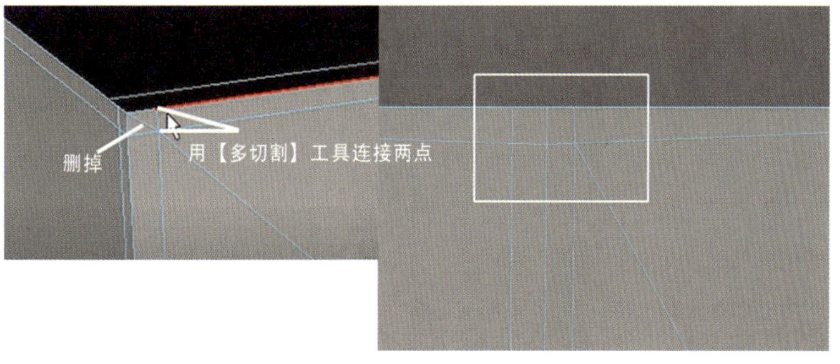

图 4-20

(5) 修改窗口外延布线，使用【插入循环边】工具，使 2 条循环边夹着窗口转折处，达到锁边的效果，如图 4-21 中橙黄色高亮显示的线条所示。

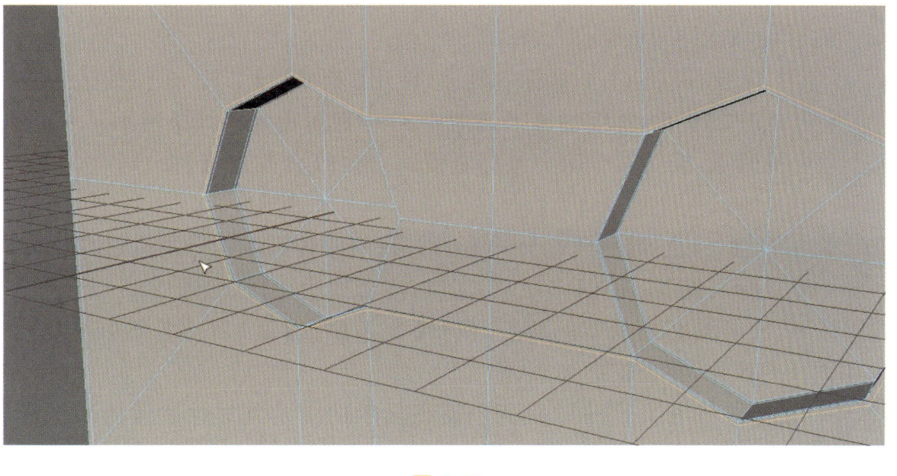

图 4-21

（6）调整窗格布线。经过上一个步骤的加线，窗格的线条已经比较明朗，但是部分位置在平滑后会出现细微凹凸，因此需要对布线进行优化。

①按住＜Shift＋鼠标右键＞，选择【多切割】工具，把窗口外圈的锁边线连接完整，如图 4-22 所示。

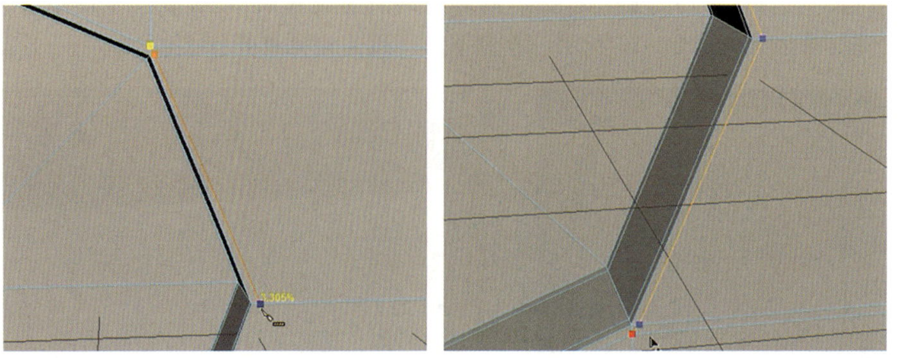

图 4-22

②进入【边】层级，使用【删除边】工具删除高亮显示的边，如图 4-23 所示。

③进入【顶点】层级，将图 4-24 中的两个黄色点选中，并按住＜Shift＋鼠标右键＞，进入【合并顶点】命令下的【合并顶点】子命令，将两点合并，优化窗格边缘的布线。其他顶点都使用类似方法进行合并。

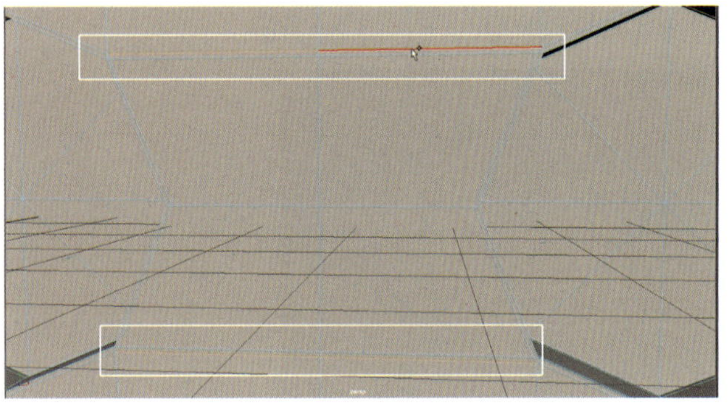

图 4-23

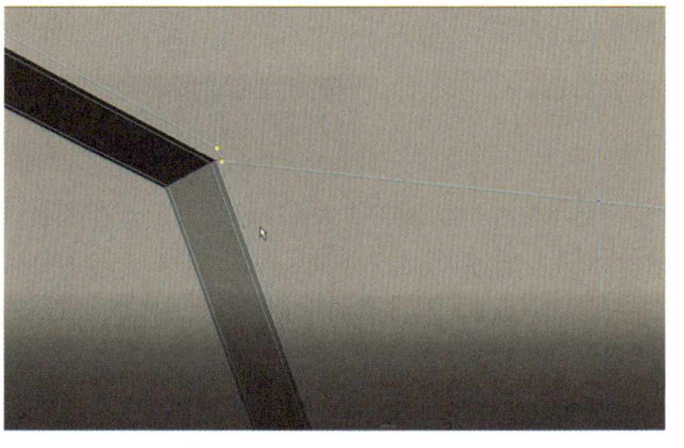

图 4-24

制作木门视频

4.2.1.4　制作木门

（1）使用【插入循环边】工具，插入两条循环边（示意门的宽度），然后按住＜Shift＋鼠标右键＞，使用【挤出面】工具，沿着 Z 轴往里面推，并把下面多余的面删除，形成门的形状，如图 4-25 所示。

（2）按住＜Shift＋鼠标右键＞，使用【多切割】工具，在门的边缘进行加线，方法类似于窗户的优化，加线的结果如图 4-26 中橙黄色高亮线条所示。

（3）选中每个角上的两点，按住＜Shift＋鼠标右键＞，选择【合并顶点】命令，合并两点。另一边的操作与此相同。

按住＜Shift＋鼠标右键＞，选择【插入循环边】工具，在门的转折处进行锁边，如图 4-27 所示。

（4）按住＜Shift＋鼠标右键＞，使用【多切割】工具，完善锁边工作，如图 4-28 所示。

（5）在【点】层级下，选中图 4-29 所示的两点，执行【合并顶点】命令下的【合并顶点】子命令。门另一边的对称位置也用同样的操作，完善锁边线。

（6）使用【多切割】工具，将图 4-30 中的橙黄色高亮显示的面及其对称位置的面进行切割，完成最后的布线优化。

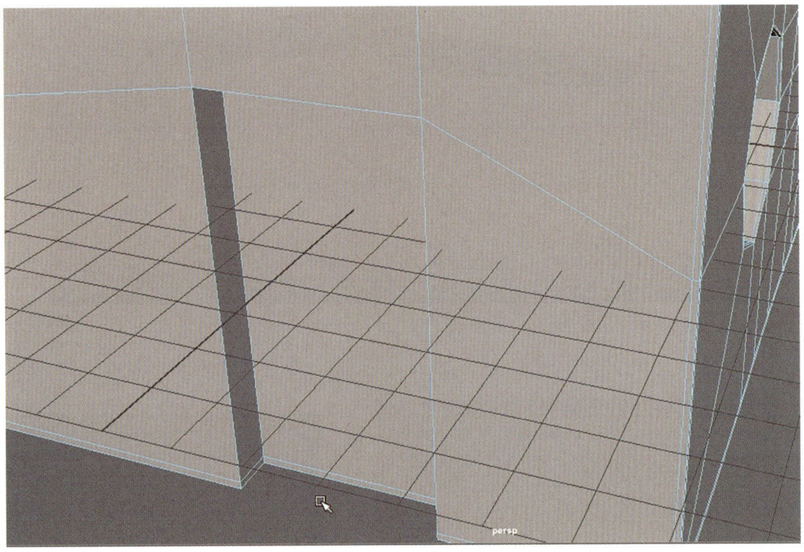

图 4-25

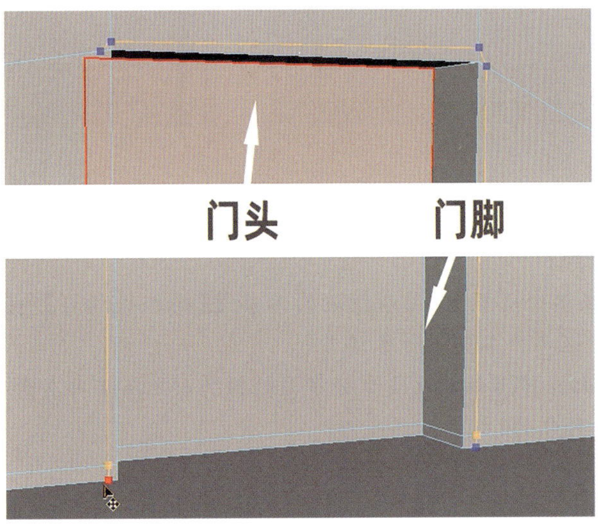

图 4-26

图 4-27

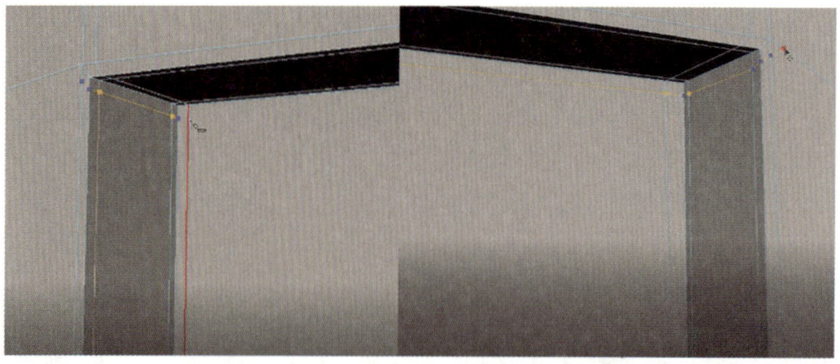

图 4-28

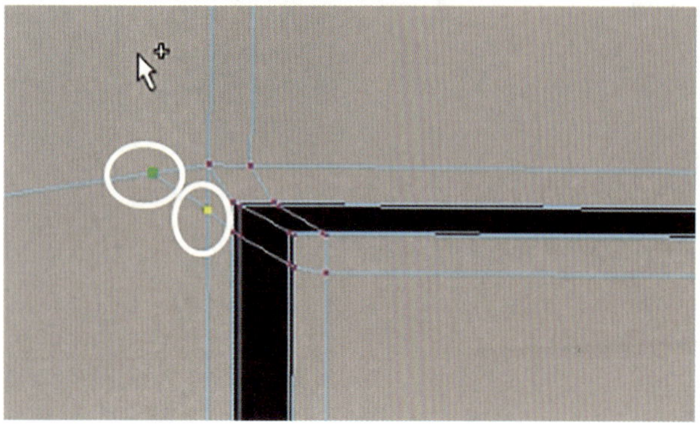

图 4-29

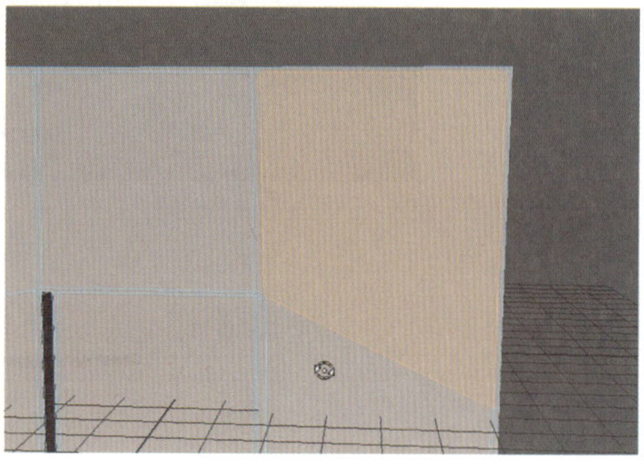

图 4-30

布线方式的修改视频

想一想：

1. 在这个小节中，用来锁边的工具是【插入循环边】和【多切割】，是否有其他工具可以代替这两个工具进行锁边？

2. Maya 中布线修改是十分常见的操作，Maya 里都有哪些常规的布线方式？它们是如何进行转化的？

4.2.2 飞艇模型制作

通过观察飞艇（图 4-31），我们得出飞艇的基本形状可以归纳为若干几何体，因此在创建飞艇模型的时候可以以这些基本的几何体为原型，通过添加分段数的方式进行制作。这也是模型制作中的一个常见思路。

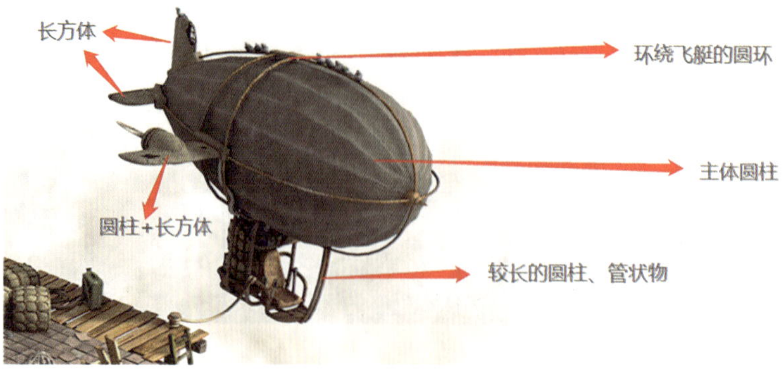

图 4-31

4.2.2.1 创建飞艇的主体

创建飞艇主体视频

(1) 在【前视图】中创建一个圆柱体，具体的细分数设置如图 4-32 所示，【轴向细分数】设为“24”，【端面细分数】设为“2”。进入【边】层级，使用【缩放】工具调整边的位置，如图 4-33所示。

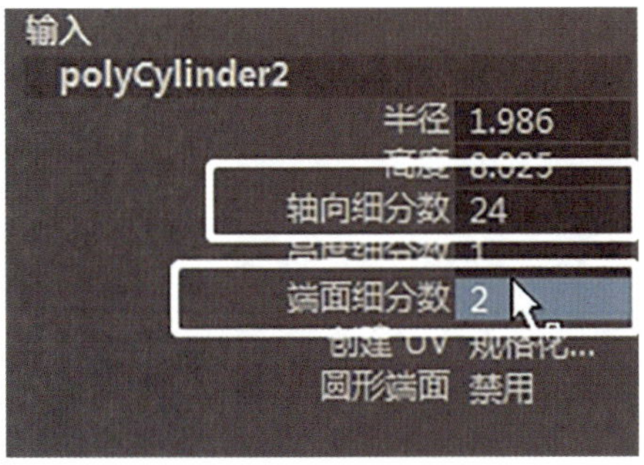

图 4-32

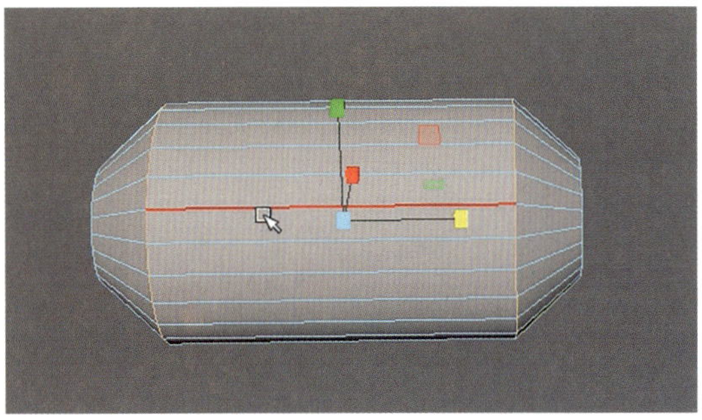

图 4-33

想一想：

1. 同样是调整边和点，使用【移动】工具和【缩放】工具有什么不同？
2. 什么时候适合使用【移动】工具调整边和点？什么时候适合使用【缩放】工具调整边和点？

(2) 间隔选中圆柱的轴向细分循环边，使用【缩放】工具调整圆柱的大小，注意仅在 X、Y 轴方向进行缩放，如图 4-34 所示。

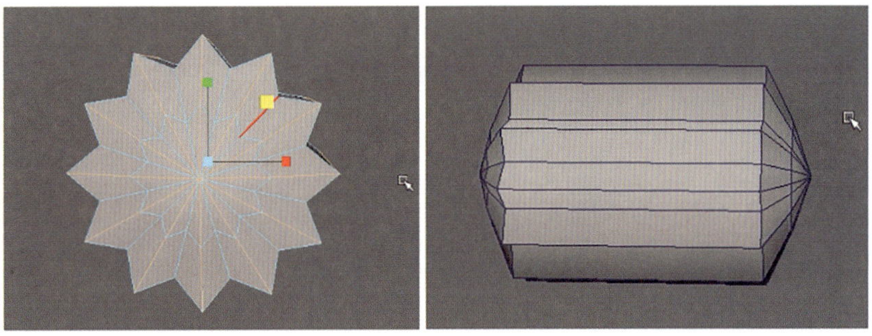

图 4-34

(3) 使用【添加循环边】工具增加分段数后，调整飞艇的整体形状，如图 4-35 所示，图中白色框线标注的为新添加的循环边。

(4) 现阶段的模型，使用平滑模式(按键盘上＜3＞键显示的模式)进行预览时，与图例模型相比有较大区别：飞艇鼓起的棱角过于圆润，如图 4-36 所示。因此，需要对飞艇鼓起的棱角进行锐化处理。

选中飞艇鼓起的棱角的循环边，使用【倒角边】工具，将【分数】设置为“0.8”，【分段】数值仍然为“1”，如图 4-37 所示。

(5) 使用【倒角边】工具后，飞艇的头尾两端出现了多边面。使用【多切割】工具，将这个面进行布线优化，如图 4-38 所示。飞艇的头尾两端操作方式一致。

(6) 使用【圆环】工具创建环绕飞艇的圆环，将【轴向细分数】设置为“12”，【高度细分数】设置为“8”，如图 4-39所示。

(7) 接下来制作纵向的金属环。选中图 4-40 所示的白色框线中的循环面，按住＜Shift＋鼠标右键＞，执行【复制面】命令。

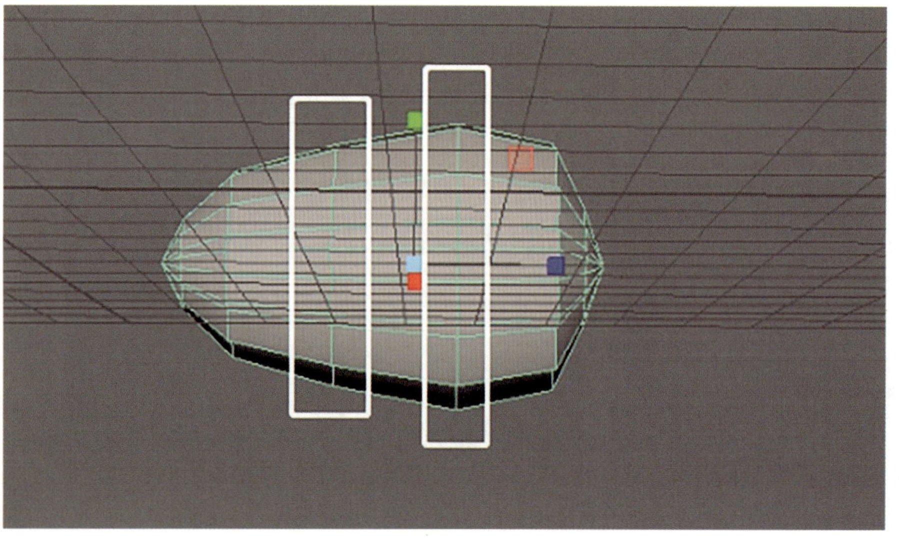

图 4-35

图 4-36

图 4-37

（8）选中刚刚复制出来的两个对象，使用【缩放】工具将其放大到合适大小后，将它们进行结合，如图 4-41 所示。选中 A、B 两个对象，按住<Shift＋鼠标右键>，执行【结合】命令。

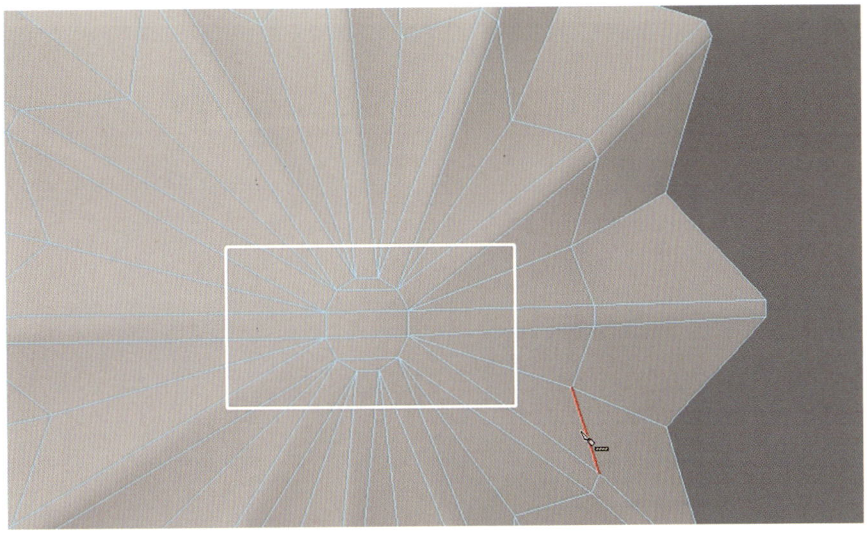

图 4-38

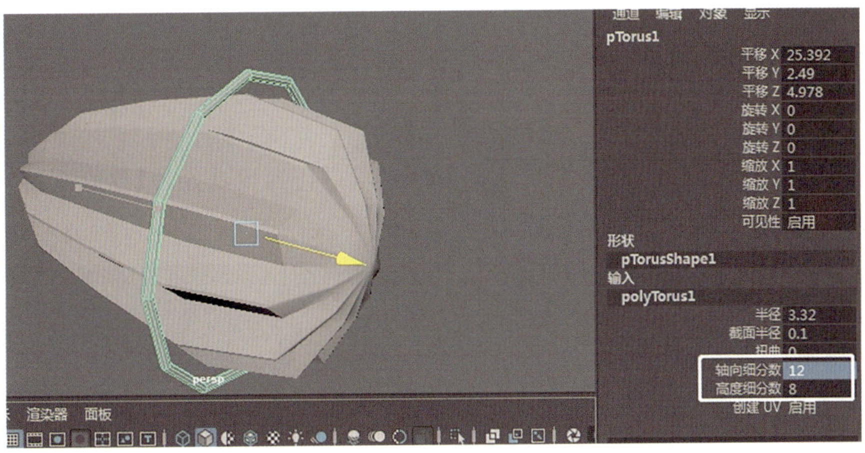

图 4-39

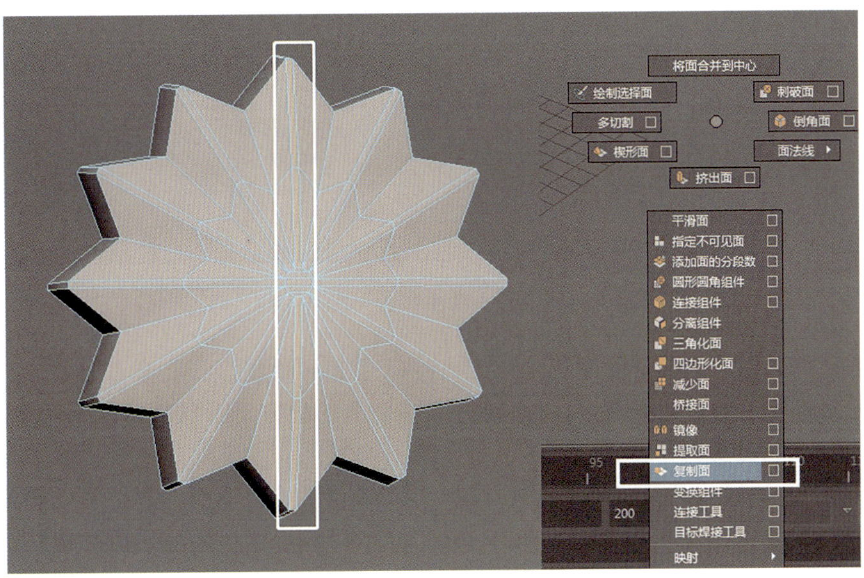

图 4-40

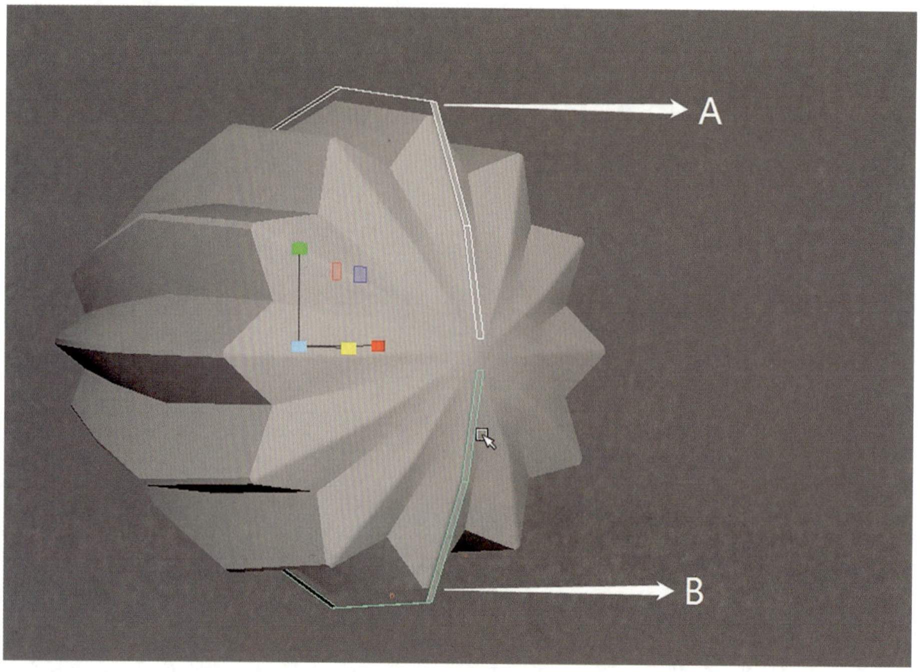

图 4-41

（9）进入【边】层级，使用【桥接】工具将前后断开的两段进行连接，【分段】数值设置为“0”，如图 4-42 中左侧白色框线处所示。

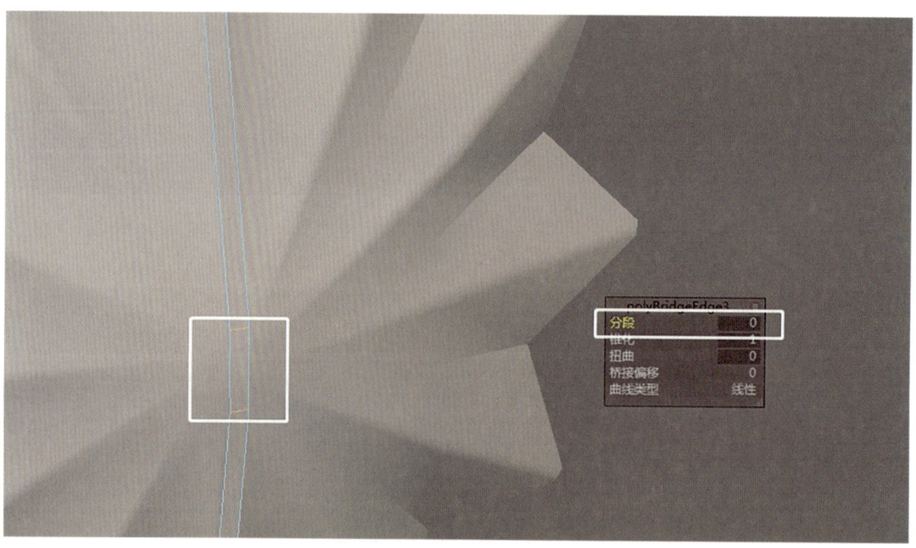

图 4-42

（10）双击创建好的纵向金属环的面，全部选中后执行【挤出面】命令，沿着 Z 轴拖动，形成一定厚度，如图 4-43 所示。根据模型的转折需要，可以在转折不够平滑的地方，使用【插入循环边】工具或【倒角边】工具添加分段数，使转折处更为平滑。

（11）完成了这个纵向金属环的制作后，执行【修改】菜单下的【居中枢轴】命令，调整该模型的坐标位置到对象的中心后，使用快捷键＜Ctrl＋D＞复制出一个金属环，将该金属环通道栏的【旋转】属性修改为“90°”，制作出横向的金属环。

按照上述步骤，将飞艇的若干金属环制作完成并摆放到位，最终结果如图 4-44 所示。

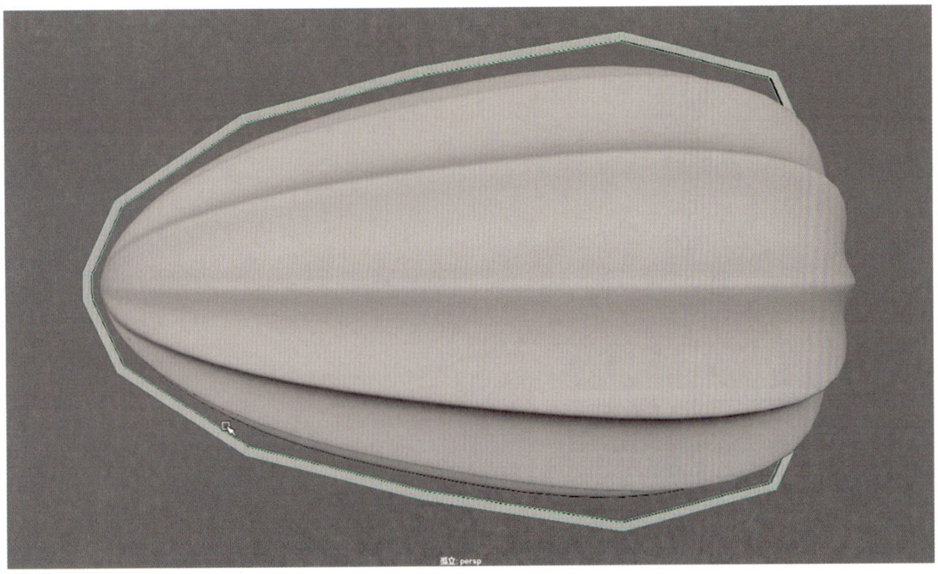

图 4-43

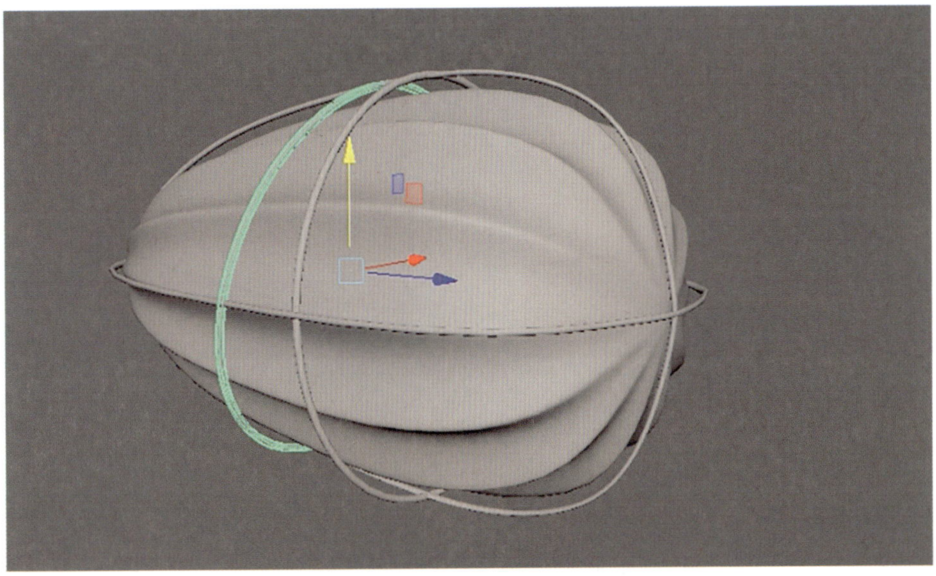

图 4-44

4.2.2.2 创建飞艇的机翼

(1) 在【前视图】的合适位置创建一个圆柱体，圆柱体的大小相当于飞艇参考图中机翼的圆柱部分，并将【轴向细分数】设置为“8”，【高度细分数】设置为“2”，【端面细分数】设置为“2”，如图 4-45 所示。

(2) 选中刚创建好的圆柱体，在通道栏中将【旋转 Z】设置为“30”，即沿着 Z 轴旋转 30°，并通过调节边，将火箭筒的大致形状调节出来，如图 4-46 所示。火箭筒尾端的端面比例调整完成后，将中间的一圈面选中，执行【挤出面】命令，沿着 Z 轴向里推，如图 4-47 所示。

创建飞艇的机翼视频

(3) 使用【多切割】工具，添加图 4-48 中白色框线区域内的横向线条，将图 4-49 中白色框线区域内的橙黄色线条使用【删除边】工具删除。

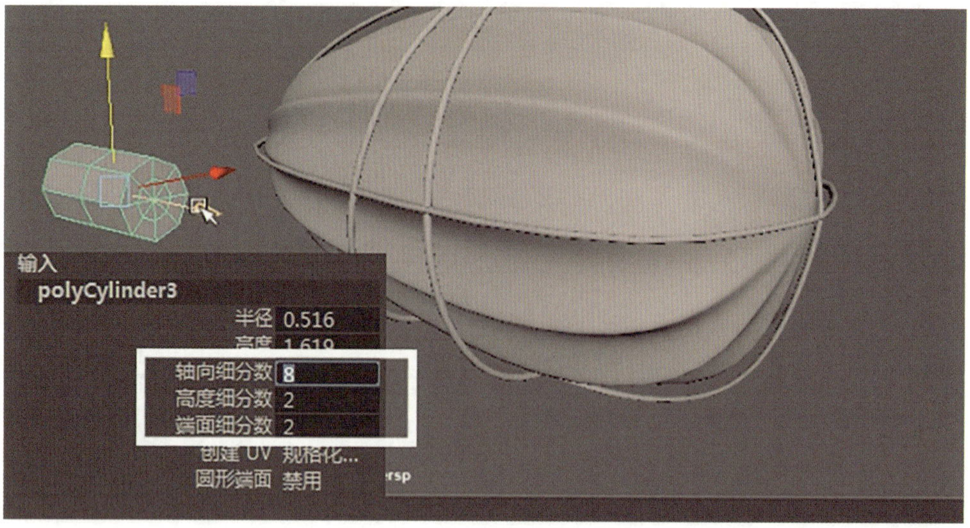

图 4-45

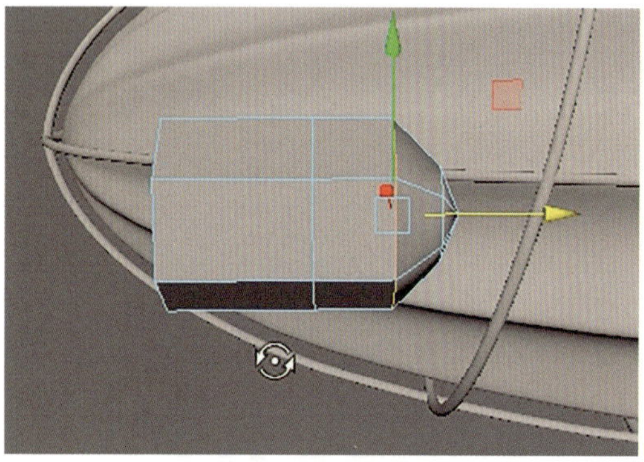

图 4-46

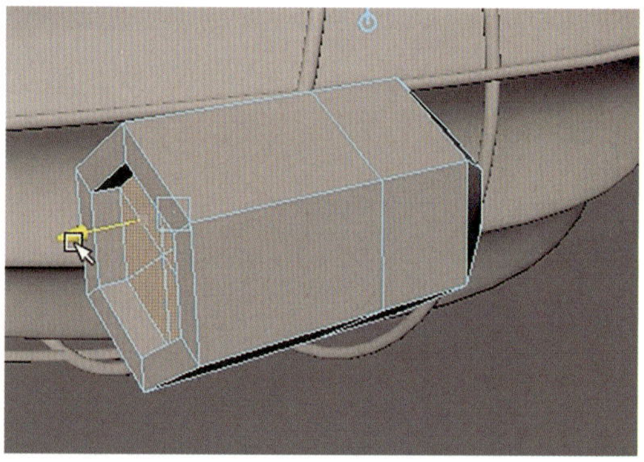

图 4-47

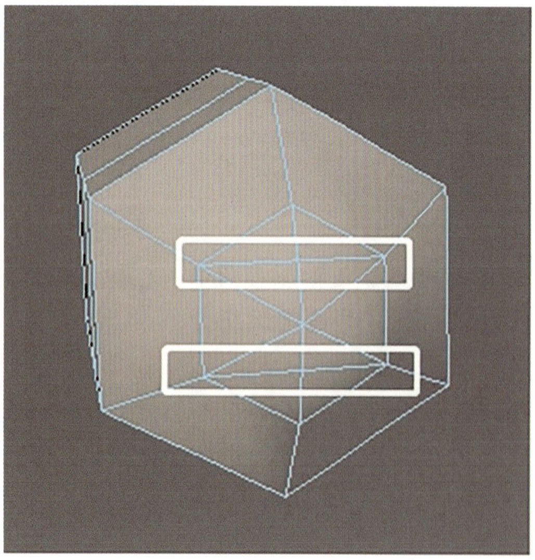

图 4-48

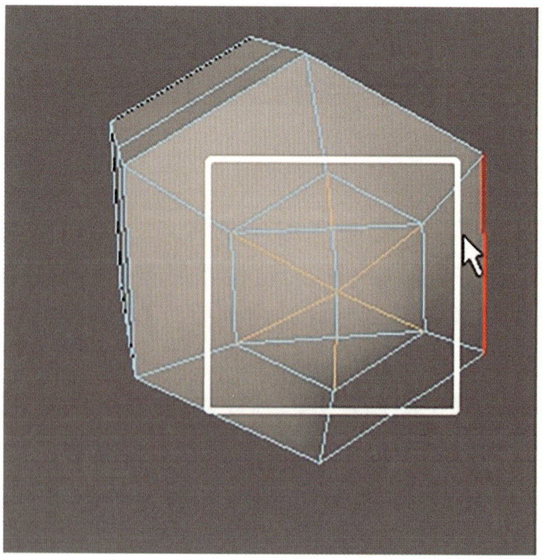

图 4-49

(4) 在火箭筒靠近尾部的位置，使用【插入循环边】工具添加一段循环边，如图 4-50 所示。对机翼位置的一圈面执行【挤出面】命令，如图 4-51 所示。注意，在这个步骤中，挤出手柄需要切换到缩放功能，往内侧挤出，调整出一个厚度较小的机翼的挤出面，如图 4-52 所示。将该挤出面再一次执行【挤出面】操作，沿着 Z 轴向外拖动，如图 4-53 所示。

(5) 使用【插入循环边】工具，添加一圈循环边后，选中一圈循环面，执行【挤出面】，沿着 Z 轴向外拖动，制作出一个环状凸起，如图 4-54 所示。

(6) 进入【顶点】层级，调整机翼的形状，如图 4-55 所示。在调整的过程中需要注意，机翼在靠近飞艇一侧的顶点要对齐，以及机翼前端较后端薄等细节。

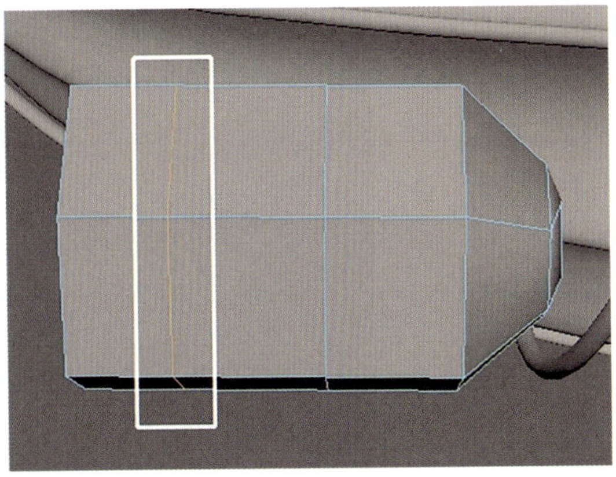

图 4-50

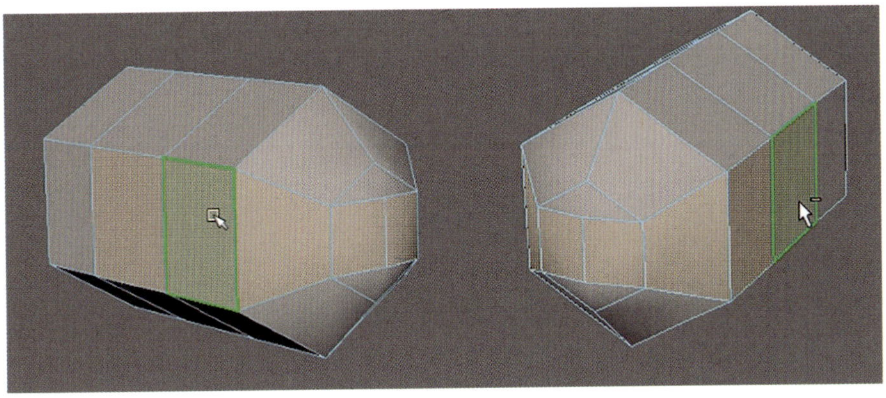

图 4-51

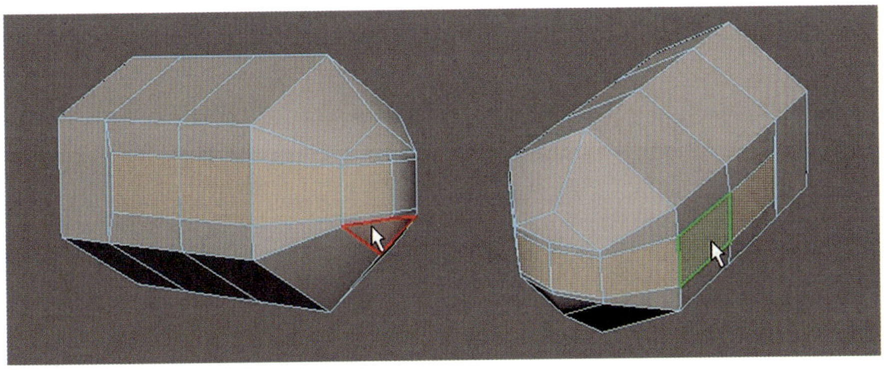

图 4-52

(7) 锁边优化布线。使用【插入循环边】命令，在有明确转折的地方添加分段，添加的位置如图 4-56 所示。具体需要在什么地方添加循环边，并没有非常明确的规定，可以通过平滑模式(按键盘上<3>键显示的模式)观察后进行判断。

(8) 使用【平滑】命令来得到一个相对比较平滑的机翼。按住<Shift+鼠标右键>，在【平滑选项】界面进行具体设置，如图 4-57 所示，将平滑的【分段级别】改为“1”，平滑分段级别越高，网格细分越细致。当平滑的分段级别为“1”时，原模型上的 1 个面转变为 4 个面；若平滑的分段级别为“2”，则原模型上的 1 个面被细分转变为 16 个面，以此类推。

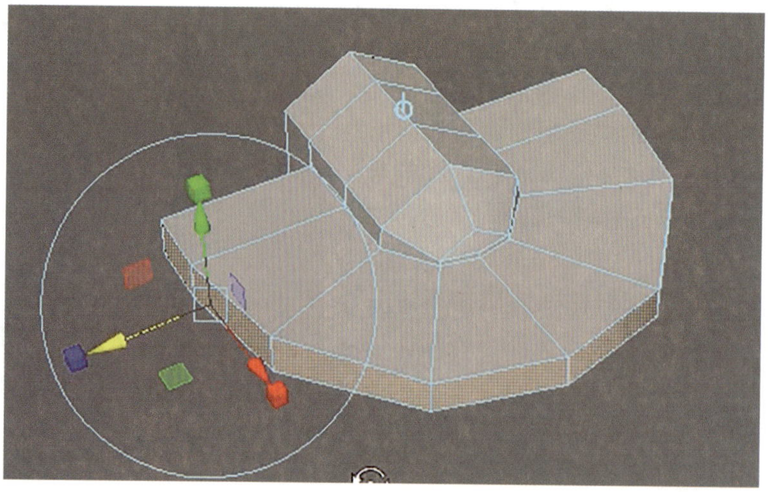

图 4-53

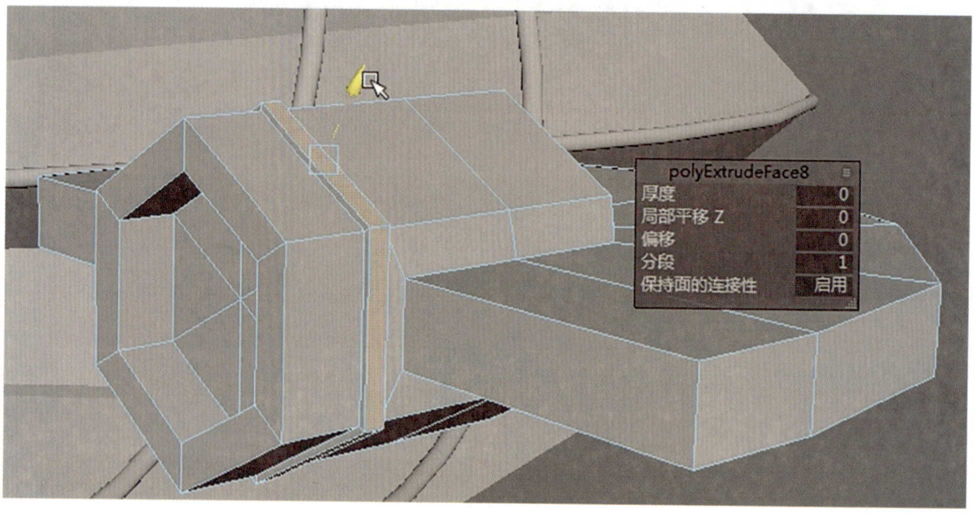

图 4-54

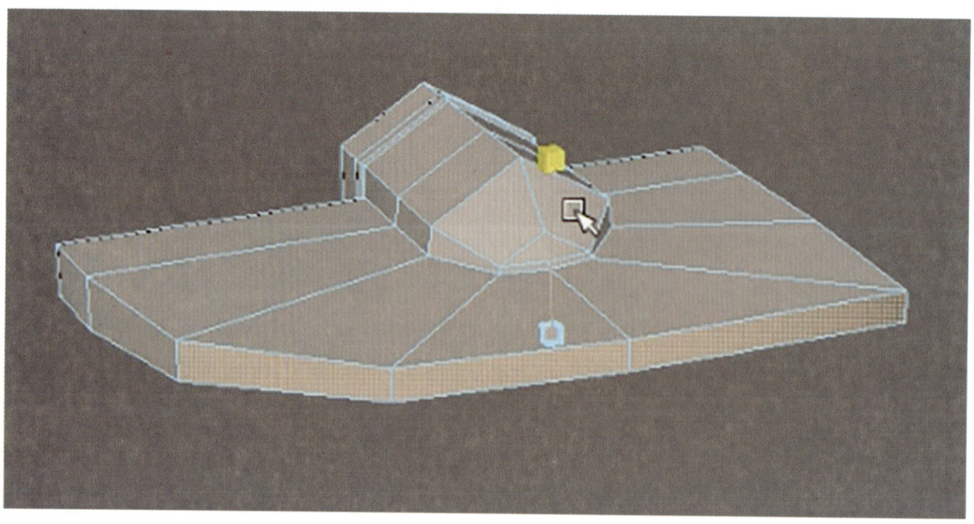

图 4-55

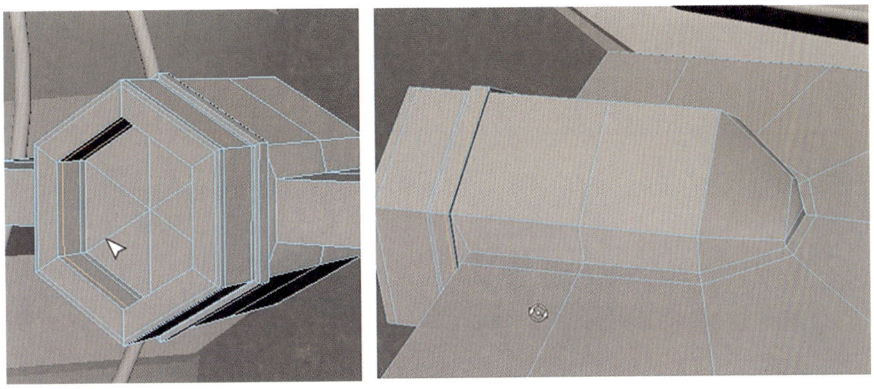

图 4-56

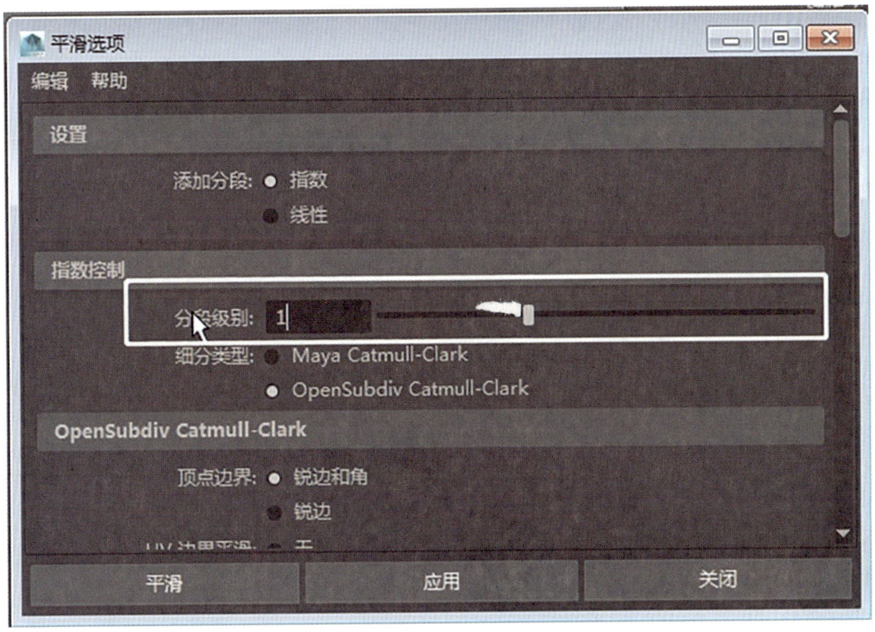

图 4-57

最后，制作一个长方体和机翼进行连接，锁边后进行相应的平滑操作，其他机翼也使用类似的方法制作。

4.2.2.3 创建飞艇的前端金属

（1）飞艇前端的葫芦状金属凸起，可以看成由两个圆球和一个圆锥组成。首先创建一个圆球，并将通道栏的【轴向细分数】和【高度细分数】的数值都修改为“12”，通过快捷键<Ctrl+D>复制一个相同的圆球。进入【面】层级，将其中一个圆球(A)的顶部的面选中，单击<Delete>键删除；将另外一个球体(B)下半部的面选中，单击<Delete>键删除，如图 4-58 所示。

创建飞艇的前端金属视频

（2）使用【缩放】工具将上一步骤中的球体 B 沿 Y 方向的缩小，让半球扁一些，更加接近参考图。进入【顶点】层级，将最上面的顶点拉高，做出圆锥的形状，并使用【缩放】工具收缩该顶点周围的循环边，起到锁边的作用，如图 4-59 所示。

（3）使用【缩放】工具对球体 B 进行调整，并按照图 4-60 所示摆放 A、B 球体，使用【结合】命令将两个球体结合为一个对象。

进入【顶点】层级，选中两个球体结合处的一圈点，使用【缩放】工具调整，使相应的顶点对齐，然后执行【合并顶点】命令下的【合并顶点】子命令。

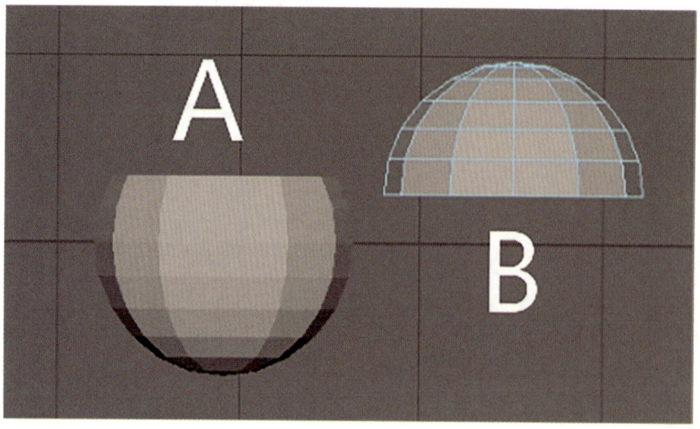

图 4-58

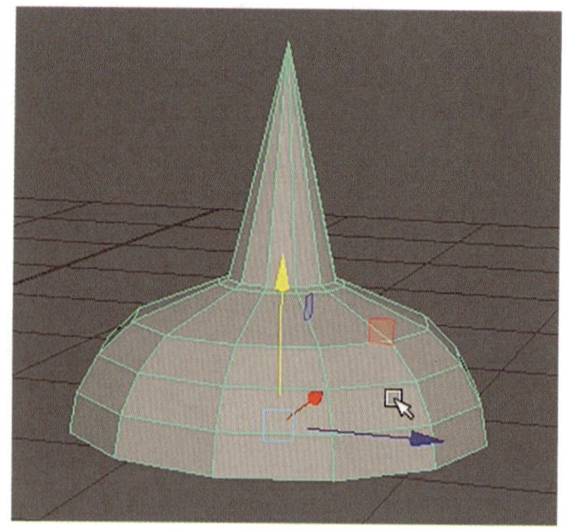

图 4-59

如果手动调整后的顶点位置不十分匹配，无法让【合并顶点】命令起作用，如图 4-61 所示，那么可以按键盘上的<V>键，配合【移动】工具将相应的顶点移动到位。

图 4-60

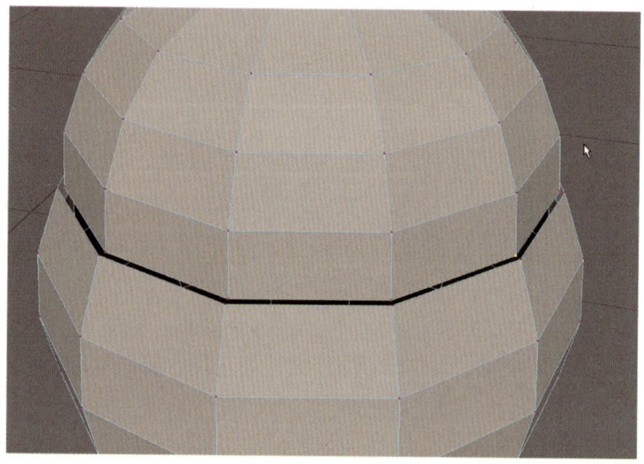

图 4-61

想一想：上文使用的是【合并顶点】下的【合并顶点】子命令来完成两个模型的拼接，如果不使用该方法，是否可以使用【合并顶点】命令下的其他命令来完成？是哪个命令呢？

(4) 球体结合并调整形状后，放置到飞艇的相应位置，如图 4-62 所示。

4.2.2.4　创建飞艇的座椅

创建飞艇的座椅视频

飞艇的座椅主要分为坐垫、椅背和金属架三个部分，其中金属架是由若干环状金属环穿插拼接而成的。

(1) 创建一个立方体，并将【细分宽度】设置为“6”，【高度细分数】设置为“2”，【深度细分数】设置为“5”，如图 4-63 所示。

(2) 在【顶点】和【边】层级进行调整，得到图 4-64 所示的一个坐垫形状。进入【对象】层级，按住<Shift+鼠标右键>，调出快捷菜单中的【平滑】命令，将【分段级别】设置为“1”，得到一个较为平滑的坐垫模型。

(3) 使用【晶格】命令来制作座椅靠背。事实上，制作坐垫、椅背的方法都很类似，都可以通过在【顶点】和【边】层级进行调整得到，但是在这个部分我们选择使用【晶格】命令来制作，如图 4-65 所示。

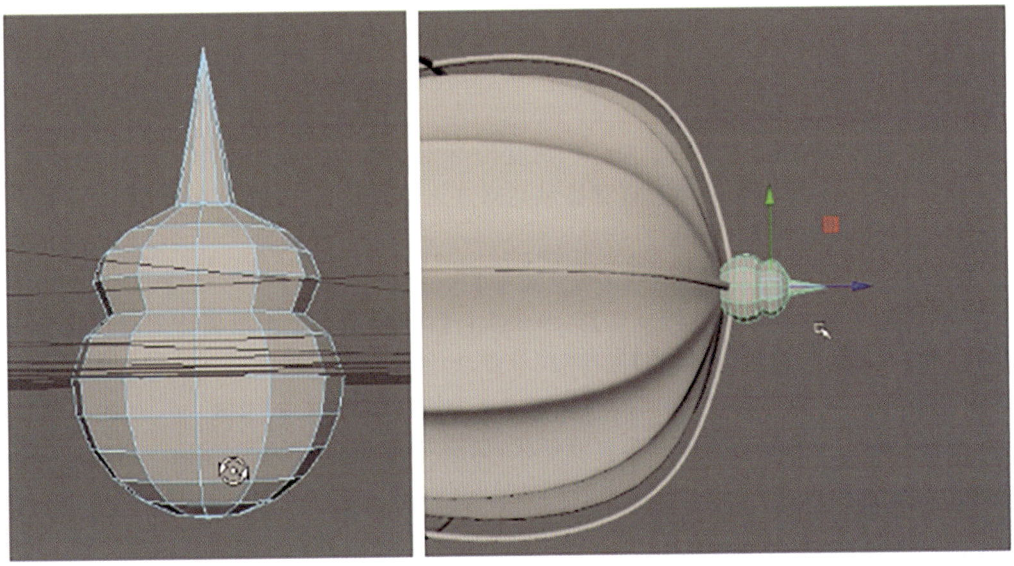

图 4-62

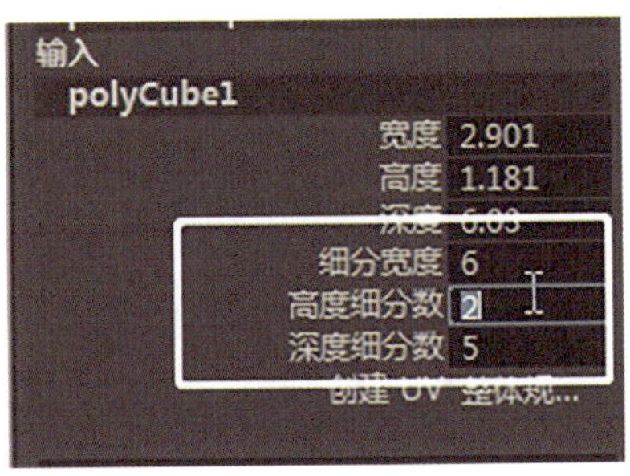

图 4-63

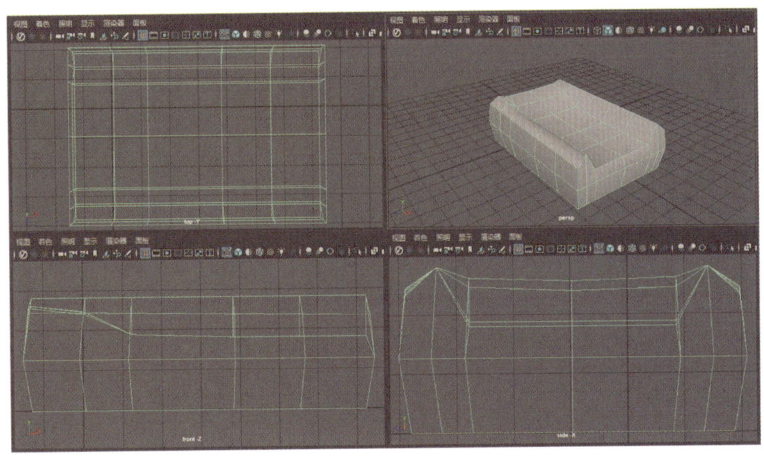

图 4-64

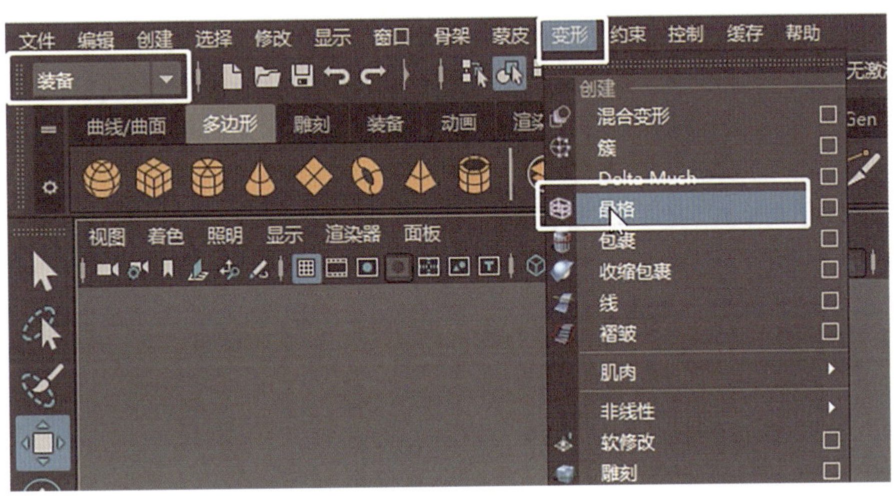

图 4-65

注意：在 Maya 部分版本中可能会无法找到【变形】菜单，可以将【菜单集】修改为【装备】选项后调出该菜单。

晶格是一种点结构，【晶格】命令用于对任何可变形对象执行自由形式变形。若要创建变形效果，可以通过移动、旋转、缩放晶格结构，或通过直接操纵晶格点来编辑晶格，常在动画中使用，在编辑部分分段数较多以及起伏比较平滑的模型时非常有优势。

使用类似坐垫的立方体参数，制作一个【细分宽度】数值为“6”，【高度细分数】数值为“2”，【深度细分数】数值为“6”的模型。选中该模型，在【变形】菜单中执行【晶格】命令。根据模型需要将【S 分段数】设置为“4”，【T 分段数】设置为“4”，【U 分段数】保持“2”不变，如图 4-66 所示。

（4）选中晶格后，单击鼠标右键，在调出的快捷菜单中选择【晶格点】，如图 4-67 所示。使用【移动】工具对晶格点进行调节，调节为接近参考图椅背的形状，如图 4-68 所示。

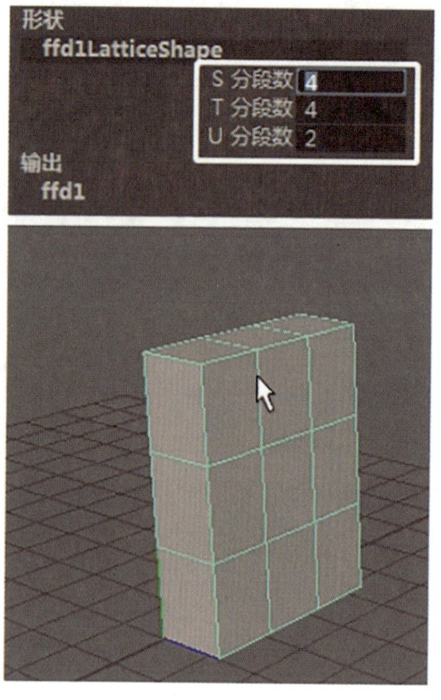

图 4-66

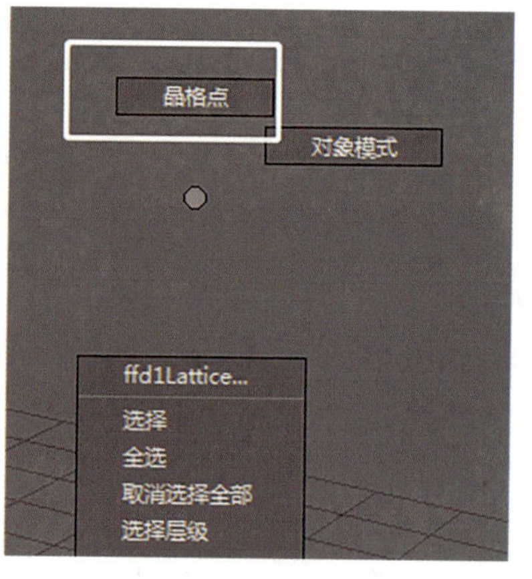

图 4-67

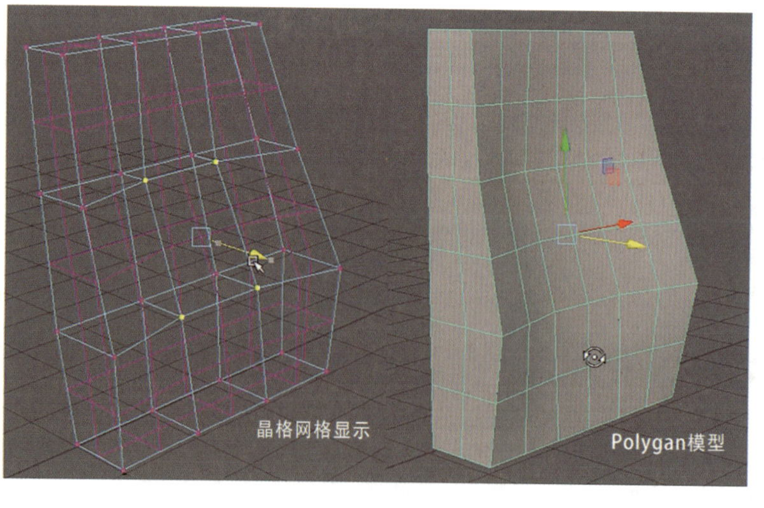

图 4-68

注意：有时会出现无法选中晶格的情况，可以在【大纲视图】中找到图 4-69 所示的晶格对象，然后使用快捷键<Ctrl+1>进行隔离显示，在隔离显示的情况下再调出快捷菜单就会比较方便。

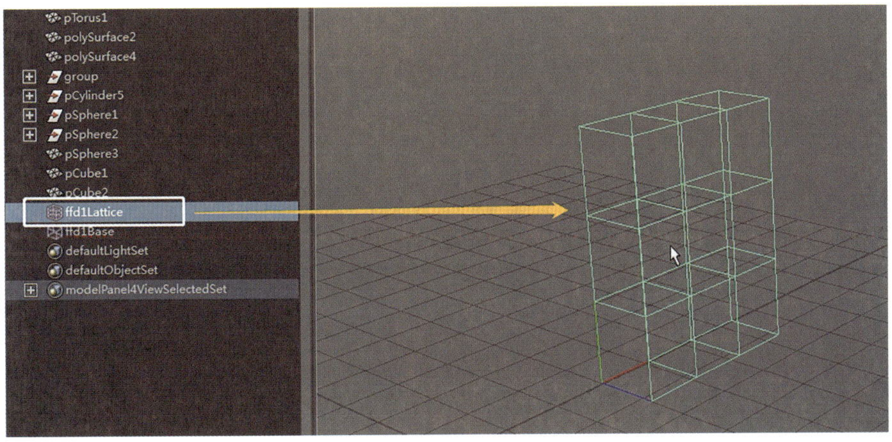

图 4-69

(5) 选中调节好的椅背模型，在【编辑】菜单中找到【按类型删除】命令下的【历史】子命令，如图 4-70 所示，将对象的晶格变形器历史删除。将模型进行细节调整后，按住<Shift+鼠标右键>，在调出的快捷菜单中选择【平滑】命令，将【分段级别】设置为“1”，得到较为平滑的坐垫和椅背模型，如图 4-71 所示。

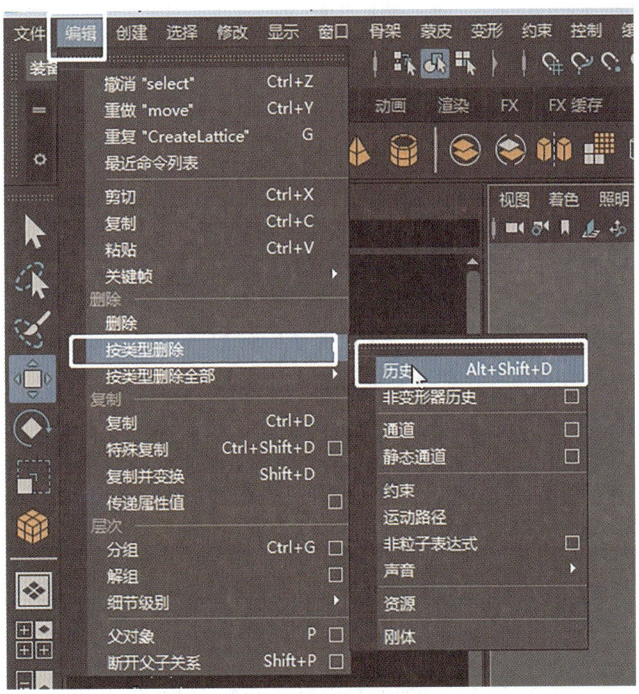

图 4-70

(6) 制作金属支架。到目前为止，我们创建多边形的思路基本都是先创建一个较为简单的几何体，然后通过增加分段数的方式增加细节。我们在这个步骤中用一种不同的思路——使用截面沿着路径挤出要创建的模型。这个建模思路在工业造型建模中比较常用，在多边形建模中其较多用于创建类似水管、道路等截面形状一致的对象。

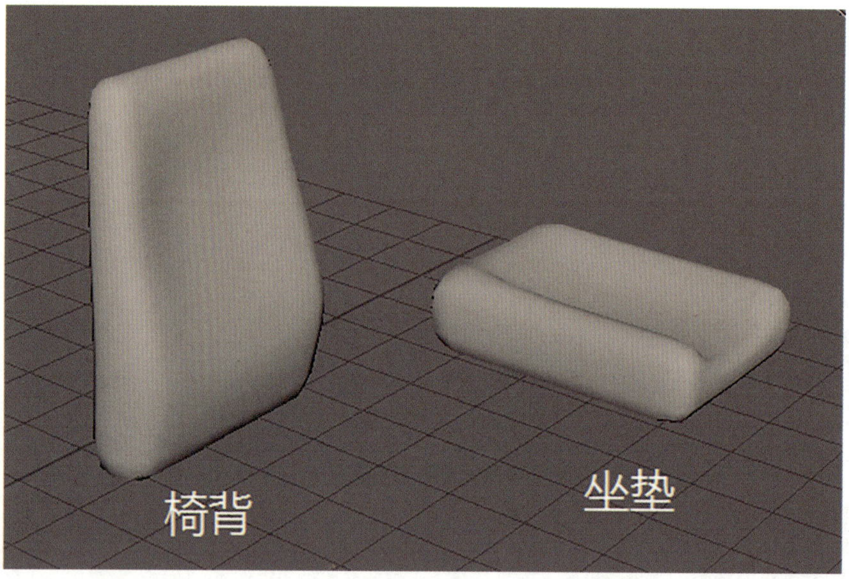

图 4-71

创建一个【轴向细分数】为“8”的圆柱体，并删除除顶面以外的其他面，形成一个八边形的平面，如图 4-72 所示，这个平面就是金属管的横截面。

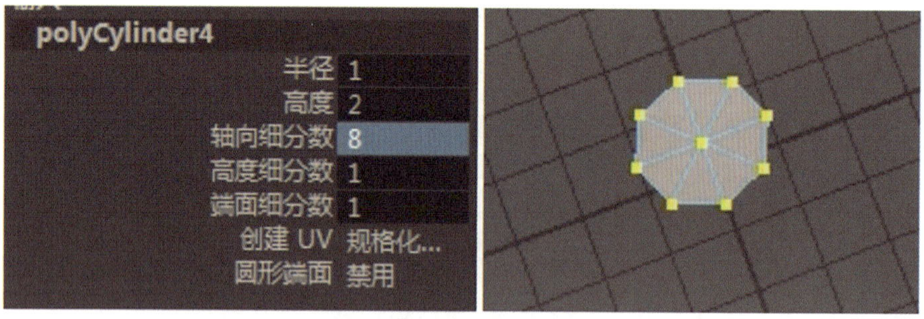

图 4-72

注意：如果要修改截面的大小，不能在【对象】层级中使用【缩放】工具进行调整，而是要进入【顶点】层级，选中所有顶点后，再使用【缩放】工具进行调整。

(7) 在正交视图(【前视图】或【侧视图】)中使用【曲线/曲面】工具下的【EP 曲线】工具创建一条曲线，如图 4-73 所示。

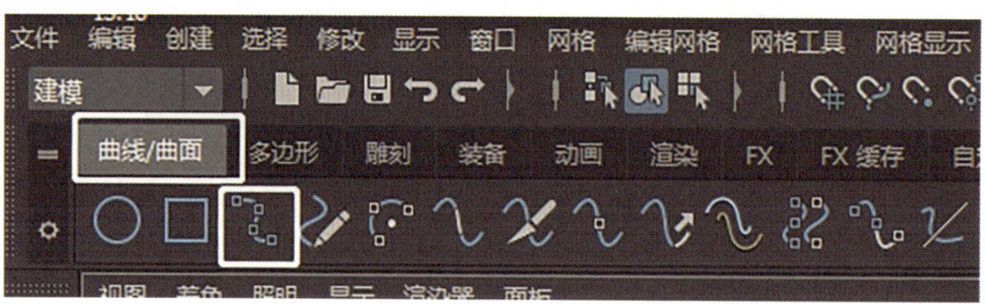

图 4-73

单击鼠标右键进行曲线点的创建，创建完成后，单击鼠标左键结束创建。

选中曲线后，单击鼠标右键，在调出的快捷菜单中选择【控制点】，使用【缩放】工具对曲线的【控制点】进行位置调整，如图 4-74 所示。

(8) 将步骤(6)中创建的八边形平面，移动到曲线的起点(即创建曲线的第一个点)。选中平面，进入【面】层级，框选所有的面，然后加选曲线，按住＜Shift＋鼠标右键＞，在调出的快捷菜单中选择【挤出面】命令，并将【分段】数值设置为“20”，如图 4-75 所示。选中创建出的管状物，在【编辑】菜单中找到【按类型删除】命令下的【历史】子命令，就可以将作为路径的曲线删除。

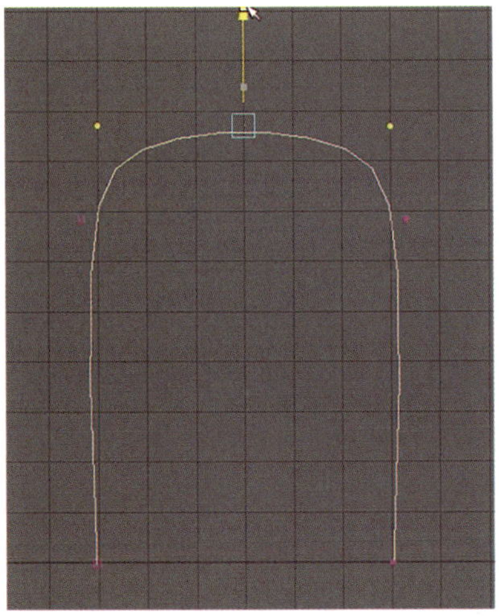

图 4-74

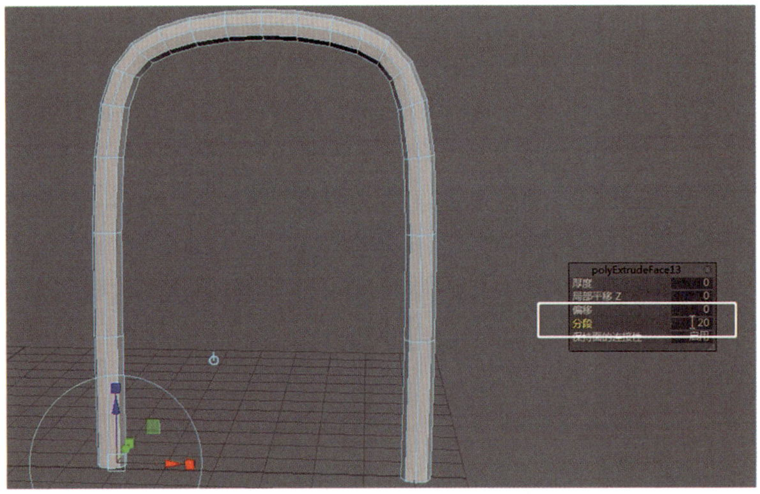

图 4-75

想一想：挤出了管状物的形状之后，如果再次调整曲线的形状，挤出的管状物的形状会发生改变吗？如果选中创建出的管状物执行【编辑】→【按类型删除】→【历史】命令，会有区别吗？

(9) 选中刚刚创建的管状物，执行工具架上的【镜像】命令，并设置镜像的【方向】为“－Y”，【合并模式】为【合并边界顶点】，如图 4-76 所示。

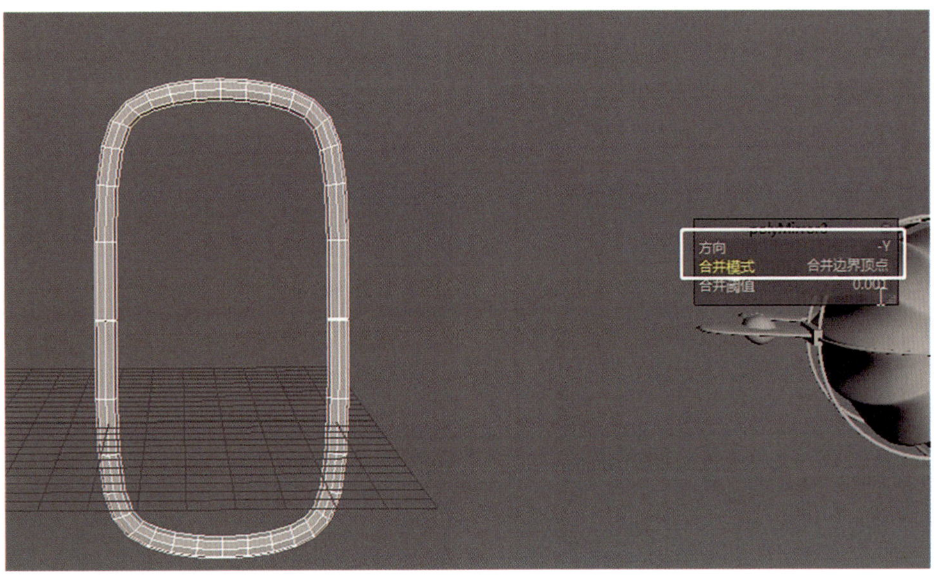

图 4-76

注意：如果两段管状物没有很好地进行连接，可以进入【顶点】层级，选中要进行合并的两端顶点。使用【缩放】工具对齐后，再次执行【合并顶点】命令下的【合并顶点】子命令。

（10）在上一步骤创建出的环状金属管中，创建椅子扶手和脚踏板部分的金属管。选中环状金属管使用快捷键<Ctrl+D>进行复制。进入【面】层级，选中上半部分的面，然后按住<Shift+鼠标右键>，在调出的快捷菜单中选择【提取面】命令，如图 4-77 所示，将金属管拆分为上、下两个对象。选中上半段的管状物，进入【面】层级，选中左半边的面，然后按住<Shift+鼠标右键>，在调出的快捷菜单中选择【提取面】命令，将上半段金属管拆分为左、右两个对象。

选中新拆分出来的 3 个模型，执行【修改】菜单下的【居中枢轴】命令。

（11）将拆分出的下半段金属管沿着 X 轴旋转－90°，上半段左边的金属管沿 Y 轴旋转－90°，上半段右边的金属管沿 Y 轴旋转 90°，并使用【移动】工具将这 3 个对象按图 4-78 所示位置摆放。再选中这 3 个对象，执行【结合】命令。

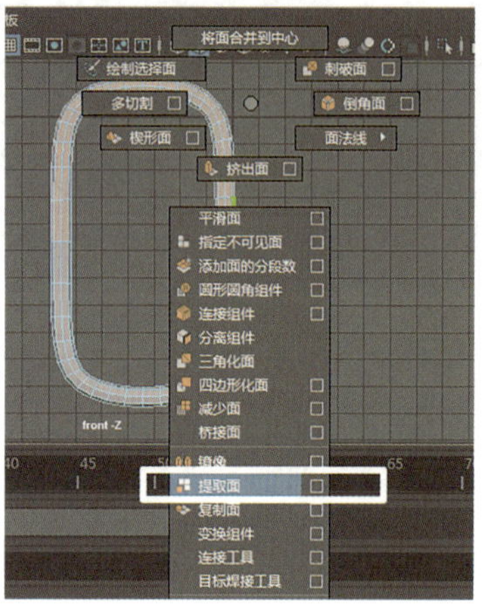

图 4-77

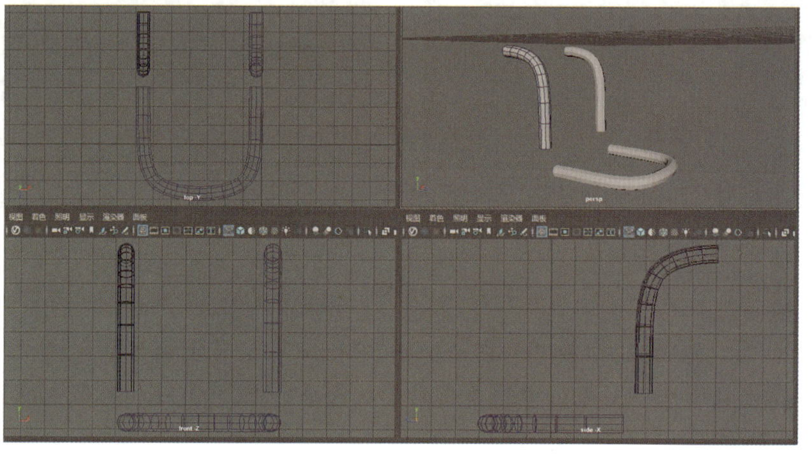

图 4-78

（12）选中一侧管道的开放处边缘，如图 4-79 所示，然后按住<Shift+鼠标右键>，在调出的快捷菜单中选择【桥接】命令，单击命令后面的“□”，进行工具设置，如图 4-80 所示，将【桥接类型】设置为【平滑路径】，将【分段】数值设置为“6”，结果如图 4-81 所示。

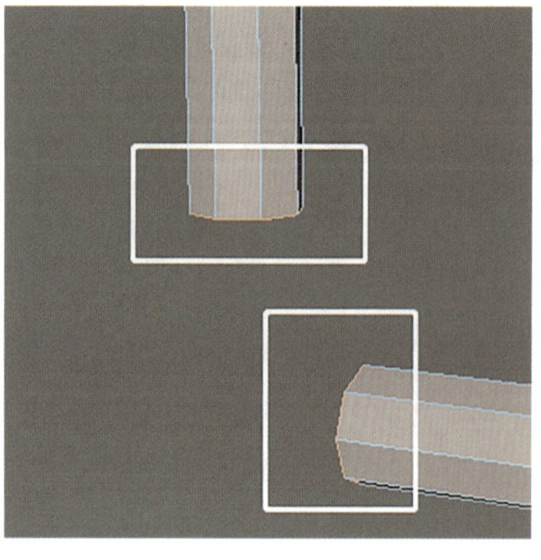

图 4-79

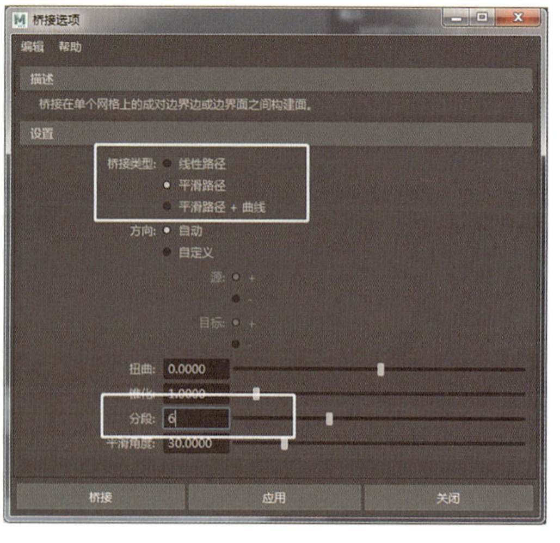

图 4-80

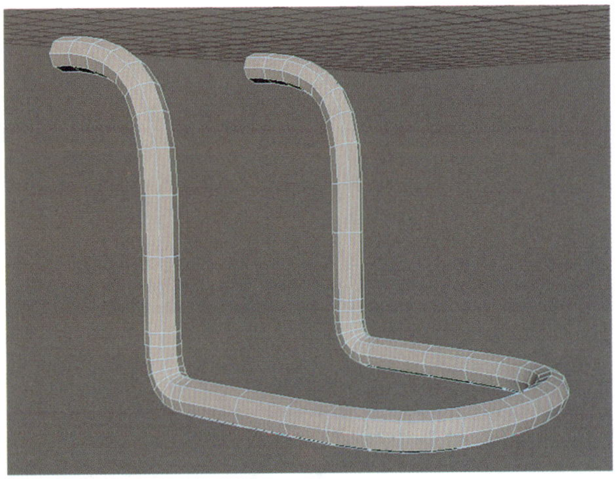

图 4-81

4.2.2.5 创建飞艇的缆绳

飞艇缆绳的创建思路类似前面章节介绍的金属管的创建，分成两个部分来制作：固定在木桩子和飞艇座椅把手上面的螺旋形缆绳，以及连接城堡和飞艇的绳子。

创建飞艇缆绳视频

(1) 制作固定的螺旋形缆绳。在【创建】菜单中【多边形基本体】子菜单下找到【螺旋线】命令，创建一个螺旋线。单击鼠标右键并拖动，定义圆环的大小，再向上拖动定义螺旋线的高度，最后左右拖动编辑螺旋线的圈数。

如果创建的螺旋线并不理想，还可以在通道栏或者【属性编辑器】中进行编辑，具体属性如图4-82所示。

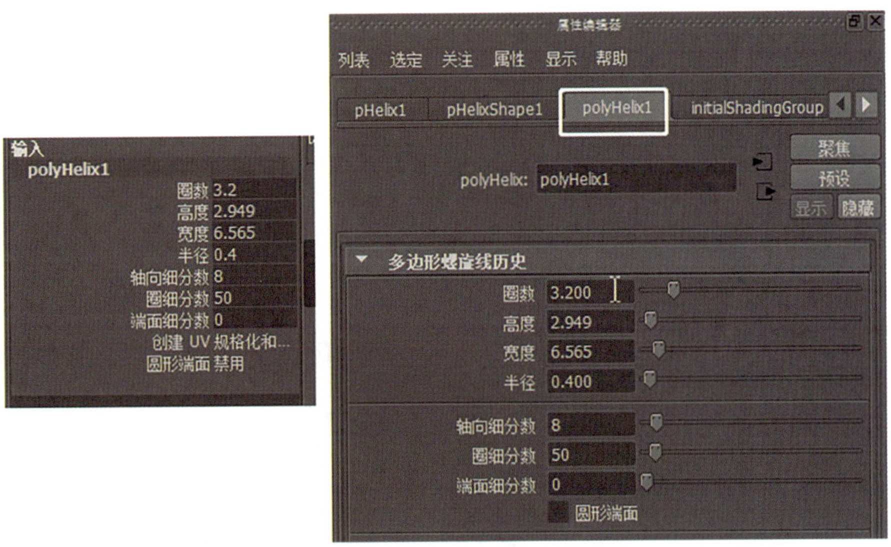

图 4-82

(2) 使用【多切割】工具将创建出来的螺旋线的两端封口进行分割，形成两个四边形面。在正交视图(【前视图】或【侧视图】)中使用【EP 曲线】工具创建一条曲线。这条曲线就是连接城堡和飞艇的缆绳的模型路径，将曲线的起点位置对齐螺旋线其中一段封口中心，如图 4-83 所示。

(3) 选中螺旋线，进入【面】层级，选中连接曲线的那段封口的面，加选曲线，然后按住＜Shift＋鼠标右键＞，在调出的快捷菜单中选择【挤出面】命令，并根据需要设置【分段】数值，如图 4-84 所示。另一段拴在飞艇上的螺旋线也按照类似方式进行衔接，在此不赘述。

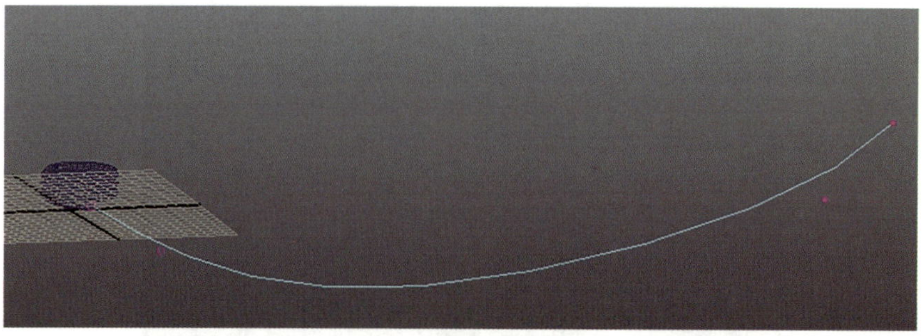

图 4-83

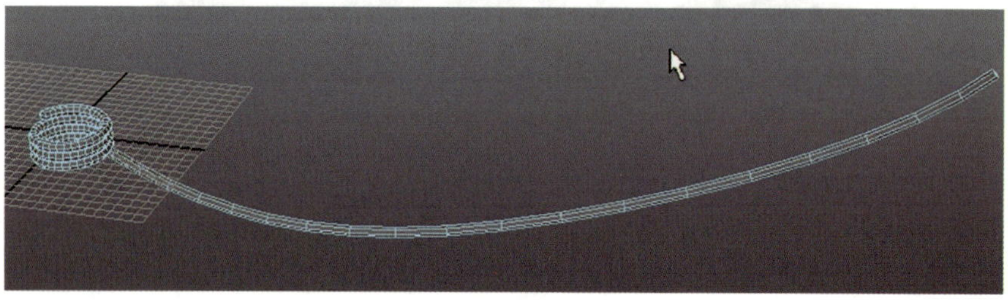

图 4-84

4.2.3 塔楼模型制作

通过观察塔楼，我们可以将塔楼的基本形状归纳为屋顶、塔楼楼身、台阶、方形小楼和楼顶木板（这个模型将结合 UV 在下一章中讲解）等几个部分，如图 4-85 所示。

图 4-85

4.2.3.1 创建塔楼的主体(塔楼楼身+方形小楼)

(1) 在【前视图】创建一个圆柱体,并将圆柱体的【轴向细分数】设置为“12”,只保留该圆柱朝前端面的上半段,并使用【缩放】工具,沿 Y 轴拉长半圆面片,如图 4-86 所示。

创建塔楼主体视频

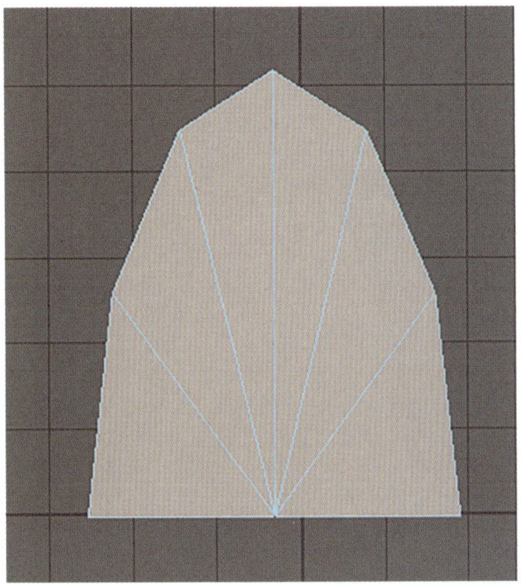

图 4-86

(2) 进入面片的【边】层级,选中半圆的边缘,如图 4-87 所示。按住<Shift+鼠标右键>,在调出的快捷菜单中选择【挤出边】命令,沿着 Y 轴拖动,如图 4-88 所示。进入【顶点】层级,使用【缩放】工具将边缘调整为四边形,如图 4-89 所示。最后进入【面】层级,删除半圆形的部分,如图 4-90 所示。

(3) 进入【边】层级,选中最上面的两条边,执行【挤出边】命令,沿着 Y 轴向上拖动,如图 4-91 所示。选中最底端边缘的边,执行【挤出边】命令,沿着 Y 轴向下拖动,并将【分段】数值设置为“3”,如图 4-92 所示。

(4) 进入【顶点】层级,将点调整为参考图的弧度,如图4-93 所示。进入【边】层级,选中最外侧的边、拱形内部的边和底边,执行【挤出边】命令,结果如图 4-94 所示。

(5) 将挤出的边使用【缩放】工具调整好后,再使用【镜像】工具复制出塔楼的另一边拱形底。镜像的【方向】设为“$-X$”,并设置【合并模式】为【合并边界顶点】,结果如图 4-95 所示。

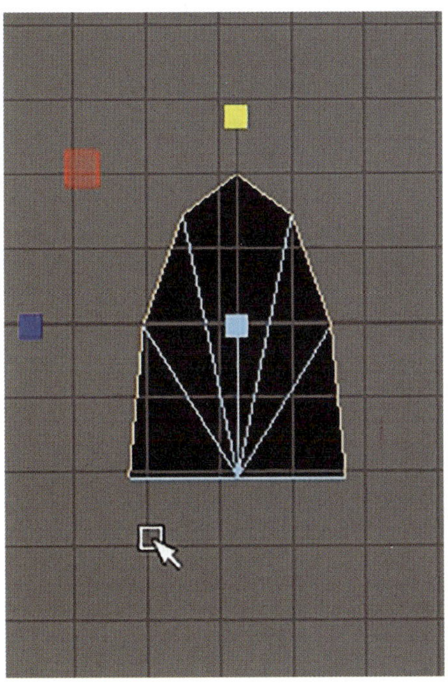

图 4-87

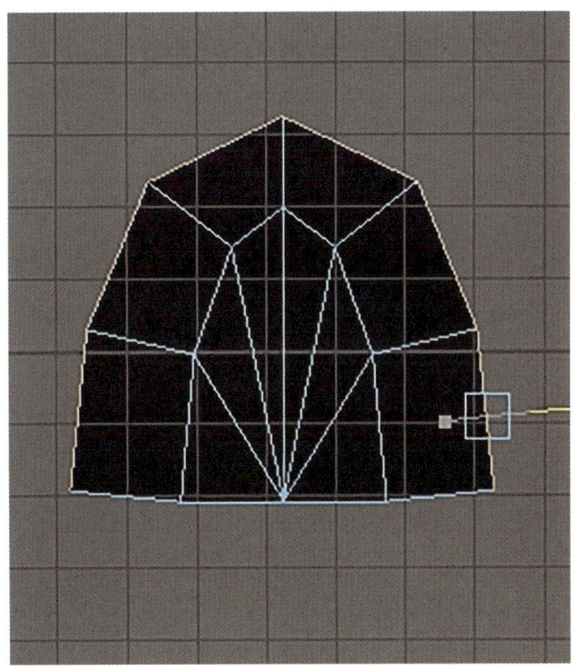

图 4-88

(6) 创建门、窗。在【顶点】层级进一步调整塔楼长宽比例,并使用【插入循环边】添加分段数,将两扇门的位置定义出来。如图 4-96 所示,橙黄色高亮显示的边是新添加的循环边,白色框线区域是两扇门的位置。进入【面】层级,选中两扇门位置相对应的面执行【挤出面】命令,沿着 Z 轴往里拖动,形成门框的厚度,如图 4-97 所示。

进入【边】层级调整出窗户的位置,使用同样的方法制作窗户,结果如图 4-98 所示。

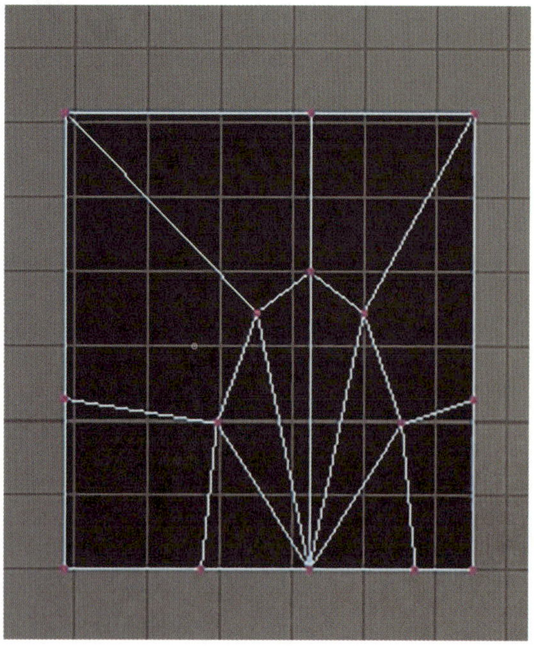
图 4-89

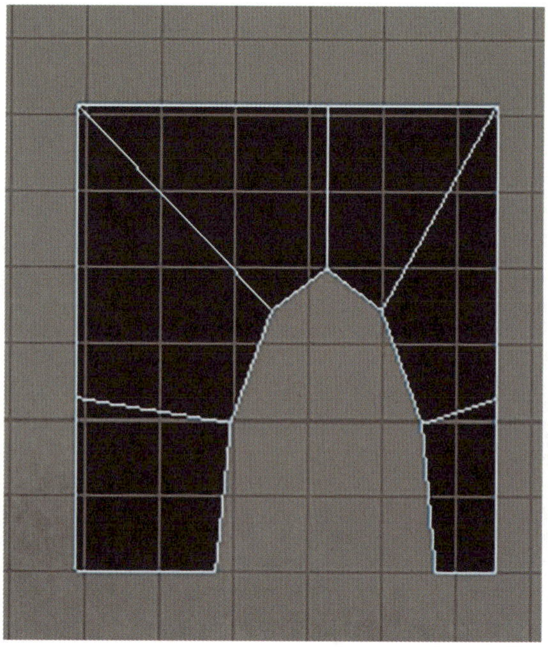
图 4-90

图 4-91

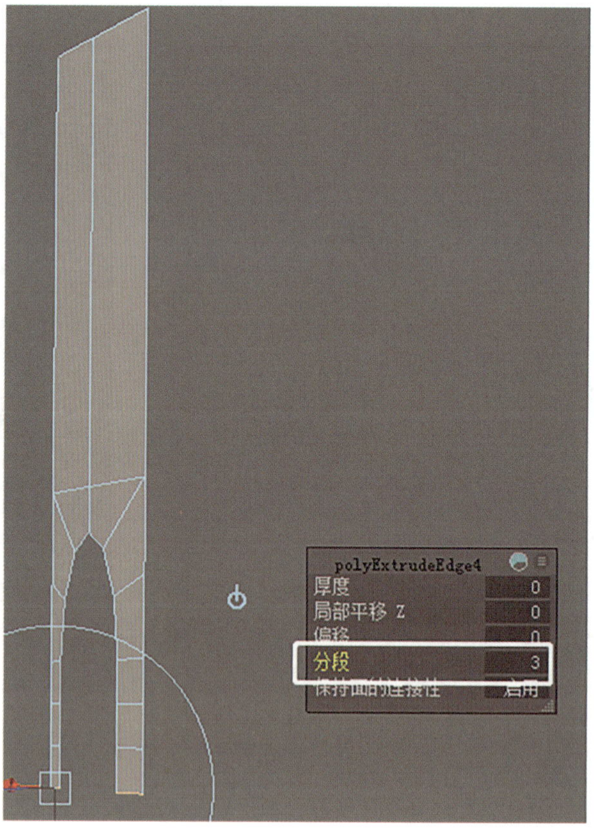

图 4-92

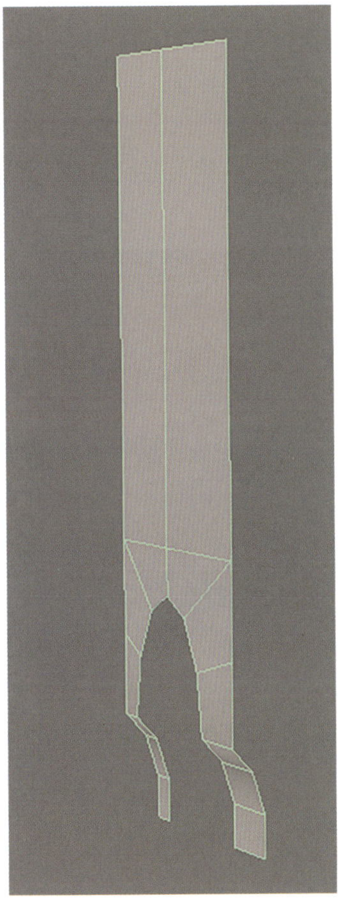

图 4-93

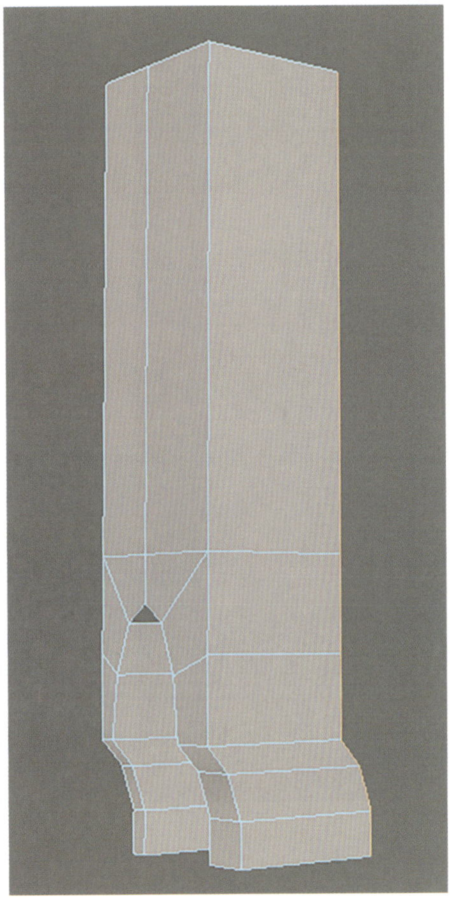

图 4-94

图 4-95

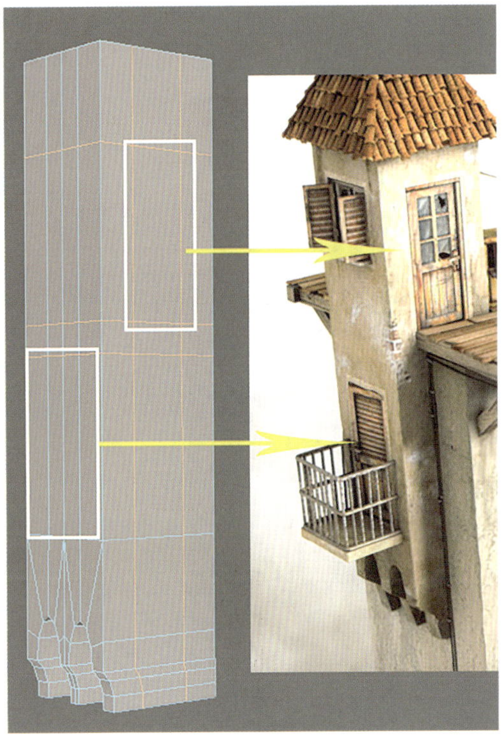

图 4-96

图 4-97

图 4-98

(7) 进入【边】层级，选中塔楼背面上半段的边缘线，执行【桥接】命令，并将【分段】数值设置为"0"，结果如图 4-99 所示。创建一个大长方体，作为塔楼底部的方形小楼。又创建 11 个柱状长方体，分别将其移动到合适的位置，作为小楼上面的木支架(上面的木板暂时不制作，具体的制作步骤将在后面的章节展开讲解)。如图 4-100 所示，所有高亮显示的都是使用【多边形立方体】工具创建出的。

图 4-99

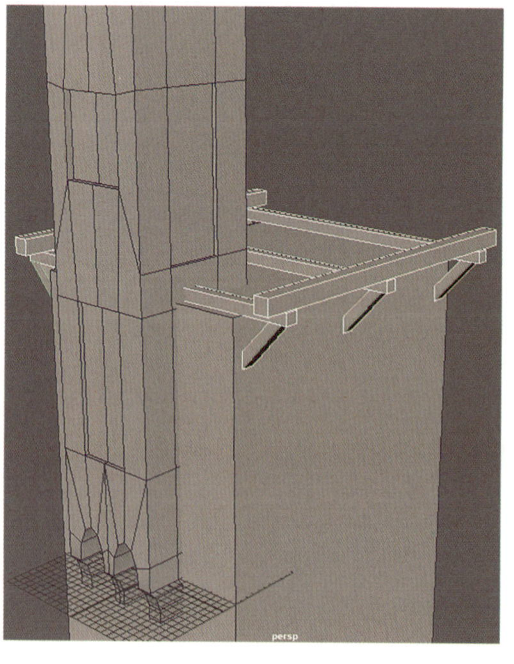

图 4-100

(8) 锁边。为了在平滑后得到一个转折边缘比较硬的塔楼，需要给塔楼进行锁边。

注意：在前面的步骤中，我们使用【插入循环边】工具和【多切割】工具进行锁边，在本节中我们将使用【倒角边】命令来锁边。具体在什么模型上使用哪个命令并没有严格的限制，这几个命令都可以使用。如果需要锁边的模型结构较为简单，可以使用【插入循环边】工具；如果需要锁边的模型结构较为复杂，则更倾向于使用【倒角边】工具；而【多切割】工具多用来进行布线的优化，修改一些布线不合理的细节。

进入【边】层级，选中塔楼所有的硬转折边缘，执行【倒角边】命令，并将【分数】数值设置为“0.15”，将【分段】数值设置为“2”，如图 4-101 所示。

图 4-101

选中图 4-102 中橙黄色高亮显示的边，执行【倒角边】命令，并将【分数】数值设置为“0.75”，【分段】数值设置为“2”，结果如图 4-103 所示。

图 4-102

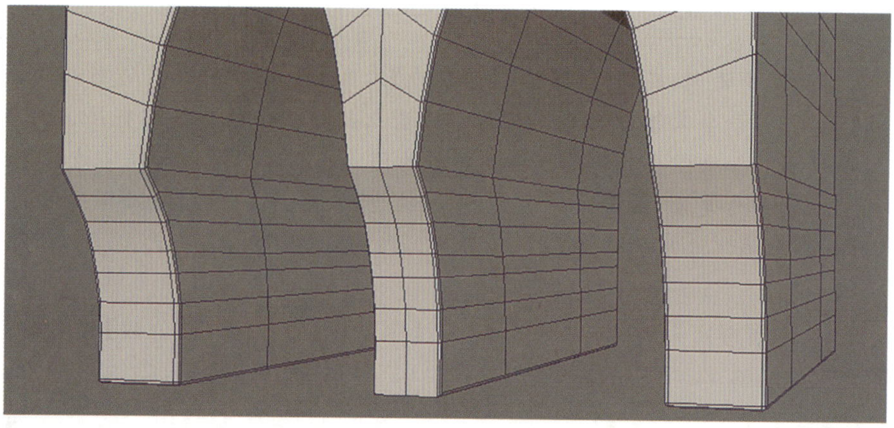

图 4-103

选中图 4-104 中橙黄色高亮显示的边，执行【倒角边】命令，并将【分数】数值设置为“0.75”,【分段】数值设置为“2”,结果如图 4-105 所示。

图 4-104

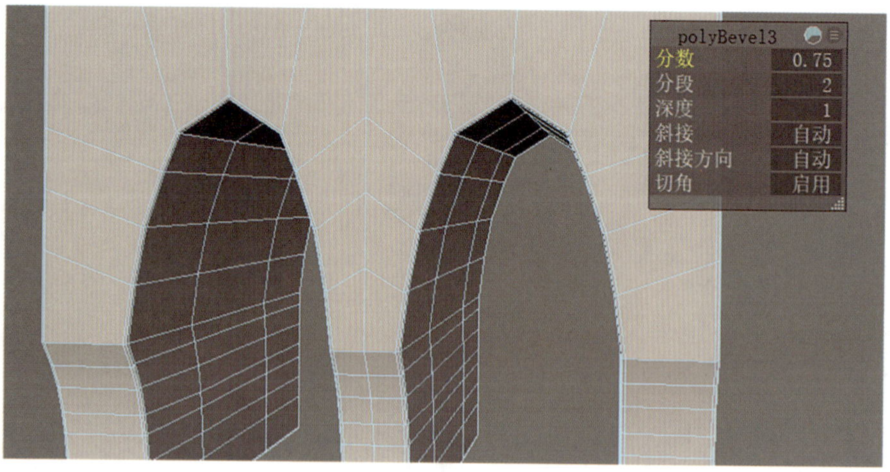

图 4-105

使用【插入循环边】工具，在工具设置中勾选【使用边流插入】，如图 4-106 所示。为最上面的拱形弧度添加分段数，如图 4-107 所示，高亮显示的橙黄色线条为新添加的分段。

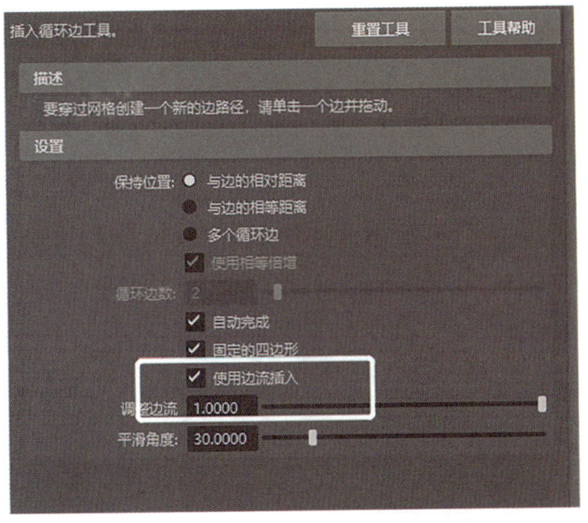

图 4-106

图 4-107

4.2.3.2 创建塔楼的屋顶

塔楼的屋顶是由许许多多的瓦片构成的，在建模中碰到这种类型的对象，我们一般会从最小的可以复制的单元开始制作。

创建塔楼屋顶视频

(1) 创建一个圆柱体，并在通道栏中将【轴向细分数】数值设置为“8”，从【顶视图】进入【面】层级，删除后半部分的面，如图 4-108 所示。在下端约八分之一处使用【插入循环边】工具插入一段边，进入【面】层级，将下半部分的面选中，执行【挤出面】命令，并调整挤出部分左右两端的边，如图 4-109 所示。

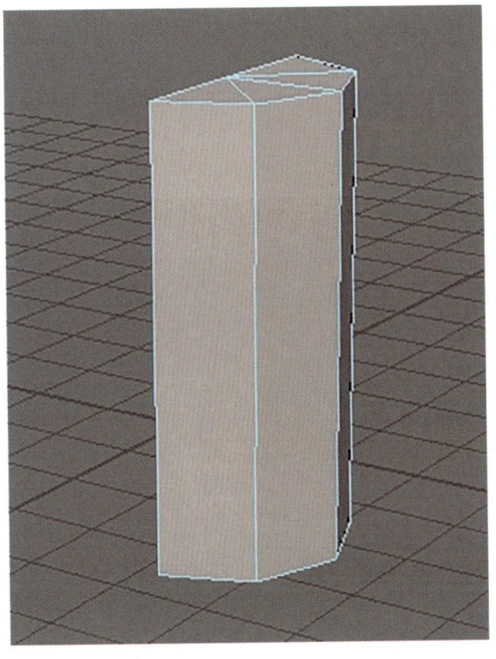

图 4-108

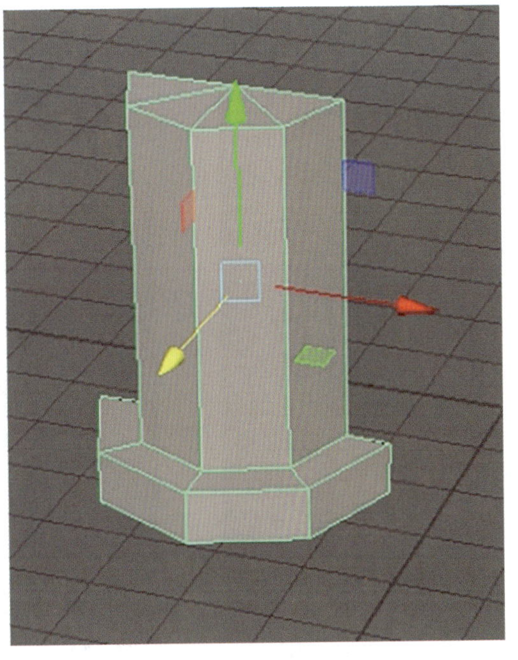

图 4-109

(2) 使用【编辑】菜单下的【特殊复制】工具复制单个瓦片，如图 4-110 所示，在【特殊复制选项】，根据瓦片的大小将【平移】选项中 X 轴方向的数值(平移行的第一个数值)设置为“2.5”，【副本数】设置为“7”。

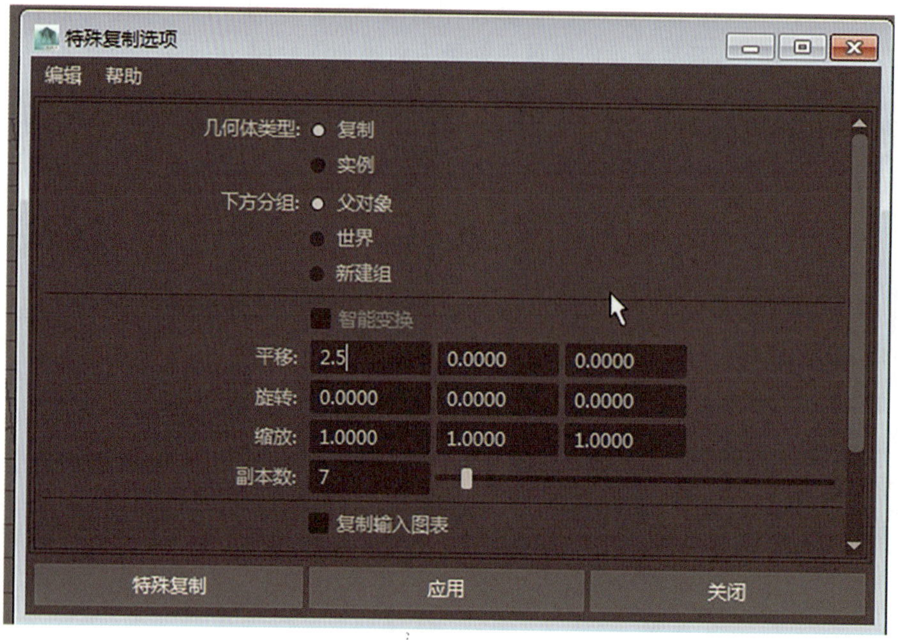

图 4-110

选中复制出的一排瓦片，用类似方式复制出 14 排。在【特殊复制选项】面板中，将【平移】选项中 Y 轴方向的数值(平移行的第二个数值)设置为“3.5”(数值根据瓦片大小确定)，【副本数】设置为“14”，删除多余的瓦片，结果如图 4-111 所示。

(3) 选中刚刚创建的所有瓦片，使用快捷键<Ctrl+G>分组，执行【修改】菜单下的【居中枢轴】命令。将该组再次使用【特殊复制】工具进行镜像复制，将【缩放】中 X 轴方向的数值(缩放行的第一个数值)设置为“-1.0000”，具体设置如图 4-112 所示。将复制出的右半边瓦片的最左边(最长的一列)移动到旁边后，剩余的瓦片和原来的左半边瓦片拼合，组成呈三角形的一面屋顶的瓦片，如图 4-113 所示。

图 4-111

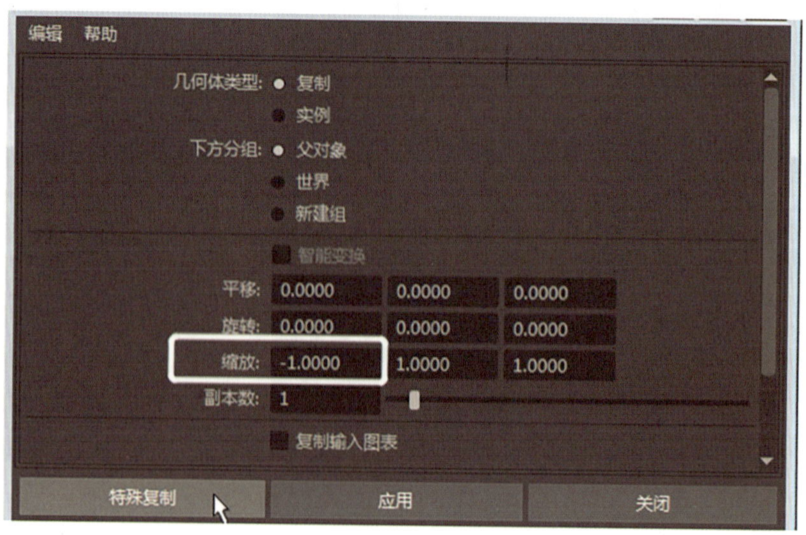

图 4-112

图 4-113

(4) 在【大纲视图】中使用鼠标中键将瓦片全部拖动到原来的瓦片分组中，再次执行【修改】菜单下的【居中枢轴】命令，将整片瓦片旋转调整到合适角度。按住<D>键，激活枢轴移动，沿着局部枢轴 Y 轴，将该组瓦片的枢轴移动到三角形的顶点偏上一点的位置，如图 4-114 所示。

选中瓦片组继续使用【特殊复制】工具，并将【旋转】选项中 Y 轴方向的数值(旋转行的第二个数值)设置为“90”，【副本数】设置为“3”，复制后结果如图 4-115 所示。删除边缘部分有穿插的瓦片。

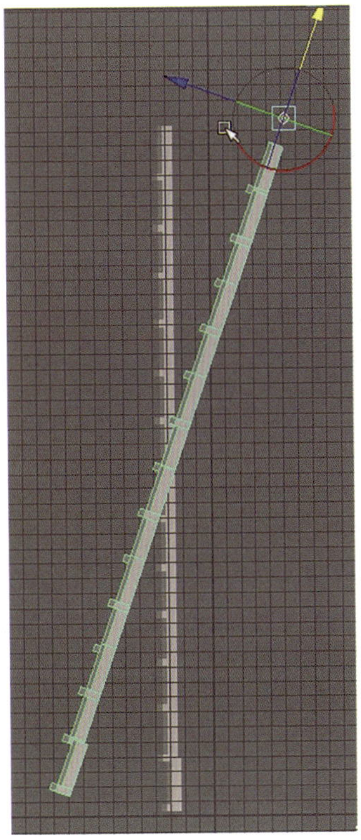

图 4-114

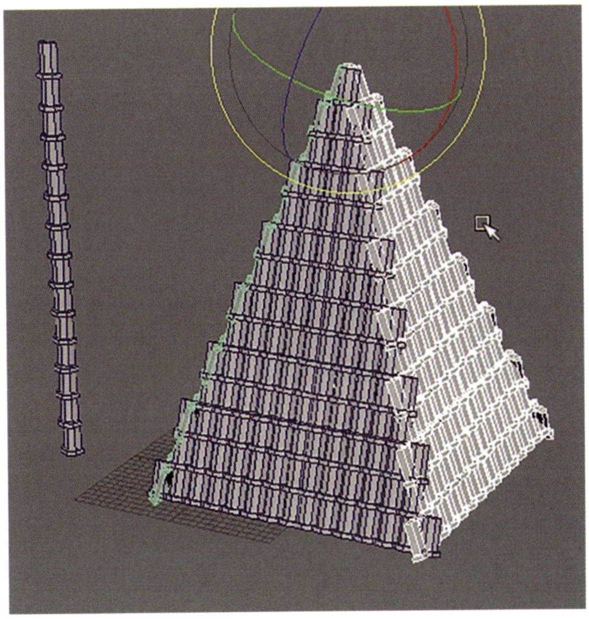

图 4-115

(5) 选中置于旁边的整条瓦片，使用快捷键<Ctrl+G>调整后放置到两片三角形瓦片交接的位置，如图 4-116 所示。注意：调整角度时不要在透视图进行，而应在正交视图进行，可在透视图观察位置是否准确。

按住<D>键，激活枢轴移动，同时按<V>键，将该组瓦片的枢轴移动到顶端圆柱的中心点位置，如图 4-117 所示。选中瓦片组使用【特殊复制】工具，并将【旋转】选项中 Y 轴方向的数值（旋转行的第二个数值）设置为“90”，【副本数】设置为“3”，如图 4-118 所示。

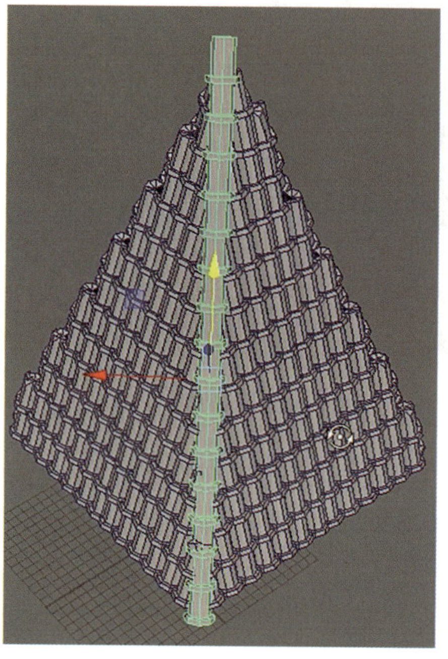

图 4-116

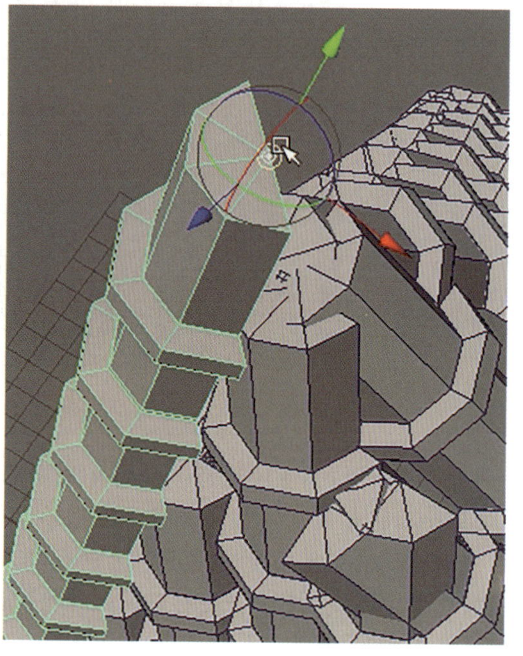

图 4-117

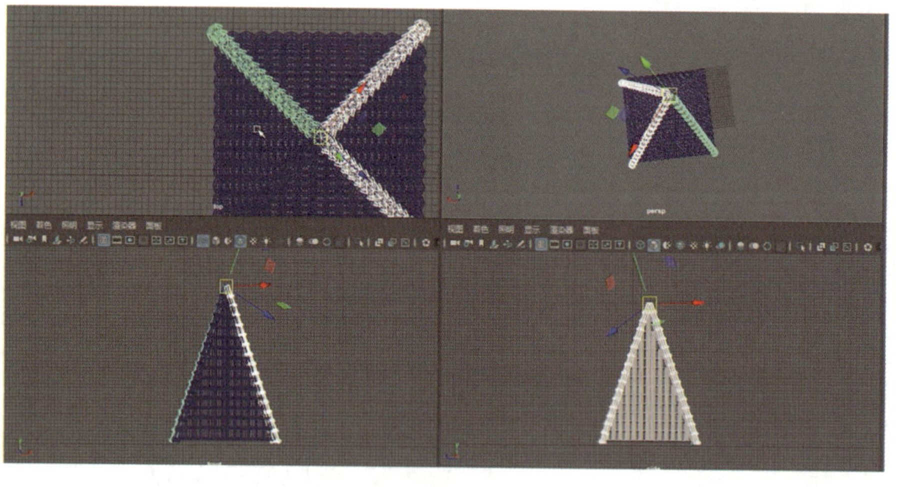

图 4-118

(6) 通过【晶格变形器】对屋顶瓦片的整体形状进行调整。选中所有的瓦片，执行【变形】(Maya 部分版本需要切换为【装备】菜单集）菜单下的【晶格】命令，结果如图 4-119 所示。保持晶格被选中的状态，单击鼠标右键进入【晶格点】，使用【缩放】工具，将中间的晶格点进行收缩，如图 4-120 所示。

(7) 选中瓦片的模型（组），执行【编辑】菜单→【按类型删除】→【历史】子命令，将该晶格变形器删除，以方便后面的编辑。最后，将做好的屋顶放置到塔楼的适当位置。

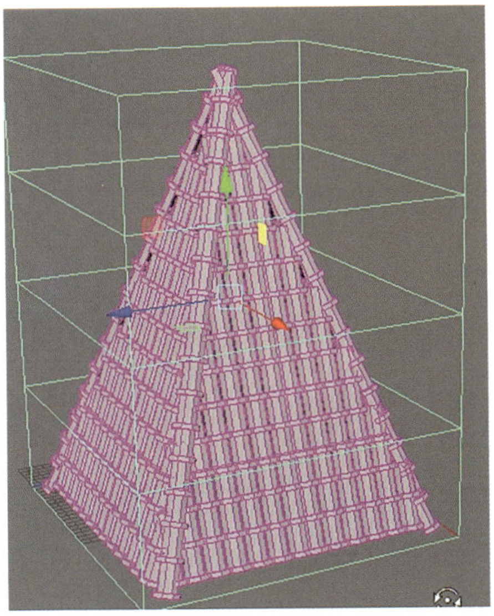

图 4-119

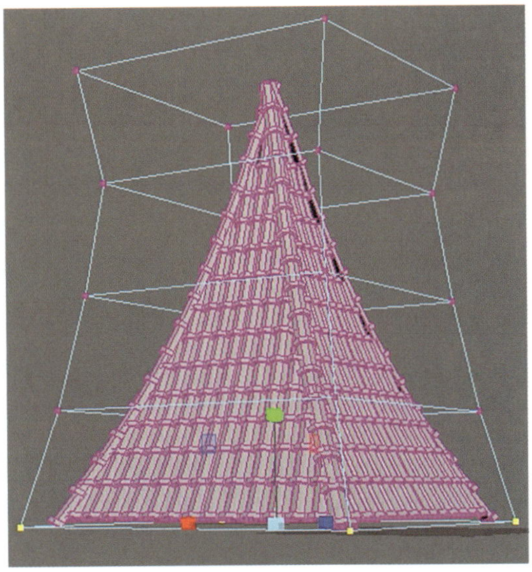

图 4-120

本节涉及的【晶格变形器】工具详解见本书最后活页设计部分。

4.2.4　小部件的制作

除了水龙头外，其他小部件制作起来都比较简单，本节将作简单的讲解，具体的制作方法大家可以扫描相应的二维码获取。

水龙头制作视频

4.2.4.1　水龙头的制作

(1) 先创建一个立方体，并使用【平滑】命令设置较高的分段数，形成较为平滑的形状，制作水龙头的"腹部"，如图 4-121 所示。进入【面】层级，选中平滑后的顶部四个面，使用【挤出面】命令，并切换至【世界坐标】，沿着 XZ 平面，用缩放方式挤出一个较小的底面，并调整面的位置直至较平整，如图 4-122 所示。

图 4-121

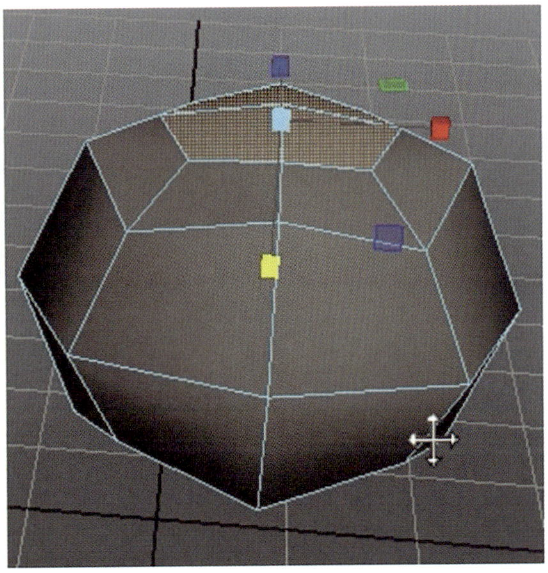

图 4-122

(2) 在保持上一步骤四个面被选中的状态下，分两次使用【挤出面】工具，沿着 Y 轴向上拖动，挤出水龙头的“颈部”，如图 4-123 所示。使用【插入循环边】工具在顶部插入一循环边，在【面】层级选择左、右两侧各两个面，使用【挤出面】工具，沿着 Z 轴向外拖动，挤出水龙头的把手，在【顶点】层级细调位置，如图 4-124 所示。

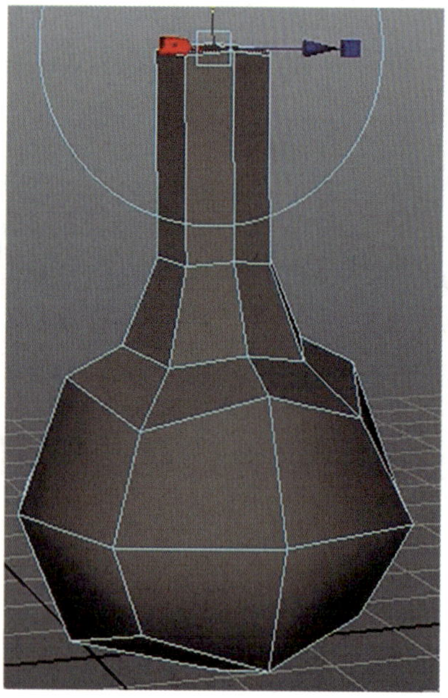

图 4-123

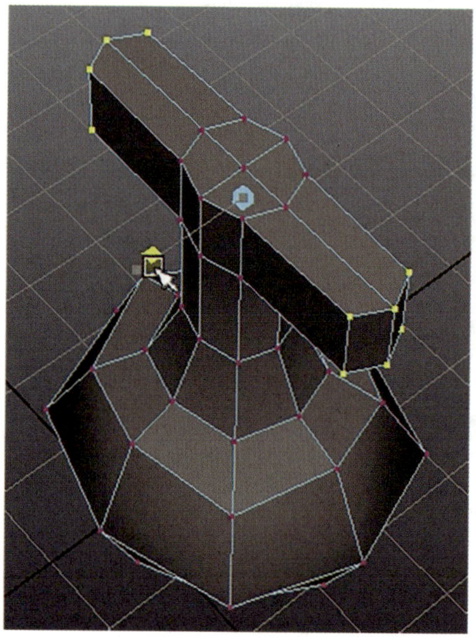

图 4-124

(3) 在【面】层级选中水龙头“腹部”朝前的四个面，使用【挤出面】工具，并切换至【世界坐标】，沿着 XY 平面，用缩放方式挤出一个较小的底面，并调整面的位置至较平整，如图 4-125 所示。在保持这四个面被选中的状态下，分四次使用【挤出面】工具挤出出水口部分的管道，如图 4-126 所示。

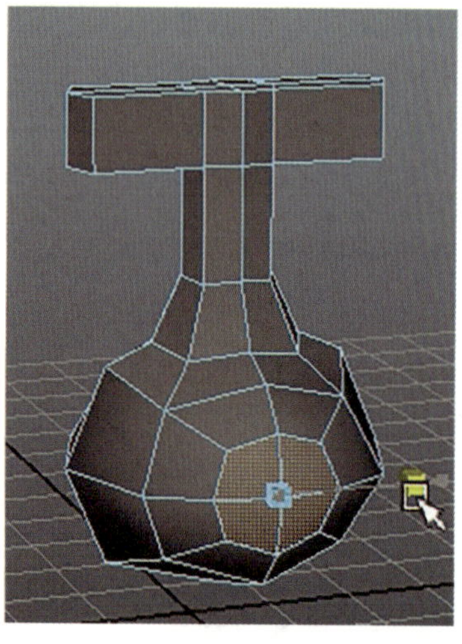

图 4-125

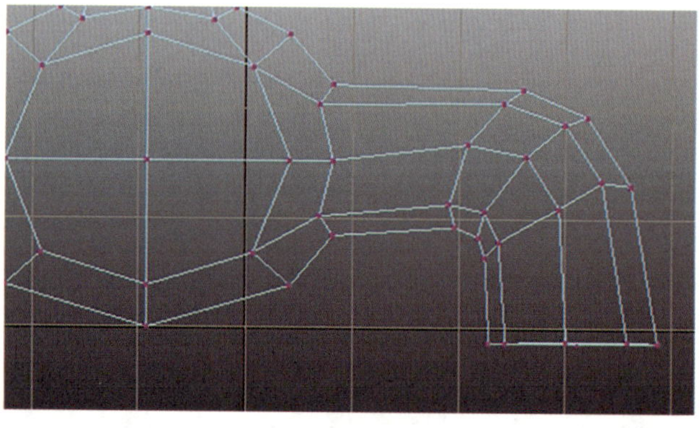

图 4-126

注意：每次挤出后都需要调整挤出截面的位置、形状，再执行下一次挤出操作。每次调整都需要在透视图中旋转视图，从多个视角检查挤出的截面是否保持圆形。

(4) 完成基本形状的制作后，在转折角度较为明显的位置使用【插入循环边】工具，为水龙头锁边，最后执行【平滑】命令。

4.2.4.2 包裹的制作

包裹的主体部分由长、宽、高分段数值都为“3”的立方体构成，通过调整循环边得到一个较为鼓胀的形状，如图 4-127 所示。包裹的扎带使用【圆环】制作，【轴向细分数】设置为“8”，【高度细分数】设置为“6”，在【顶点】层级进行调整来匹配包裹的主体形状，如图 4-128 所示。

包裹制作视频

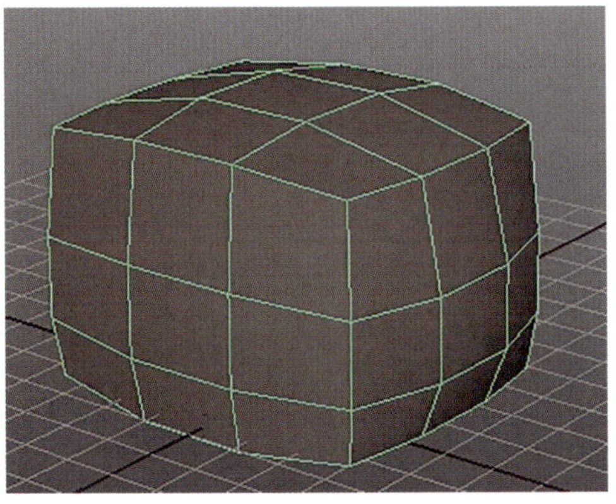

图 4-127

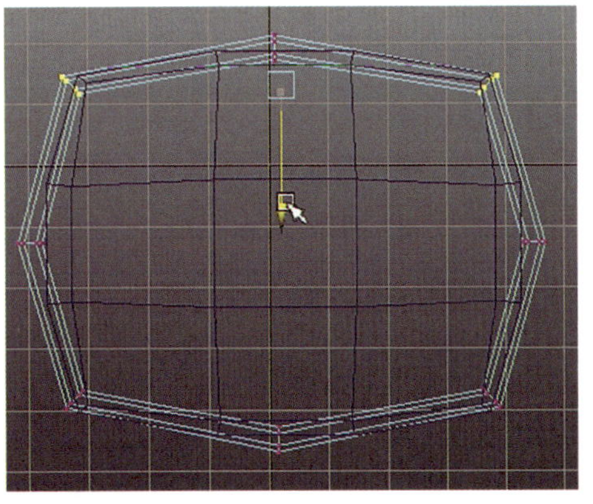

图 4-128

4.2.4.3 酒瓶的制作

从酒瓶下半段的圆柱开始酒瓶的制作，先创建一个【轴向细分数】数值为“8”的圆柱体，通过对顶端面两次使用【挤出面】工具制作酒瓶的基本形状，如图 4-129 所示。通过配合使用【插入循环边】和【挤出面】工具，增加瓶口细节，如图 4-130 所示。通过【插入循环边】工具调整瓶身的转折弧度，如图 4-131 所示。

酒瓶制作视频

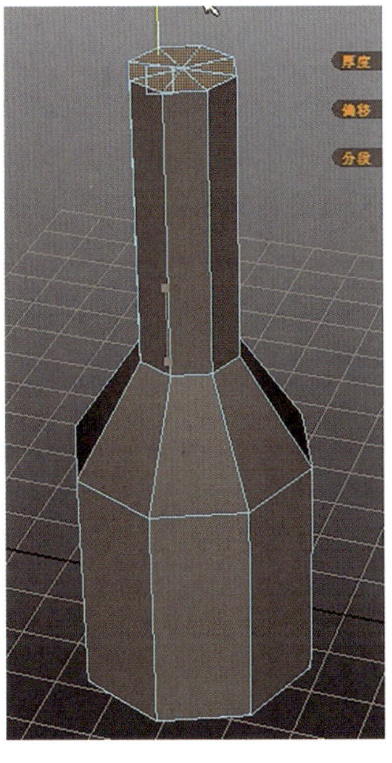

图 4-129

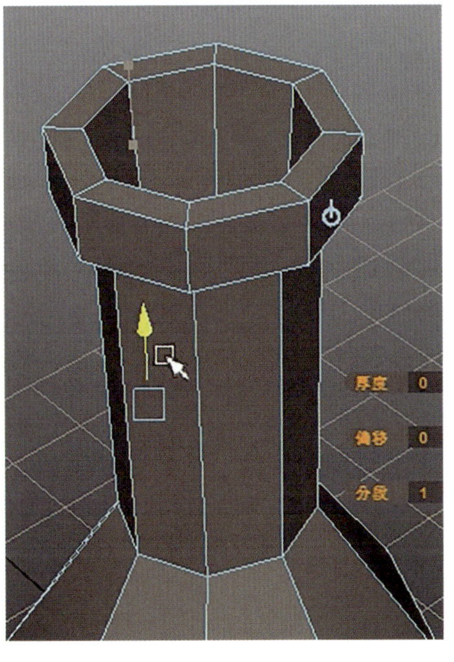

图 4-130

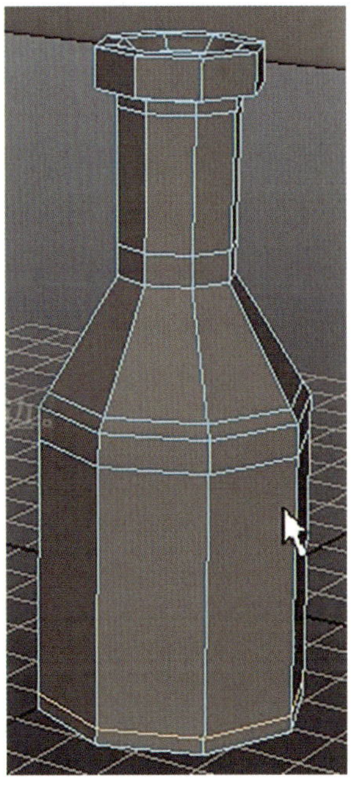

图 4-131

鸟笼制作视频

4.2.4.4 鸟笼的制作

鸟笼的多个栅栏可以通过复制制成，因此从一个细长的圆柱体开始制作，将【端面细分数】设置为“8”，【高度细分数】设置为“3”，进入【顶点】层级调整转折处至合适弧度，并将枢轴中心调整到顶端，如图 4-132 所示。

使用【特殊复制】工具，旋转复制出所有的栅栏，在【特殊复制选项】中，将【几何体类型】设置为【实例】，将【旋转】中 Y 轴方向数值(旋转行第二个数值)设置为“36”，【副本数】设置为“9”，如图 4-133 所示。随后可以利用【特殊复制选项】中的【实例】特性对所有的鸟笼栅栏同时进行编辑。

使用【圆柱】工具，创建出圆柱体后，挤出顶面来作为鸟笼的底座。

使用【环状物】工具，制作鸟笼的横向栅栏。

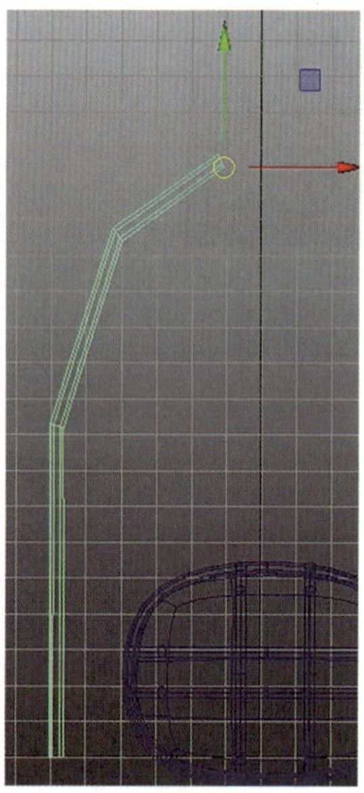

图 4-132

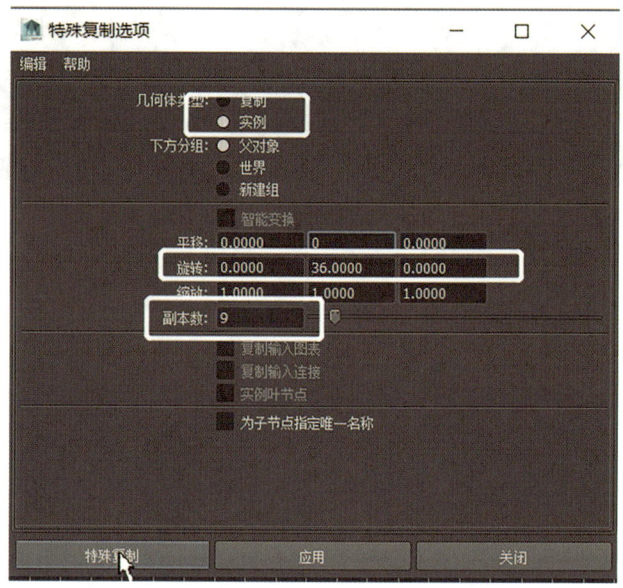

图 4-133

4.2.4.5 木桶的制作

木桶的主体是一个【轴向细分数】数值为“8”、【高度细分数】数值为“3”的圆柱体，通过调整中间两条循环边的周长，制作出木桶的形状，如图 4-134 所示。对顶端面使用【挤出面】工具，制作顶部的细节，如图 4-135 所示。最后使用【轴向细分数】为“8”的环状物制作桶身的圆环。

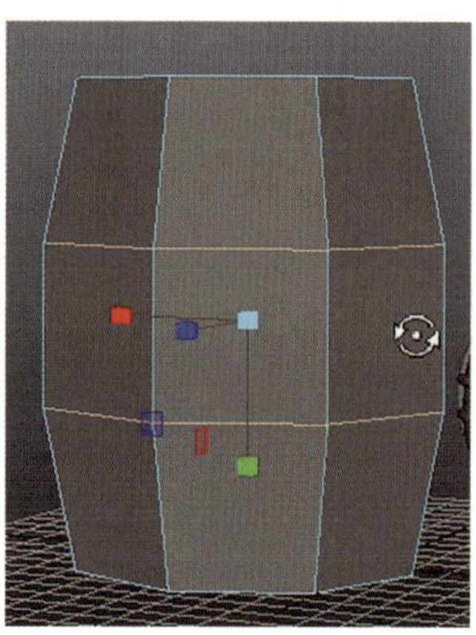

图 4-134

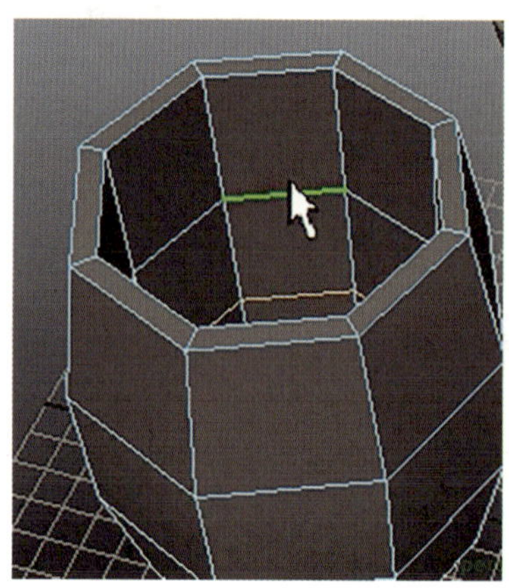

图 4-135

木桶制作视频

4.2.4.6 汽油桶的制作

先创建一个立方体，对所有的边执行【倒角边】，并挤出朝前的面，制作汽油桶的主体部分，如图 4-136 所示。制作两个交叉的立方体来完善汽油桶正面的细节，如图 4-137 所示，最后基于圆环制作汽油桶的把手，基于圆柱体制作汽油桶的壶口。

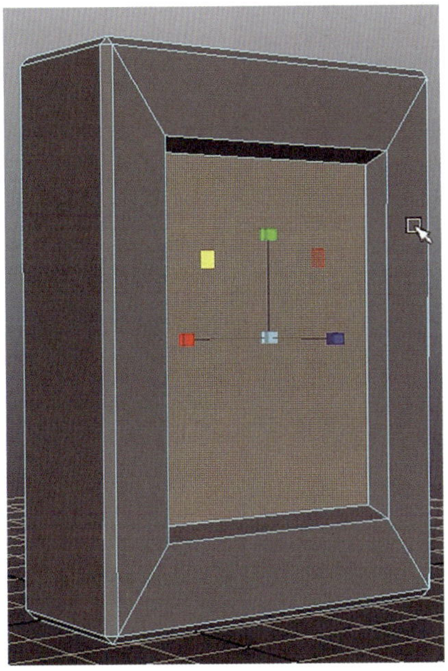

图 4-136

图 4-137

汽油桶
制作视频

4.2.5 模型的排查

Maya 模型制作完成后，还需要进行检测，排查模型在复杂制作过程中出现的错误，为后续 UV 展开等流程的顺利进行做准备。有些错误单纯依靠眼睛无法排查出来，因此要使用一定的排查方法和排查工具。一般可以分成以下几个层级逐层进行检查、清理和修正。

4.2.5.1 对象

在【对象模式】下对场景进行检查。检查场景中是否有对象被选中，若绿色框线显示不连贯，局部有虚线显示，则为有对象被选中，如图 4-138 所示。框选对象，在【大纲视图】(【窗口】菜单→【大纲视图】)中检查是否有两个对象被选中，如图 4-139 所示。如有多个重复对象出现，直接使用<Delete>键删除。

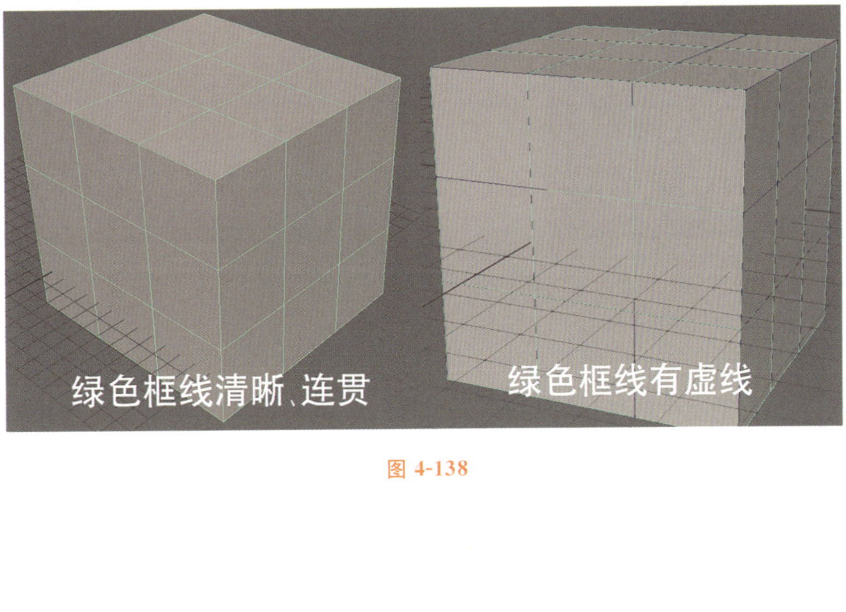

图 4-138

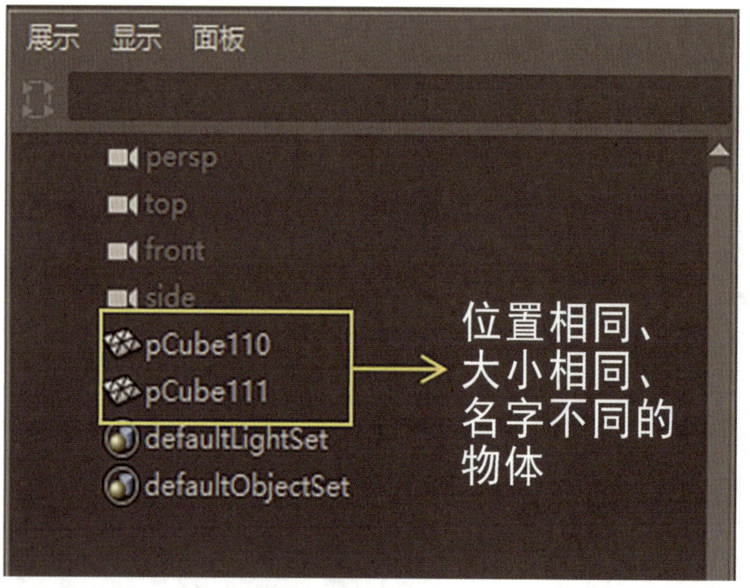

图 4-139

4.2.5.2　面

在【面】层级的排查主要是针对法线、多边面展开。法线问题比较容易找到，法线反了的面会显示为黑色，如图 4-140 所示。多边面是指在模型上出现超过四条边的面片，如图 4-141 所示。

针对法线反了的问题，在【面】层级中，选中错误的面，按住＜Shift＋鼠标右键＞，在快捷菜单中执行【面法线】选项下的【反转法线】命令。对于三边面或者多边面，可以使用【多切割】工具，按照图 4-142 所示的布线方式进行切割，转变为四边面。

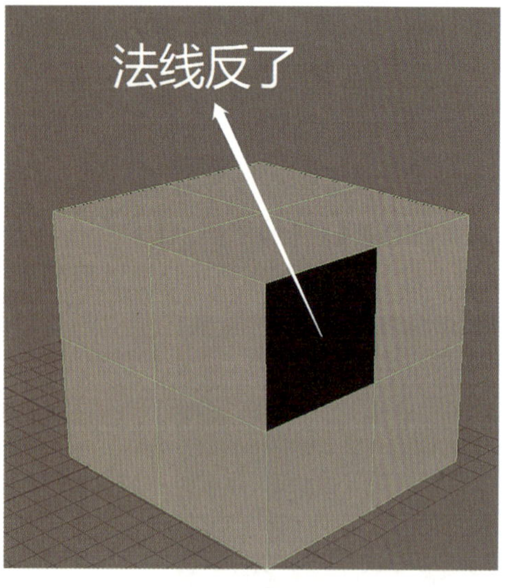

图 4-140

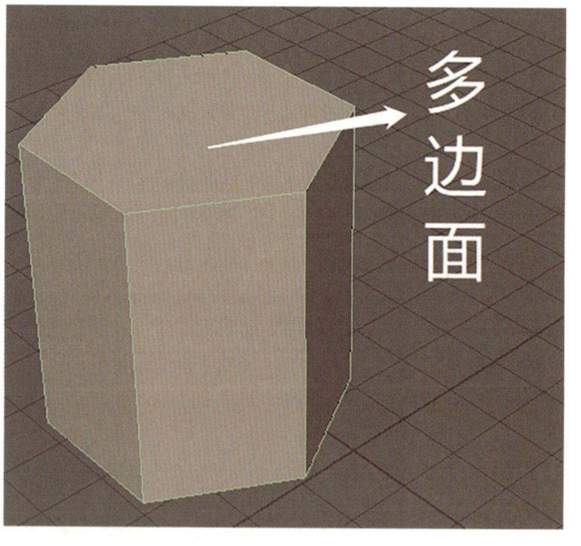

图 4-141

注意：当修改其中一个面时，要动态观察周围的面会不会因为该面的切割转变为多边面，如果影响周围的面，则需要应用相同的方式进一步对周围的面进行编辑。

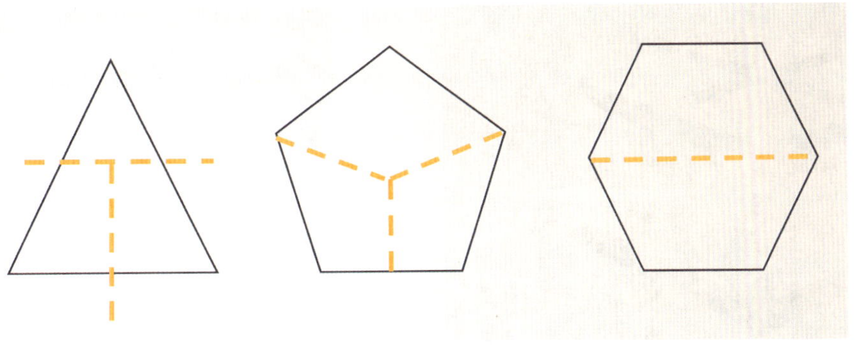

图 4-142

对于面数比较多的模型，有时无法直接在众多的面中很快定位有问题的面，这时可以使用 Maya 自带的排查工具。在模型的【对象模式】下，按住<Shift+鼠标右键>，在快捷菜单中执行【清理】命令，如图 4-143 所示。在【清理选项】的【通过细分修正】选项中，勾选【边数大于 4 的面】、【凹面】、【带洞面】，则可以快速定位有问题的面，如图 4-144 所示。

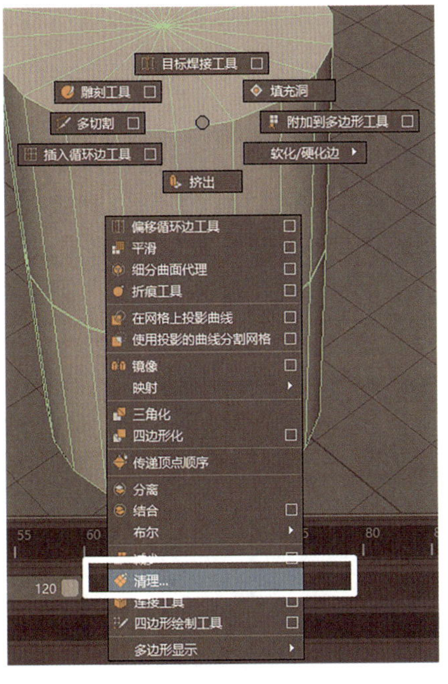

图 4-143

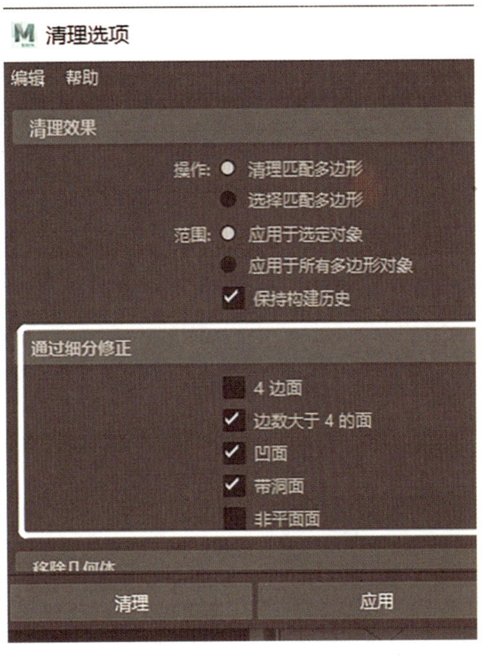

图 4-144

4.2.5.3 顶点面

选中对象并单击鼠标右键后，在快捷菜单中选择【顶点面】就可进入该层级的检查，这个模式不可用于编辑，多用于对模型的检查。如图 4-145 所示，有错误的面周围有多余的线条，这些线条实际上是未被挤出的宽度为"0"的面，通常由于重复使用【挤出面】、【挤出边】工具导致。进入【顶点】层级，框选有错误的面周围的顶点，按住<Shift+鼠标右键>，在快捷菜单中执行【合并顶点】命令下的【合并顶点】子命令，在设置中可以适当加大【阈值】数值。

如图 4-146 所示，当出现极为细小的一圈顶点面时，通常是因为在极小的距离内有两条或两条以上的循环边，除了在【顶点】层级使用【合并顶点】命令修改外，还可以在【边】层级中选择一条循环边，按住<Shift+鼠标右键>，执行【删除边】命令删除。

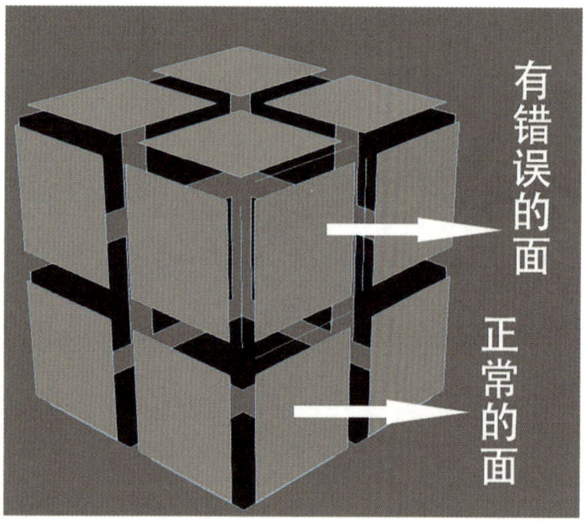

图 4-145

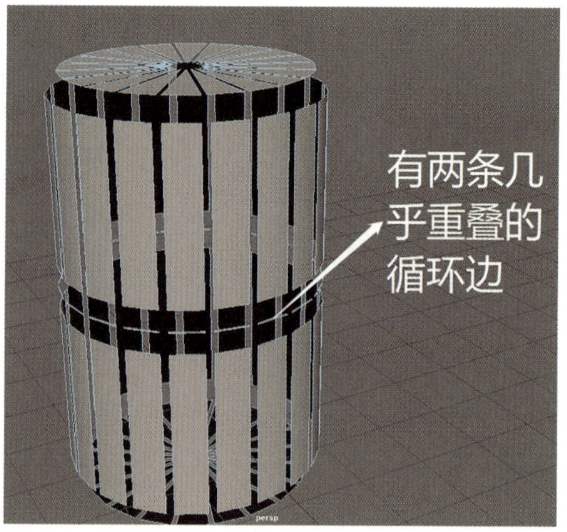

图 4-146

4.2.5.4　边

【边】层级的检测，主要是检查有无出现不完整的循环边，如图 4-147 所示，若出现了不完整的循环边，则可以使用【多切割】工具将不完整的循环边连接完整。

4.2.5.5　顶点

【顶点】层级的排查，主要是检查是否存在多余的顶点和没有合并的顶点两种情况，如图 4-148 所示。一般来说，多余的顶点比较容易发现，对于顶点数较多的模型，可以进入【顶点】层级，直接框选顶点，按<Delete>键，清除所有多余的顶点。检测是否存在没有合并的顶点的方法是按<3>键进入高质量显示模式，未合并的顶点周围会出现曲度异常的边，框选这个位置的顶点，执行【合并顶点】下的【合并到中心】命令即可。

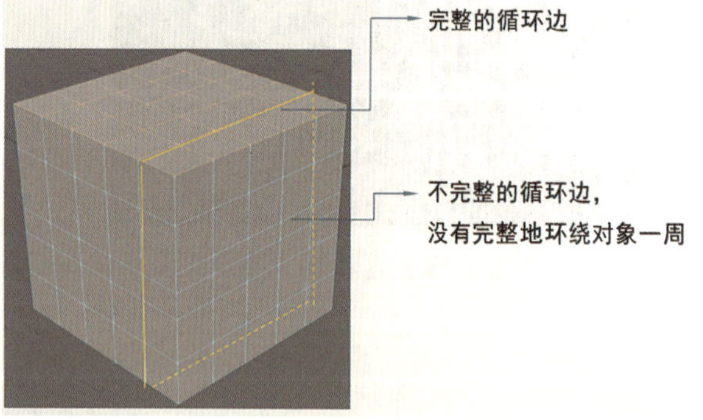

图 4-147

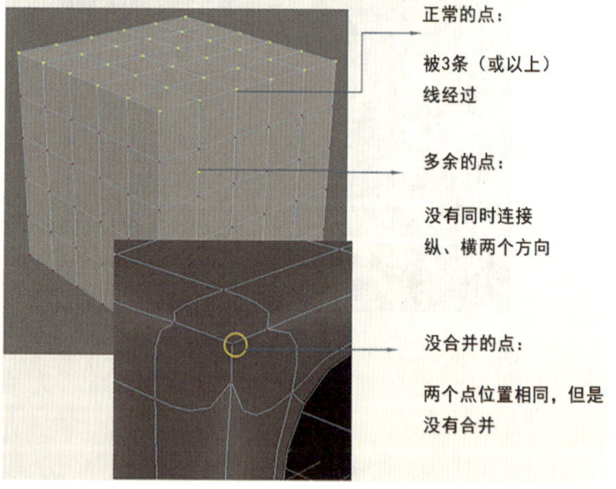

图 4-148

练习小案例

扫描下方二维码下载模型，练习错误的排查和修正，并描述错误的排查方法和解决方法。

错误一：

排查方法：____________________________________

解决方法：____________________________________

错误二：
排查方法：＿＿＿＿＿＿＿＿＿＿＿＿＿＿＿＿＿＿＿＿＿＿＿＿＿＿＿＿＿＿＿＿
解决方法：＿＿＿＿＿＿＿＿＿＿＿＿＿＿＿＿＿＿＿＿＿＿＿＿＿＿＿＿＿＿＿＿
错误三：
排查方法：＿＿＿＿＿＿＿＿＿＿＿＿＿＿＿＿＿＿＿＿＿＿＿＿＿＿＿＿＿＿＿＿
解决方法：＿＿＿＿＿＿＿＿＿＿＿＿＿＿＿＿＿＿＿＿＿＿＿＿＿＿＿＿＿＿＿＿
错误四：
排查方法：＿＿＿＿＿＿＿＿＿＿＿＿＿＿＿＿＿＿＿＿＿＿＿＿＿＿＿＿＿＿＿＿
解决方法：＿＿＿＿＿＿＿＿＿＿＿＿＿＿＿＿＿＿＿＿＿＿＿＿＿＿＿＿＿＿＿＿
扫描下方二维码获取答案视频。

错误排查模型及答案

4.3 项目模型UV展开

4.3.1 UV和贴图的关系

4.3.1.1 UV的概念

UV用于定义二维纹理坐标系，称为“UV纹理空间”。UV纹理空间使用字母“U”和“V”来表示二维空间中的轴。UV的重要性体现在它们提供曲面网格，实现将图像纹理贴图到曲面网格之间的连接，即UV作为标记点，用于控制纹理贴图上的哪些点（像素）与网格上的点（顶点）对应。

如图4-149所示，我们将三维的球形模型展开，成为一个上下两端带有三角形锯齿的平面，这个平面就是这个球形模型的“UV信息”或者叫作“UV纹理”。再将地图的贴图按照球形模型的“UV信息”进行适配后，三维球形模型就能显示出地图的图案。

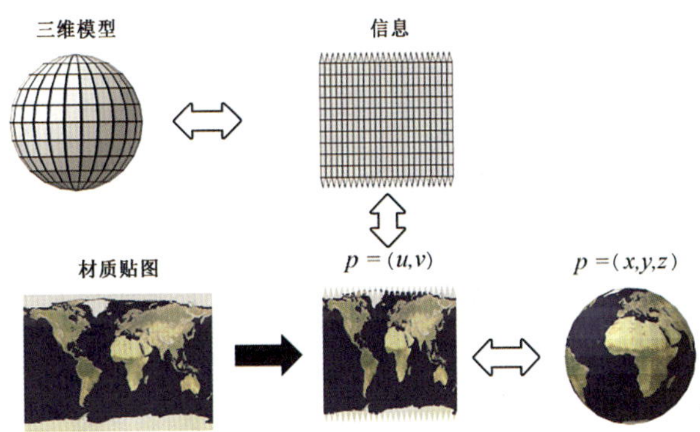

图4-149

4.3.1.2 工程文件

在 Maya 软件中，贴图是作为一个外链资源在渲染时关联到场景中的。因此，在开始材质编辑时，需要创建“工程文件”。所谓“工程文件”，即将所有的外链资源（贴图、粒子、IES 灯光等）分门别类地规整到一个文件架的子文件夹中，当需要读取时不会因为外链资源保存路径的变化而影响链接，方便多人多地协同完成一个项目。

创建工程文件的方法：在【文件】菜单下单击【项目窗口】，修改当前工程文件名和工程文件所在位置，其他选项保持默认状态，单击【接受】，如图 4-150 所示。注意：工程文件名和保存路径中尽量不要出现中文和特殊符号（如 &、*、% 等）。

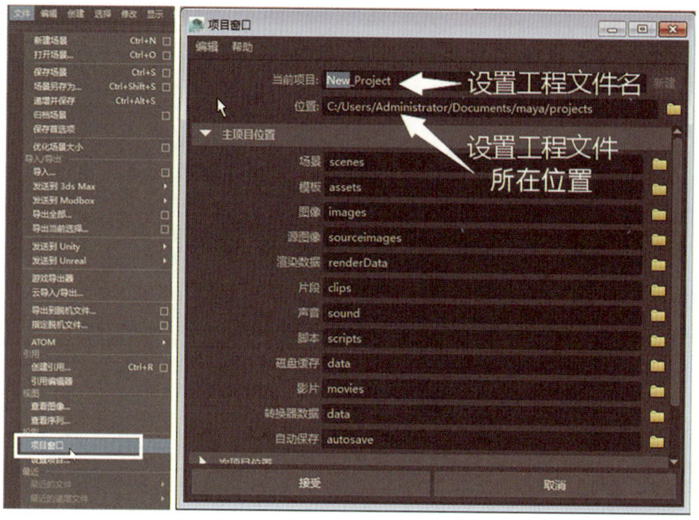

图 4-150

创建好工程文件后，需要在每一次重新打开 Maya 软件制作项目之前，进行工程目录的设置。在【文件】菜单下单击【设置项目】，找到工程文件所在的位置，选择工程文件夹后单击【设置】。

在后续的操作中，注意将外链文件分门别类地保存在该文件架的子文件夹中，如贴图文件通常保存在“sourceimages”文件夹，场景文件（.ma 或.mb 等）保存在“scenes”文件夹中。

4.3.1.3 UV 纹理编辑器简介

UV 的编辑，通常都在【UV 纹理编辑器】中完成，窗口位置在【UV】菜单下的【UV 纹理编辑器】。

使用【UV 纹理编辑器】，可以轻松地将 3D 对象与其 2D 纹理坐标进行比较，查看 3D 场景视图内的 UV 与【UV 纹理编辑器】的 2D 视图下的这些 UV 有何关系，如图 4-151 所示。

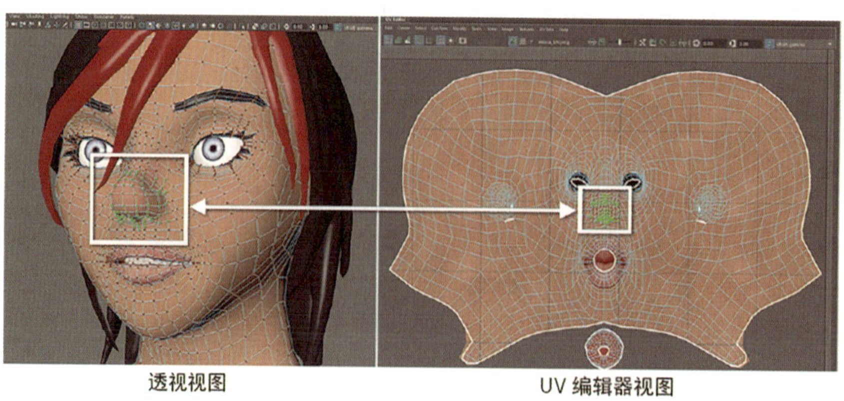

图 4-151

在【UV 纹理编辑器】中，除了 Maya 中常见的【顶点】、【面】和【边】这三个组件之外，还有【UV】和【UV 壳】这两个特有的组件。【UV】指的是平面模型中的每一个【顶点】所对应的二维坐标点；【UV 壳】指的是在【UV 纹理编辑器】中独立的一块 UV 面片，如图 4-152 所示。需要注意的是，在模型中一个【顶点】可能会对应【UV 纹理编辑器】中若干个 UV 点，【UV 壳】的拆分和合并不影响模型本身的拓扑结构。

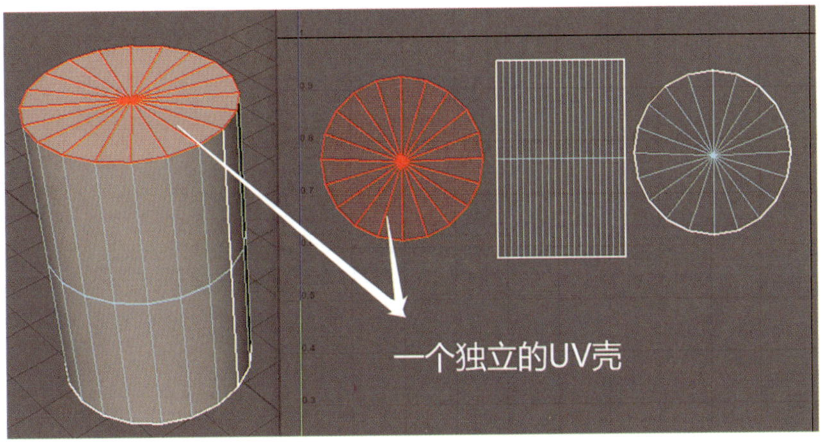

图 4-152

在【UV 纹理编辑器】中，【平移】、【缩放】、【旋转】工具的快捷键和在视口中的操作一致。如果要对 UV 进行编辑，需要进入【UV】层级。

4.3.2 简单对象的 UV 展开——木地板 UV 和材质

木地板 UV 和材质编辑视频

(1) 根据城堡参考图的木地板比例，创建一个立方体。在【UV】菜单下打开【UV 纹理编辑器】，默认状态下，创建出的立方体是自带 UV 信息的，如图 4-153 所示。默认状态下，UV 比例是按照 1×1×1 的立方体尺寸设置的，和现有的木地板模型比例并不匹配，因此需要调整比例。

在【UV 纹理编辑器】中单击鼠标右键，选择【UV】层级，选中所有 UV 点，按 <Shift+ 鼠标右键>，在调出的快捷菜单中，选择【展开 UV】命令，将 UV 的比例与木地板进行匹配，如图 4-154 所示。

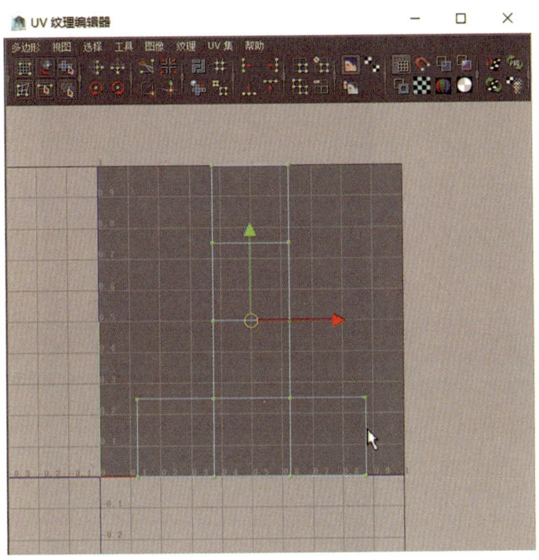

图 4-153

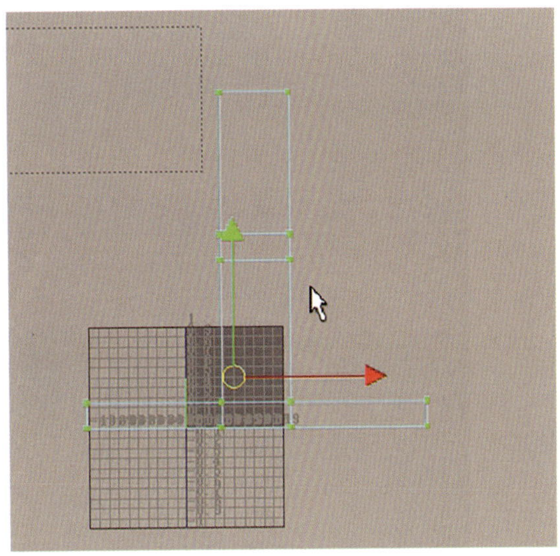

图 4-154

(2) 在保持所有 UV 点被选中的状态下，使用【缩放】工具，调整 UV 尺寸，将展开后的 UV 放入 U1V1 中，如图 4-155 所示。

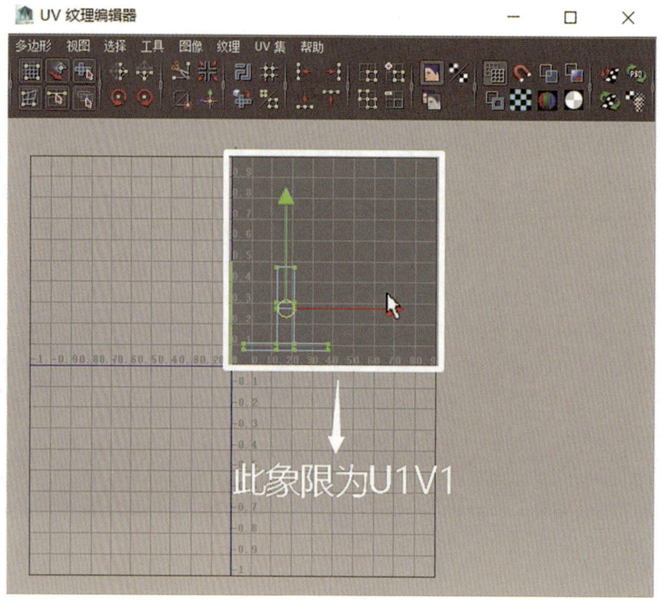

图 4-155

注意：【UV 纹理编辑器】中的许多操作需要在【UV】层级中进行。一般情况下，一个对象的 UV 需要全部放在 U1V1 区域内。

(3) 选择一个木纹贴图，并将此贴图放入上述步骤中设置好的工程文件“sourceimages”文件夹中。选中木板，单击鼠标右键，选择【指定新材质】，选择材质类型为【Lambert】。在【属性编辑器】中找到刚刚创建的材质【lambert2】选项卡，单击【公用材质属性】卷展栏下的【颜色】属性行右边的棋盘格图标，如图 4-156 所示。在【创建渲染节点】对话框中双击鼠标右键选择【文件】类型，如图 4-157 所示。

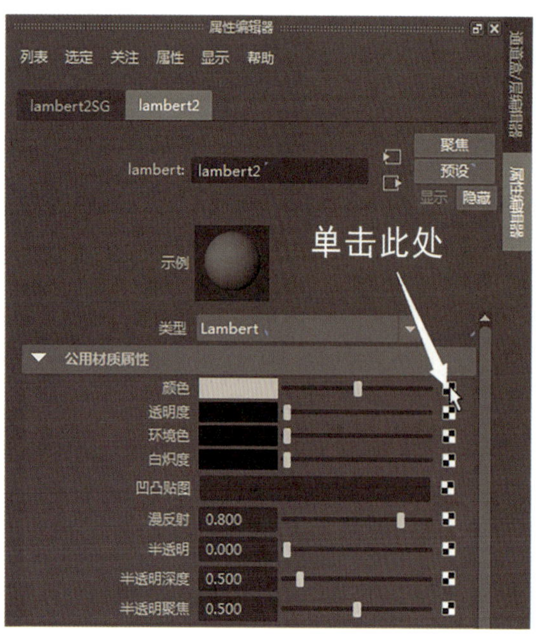

图 4-156

图 4-157

(4) 单击【属性编辑器】的【file1】选项卡中的文件夹图标，选择在“sourceimages”中链接到目标图片，如图 4-158 所示。按下＜6＞键启用纹理显示，在视口中显示木纹材质。进入【UV 纹理编辑器】，选择【UV】层级，框选所有 UV 点，使用【旋转】工具，让 UV 网格和木板贴图的角度相匹配，如图 4-159 所示。

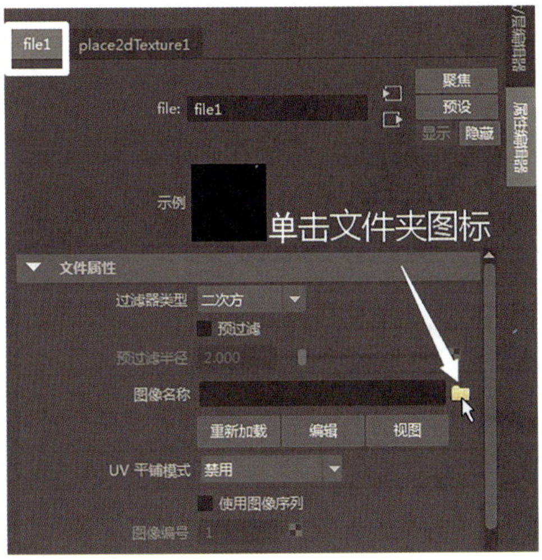

图 4-158

图 4-159

(5) 选中木地板，进行复制，并最终完成整块木地板的铺设。为了避免所有的木地板都使用贴图的同一位置，视觉上过于单调，可以选取部分木地板的 UV，在【UV 纹理编辑器】中调整 UV 所在的位置。

4.3.3 平面映射——塔楼的 UV 展开

为模型创建 UV 的过程称为“UV 映射”。UV 映射是指创建、编辑和整理 UV 的过程。在 Maya 中有多种 UV 映射方式，其中【平面映射】是通过平面将 UV 投影到网格上，如图 4-160 所示，类似于使用投影仪将影像投射到墙壁或者其他对象上。该映射最适合用于相对平坦的对象，如建筑墙面等。

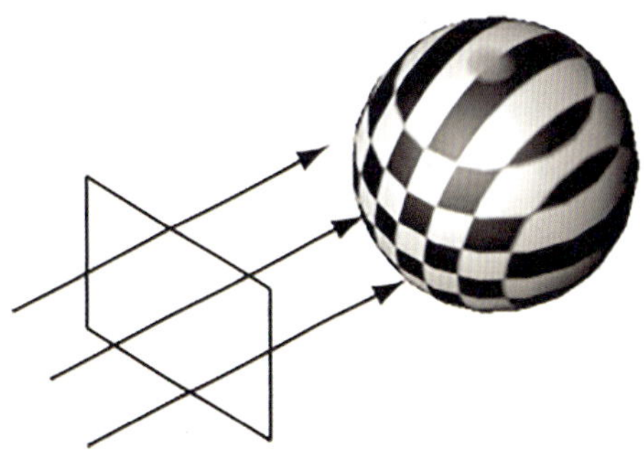

图 4-160

(1) 选择拱底塔楼，单击【UV】菜单下【平面】后的“□”，如图 4-161 所示，在【平面映射选项】中选择【投影源】为【X 轴】，如图 4-162 所示。设置完成后进入【UV 纹理编辑器】，使用【缩放】工具调整 UV 宽度，使其和模型宽高比例匹配，如图 4-163 所示。

(2) 在【透视图】中进入【边】层级，选择图 4-164 和图 4-165 中白色高亮粗边显示的边，在【UV 纹理编辑器】中，按＜Shift＋鼠标右键＞，在调出的快捷菜单中选择【剪切】命令，如图 4-166 所示。这里【剪切】命令的作用是在 UV 纹理中将这些边分割开来。

(3) 在【UV 纹理编辑器】中进入【UV 壳】，将几个 UV 壳拆分开，如图 4-167 所示。在【UV 纹理编辑器】中进入【面】层级，选中塔楼前后的两个面(垂直于 Z 轴的两个面)，如图 4-168 所示，单击【UV】菜单下【平面】后的“□”，在【平面映射选项】中设置【投影源】为【Z 轴】，如图 4-169 所示。在【UV 纹理编辑器】中，使用【缩放】工具调整刚刚映射出的两个 UV 纹理的宽度，使其和模型宽高比例匹配，如图 4-170所示。

(4) 在【UV 纹理编辑器】中进入【面】层级，选中其他的所有面，如图 4-171 所示，单击【UV】菜单下【平面】后的“□”，在【平面映射选项】中设置【投影源】为【Y 轴】，如图 4-172 所示。

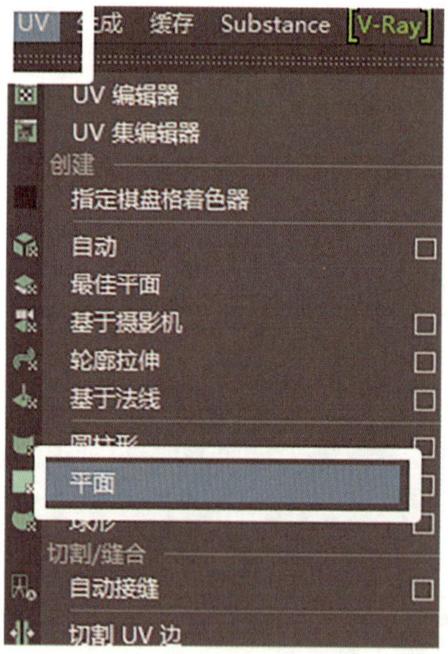

图 4-161

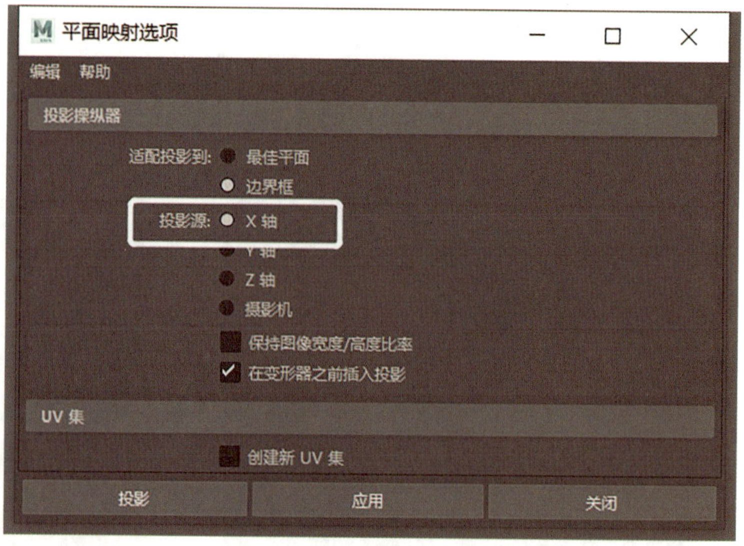

图 4-162

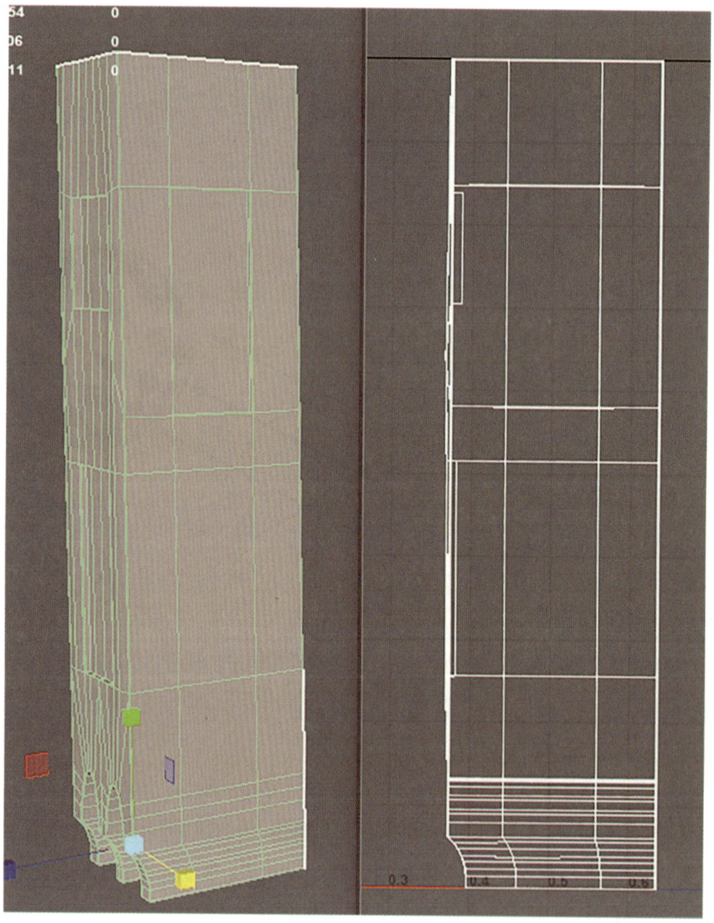

图 4-163

图 4-164

图 4-165

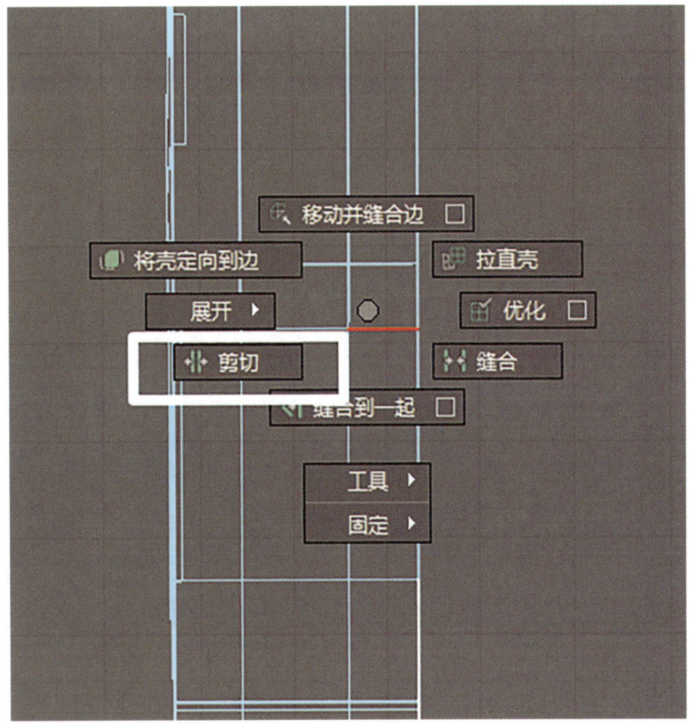

图 4-166

图 4-167

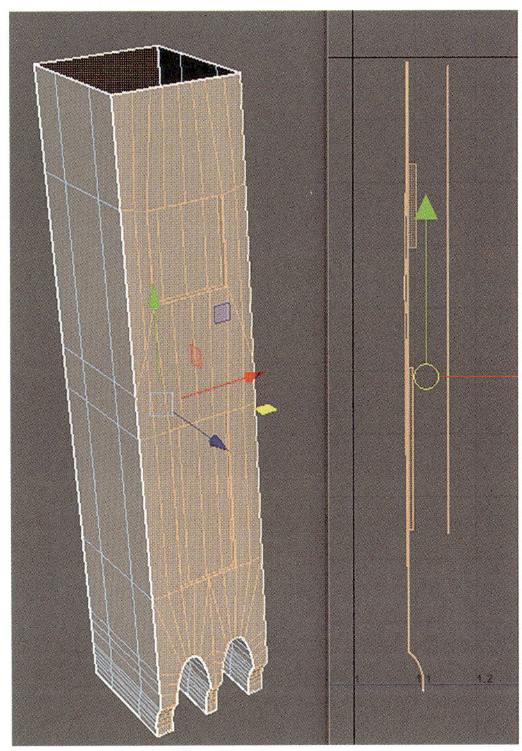

图 4-168

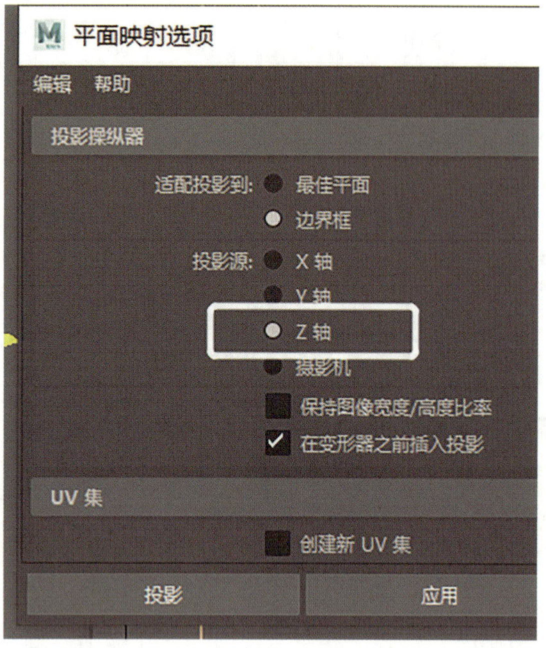

图 4-169

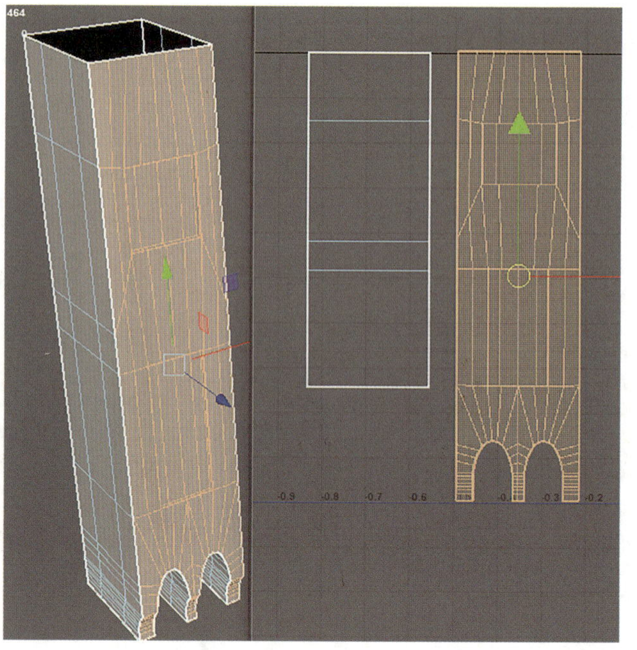

图 4-170

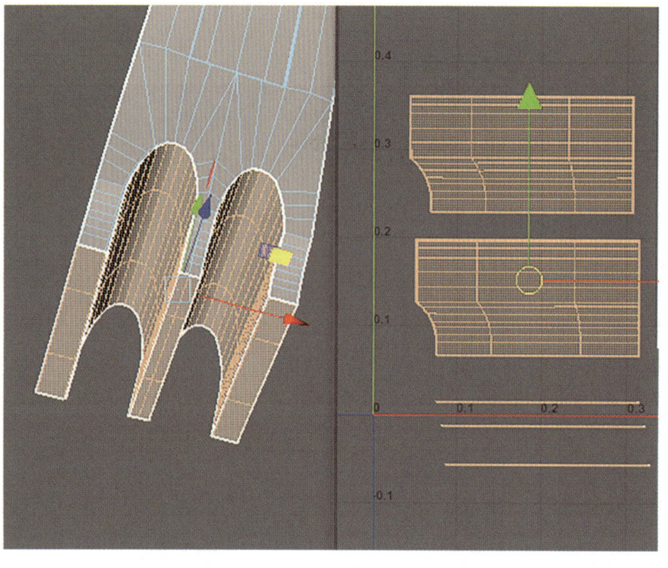

图 4-171

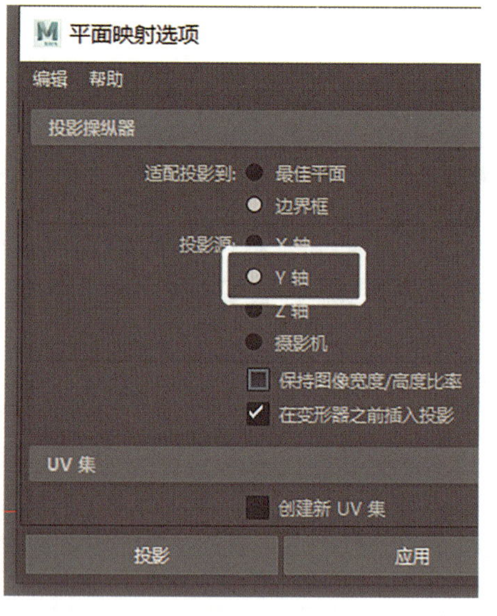

图 4-172

(5) 经过 Y 轴方向的平面映射，此时得到的 UV 纹理并不像四个墙面一样比较规整，因此，需要进行调整。进入【UV】层级，框选这部分的 UV 点，按住<Shift＋鼠标右键>，执行【展开】命令下的【展开】子命令，如图 4-173 所示。展开后，使用【旋转】工具将这些 UV 点调整到合适角度，如图 4-174 所示。

(6) 在【UV 纹理编辑器】中，UV 也是有正反方向的。打开【UV 纹理编辑器】中的【视图】菜单，选择【着色】选项(快捷键<5>)，如图 4-175 所示，可以看到红色和蓝色的 UV，其中蓝色的是和模型中面的朝向相同的 UV，即正方向，红色的是反方向，如图 4-176 所示。

在【UV 壳】层级中，选中红色的两个 UV，按<Shift＋鼠标右键>，在调出的快捷菜单中，执行【沿 U 方向翻转】(即水平翻转)，如图 4-177 所示，使得所有 UV 纹理的方向一致。

(7) 将门、窗部分的 UV 独立出来。进入【边】层级，沿着图 4-178、图 4-179(局部)所示的白色高亮显示线(结构倒角边后的中心线)进行选择，在【UV 纹理编辑器】中按住＜Shift＋鼠标右键＞，在调出的快捷菜单中，执行【剪切】命令，进入【UV 壳】，使用移动工具将这三个门窗位置的 UV 移动到空白处，如图 4-180 所示。

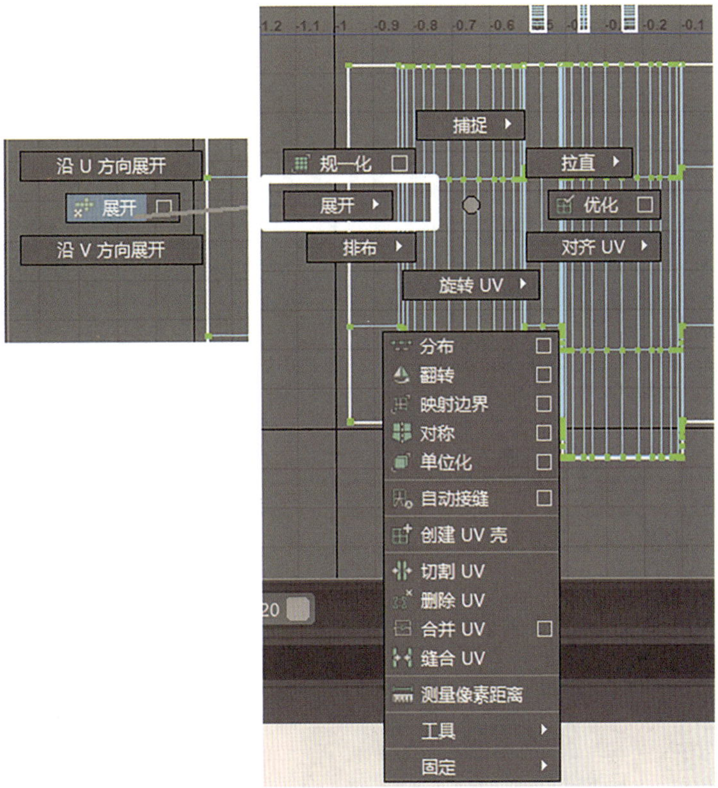

图 4-173

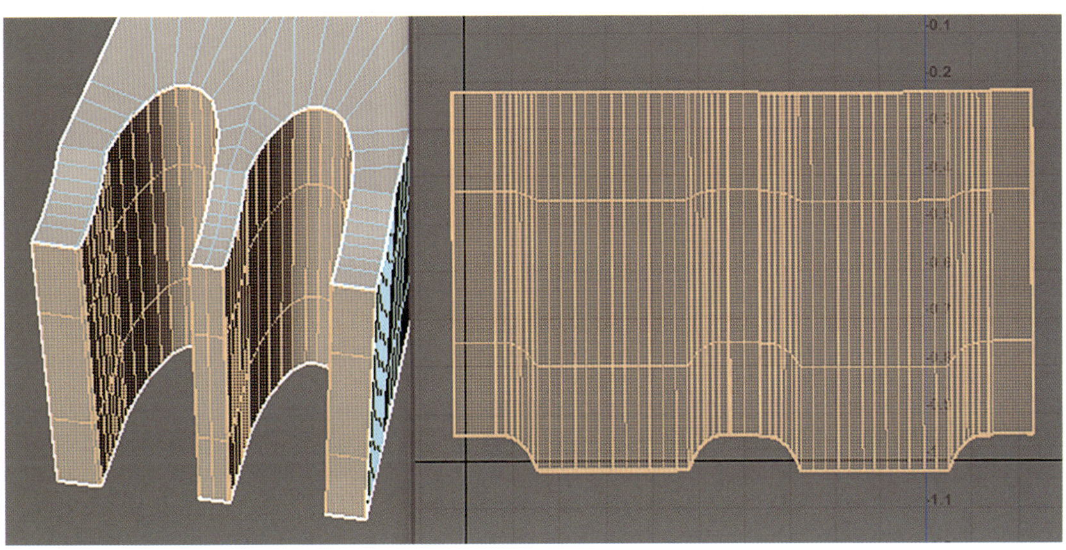

图 4-174

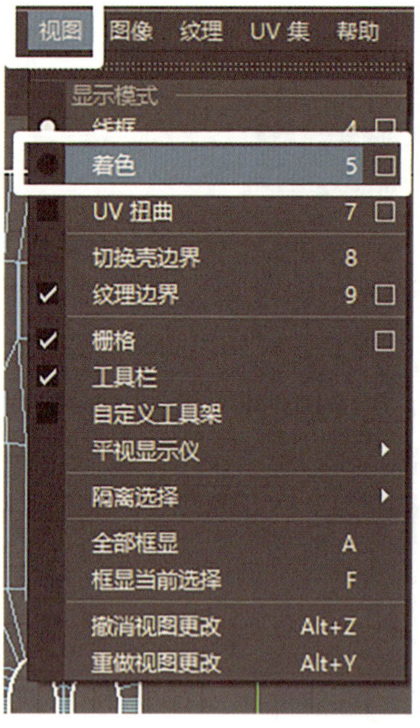

图 4-175

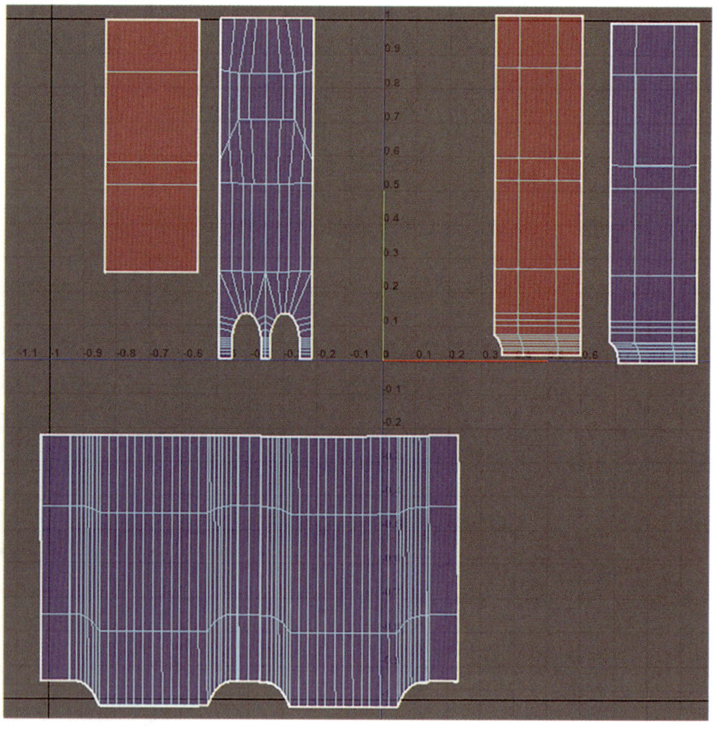

图 4-176

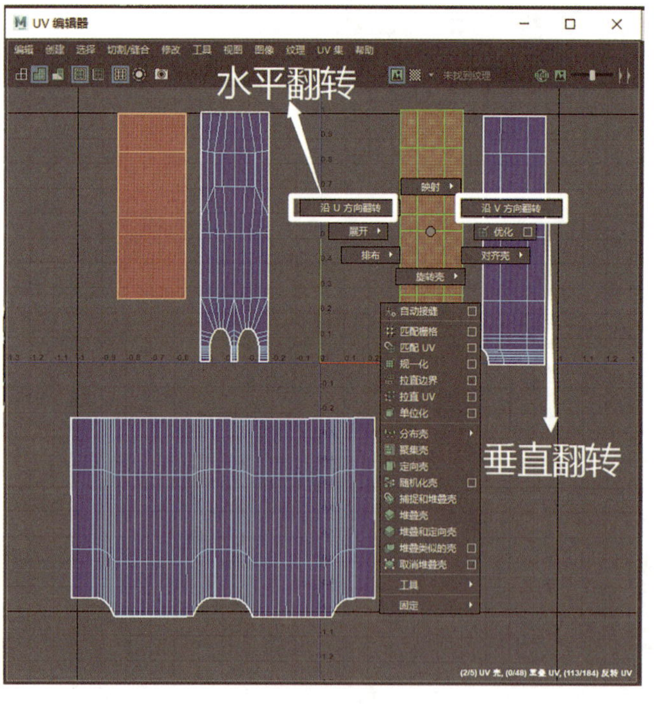

图 4-177

图 4-178

图 4-179

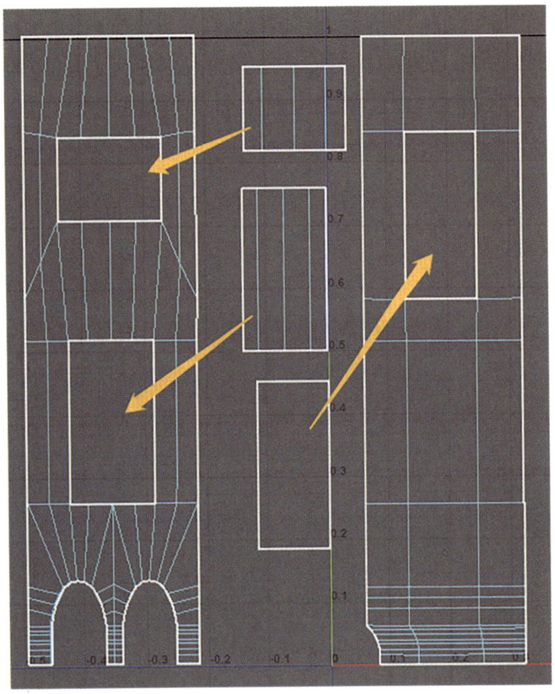

图 4-180

(8) 在【UV 纹理编辑器】中，进入【UV】层级，选中分离出来的门、窗，按住<Shift+鼠标右键>，在调出的快捷菜单中，执行【展开】命令下的【展开】子命令。在已经展开的三个 UV 纹理上，分别按住<Shift+鼠标右键>，在调出的快捷菜单中，执行【优化】命令，如图 4-181 所示。如果优化一次没有得到比较理想的结果，可以多次执行该命令，直到 UV 纹理没有明显优化变化为止。对于部分不够理想的 UV 纹理，可以进入【UV】层级，使用【移动】工具进行微调，如图 4-182 所示。

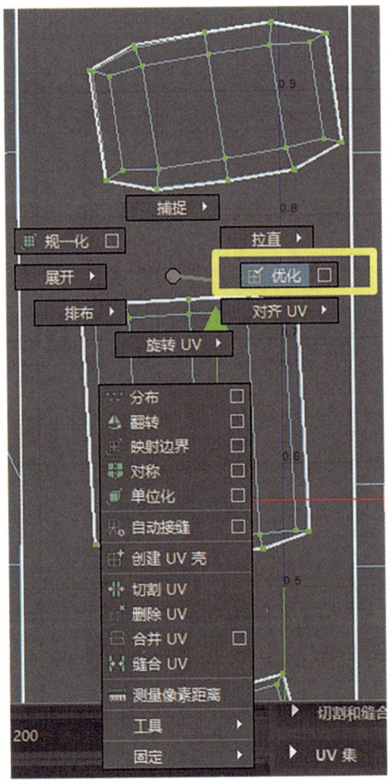

图 4-181

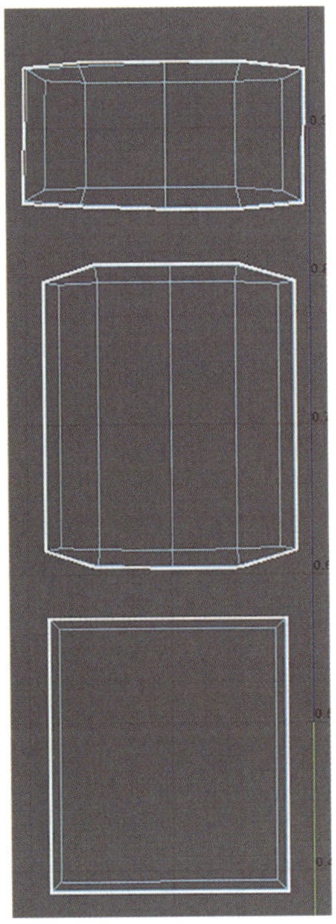

图 4-182

(9) 在【UV】层级，框选所有的 UV 点，按<Shift＋鼠标右键>，在调出的快捷菜单中，执行【排布】下的子命令【排布 UV】，如图 4-183 所示。将 UV 全部排布到 U1V1 象限中。注意：在排布中，每个 UV 壳之间要有一定的距离，如果距离过小，可以使用【移动】工具在【UV 壳】层级进行微调，如图 4-184 所示。

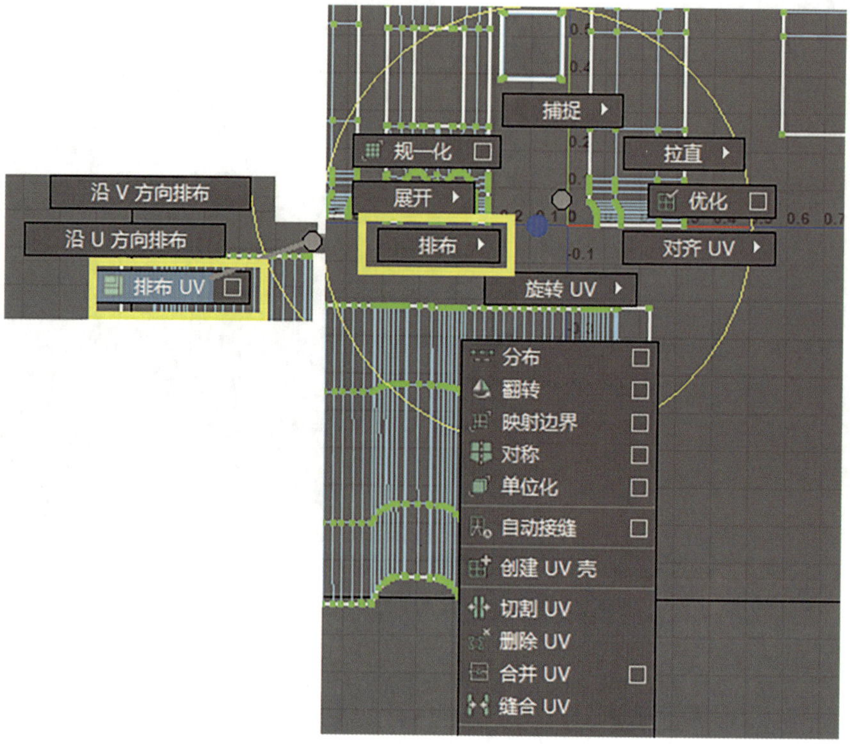

图 4-183

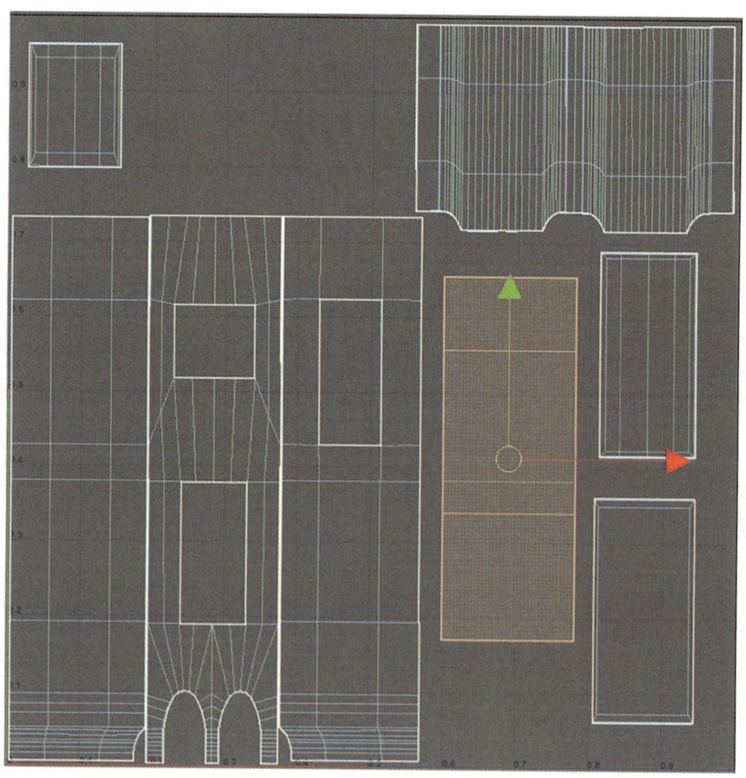

图 4-184

4.3.4 平面映射——一楼小屋的 UV 展开

一楼小屋和上一小节中的塔楼十分类似，都可以使用平面映射的方式展开 UV，同时对已有的模型进行进一步的细化。

(1) 使用上一小节中的方法，选中小屋，设置【UV】菜单下的【平面】；并选中墙脚的四条边，在【UV 纹理编辑器】中按住<Shift+鼠标右键>，调出快捷菜单执行【剪切】命令，注意四周的墙面分别是 X 轴和 Z 轴方向，需要分两次执行【平面】，如图 4-185 所示。

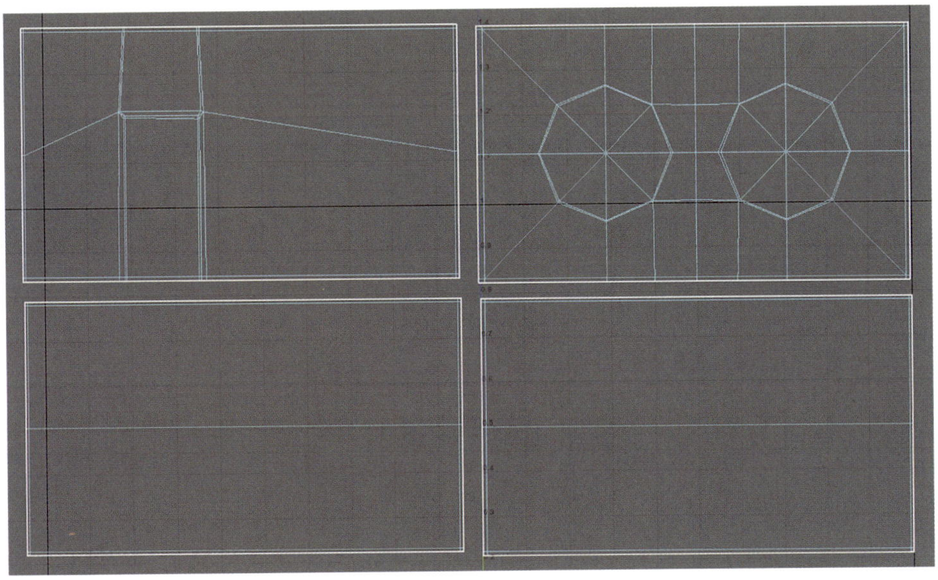

图 4-185

(2) 沿着门框和窗框边缘，在【UV 纹理编辑器】中按住<Shift+鼠标右键>，调出快捷菜单执行【剪切】命令，将门窗部分的 UV 纹理单独提取出来，将圆形窗户的窗台厚度也单独提取出来，如图 4-186 所示。

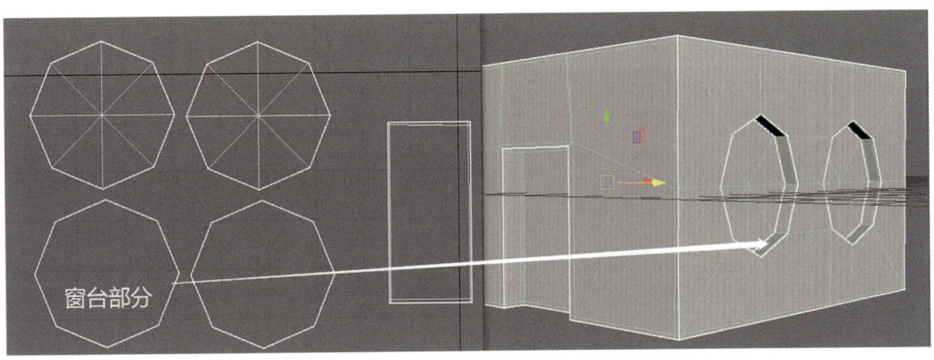

图 4-186

(3) 在视口中，进入【面】层级，选中窗户部分的面，执行【提取面】命令。进入【边】层级，执行【挤出边】命令，沿着 Y 轴向外挤出一点，并调整内圈圈线位置，如图 4-187 所示。进入【面】层级，执行【挤出面】操作，并将【保持面的连接性】设置为【禁用】，沿着 X 轴、Y 轴向内缩小挤出，如图 4-188 所示。保持面选中的情况下，再次执行【挤出面】命令，沿着 Z 轴向后拖动挤出，如图 4-189 所示。完成后删除被选中的面，另一边窗户执行相同操作，如图 4-190 所示。

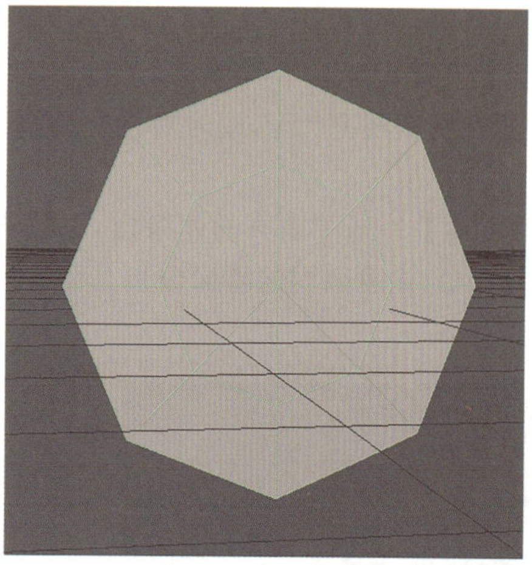

图 4-187

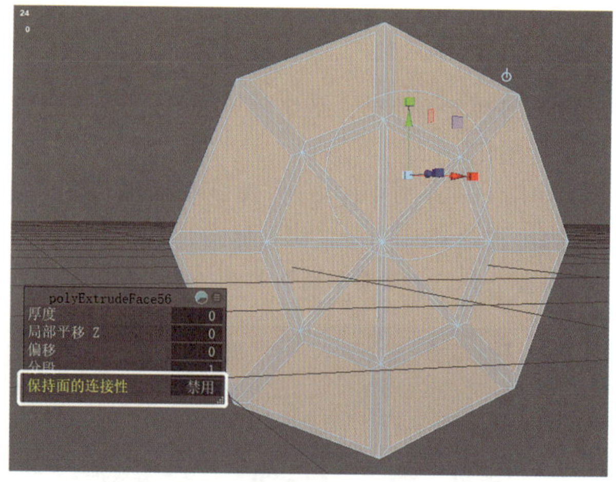

图 4-188

图 4-189

图 4-190

(4) 在视口中选中房屋模型，执行【平滑】命令。模型平滑后 UV 纹理也发生相应变化。在【UV 纹理编辑器】选中图 4-191 中所有绿色高亮显示的顶点执行【展开】命令，如图 4-192 所示。

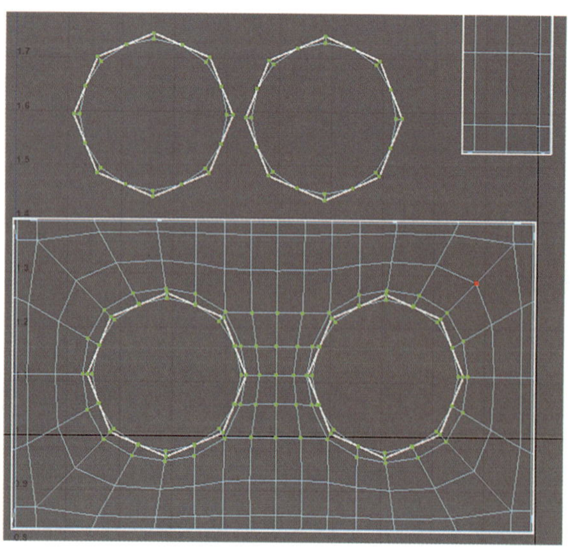

图 4-191

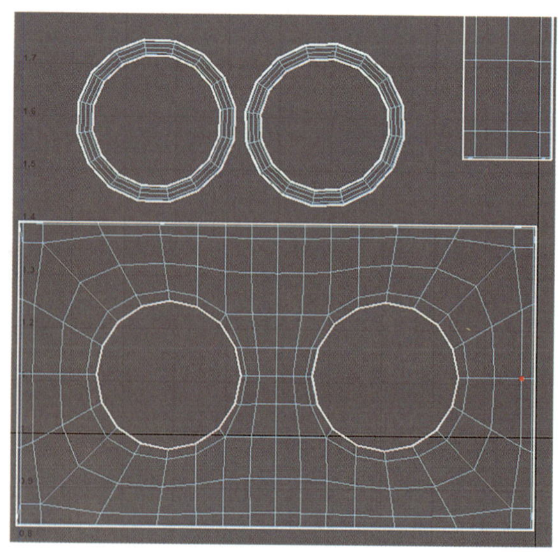

图 4-192

(5) 在两个环形 UV(窗台)中,进入【边】层级,各选择一条平行边,如图 4-193 所示,执行【剪切】命令。进入【UV】层级,选择这两部分的所有点,执行【展开】操作,如图 4-194 所示。进入【UV 壳】层级,按住<Shift+鼠标右键>,在调出的快捷菜单中执行【拉直 UV】命令,拉直 UV 纹理,如图 4-195 所示。最后框选所有 UV,执行【排布】命令,如图 4-196 所示。

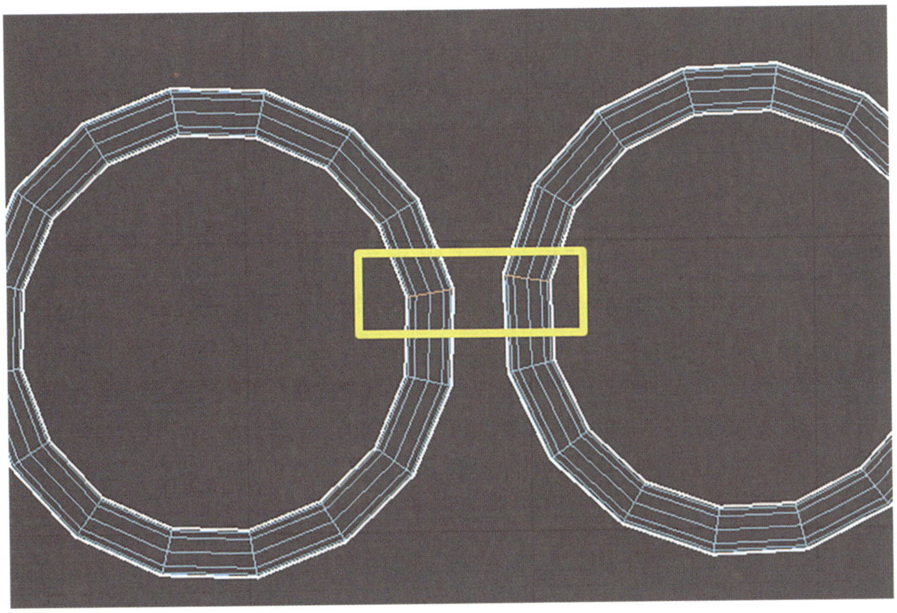

图 4-193

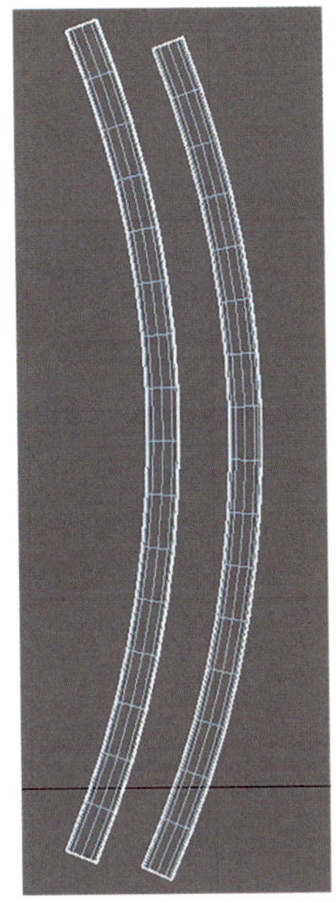

图 4-194

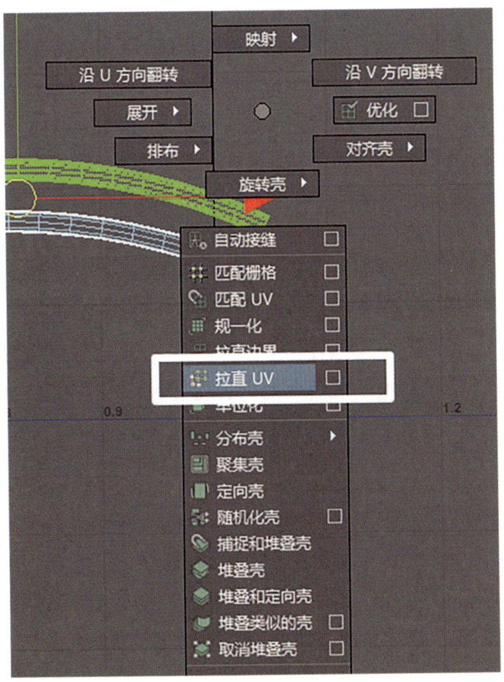

图 4-195

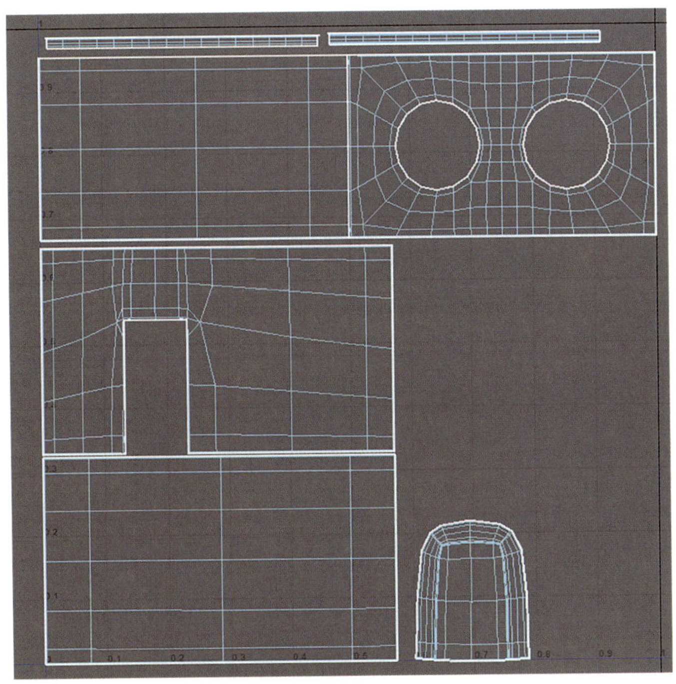

图 4-196

注意:在部分模型的建模过程中,为了方便 UV 的展开,会先展开 UV,再进行平滑或者锁边操作,以提高制作效率。

4.3.5 圆柱映射——飞艇主体的 UV 展开

飞艇主体 UV 展开(圆柱映射)视频

圆柱映射也是 Maya 中非常常用的一种创建 UV 的方式。圆柱映射基于圆柱形投影形状为对象创建 UV,该投影形状绕模型折回,如图 4-197 所示。该投影最适用于完全封闭且在圆柱体中可见的图形。

(1) 选中飞艇模型的主体部分,执行【UV】菜单下的【圆柱形】命令。创建出来的圆柱映射,方向有问题,如图 4-198 所示,先单击十字手柄激活旋转操纵杆,再单击蓝色圆环,调节该投射弧面到和飞艇方向平行的位置,如图 4-199 所示。

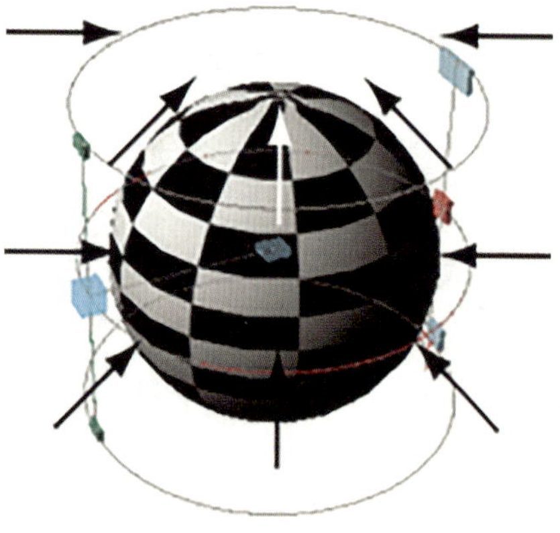
图 4-197

(2) 在【边】层级选中飞艇前后部分的循环边,如图 4-200、图 4-201 所示,在【UV 纹理编辑器】中执行【剪切】命令,将这个部分分离开来。

(3) 将圆柱映射的这部分 UV 壳移动出来后,执行【展开】命令,如图 4-202 所示。在【UV 纹理编辑器】中,进入【面】层级,框选分离出来的前后两端的面,单击【UV】菜单下【平面】后面的"□",并在【平面映射选项】中将【投影源】设置为【Z 轴】,如图 4-203 所示。

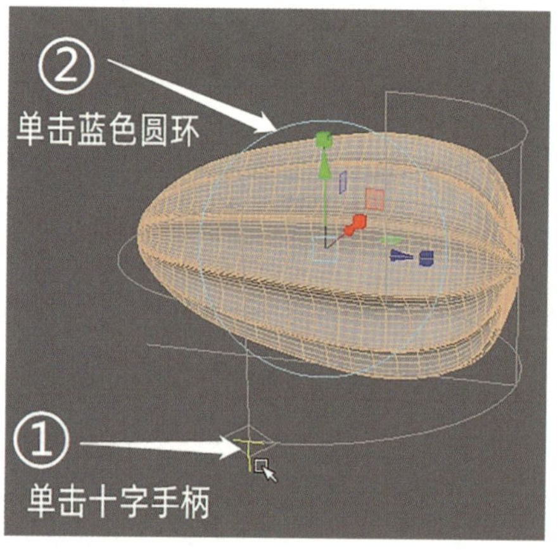

图 4-198

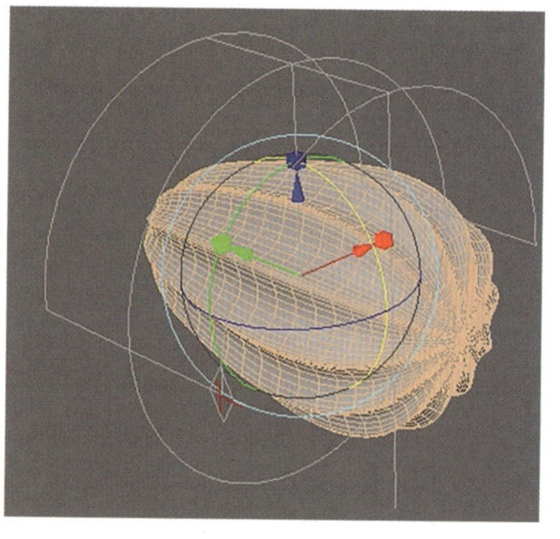
图 4-199

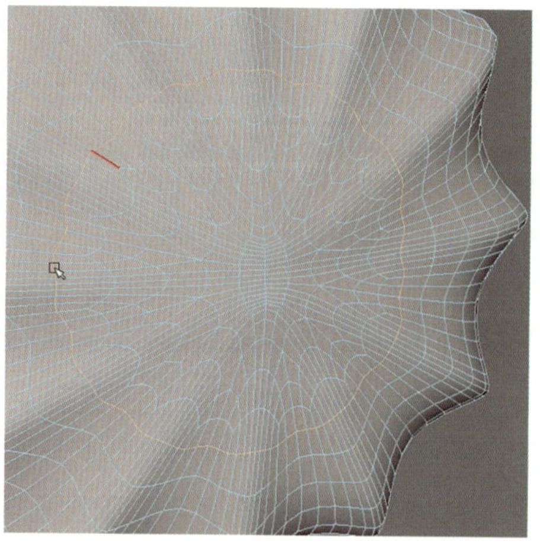
图 4-200

图 4-201

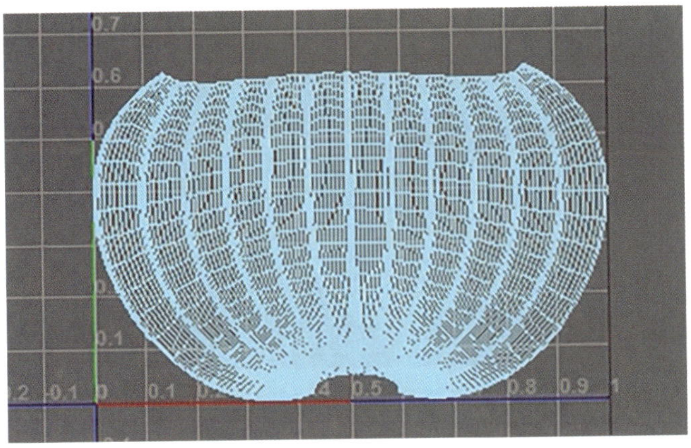

图 4-202

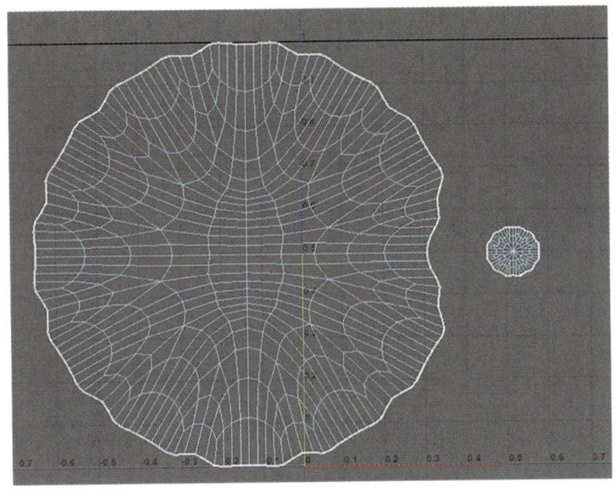

图 4-203

(4) 最后,将所有的 UV 进行正反面的检测后排布到 U1V1 的位置。

4.3.6 自动映射——飞艇的机翼 UV 展开

飞艇机翼 UV 展开（自动映射）视频

自动映射也是 Maya 中非常常用的一种创建 UV 的方式。自动映射通过同时从多个平面投影尝试查找 UV 最佳放置方式来创建多边形网格 UV。该 UV 映射方式对于更加复杂的图形是非常有用的。随着 Maya 中 UV 算法的不断升级,这种创建方式越来越便利。

(1) 选中对象,执行【UV】菜单下【自动】,创建 UV 纹理,如图 4-204 所示。

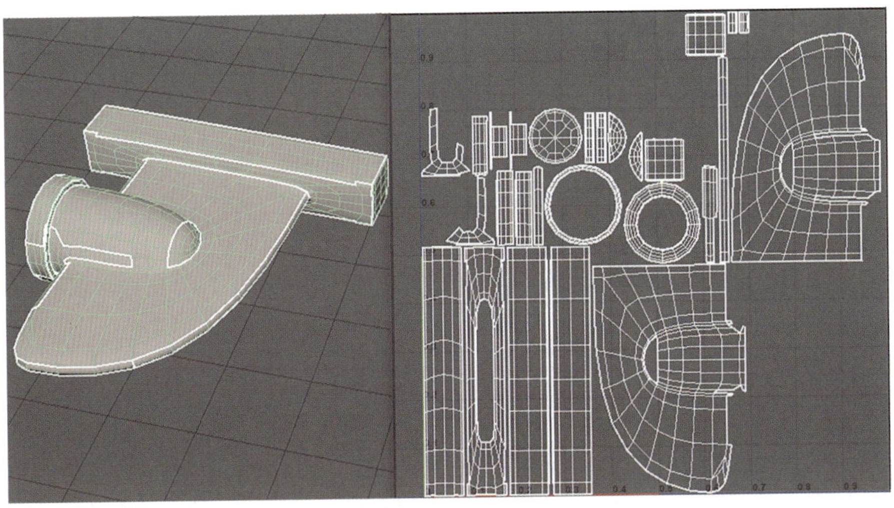

图 4-204

(2) 自动映射创建出的 UV 纹理通常伴随 UV 壳过多过碎的问题,因此要对纹理进行合并。在【UV】层级,选中所有的 UV 执行【展开】命令。进入【边】层级,选中图 4-205 中橙黄色高亮显示的边,按住<Shift+鼠标右键>,在调出的快捷菜单中执行【移动并缝合边】命令,如图 4-206 所示,将其中一片碎片缝合到一片较大的 UV 纹理上。使用同样的方式将该片 UV 对称位置的缺口处 UV 也缝合上,如图 2-207 所示。

(3) 通过观察可以发现,机翼分为上、下两个部分,因此我们将不属于机翼上半部分的面从这块 UV 纹理调整到另外一半的机翼 UV 上。选中图 4-208 中亮黄色框线中的边,执行【剪切】命令,再选中橙黄色边,按住<Shift+鼠标右键>,在调出的快捷菜单中执行【移动并缝合边】命令,如图 4-209 所示。

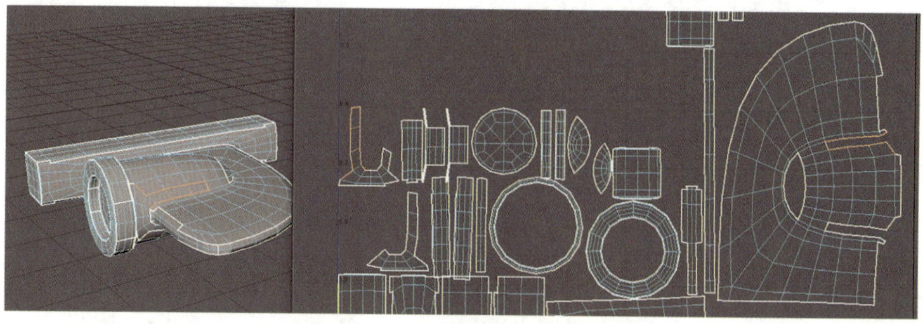

图 4-205

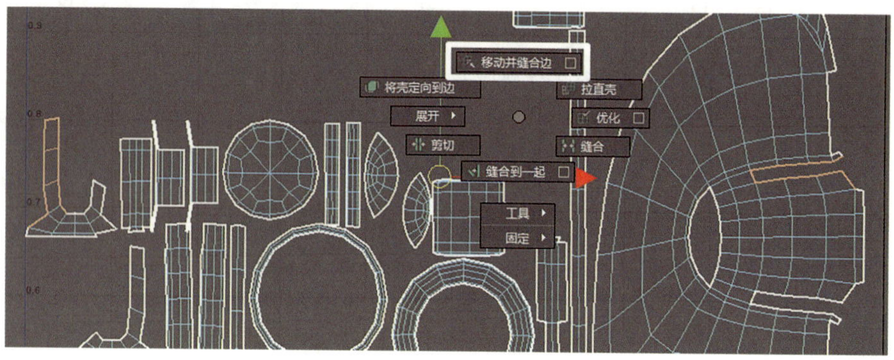

图 4-206

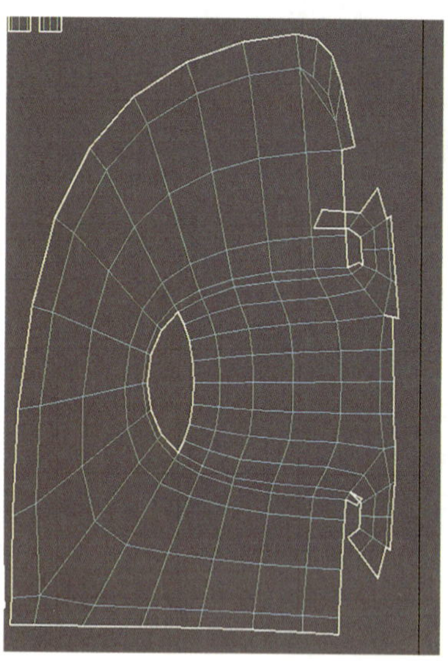

图 4-207

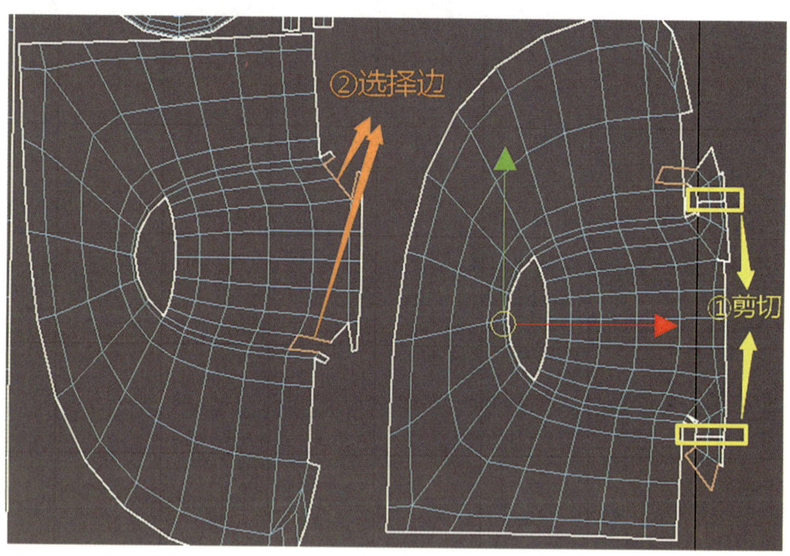

图 4-208

(4) 缝合后,UV 纹理中还有白色的粗线,表示这个区域的 UV 纹理还有边没有被缝合。在【边】层级,框选这个部分的边,按住＜Shift＋鼠标右键＞,在调出的快捷菜单中执行【缝合】命令,如图 4-210 所示。注意:在框选边时不能选中该 UV 纹理边缘处的边。

(5) 选中图 4-211 所示的橙黄色边,执行【移动并缝合边】命令,如图 4-212 所示。将部分不平整的 UV 纹理边缘进行清理,选中图 4-212 所示的橙黄色边,执行【剪切】命令,并将剪切下来的小块 UV 壳缝合到另外一半的 UV 纹理中,如图 4-213 所示。

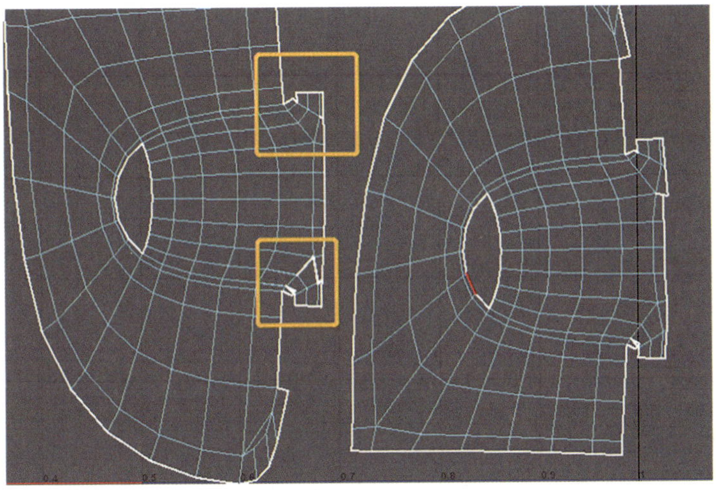

图 4-209

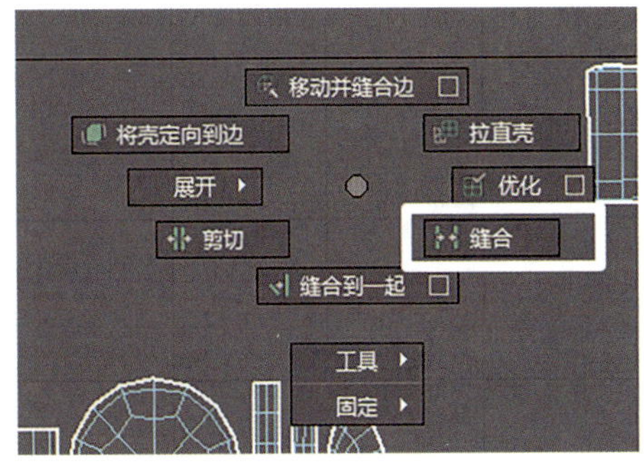

图 4-210

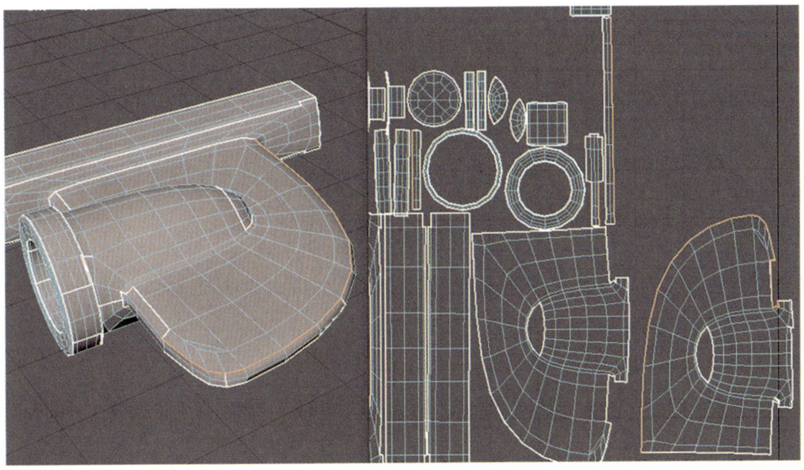

图 4-211

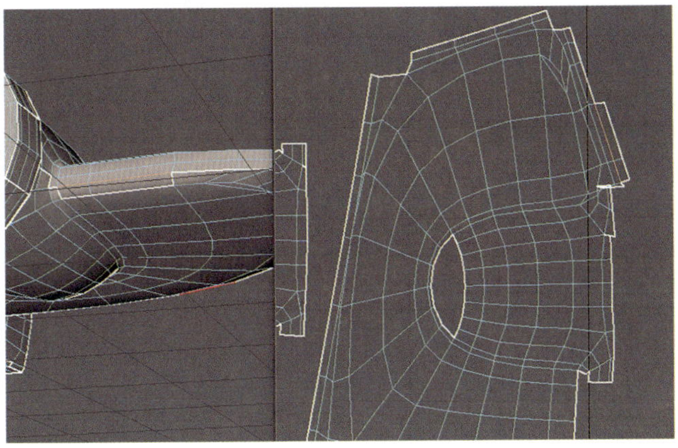

图 4-212

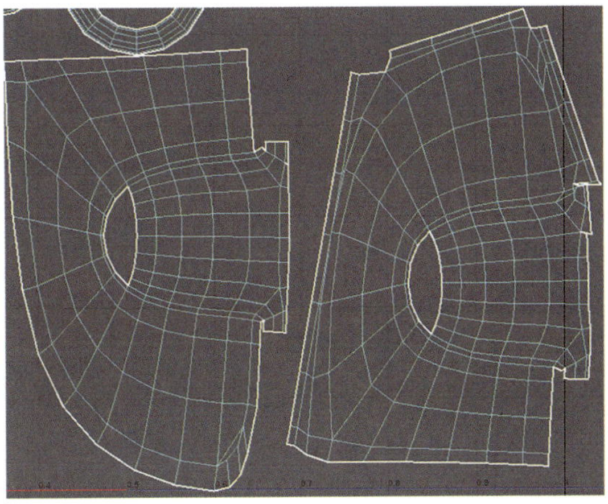

图 4-213

(6) 将其他小块的 UV 纹理尽可能地整合到比较大的 UV 壳中。选中图 4-214 所示的橙黄色边，执行【移动并缝合边】命令，整合圆弧机翼部分的 UV 纹理。选中图 4-215 所示的橙黄色边，执行【移动并缝合边】命令，将立方体区域整合为一整块 UV 纹理，如图 4-216 所示。

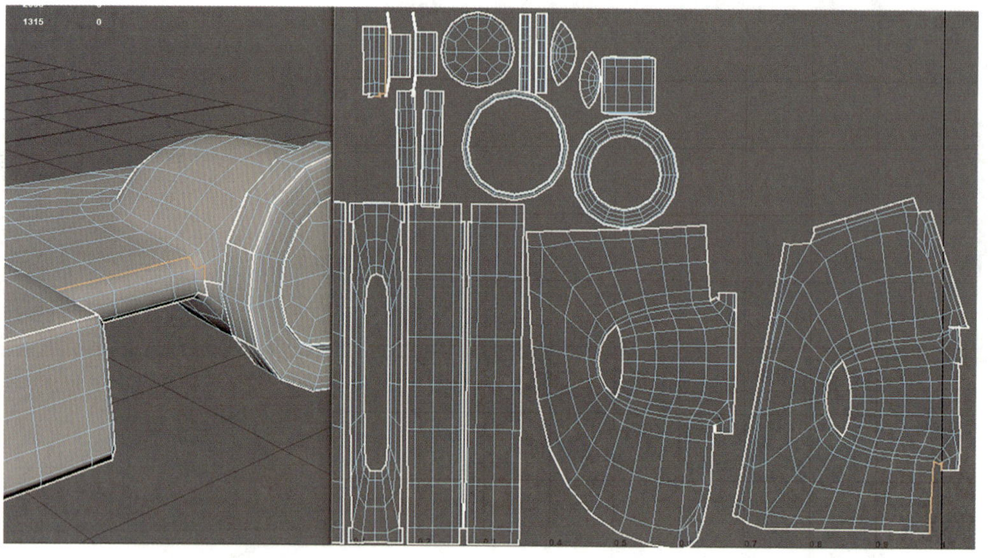

图 4-214

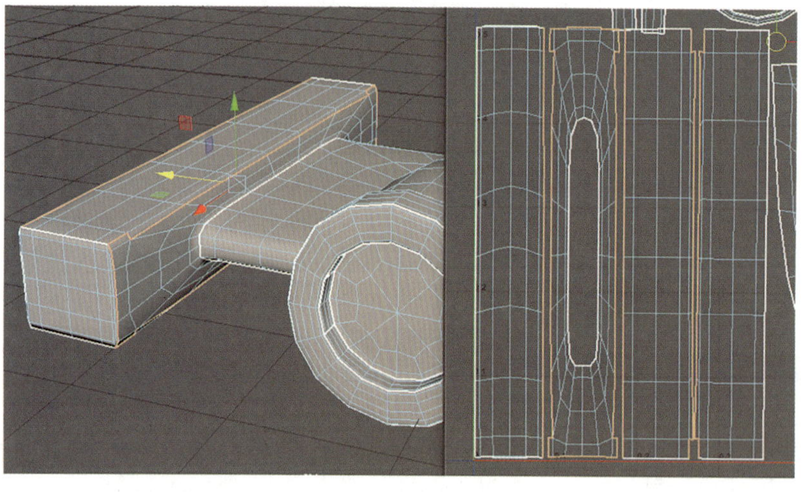

图 4-215

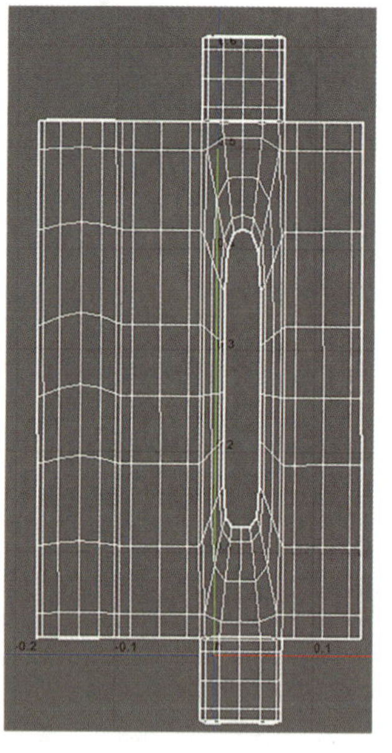

图 4-216

(7) 选中图 4-217 所示机翼喷射器的橙黄色高亮显示的边，执行【移动并缝合边】命令，完成机翼喷射器尾端的 UV 整合，如图 4-218 所示。

(8) 将机翼喷射器和机翼连接部分的边(图 4-219 中的红色部分)，执行【剪切】命令，选中该部分的 UV 纹理外缘，执行【移动并缝合边】命令。UV 缝合后，进入【UV 壳】层级，按住<Ctrl+鼠标右键>，选择快捷菜单中的【到 UV】，如图 4-220 所示，将 UV 壳的选择转变为 UV 点的选择，并将该部分的 UV 执行【展开】命令，如图 4-221 所示。

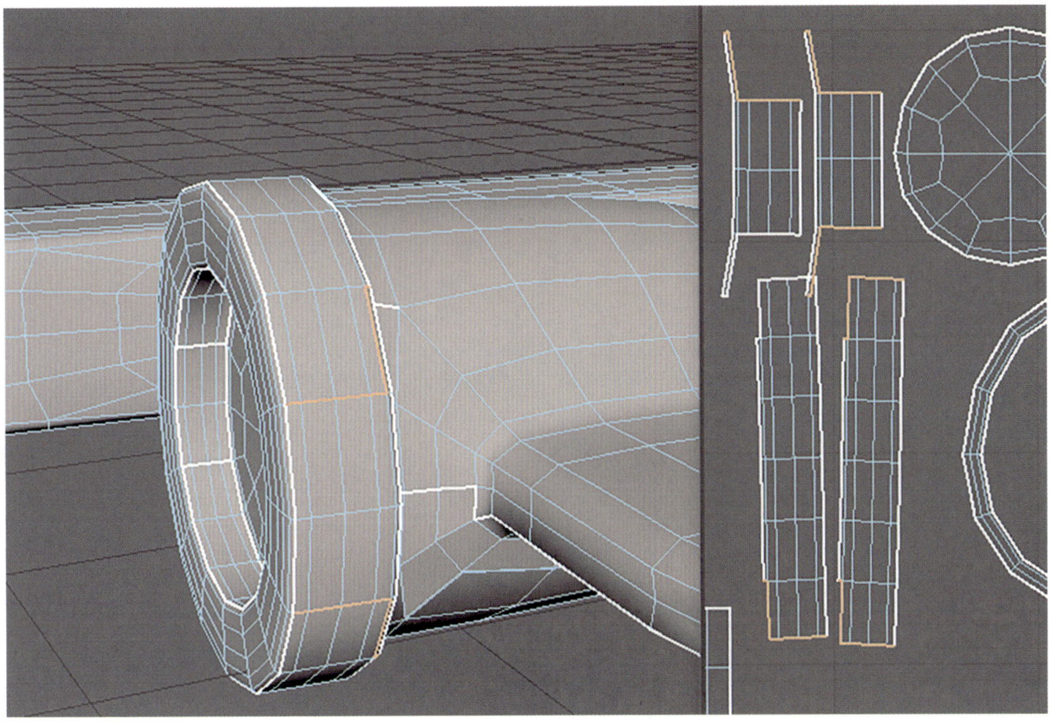

图 4-217

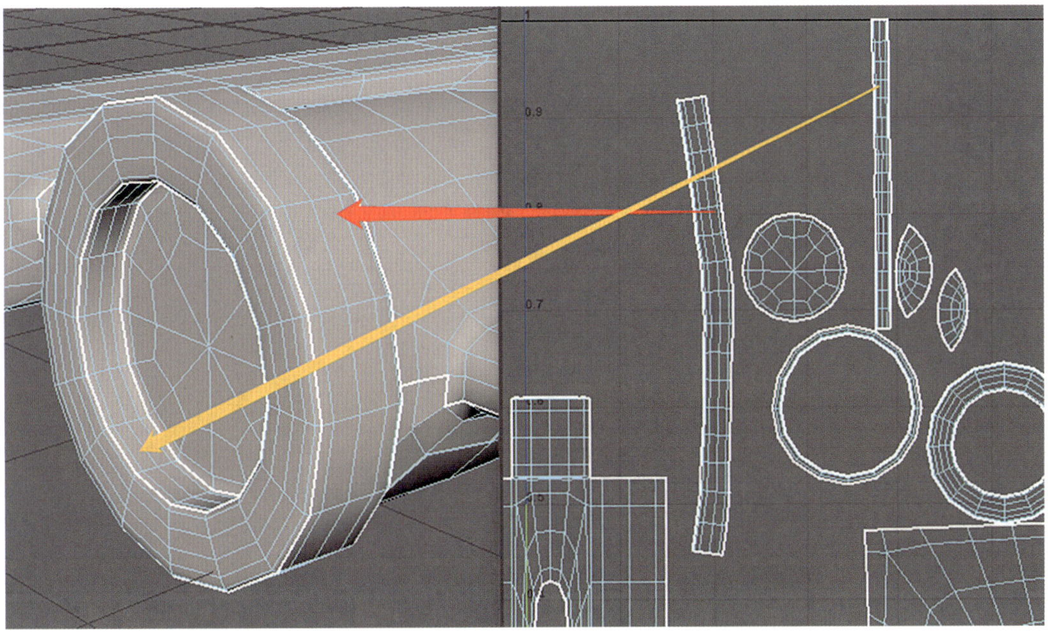

图 4-218

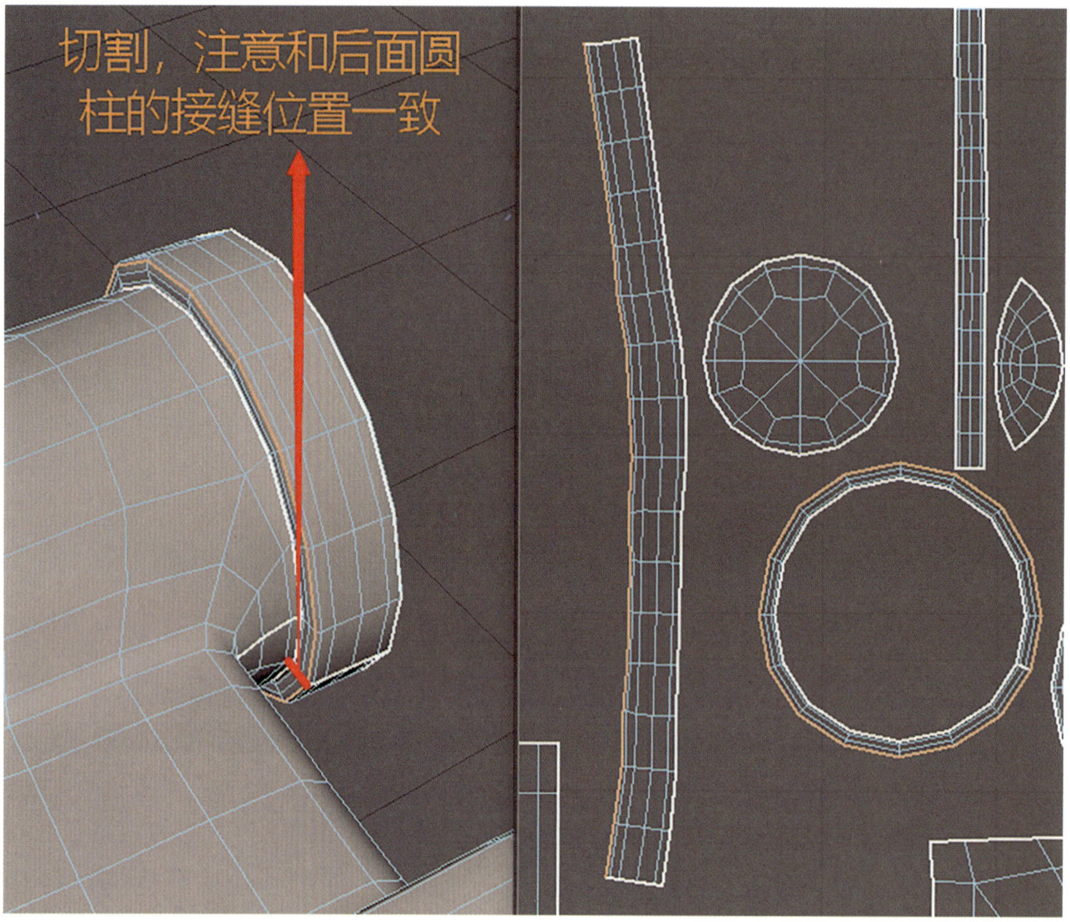

图 4-219

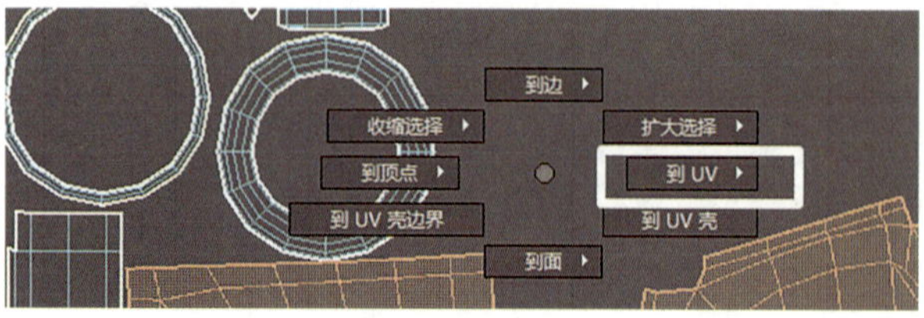

图 4-220

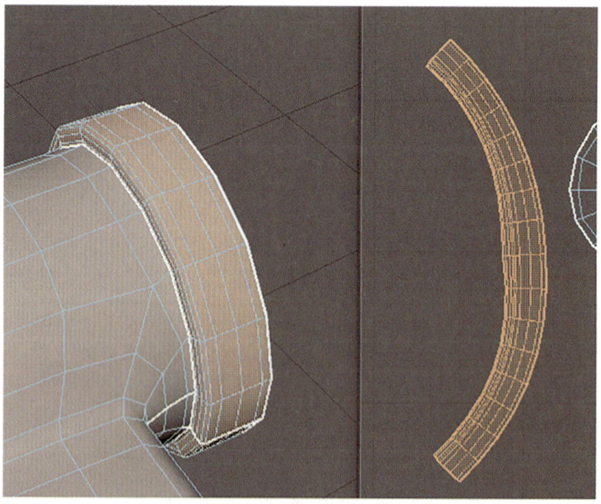

图 4-221

(9) 选中刚刚展开的 UV，在【UV 壳】层级，按住＜Shift＋鼠标右键＞，在调出的快捷菜单中，执行【拉直 UV】命令，如图 4-222 所示。对喷射器内侧的 UV 执行同样的操作，如图 4-223 所示。

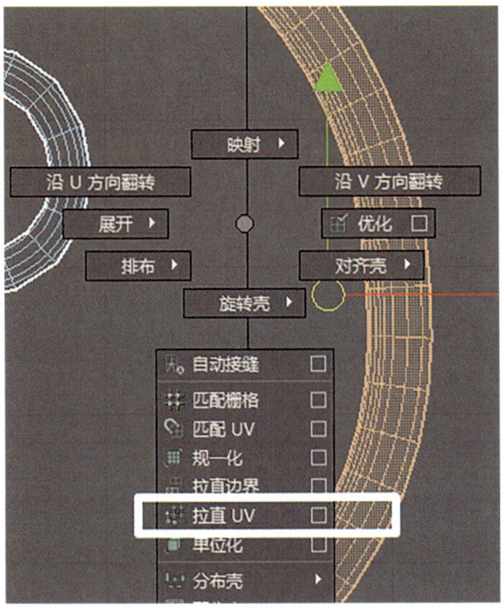

图 4-222

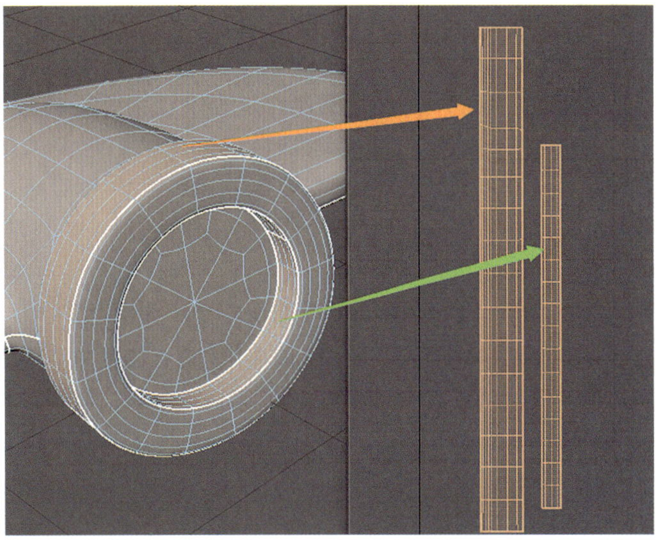

图 4-223

（10）框选所有 UV，执行【排布】命令，如图 4-224 所示。

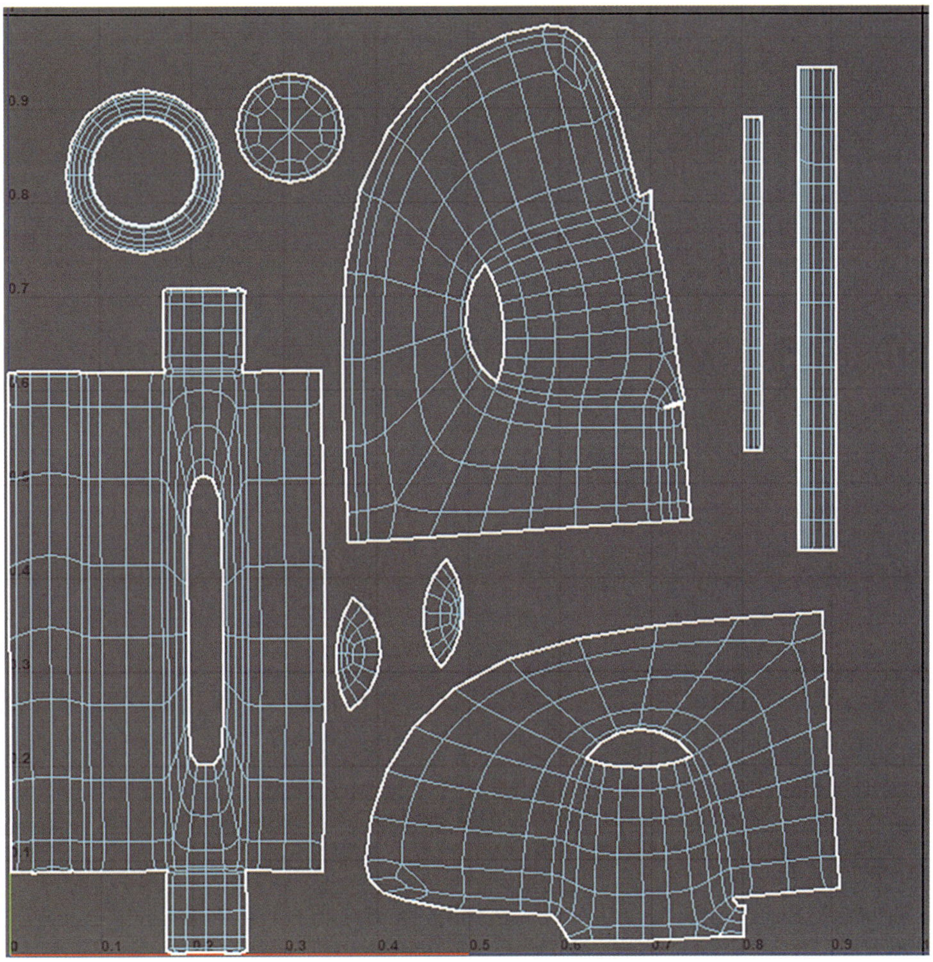

图 4-224

4.3.7 传递 UV 信息

UV 传递视频

在场景制作过程中经常要复制对象，一般情况下需要将模型拆分好 UV 以后再进行复制（如本项目中的地板），但是依旧存在 UV 没有拆分而模型已经复制完成的情况，这时只需要拆分一次 UV，然后通过属性传递的方式将 UV 信息传递到具有同样拓扑结构（每个模型的网格上顶点的数量、排列和连接相同）的模型上。但是目前这种传递方式一次只能传递一个对象。

具体方法：在【对象模式】下，选中已经拆分好 UV 的模型，再加选一个拓扑结构相同但是还没有拆分好 UV 的模型，单击【网格】菜单下【传递属性】后面的"□"，如图 4-225 所示。在【传递属性选项】对话框中，将【UV 集】和【颜色集】均设为【当前】，【采样空间】选择【组件】模式，最后单击【应用】，如图 4-226 所示。

图 4-225

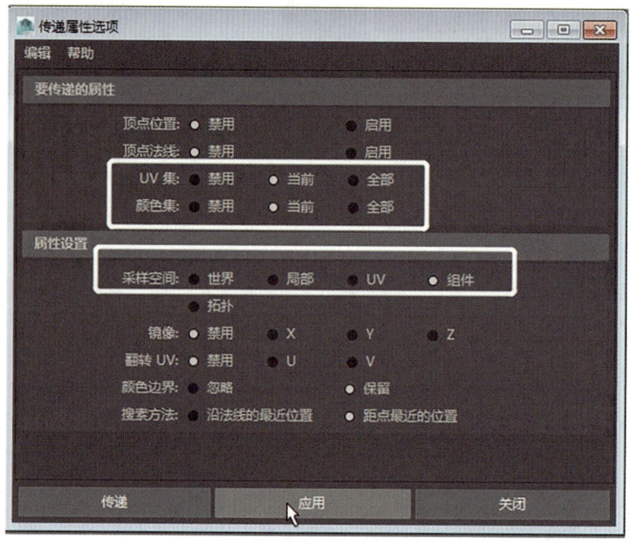

图 4-226

注意：要先选拆分好 UV 的模型，后选未拆分 UV 的模型，不能调换选择顺序。

4.3.8 UV 编辑的基本原则

UV 的拆解是为后续的材质贴图服务的，因此 UV 的编辑最终要根据贴图的需要进行编辑。合理的 UV 分布取决于纹理类型、模型构造、模型在画面中的比例、渲染尺寸、镜头安排等，但也应该遵循一些基本原则。

（1）UV 尽量避免相互重叠（除非有必要）。UV 重叠，模型的贴图就会重叠，重叠部分的纹理就会相同，不利于纹理贴图的安排。但是，如果遇到纹理图案需要重复的物体，则可以利用 UV 重叠来节省一些纹理空间，例如瓷砖、天花板、花纹布、墙角线等。如图 4-227 所示，我们可以看出墙角瓷砖 UV 重叠了多次以获得图案的二方连续效果。在使用 UV 重叠时不应重叠太多，否则看起来不真实，因为现实生活中没有如此雷同的物体。

（2）UV 避免拉伸。UV 拉伸后会导致 2D 贴图拉伸，纹理会产生变形，不能达到预期的效果，如图 4-228所示。

（3）尽可能减少 UV 的接缝（即划分较少的 UV 块面）。大量 UV 接缝会影响纹理绘制的效率，需要大量的时间来处理接缝处像素的衔接，在接缝处的贴图稍微有点颜色差异，就会明显显露出来。如

图 4-229 所示，左图中的【UV 编辑器】左上角有一个零碎的 UV，此处墙面的颜色就会比较突兀，形成明显接缝。因此，在保持 UV 不拉伸的情况下尽量将 UV 拼成几个整块；并且每一块 UV 壳之间要有一定的距离，避免贴图颜色溢出影响到周围的其他部分。现在较为流行的 PBR 流程中，许多软件对于接缝的处理已经非常智能，但是对于曲率较大部分的接缝位置还有一定要求。

图 4-227

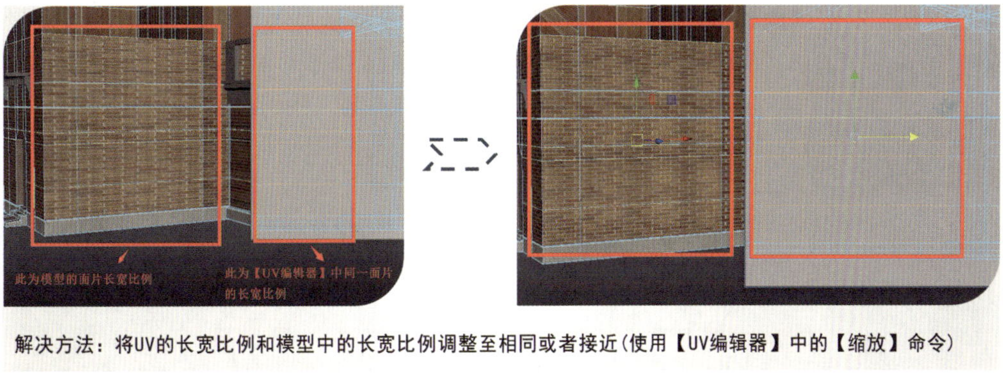

图 4-228

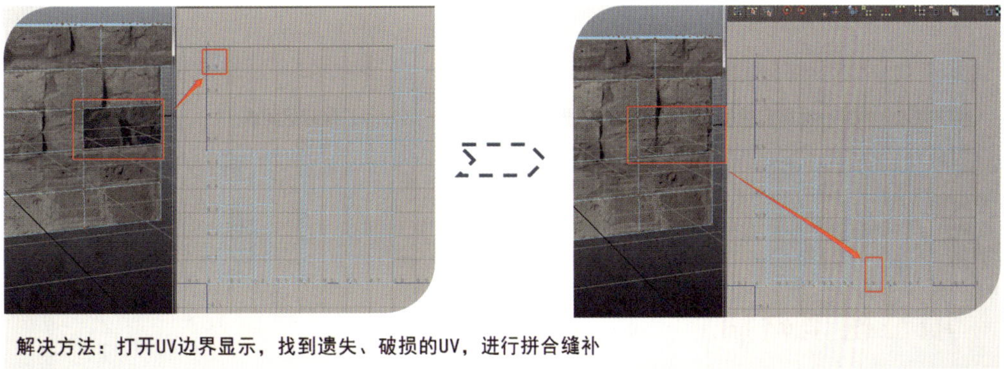

图 4-229

(4) 接缝应安排在摄像机及视觉注意不到的地方或结构变化大、材质外观不同的地方。在人物建模中，UV 的接缝一般安排在头的后侧，手臂、手指、腿的内侧等不太引人注意的地方；在建筑、道具等建模中，则一般放在底部、侧面、墙缝等位置，如图 4-230 所示。当然，也可以充分利用不同材质外观的交接处来分割 UV。

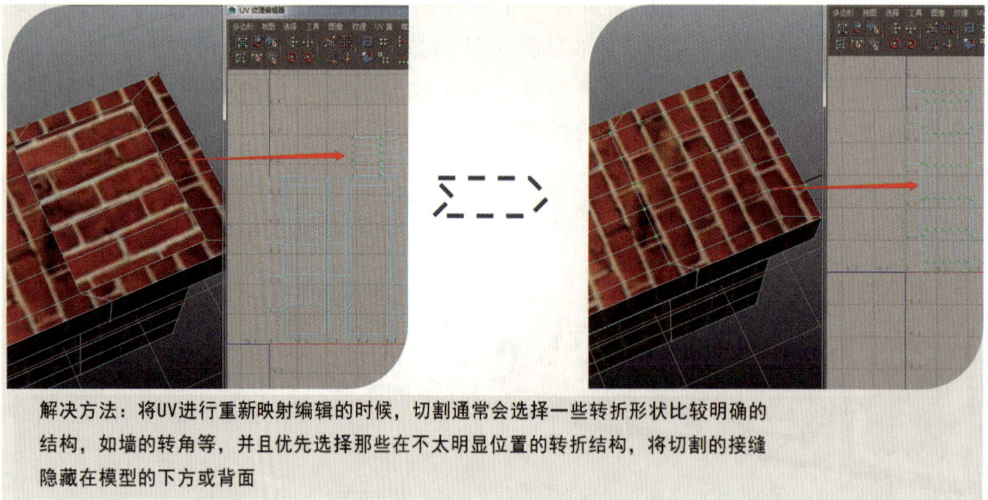

图 4-230

(5) 保持 UV 在(0,0)～(1,1)的纹理空间，并充分利用(0,0)～(1,1)的纹理空间。超出这个空间范围，模型就会使用相同的纹理，因为它是无限重复的，如图 4-231 所示。UV 编辑完之后，我们应该将 UV 安排在(0,0)～(1,1)的范围内。另外，在这个纹理空间内，需要尽量最大尺寸地放置 UV，假设我们的目标渲染尺寸是 640 像素×480 像素，文件纹理贴图的尺寸是 1024 像素×1024 像素，但安排的 UV 块面却只有 200 像素×200 像素，这样渲染后会造成严重的贴图分辨率不足。我们虽然使用了 1024 像素×1024 像素尺寸的贴图，但实际使用的范围是 200 像素×200 像素，渲染后贴图会很模糊。

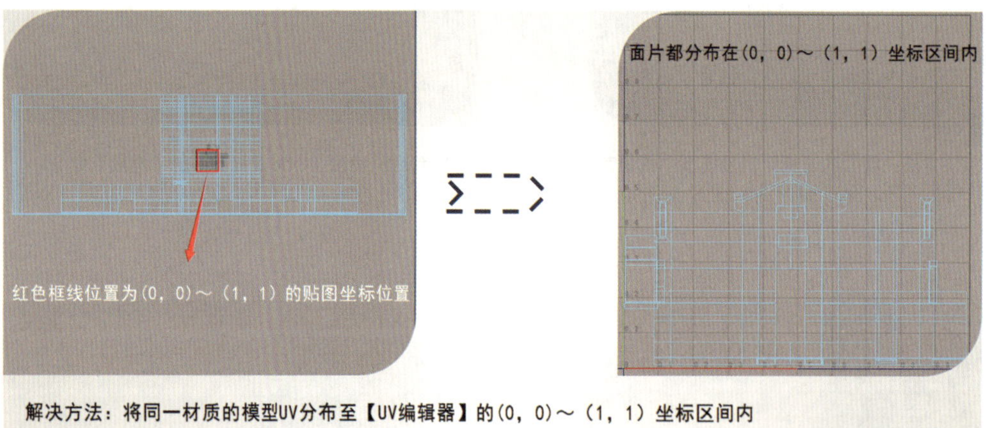

图 4-231

4.4 项目模型材质

4.4.1 塔楼墙面材质的制作

(1) 在【对象模式】下选中对象，在【UV 编辑器】中，单击【图像】菜单，选择【UV 快照】，如图 4-232 所示，在【UV 快照选项】中，将【图像格式】设置为【PNG】，【大小 X(像素)】和【大小 Y(像素)】均设置为“1024”，设置完成后单击【应用】并关闭【UV 快照选项】界面，如图 4-233 所示。

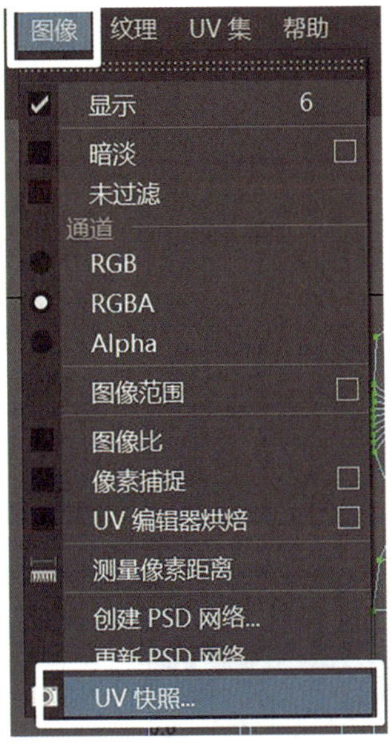

图 4-232

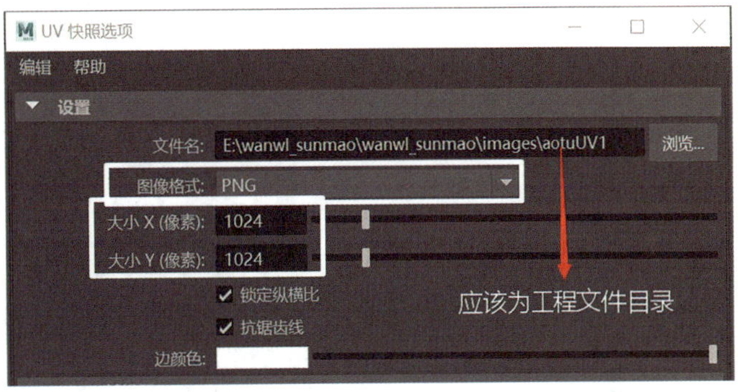

图 4-233

(2) 将导出的 UV 快照文件在 Adobe Photoshop(PS)中打开。观察参考图中墙面的材质,这是一个老旧破损的墙面,因此需要将若干的墙面材质根据 UV 纹理进行拼贴组合。使用到的贴图主要分为五类,即木门木窗贴图、青苔贴图、砖墙贴图、墙面贴图、污渍贴图,如图 4-234 所示,将这些贴图也导入 PS 中备用。

图 4-234

(3) 在 UV 快照的背景图层之下创建一个新的图层【图层 1】,并将【图层 1】命名为"底色"并填充为黑色,将 UV 快照图层命名为"UV 信息",将图层置于顶层并锁定,如图 4-235 所示。

(4) 制作的时候,要充分考虑现实生活中墙面材质的特点来选择贴图和拼贴纹理:老旧墙面的墙皮脱落多发生在靠近地面的位置;老旧墙面的污渍和青苔多产生于靠近地面、屋顶、门窗的位置;老旧墙面的红砖块多暴露在墙面转折处和随机位置;老旧墙面的门窗也多为旧式的木门,有污渍、青苔、破损等特点。只有平时注意观察生活中的细节,才能制作出丰富生动的材质效果。

将墙面材质拖曳到已创建好的工程文件"sourceimages"文件夹中,注意要覆盖住所有的墙面部分,如图 4-236 所示。

(5) 根据上述步骤将污渍材质拼贴到墙面材质靠近地面、屋顶、门窗的位置,注意污渍材质和原有墙面材质的过渡不能生硬,如图 4-237 所示。

(6) 找到合适的蒙版灰度贴图,将其拼贴到墙面材质靠近地面、屋顶、门窗等容易产生青苔的位置,如图 4-238 所示。将青苔材质拖曳到文件中,置于蒙版灰度贴图的上层,按<Alt>键,并将鼠标箭头置于两个图层的中间位置,单击鼠标左键,将蒙版灰度图层设置为青苔图层的【图层蒙版】效果,如图 4-239 所示。在蒙版灰度图层中修改青苔边缘使之过渡平滑,如图 4-240 所示。

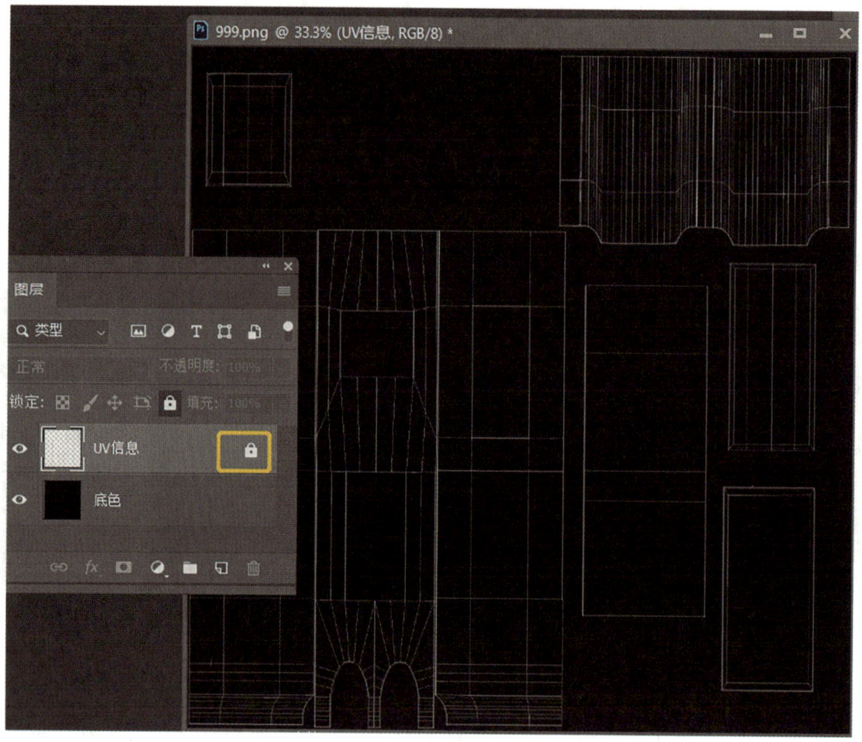

图 4-235

图 4-236

图 4-237

(7) 将红砖材质拖曳到文件中，并在墙面转折、门窗边缘等位置创建不规则形状选区，定义红砖图层的位置和面积，如图 4-241 所示。双击红砖图层，在【图层样式】中勾选【内阴影】，并调整角度，根据图层大小设置阴影的【距离】和【大小】，如图 4-242 所示。

(8) 将旧门窗的贴图放置到 UV 纹理的对应位置，隐藏 UV 纹理图层，保存为 JPG 格式，保存到创建好的工程文件“sourceimages”文件夹中，如图 4-243 所示。

(9) 制作凹凸贴图。在上一步骤的 PS 文件中，隐藏污渍、青苔和门窗图层。将墙面和砖墙材质复制一层，并将这两个图层的色彩饱和度降低为“0”。将复制出的黑白砖墙图层执行【图像】→【调整】→【反

图 4-238

图 4-239

图 4-240

图 4-241

向】命令，并降低整个图层的明度，如图 4-244 所示。将复制出的墙面和砖墙图层合并，并单独另存为 JPG 格式，保存到创建好的工程文件“sourceimages”文件夹中，文件命名加上“bump”后缀。

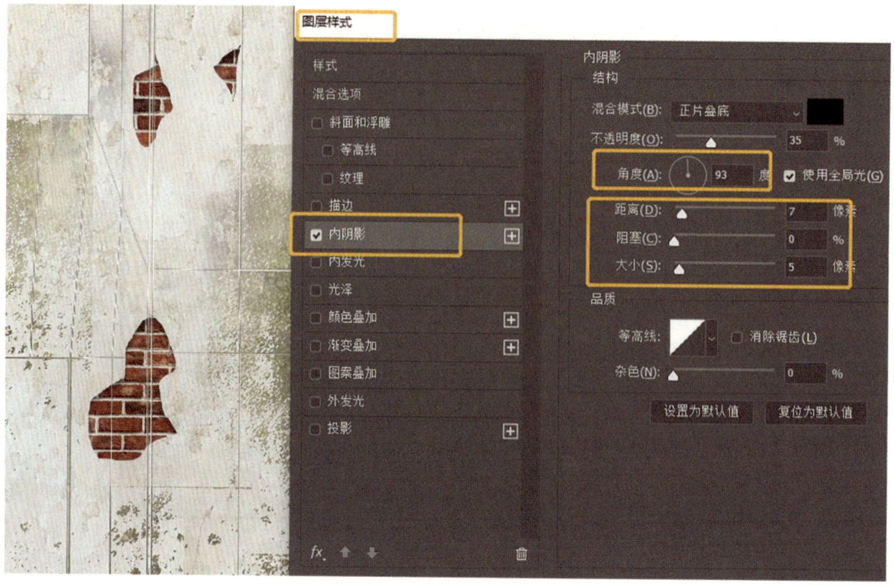

图 4-242

图 4-243

图 4-244

(10) 回到 Maya 软件界面,选中塔楼,单击鼠标右键,选择【指定新材质】,选择材质类型为【VRay Mtl】(该材质需要安装并启用 V-Ray for Maya 插件),如图 4-245 所示。在【属性编辑器】中找到刚刚创建的材质【VRayMtl1】选项卡,在【Basic parameters】卷展栏下,单击【Diffuse Color】右边的黑白棋盘格图标,如图 4-246所示。进入【创建渲染节点】界面,选择【文件】类型,如图 4-247 所示,在弹出的属性栏中,单击【图像名称】右边的文件夹图标,如图 4-248 所示,选择之前制作完成的彩色墙面贴图。

(11) 单击回到上一层级的箭头图标,如图 4-249 所示。再次回到材质属性界面,在【Bump and Normal mapping】卷展栏下,单击【Map】栏右边的黑白棋盘格图标,给模型贴上凹凸贴图,如图 4-250 所示,进入【创建渲染节点】界面,选择【文件】类型,在弹出的属性栏中,单击【图像名称】右边的文件夹图标,选择刚才制作的黑白木纹凹凸贴图,将【Bump Mult】的参数改成"0.2"(此参数可以是负数,设置为负数就相当于反向的凹凸效果)。具体的【Bump Mult】参数可在渲染中根据需要进行调整。

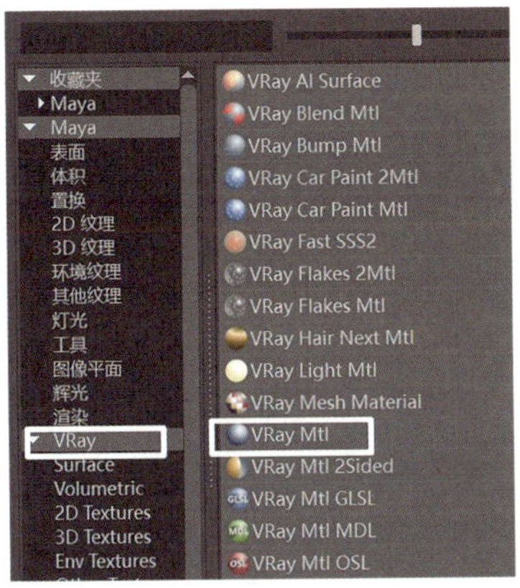

图 4-245

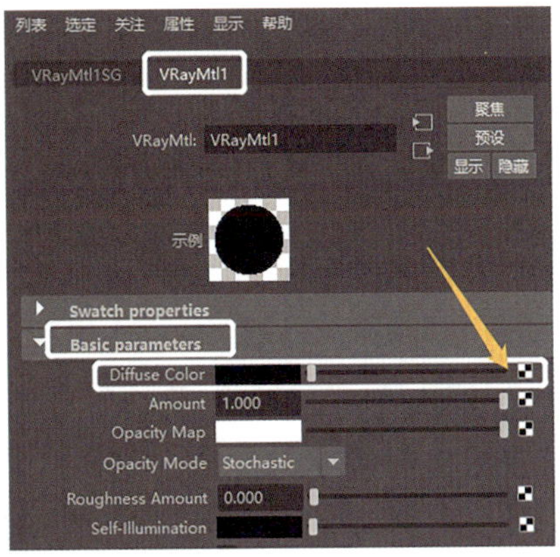

图 4-246

图 4-247

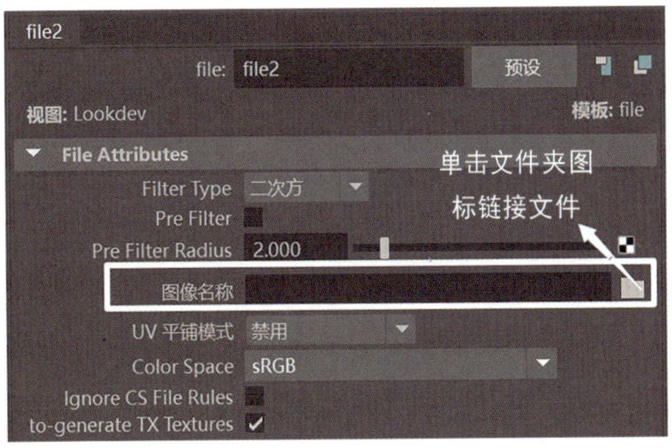

图 4-248

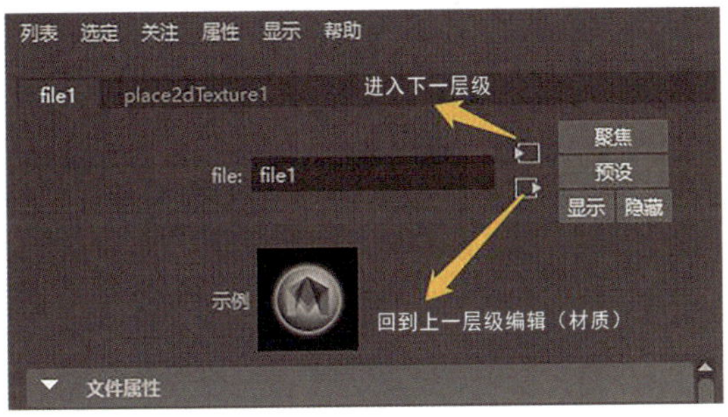

图 4-249

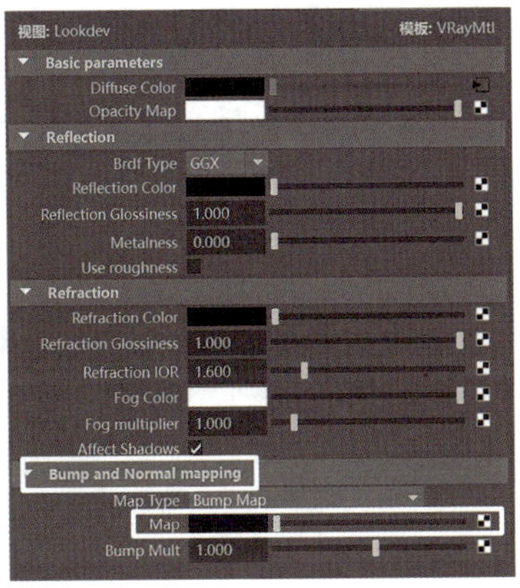

图 4-250

4.4.2 一楼砖墙材质制作

在制作类似砖墙的重复较多的材质时，为了提高渲染效率，重复使用较小尺寸的贴图进行制作是常用策略。

（1）选中一楼小屋模型，单击鼠标右键，选择【指定新材质】，选择材质类型为【VRay Mtl】。在【属性编辑器】中找到刚刚创建的材质【VRayMtl2】选项卡，命名后，在【Basic parameters】卷展栏下，单击【Diffuse Color】右边的黑白棋盘格图标，进入【创建渲染节点】界面，选择【文件】类型，在弹出的属性栏中，单击【图像名称】右边的文件夹图标，选择砖墙材质贴图，效果如图 4-251 所示。

材质资料

图 4-251

（2）在上一步骤中，由于使用的贴图比较小，所以在显示上存在比例失真。在【属性编辑器】中找到【chengbao_3. 30:place2dTexture4】选项卡，此为贴图附着的 2D 节点。在【2D 纹理放置属性】中将【UV 向重复】数值都修改为“8”，如图 4-252 所示。此时比例失真的贴图，将缩小为原来的 1/64。

（3）单击回到上一层级的箭头图标，再次回到材质属性界面。在【Bump and Normal mapping】卷展栏下，单击【Map】栏右边的黑白棋盘格图标，进入【创建渲染节点】界面，选择【文件】类型，在弹出的属性栏中，单击【图像名称】右边的文件夹图标，选择刚刚赋予颜色的那张砖墙贴图，将【Bump Mult】参数改成“－0. 100”，如图 4-253 所示。

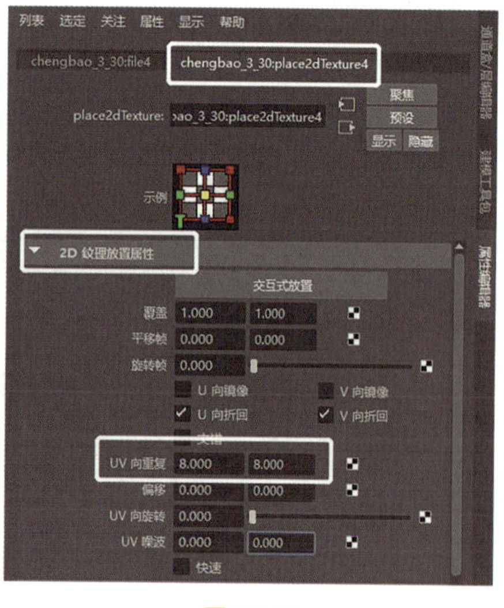

图 4-252

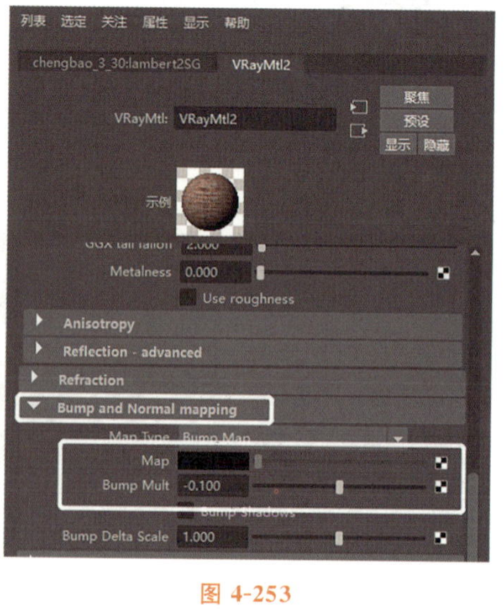

图 4-253

(4) 在视口中按<6>键，检查贴图，尤其注意在门缝、墙壁的上下边缘等容易出现贴图扭曲的地方，如图 4-254 所示。打开【UV 编辑器】，在【UV】层级，框选扭曲位置的 UV 点，多次执行【优化】命令，如图4-255 所示。重复以上操作，直至扭曲基本不可见为止。

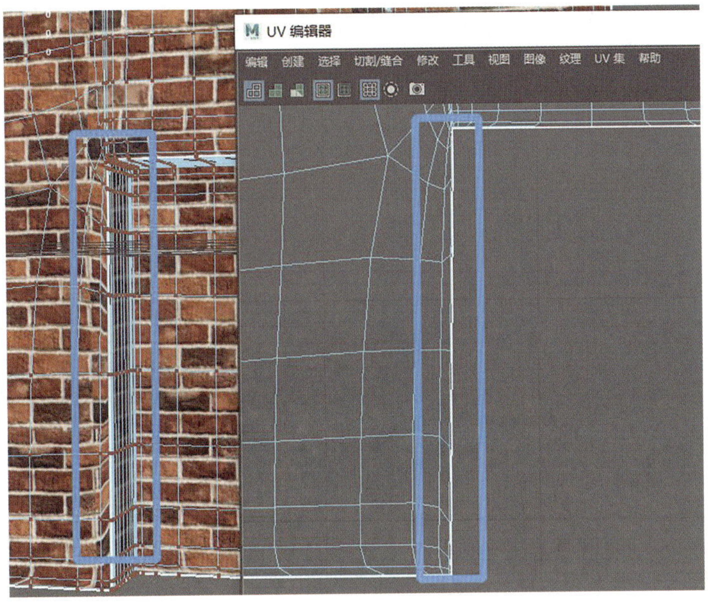

图 4-254

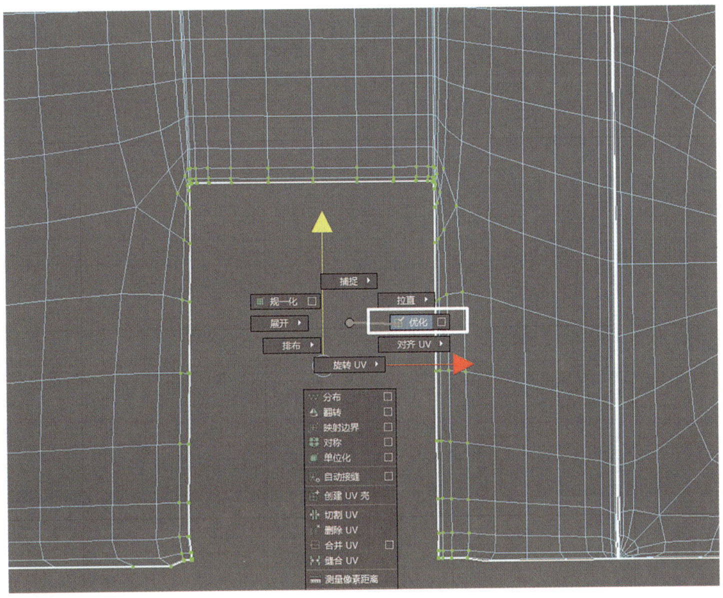

图 4-255

(5) 在【UV 编辑器】，进入【面】层级，选中门框和门的面，放大到图 4-256 所示的大小。在视口中进入【对象模式】，选中小屋。在【UV 编辑器】中，单击【图像】菜单，选择【UV 快照】，在【UV 快照选项】中，将【图像格式】设置为【PNG】，【大小 X(像素)】和【大小 Y(像素)】均设置为“800”，设置完成后单击【应用】并关闭【UV 快照选项】界面。

(6) 将导出的 UV 快照文件在 PS 中打开。使用门的贴图拉伸匹配门部分的 UV 纹理，如图 4-257 所示。完成后隐藏 UV 纹理图层，保存为 JPG 格式，保存到创建好的工程文件“sourceimages”文件夹中。

(7) 回到 Maya 软件界面，在【UV 编辑器】中进入【UV 壳】层级，按住<Ctrl＋鼠标右键>，在快捷菜单中

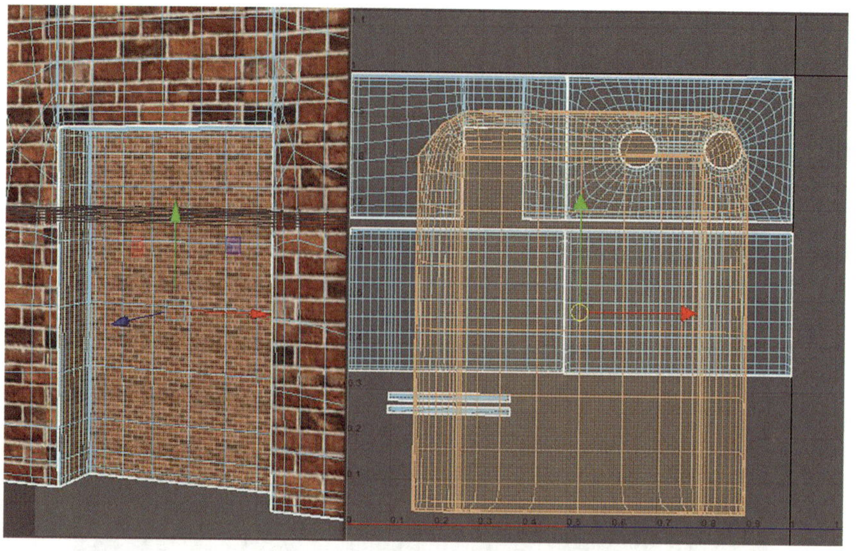

图 4-256

找到【到面】,将【UV 壳】转变为【面】层级的选择。回到视口中,单击鼠标右键,选择【指定新材质】,选择材质类型为【VRay Mtl】。在【属性编辑器】中找到刚刚创建的材质的选项卡,在【Basic parameters】卷展栏下,单击【Diffuse Color】右边的黑白棋盘格图标,进入【创建渲染节点】界面,选择【文件】类型,在弹出的属性栏中,单击【图像名称】右边的文件夹图标,选择之前制作完成的彩色门贴图。效果如图 4-258 所示。

图 4-257

图 4-258

4.4.3 陶瓷、烤漆材质的制作

陶瓷、烤漆材质的特点是表面通常比较光滑,有较强的光线反射能力,高光比较小且边缘清晰。以本项目中的飞艇主体为例,设置陶瓷、烤漆材质。

选中模型后,单击鼠标右键,选择【指定新材质】,选择材质类型为【VRay Mtl】。在【属性编辑器】中找到刚刚创建的材质的选项卡,在【Basic parameters】卷展栏下,设置【Diffuse Color】颜色,如图 4-259 所示。此处可以直接设置单一的颜色,也可以根据需要,单击右边的棋盘格图标链接贴图纹理。

在【Reflection】卷展栏下,将【Reflection Color】(反射颜色)设置为亮灰色。该颜色越接近白色,镜面反射的效果就越强烈;该颜色设为黑色则不发生任何反射。将【Reflection Glossiness】(反射光泽)的数值调整为“0.950”，如图 4-260 所示。该数值越接近 1，高光越小，边缘越清晰；该数值越接近 0，高光越大，边缘越模糊；该数值为 1 时，则看不到高光。渲染效果如图 4-261 所示。

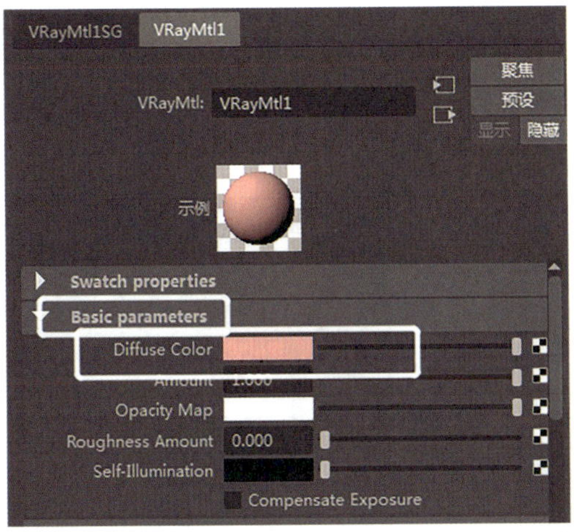

图 4-259

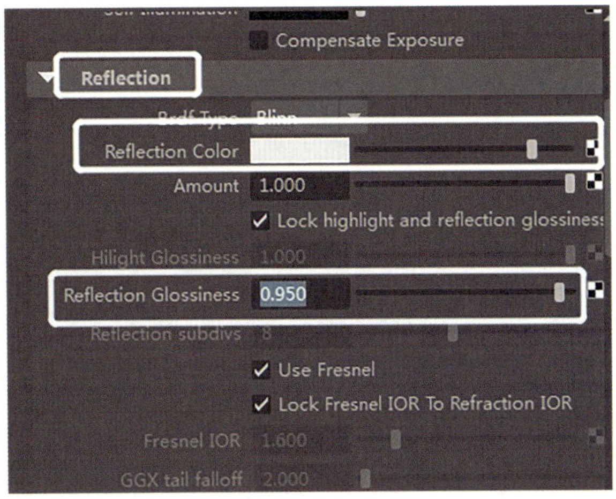

图 4-260

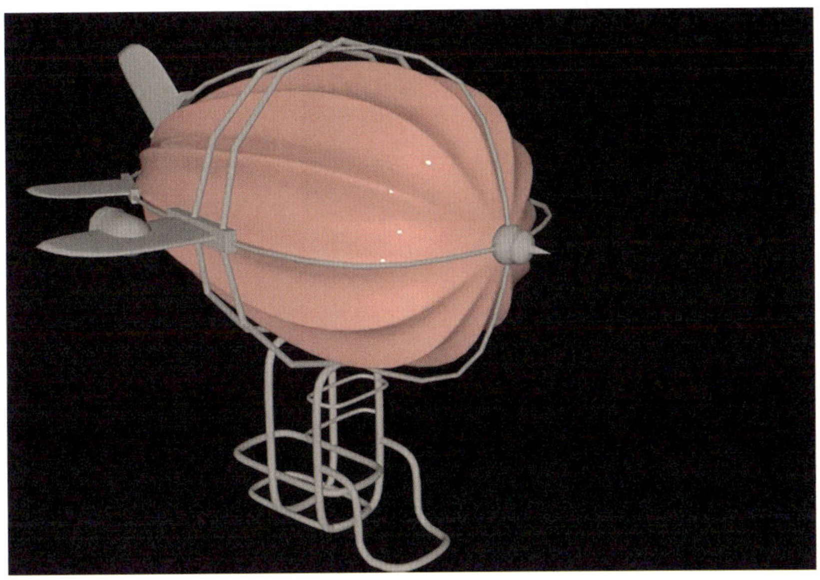

图 4-261

4.4.4　玻璃材质的制作

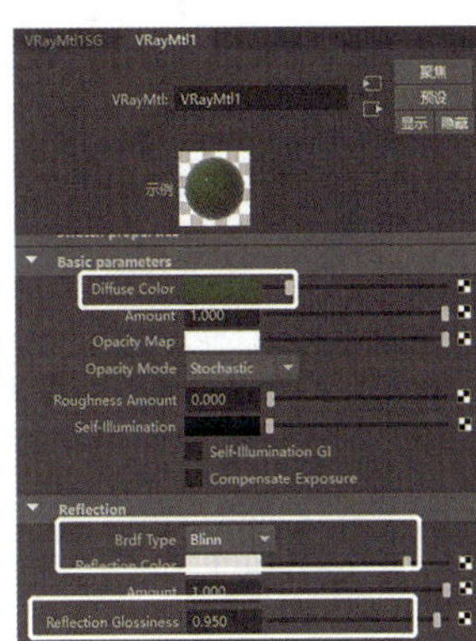

图 4-262

玻璃材质的特点是表面通常比较光滑，有较强的光线反射能力，高光比较小且边缘清晰，光线透过此类材质会发生折射，因此呈现透明效果。以本项目中的酒瓶为例，设置玻璃材质。

选中模型后，单击鼠标右键，选择【指定新材质】，选择材质类型为【VRay Mtl】。在【属性编辑器】中找到刚刚创建的材质的选项卡，在【Basic parameters】卷展栏下，设置【Diffuse Color】颜色为墨绿色，此处的颜色对玻璃最后呈现的颜色有一定影响，但是不会如其他质感的材质那样完全被显示。此处可以直接设置单一的颜色，也可以根据需要，单击右边的棋盘格图标链接贴图纹理。

在【Reflection】卷展栏下，将【Reflection Color】设置为亮灰色，将【Reflection Glossiness】的数值调整为“0.950”，如图 4-262 所示。

如图 4-263 所示，在【Refraction】卷展栏下，将【Refraction Color】(折射颜色)设置为亮灰色。该颜色越接近白色，折射的效果就越强烈，即对象看起来就越接近透明玻璃；该颜色设为黑色则不发生任何的折射。将【Fog Color】设置为浅绿色。该颜色会根据模型的厚度影响玻璃的颜色，厚度越大，颜色影响越大；厚度越薄，颜色影响越小，越接近全透明的玻璃。渲染效果如图 4-264 所示。

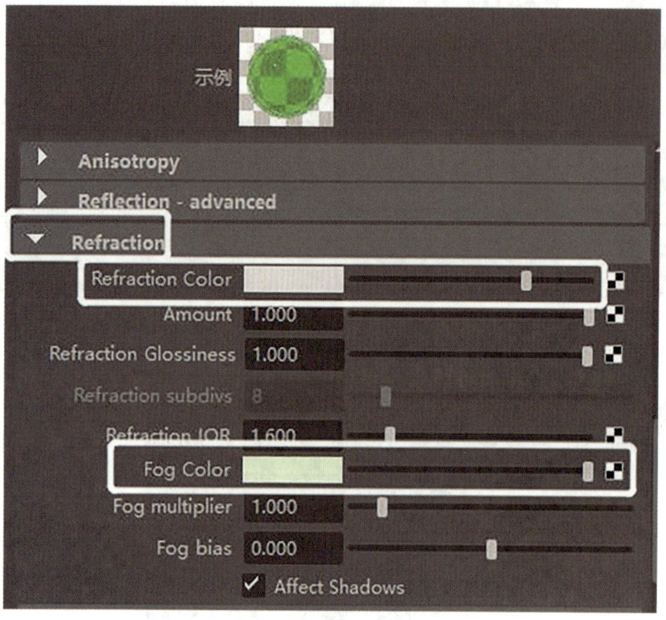

图 4-263

图 4-264

4.4.5 光亮金属材质的制作

光亮金属材质的特点是表面非常有光泽，能较为清晰地反射周围环境，高光比较小且边缘清晰，高光形状细且长。以本项目中飞艇的金属支架为例，设置光亮金属材质。

在【Reflection】卷展栏下，将【Brdf Type】设置为【Ward】，该高光类型比较接近金属。将【Reflection Color】设置为土黄色。这个颜色可以影响金属光泽颜色。将【Reflection Glossiness】的数值调整为“0.860”。取消【Use Fresnel】(使用菲涅尔反射)的勾选，如图 4-265 所示。渲染效果如图 4-266 所示。

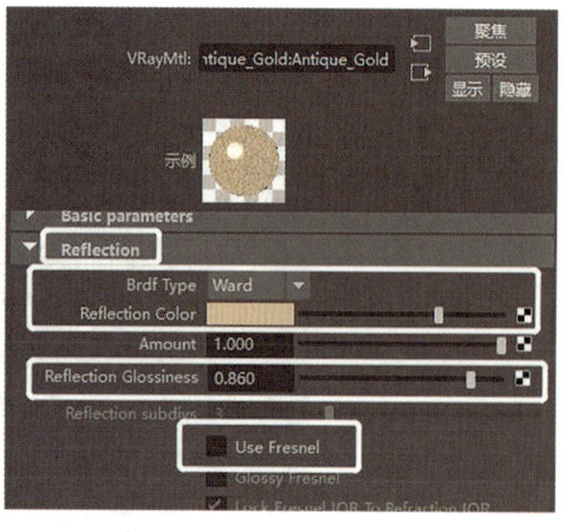

图 4-265

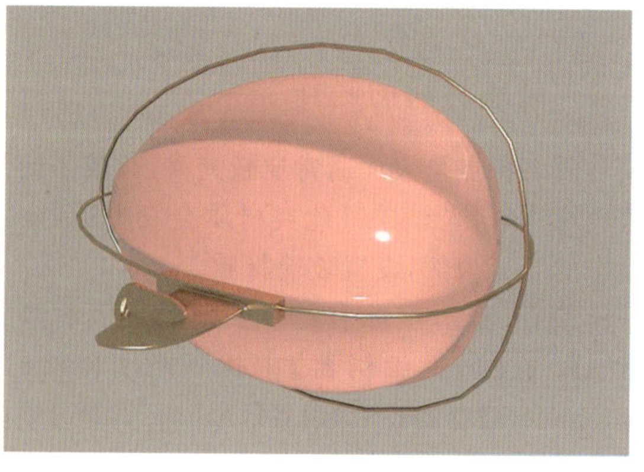

图 4-266

知识拓展

(1) 无缝贴图的制作。

在场景的制作中，除了砖墙以外，水泥底面、水磨大理石、草皮等多种类型的贴图都可以采用本章4.4.2节的方法进行制作。使用这种方法制作时，如果是砖墙、瓷砖等分块明确的贴图较不容易出现贴图接缝，但如果不是这类贴图则需要做无缝贴图处理。

①无缝贴图的选择。不是所有的贴图都可以用来制作无缝贴图，只有拍照角度垂直、光线均匀、纹理也比较均匀的图片才能用来制作无缝贴图，如图4-267所示。

图 4-267

②先将贴图大致分为四大块，如图4-268所示，再将图片的分块沿着对角线调换，即1号和4号调换位置，2号和3号调换位置，然后拼合，如图4-269所示。最后，在图像图形处理软件（如PS）中使用【图章】工具将中间的接缝进行修整，直至接缝不太明显为止。

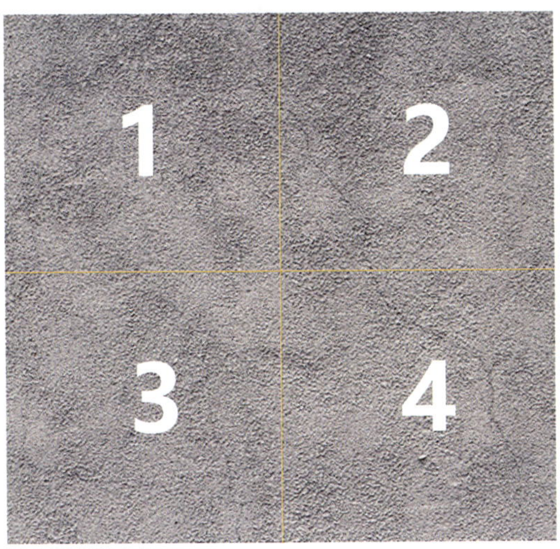

图 4-268

图 4-269

(2) VRay Mtl 主要属性。

要创建逼真的材质，首先必须理解材质属性的含义。虽然如今有很多现成的材质素材库，但是只有理解了材质参数才能根据场景需要对材质进行微调。这样，不仅能看懂、调整预设材质，还能够创建逼真的材质。本章以VRay Mtl为例，介绍了陶瓷、玻璃、金属材质的参数调节，更多关于常用参数的讲解将在下文展开。

进入材质的【属性编辑器】，可以看到常用的四个卷展栏（图4-270）：【Basic parameters】（基本属性）、【Reflection】（反射）、【Refraction】（折射）、【Bump and Normal mapping】（凹凸和法线）。它们管理一个材质的四个主要属性。

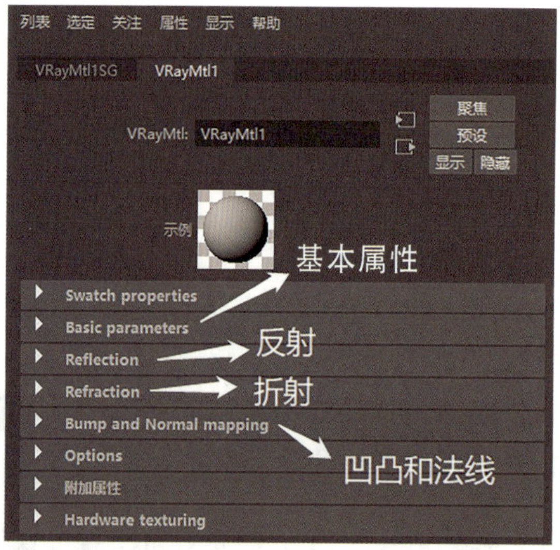

图 4-270

①【Basic parameters】卷展栏。

【Diffuse Color】(漫反射):指对象的基本颜色。在材质编辑时,漫反射颜色有三种变化,如图 4-271 所示,左图【Diffuse Color】为绿色,中间图【Diffuse Color】为外链文件的贴图纹理,右图【Diffuse Color】为链接程序纹理【Fallof】。

在 Maya 中,所有带有棋盘格图标的属性都可以使用外链的图片进行贴图处理。

图 4-271

【Amount】:指漫反射颜色起作用的比例,即对象对于光线的漫反射程度,值为“0”时对象不发生漫反射,也就没有颜色。如图 4-272 所示,左图【Amount】为“1”,中间图【Amount】为“0.5”,右图【Amount】为“0”。

图 4-272

【Opacity Map】(不透明度贴图)：编辑该属性达到的透明效果不同于修改光线折射属性产生的效果，这里的"透明"指的是完全隐藏不可见的透明，设置为白色时可见，黑色时完全不可见。如图4-273所示，左图【Opacity Map】为白色；中间图【Opacity Map】为50%灰；右图【Opacity Map】为黑色。

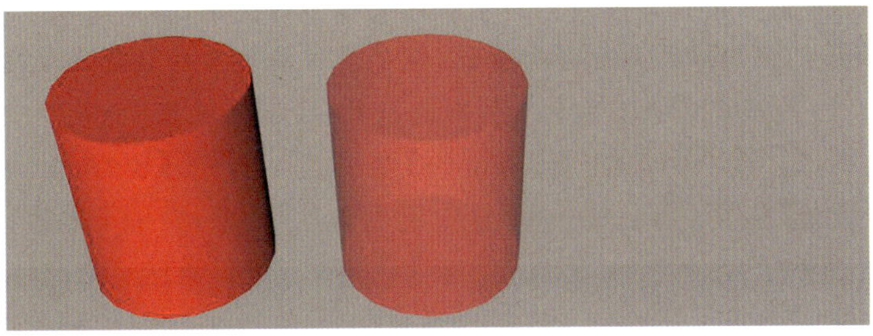

图 4-273

【Roughness】(粗糙度)：用来表现对象表面细微的颗粒，它能让颜色看起来更加均匀或使对象看起来像蒙了一层灰尘。类似石膏和砖的表面，都是非光滑、无反射的表面，但粗糙质感的程度是不同的。

【Self-illumination】(自发光)：用来表现对象的自发光特性，如霓虹灯、荧光材料等，都可以通过该属性体现。如图4-274所示，如勾选【Self-illumination GI】，对象不仅自发光还产生光子，影响周围的环境。

②【Reflection】卷展栏。

【Reflection Color】(反射颜色)：取值范围从0～255，即从白色到黑色。黑色生成没有反射的材质效果，白色生成完全反射的材质效果。但该属性实际上包含两层意思，一层意思是指反射的强度，另一层意思是指反射的颜色。材质可分为金属性和非金属性两类，对于金属性材质，反射颜色中应该体现出漫反射颜色的特点；对于非金属材质，反射颜色通常用不同程度的灰度即可。如钛金的表面反射，即使光源是白色的，在钛金的反射中，反射颜色依然是黄色。

【Reflection Glossiness】(反射光泽度)：数值越接近"1"，反射的高光越小，边缘越清晰；数值越接近"0"，反射的高光越大，边缘越模糊。大多数情况下，反射模糊参数都没有必要低于"0.3"，否则就无法体现反射效果。

【Brdf Type】(双向反射分布)：它影响材质高光的形态和反射效果。在下拉列表中，列出了VRay内置的四种着色器，即GGX、Phong、Blinn和Ward。如图4-275所示，GGX是新版本的VRay参数，可以产生有一定光晕的拖尾高光；Phong产生非常锐利的高光；Blinn与Phong类似，但高光的边缘更加柔和有光晕；Ward产生的高光更加柔和。默认设置为GGX类型，对大部分材质来说似乎是最好的选择；至于金属，则更适合使用Ward类型；对于玻璃，使用Phong类型是最合适的。

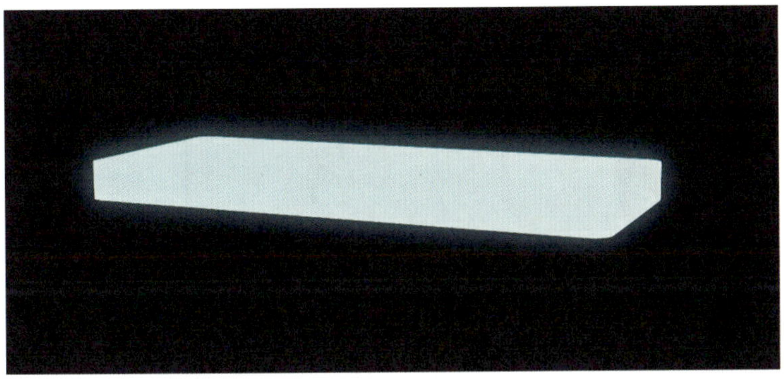

图 4-274

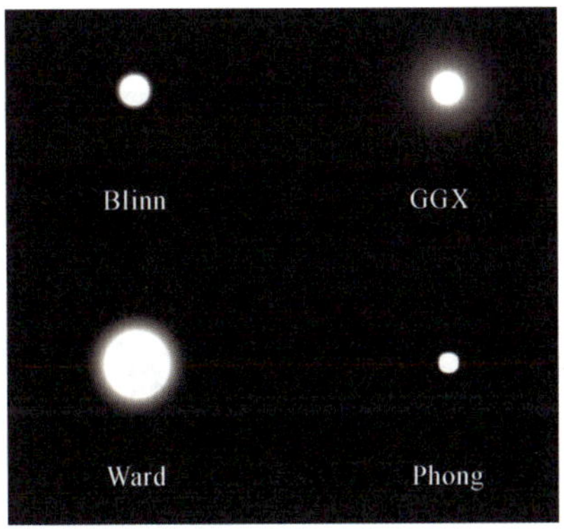

图 4-275

【Metalness】(金属度)：新版本VRay的新增属性，可以快捷地调整材质的金属感，数值越高，金属感越强。

③【Refraction】卷展栏。

【Refraction Color】(折射颜色)：默认值为黑色，即没有任何折射效果，任何光线都不能穿过对象。【Refraction Color】为白色时，意味着所有的光线都可以穿过对象，即完全透明的玻璃效果。

【Refraction Glossiness】(折射光泽度)：当透明体的表面不再光滑，其效果就是折射模糊，比如透过一块表面光滑的透明玻璃可以清楚地看到后面的情景，但如果这块玻璃的表面用高压水枪喷射金刚砂打磨(磨砂玻璃的加工工艺)过，再透过这块玻璃看它后面的情景，会出现模糊(毛玻璃效果)，这就是所谓的折射模糊。如图 4-276 所示，左图【Refraction Glossiness】为“1.0”；中间图【Refraction Glossiness】为“0.8”；右图【Refraction Glossiness】为“0.6”。

图 4-276

【Refraction IOR】(折射率)：物理学概念，将光线在空气之中的折射定义为 1，当光线进入其他介质时，光线的折射角度会发生变化，这个角度的变化就是折射率。在创建材质时，对于不同的材料要设置与其相匹配的折射率，才能获得最真实的效果。常用的折射率：水为 1.33，塑料为 1.45，玻璃为 1.5～1.8，钻石为 2.4。

【Fog Color】(雾颜色)：模拟当材质内部光线被吸收后，透明体所呈现的颜色。如，一块玻璃看起来很透明，如果十块玻璃叠在一起，虽然透明，但是会产生不同颜色。也就是说，同一材质，厚度不同对透明颜色的影响不同。

【Fog Multiplier】(雾倍增)和【Fog Bias】(雾偏移)：二者都是快速修改【Fog Color】浓淡的方法。【Fog Multiplier】，随着雾倍增值的增加，对象的透明度会降低，好像物体的内部起了雾一样，雾倍增就是用来控制雾的浓度的。【Fog Bias】是厚度不同时，雾浓度随厚度变化的对比度，负值色调看起来更加浓烈，正值色调看起来更清新淡雅。二者通常需要配合使用，且与模型的大小相关，需要多尝试才能找到合适的数值，不同数值的搭配效果如图 4-277 所示。

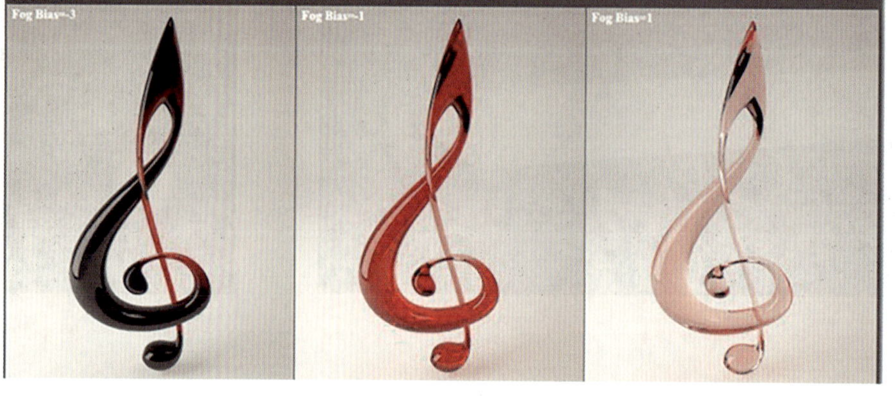

图 4-277

④【Bump and Normal mapping】卷展栏。

这个卷展栏的参数比较少，主要是通过链接凹凸与法线贴图（通常是位图或者程序纹理）来让对象的表面看起来不平整。【Bump】(凹凸)可以非常快速地模拟表面的起伏，仅对较浅的起伏起作用，如果表面的起伏很大的话，仅用【Bump】会出现失真，因为凹凸无法改变表面的形状，只会产生虚假的视觉欺骗。而【Normal mapping】(法线贴图)则可以真实地改变表面的造型，产生逼真的起伏，但是速度会慢很多。【Bump】和【Normal mapping】效果的差别如图 4-278 所示，左图为无贴图，中间图为凹凸贴图效果，右图为法线贴图效果。

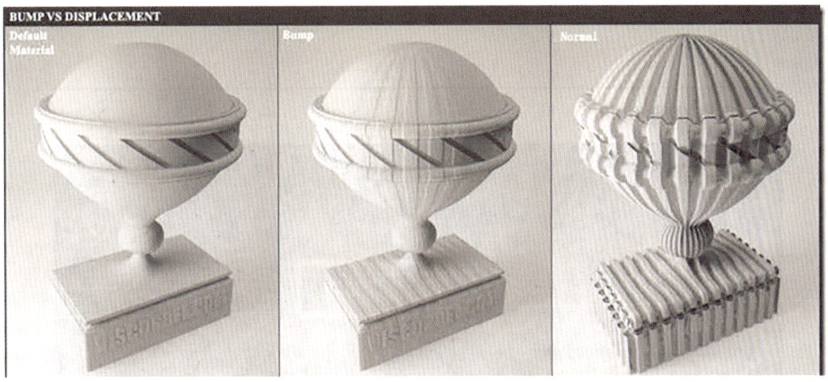

图 4-278

【Map Type】：可以切换贴图的类型，其中有四种法线贴图类型，区别在于计算法线贴图起作用的不同坐标空间，如图 4-279 所示。

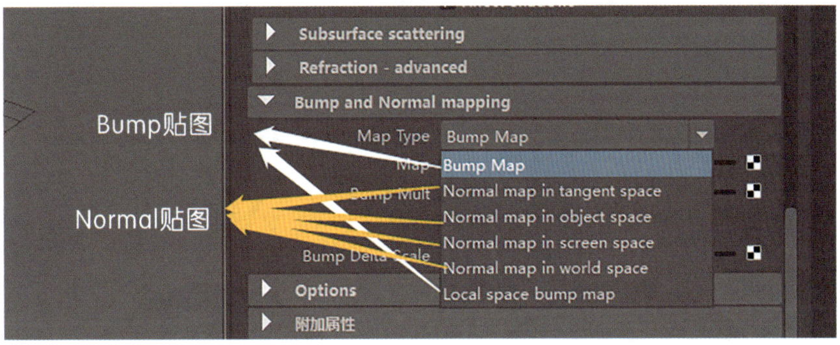

图 4-279

【Bump Mult】：指凹凸或者法线贴图起作用的强度，数值越接近“1”，起伏效果越强烈；数值越接近“0”，起伏效果越弱。该数值为负数时，起伏的效果会进行翻转，通常在使用凹凸贴图时会进行调整。

4.5 项目渲染

4.5.1 设置灯光

在这个场景中同样使用 VRay 的太阳光系统。打开【渲染设置】，在【使用以下渲染器渲染】下拉框中选择【V-Ray】。

在【渲染设置】中的【Overrides】选项卡下，单击【Environment】卷展栏下的【Create sun】和【Create sky】，打开太阳光系统。在【属性编辑器】中，选择【Vraysunshade1】选项卡，将【Intensity multiplier】的参数设置成“0.02”。

4.5.2 设置模型显示

该项目场景中涉及的模型众多，为了能够让部分模型的高质量显示模式（按<3>键显示的模式）很好地被渲染，需要勾选【Overrides】选项卡中【Geometry】卷展栏下的【Viewport subdivision】，如图 4-280 所示。渲染效果如图 4-281 所示。

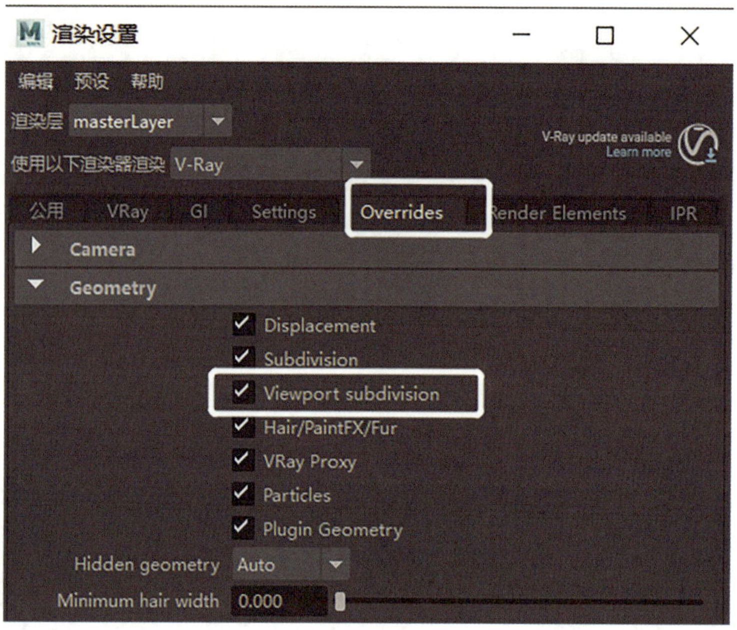

图 4-280

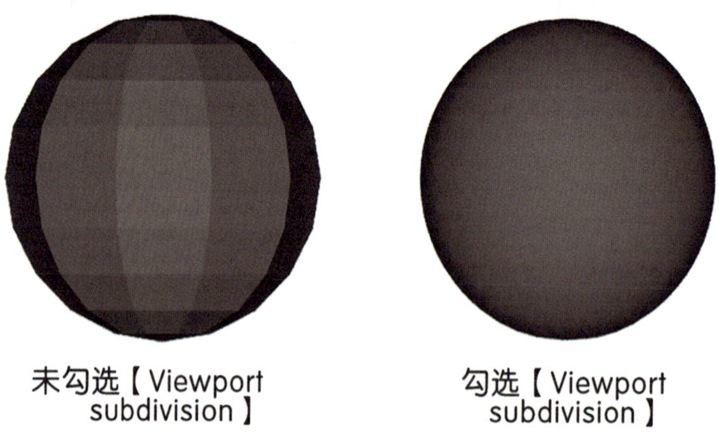

图 4-281

部分不需要高质量显示模式显示的模型，可以在执行【平滑】命令后进入【边】层级，框选所有的边，按住<Shift+鼠标右键>，在调出的快捷菜单中执行【软化/硬化边】命令下的【软化边】子命令，如图 4-282 所示。渲染效果如图 4-283 所示。

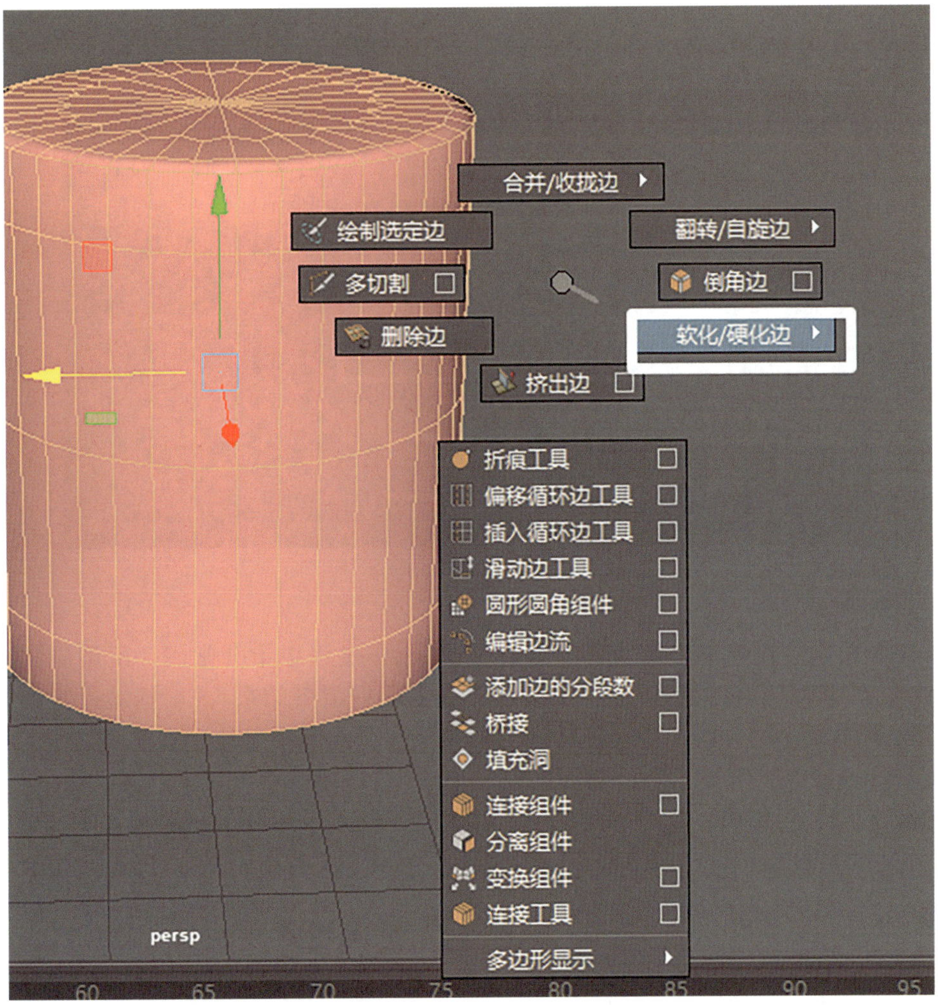

图 4-282

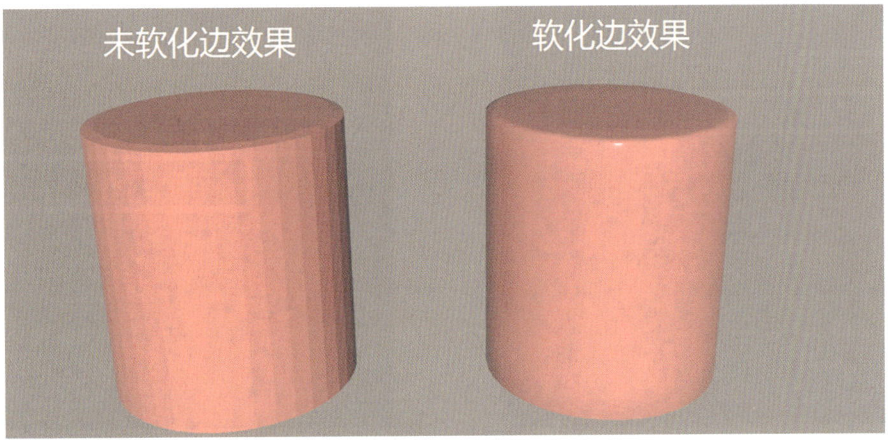

图 4-283

4.5.3 测试渲染

(1) 在【GI】选项卡下，勾选【On】打开全局照明，将【Primary bounces】中的【Engine】(首次反弹引擎)

设置为【Irradiance map】(发光贴图),将【Secondary bounces】中的【Engine】(二次反弹引擎)设置为【Light cache】(灯光缓存),如图 4-284 所示。

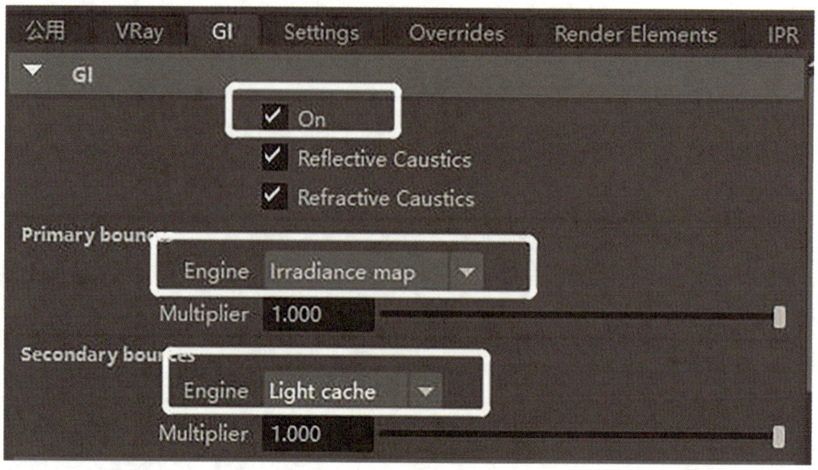

图 4-284

(2) 为了能够快速达到渲染初步效果,测试渲染在制作过程中十分常用。所谓测试渲染,就是降低原有的渲染质量,降低原有的渲染尺寸,用较快的速度获得渲染结果,并根据结果进行材质、灯光的微调。测试渲染降低效果的方法主要是降低【GI】的相关参数和画幅尺寸。具体设置如下:在【GI】选项卡,将【Irradiance map】卷展栏的【Presets】设置为【Very low】,如图 4-285 所示;将【Light cache】卷展栏的【Subdivs】数值设为"250",如图 4-286 所示。在【公用】选项卡的【Resolution】卷展栏中修改图像分辨率,取消【Maintain Width/Height Ratio】的勾选,即可以对尺寸比例进行自定义,如图 4-287 所示。

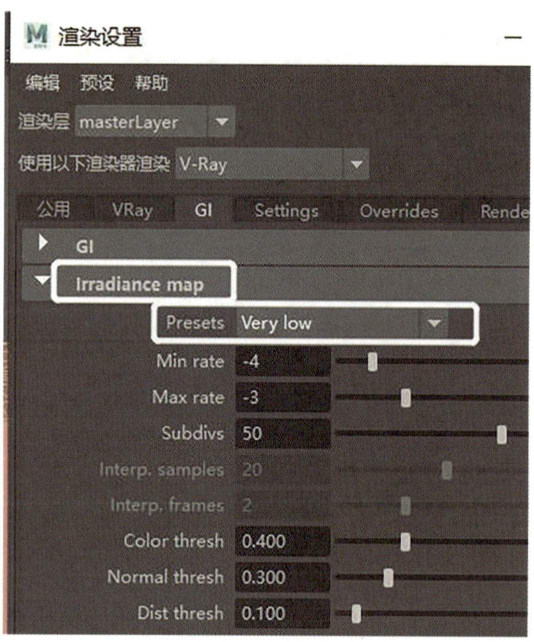

图 4-285

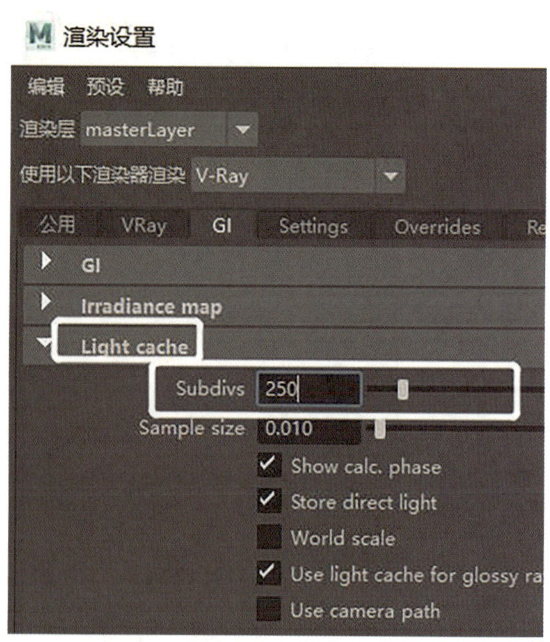

图 4-286

(3) 完成测试渲染后,再提高渲染尺寸和渲染质量,方法如下:打开【公用】选项卡中的【Resolution】卷展栏,在【Presets】下拉列表中选择【1K square】(1024 像素×1024 像素)或【2K square】(2048 像素×2048 像素)。在【GI】选项卡中,将【Irradiance map】卷展栏下的【Presets】设置为【Very high】,如图 4-288 所示;将【Light cache】卷展栏下的【Subdivs】数值设为"1000",如图 4-289 所示,最后渲染出结果。

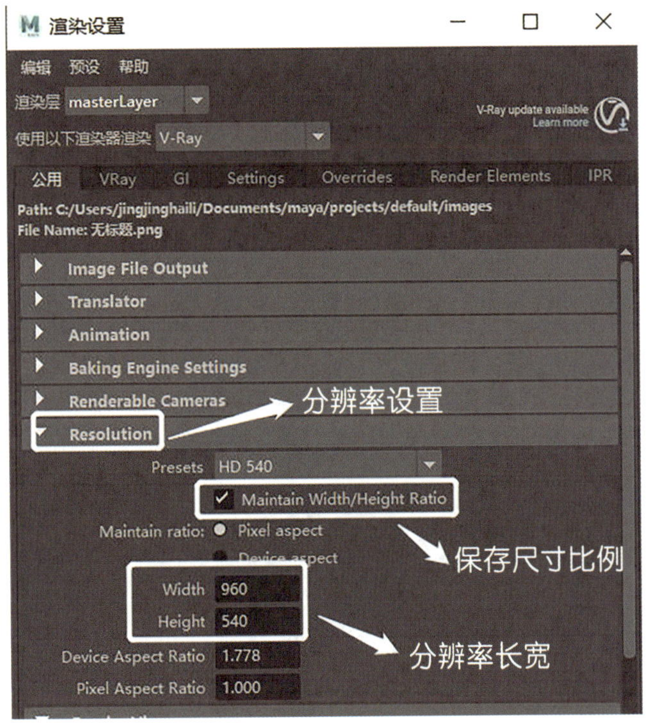

图 4-287

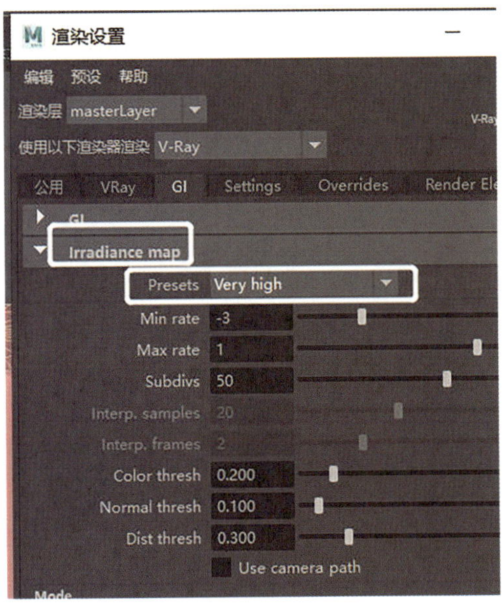

图 4-288

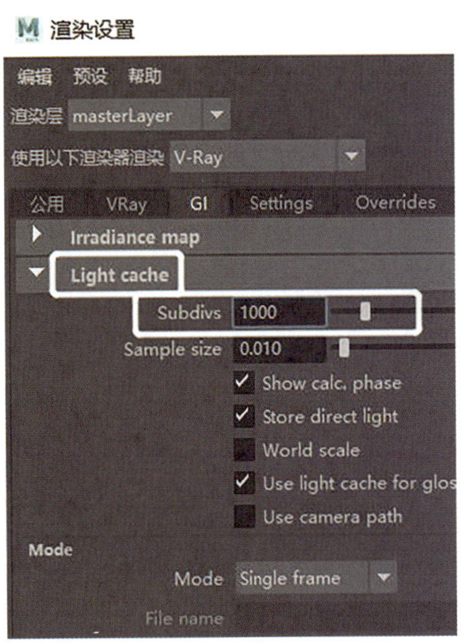

图 4-289

本章小结

本章完整地讲述了建模、UV、材质、渲染等多个环节，介绍了流程间的相互关系，使学生初步具备写实场景和道具制作的能力。本章的重点在于使学生能够理解并灵活应用多种UV的映射方式来解决不同类型模型的UV纹理问题；难点在于理解材质的属性，并能够将不同的材质特性和软件中的属性参数进行对应，创建写实的材质。

练习作业

根据参考图(图 4-1)完成整个场景模型的制作,并为场景中的模型拆分 UV,设置材质,最终完成一个完整的作品。学生可以根据构图布局的需要适当增加或者删减一些部件元素,场景中道具、建筑的材质创建可以自主发挥,参考图的颜色仅作参考使用。

优秀作品欣赏

扫描下方二维码欣赏优秀作品。

优秀作品欣赏

5 榫卯结构模型设计与制作

本章引入中国传统的榫卯元素，并发挥三维建模软件多角度可视化的特点，引导学生进行榫卯结构模型的设计和制作。在本章中，我们将讲授榫卯的相关知识，并以优秀学生作品《榫卯烛台》为案例，剖析设计和制作榫卯结构的方法和步骤。

5.1 榫卯结构简介

榫卯结构是建筑、家具及其他器械的主要结构方式，是在两个构件上采用凹凸部位相结合的一种连接方式。凸出的部分叫榫（或榫头），凹进的部分叫卯（或榫眼、榫槽），如图 5-1 所示。中国运用榫卯的历史十分悠久，距离宁波市区约 20 千米的余姚市河姆渡镇曾发现距今六七千年的新石器文化遗址，在遗址中人们发现了大量榫卯结构的木质构件。

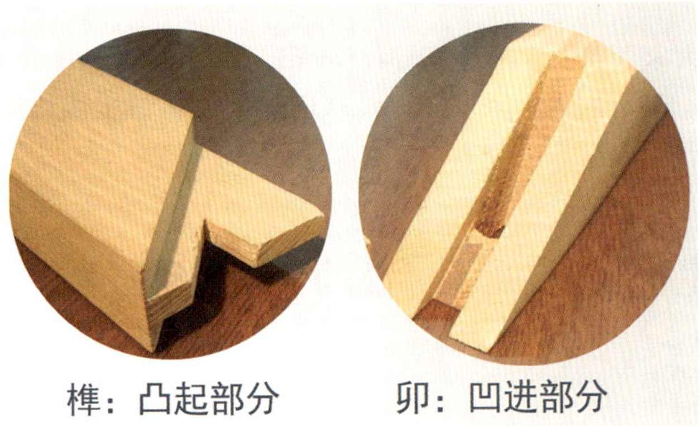

图 5-1

中国的古建筑以木材、砖瓦为主要建筑材料，以木构架为主要的结构方式，由立柱、横梁、顺檩等主要构件建造而成，各个构件之间以榫卯相结合，构成富有弹性的框架。这种构件连接方式，使得中国传统的木结构成为超越当代建筑排架、框架或者钢架的特殊柔性结构体，其不但可以承受较大的荷载，而且允许产生一定的变形，在地震荷载下通过变形抵消一定的地震能量，减小结构的地震响应。山西大同悬空寺、山西朔州释迦塔、广西玉林真武阁、天津独乐寺观音阁、北京天坛祈年殿、北京故宫等都是保存至今的优秀的榫卯结构建筑，如图 5-2 所示。

图 5-2

除了建筑领域，榫卯结构也广泛用于家具，可以说是古典家具之魂。明式红木家具中的榫卯结合方式就有近百种，常见的有格角榫、托角榫、粽角榫、燕尾榫（图 5-3）、夹头榫、抱肩榫、龙凤榫、楔钉榫（图 5-4）、插肩榫、围栏榫、套榫、挂榫、半榫与札榫等。在一榫一卯之间，一转一折之际，凝结着中国几千年传统家具文化的精粹，沉淀着流光回转中经典家具款式的复合传承。

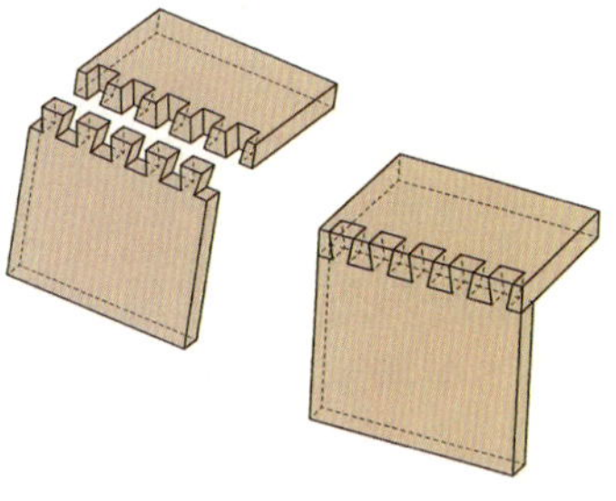

图 5-3

图 5-4

榫卯结构多且复杂，大家可以输入网址 http://moo1.xueyinonline.com/nodedetailcontroller/visitnodedetail?courseId=204430335&knowledgeId=181377633，进入线上课程进一步学习，或者在手机客户端下载榫卯 App 做进一步了解。

5.2 优秀学生作品《榫卯烛台》的设计与制作

5.2.1 烛台设计

在创意阶段，通过头脑风暴，确定从众多的榫卯结构中选取斗拱作为主要元素。斗拱是中国建筑特有的一种结构形式，在立柱和横梁交接处，从柱顶上加的一层层探出呈弓形的承重结构叫拱，拱与拱之间垫的方形木块叫斗，该结构也是本作品设计的重要灵感来源。

斗拱的作用是承受上部支出的屋檐，本作品将常规的屋檐替换为照明的烛台，将本没有必然联系的二者进行融合，不仅突出榫卯结构的精巧瑰丽，又在现代生活场景中增加了照明这一实用性特征，使之成为一件构思巧妙的设计作品。本作品蕴含照亮中华文明之明灯的含义，中华传统文化不仅应该保护传承，也可以根据时代发展而进行融合创新。

在具体的设计中，设计者在结构上借鉴了清代著名的五踩平身科斗拱、青瓷烛台和宫灯，如图 5-5 所示。舍弃斗拱最上面的“正心桁”“桁椀”结构，使其顶部成为十字形支架，将斗拱改造为烛台的底座，上面放置青瓷盏，周围仿造宫灯的形式添加四扇琉璃灯罩。

图 5-5

在材质上，保留榫卯的木制材质和灯盏的青瓷质感，并将灯罩的四个支架和用于衔接结构的“十八斗”设计为金属材质，使其更有现代感。作品整体效果和结构拆分如图 5-6、图 5-7 所示。

图 5-6

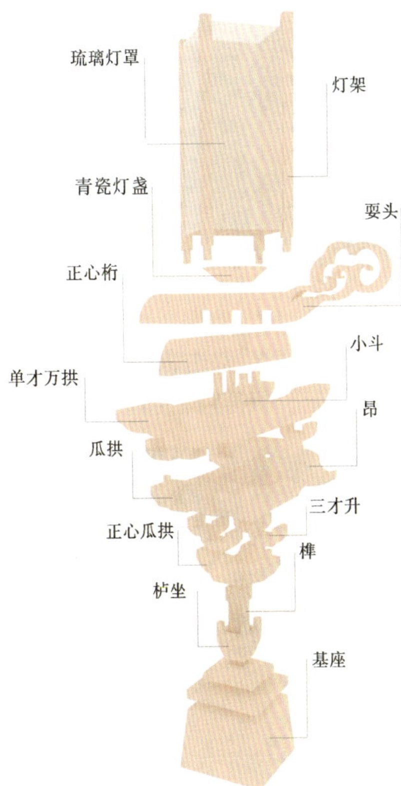

图 5-7

5.2.2 烛台模型制作

在具体制作过程中，整个烛台建模可分为两种类型：第一类，运用 Maya 自带的几何体，通过添加分段数逐渐丰富细节制作而成；第二类，使用矢量曲线生成模型，通过对模型进一步加工制作而成，此类模型对于精度和曲率的要求较高，需要注意细节处的倒角处理。

5.2.2.1 创建炉坐模型

(1) 创建一个多边形立方体，在【属性编辑器】中将该立方体的【细分宽度】与【深度细分数】设为“3”，如图 5-8 所示。进入【点】层级，选择相应的点，并使用【缩放】工具调整至适当位置，如图 5-9 所示。

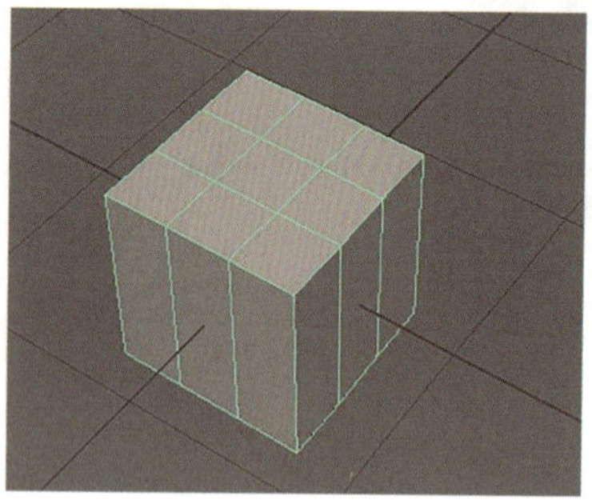

图 5-8

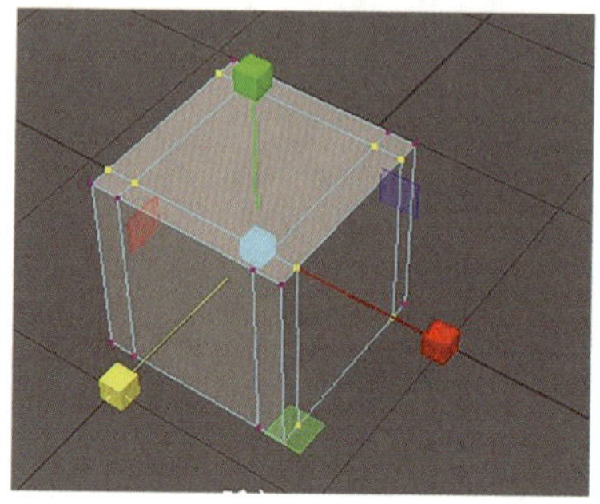

图 5-9

(2) 进入【面】层级，选择四角的面，使用【挤出】命令，沿着 Y 轴向上拖曳，挤出相应的高度，如图 5-10 所示。选中模型的顶面与底面，即图 5-11 中橙黄色高亮显示的面，将其删除。

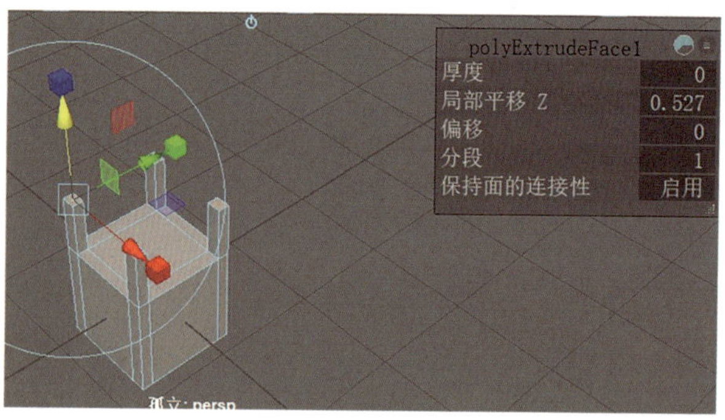

图 5-10

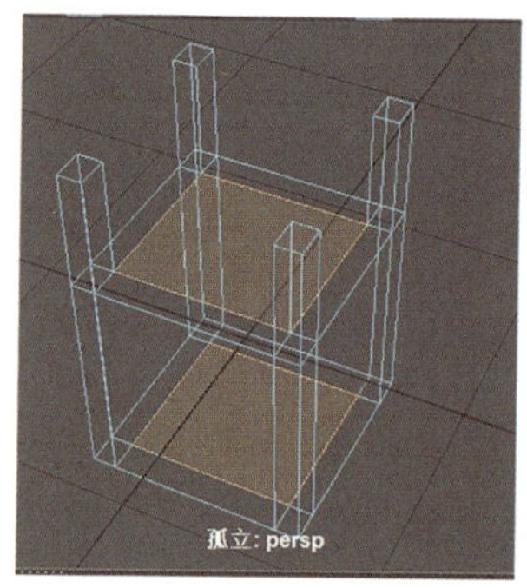

图 5-11

(3) 进入【边】层级，双击鼠标左键选中顶面的一圈边，按住<Shift>键，双击鼠标左键加选底面一圈边，如图 5-12 所示。执行【桥接】命令，如图 5-13 所示。

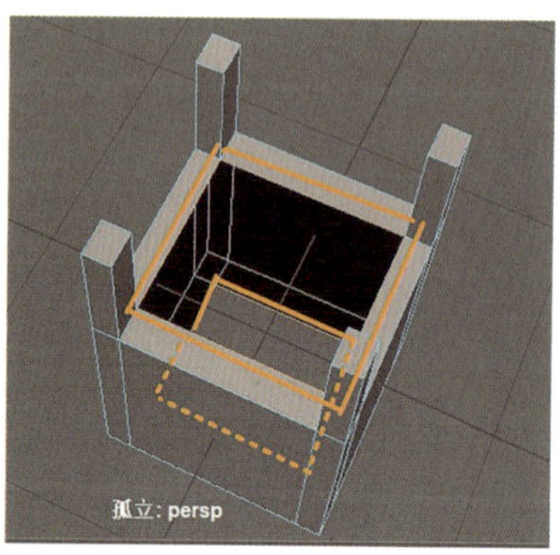

图 5-12

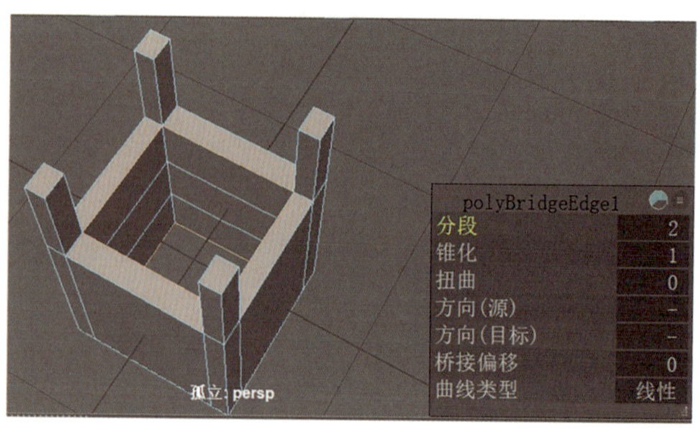

图 5-13

(4) 进入【面】层级，选择模型内侧增加的两条分段数之间的 4 个面，执行【挤出】命令，并切换至【世界坐标】，使用缩放操纵杆沿着 XZ 平面进行挤出，调整挤出面的位置，如图 5-14 所示。

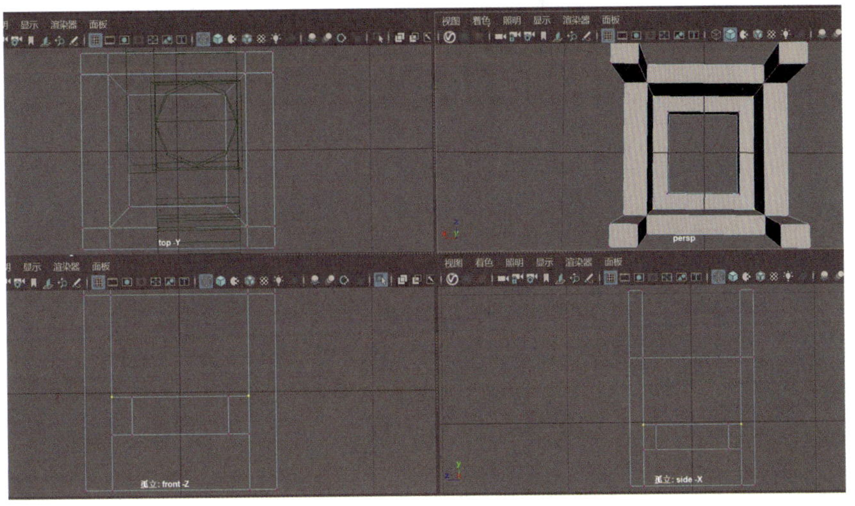

图 5-14

(5) 使用【插入循环边】工具对栌坐下半部分进行加线，进入【边】层级，按快捷键<R>键，开启【软选择】后使用【缩放】工具对点、边进行调整，如图 5-15 所示。

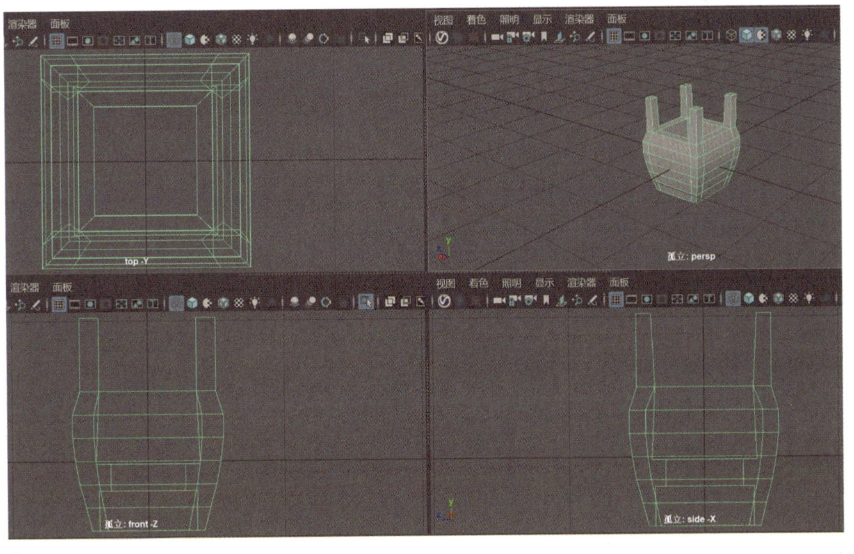

图 5-15

注意：在启用【软选择】后可以根据需要对【软选择】进行设置，如图 5-16 所示，使用结束后一定要记得关闭。

5.2.2.2　创建瓜拱模型

(1) 单击【侧视图】中的【视图】菜单，进入【图像平面】下的【导入图像】导入参考图，如图 5-17 所示。创建一个多边形立方体，并将模型调整至参考图所示的瓜拱大小，如图 5-18 所示。

(2) 按住<Shift＋鼠标右键>，使用【插入循环边】工具增加立方体的分段数，如图 5-19 所示。进入【点】层级，对点进行调节以符合瓜拱的角度，可以对称选择，这样更快捷、准确，如图 5-20 所示。

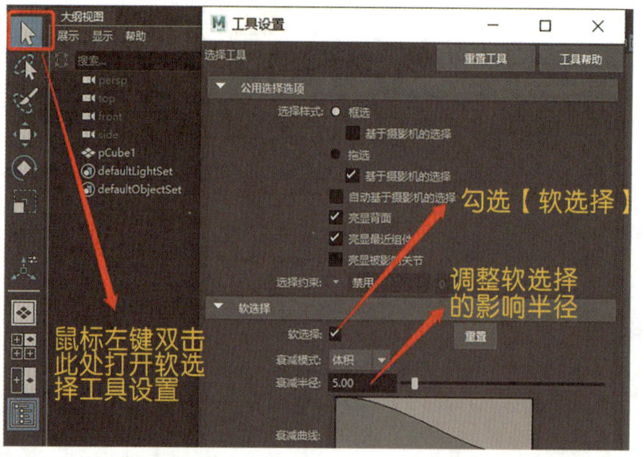

图 5-16

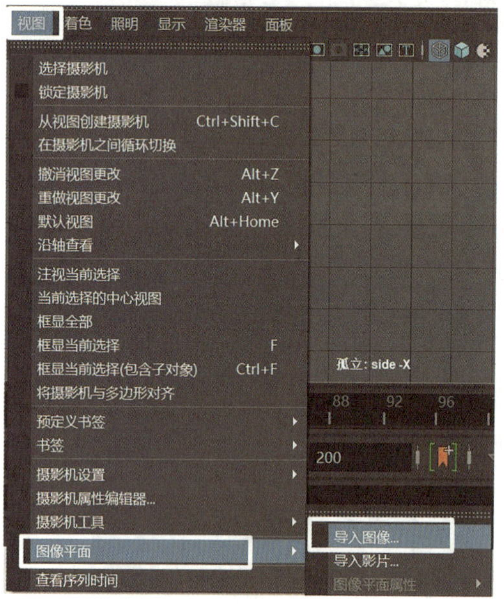

图 5-17

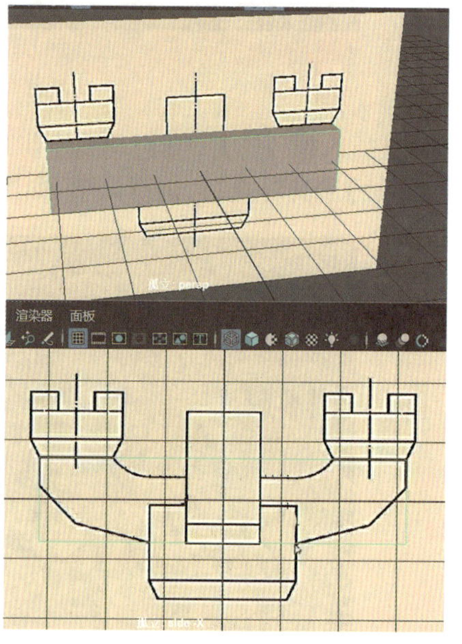

图 5-18

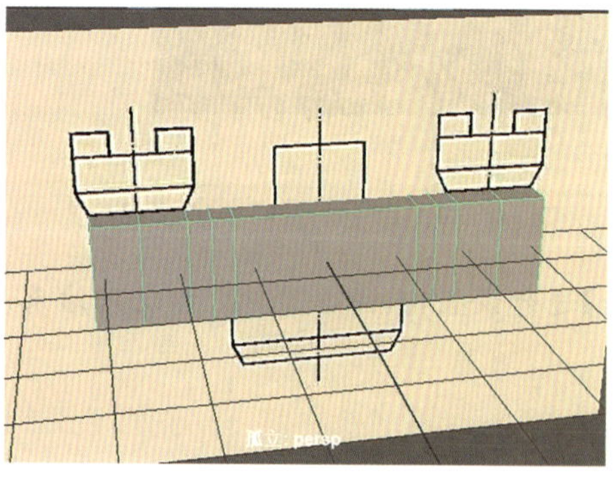

图 5-19

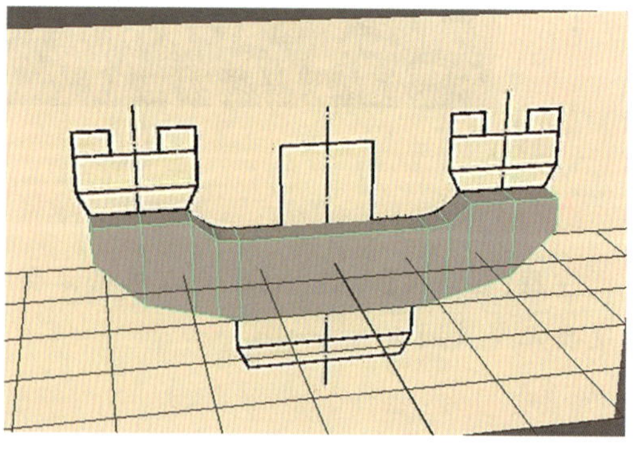

图 5-20

注意：添加循环边的原则是先添加大的形状，再添加小的转折，不能一次性添加上所有转折再慢慢调整顶点。

（3）进入【边】层级，选中一些边，按住＜Shift＋鼠标右键＞，执行【倒角边】命令，将【分段】数值设置为“6”，制作瓜拱平滑的转折过渡的细节，如图 5-21 所示。

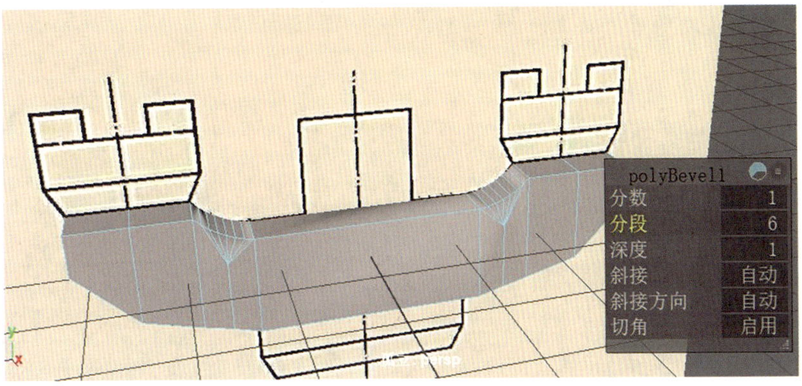

图 5-21

（4）制作完成的模型上会有一些黑影，如图 5-22 所示，这是因为部分顶点的法线反了。进入【点】层级，框选前面步骤中执行【倒角边】后多出来的点，按＜Shift＋鼠标右键＞，在调出的菜单中选择【顶点法线】下的【平均化法线】子命令，完成此操作后再次执行【顶点法线】下的【设置面法线】子命令，如图 5-23 所示。

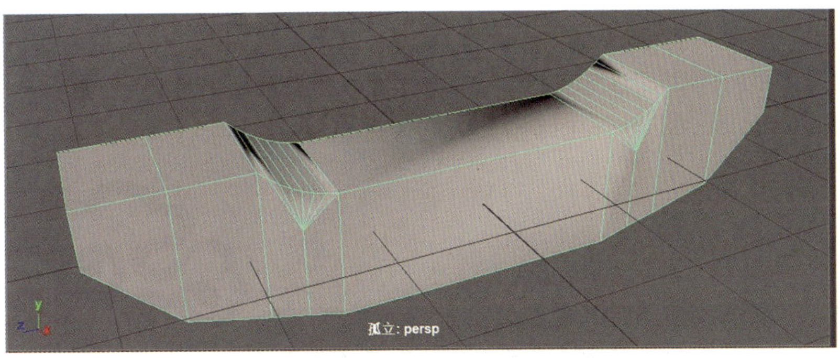

图 5-22

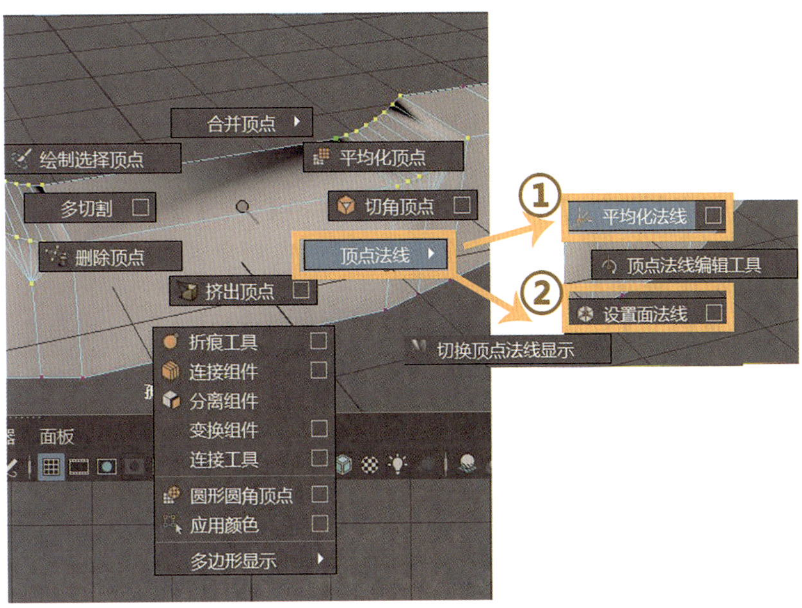

图 5-23

(5) 使用类似方法,对模型其他有平滑转折的位置进行合理的修改,如图 5-24 所示。

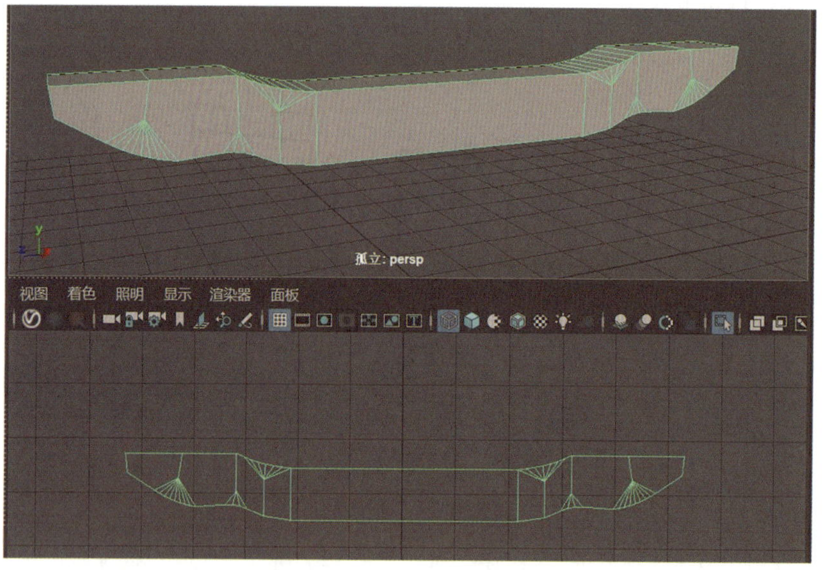

图 5-24

5.2.2.3 创建云纹耍头模型

这个模型因为有较多的曲线,因此使用导入曲线的方式来创建。

(1) 在 Adobe Illustrator(AI)软件中绘制耍头的矢量曲线,如图 5-25 所示。

图 5-25

注意:对于曲线,如果导入的是位图,则需要在 AI 中进行【图像描摹】。在导入 Maya 之前要确保曲线流畅,且只有一条曲线,不能出现复合路径或者分组的曲线。

(2) 单击【文件】菜单中的【另存为】,保存格式选取【AI】,在【版本】设置下进行选择,这里请务必选择低版本,Illustrator CS4、Illustrator CS3 都可以,确保勾选【创建 PDF 兼容文件】和【嵌入 ICC 配置文件】选项,取消【使用压缩】的勾选,如图 5-26 所示。

(3) 回到 Maya 软件界面,在【创建】菜单下找到【Adobe(R) Illustrator(R)对象】,如图 5-27 所示,选择上一步骤中完成的 AI 文件并打开。在 Maya 中创建出三维模型,如图 5-28 所示。

(4) 选中模型,进入【面】层级,选择一侧基本型的面片,按住<Shift+鼠标右键>,在调出的快速菜单中,执行【提取面】命令,如图 5-29 所示。将未提取的部分删除,选中提取出来的面,按住<Shift+鼠标右键>,在调出的菜单中,先后执行【三角化面】和【四边形化面】两个命令,如图 5-30 所示。

(5) 进入【面】层级,选中面,执行【挤出面】命令,沿着 Z 轴拖曳至合适宽度,如图 5-31 所示。

烛台的其他建模部分制作过程较为类似,此处不赘述。模型制作完成后,务必进行检查,然后进入下一流程。

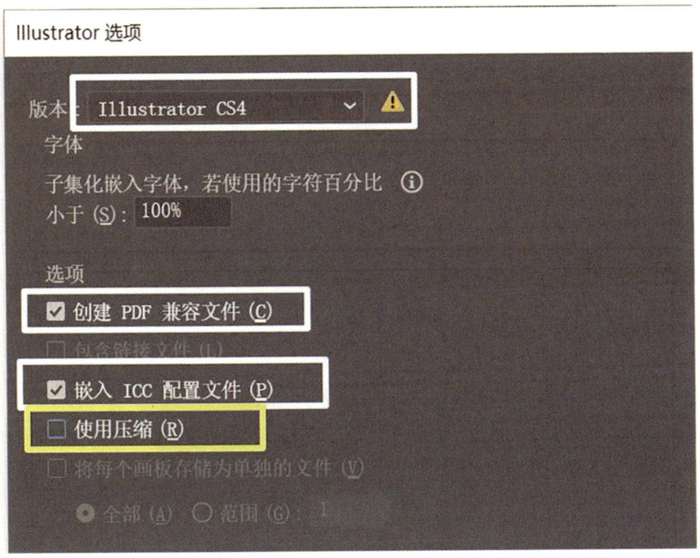

图 5-26

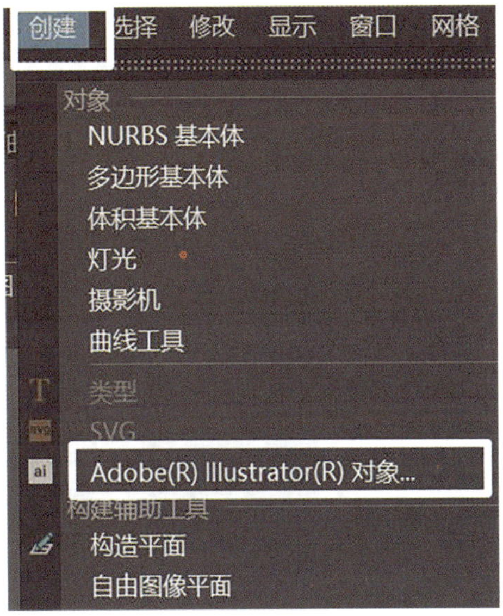

图 5-27

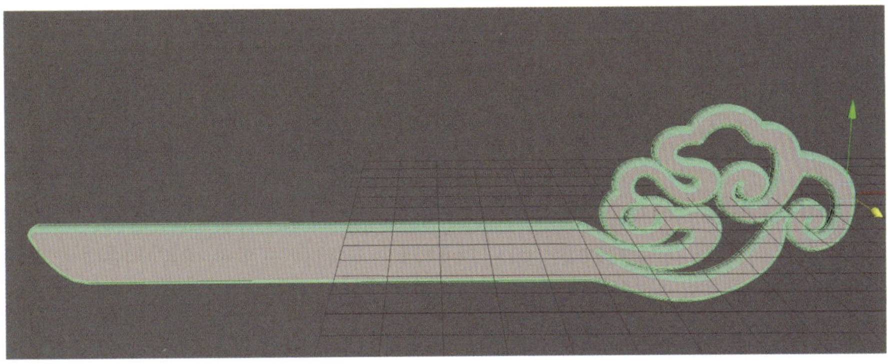

图 5-28

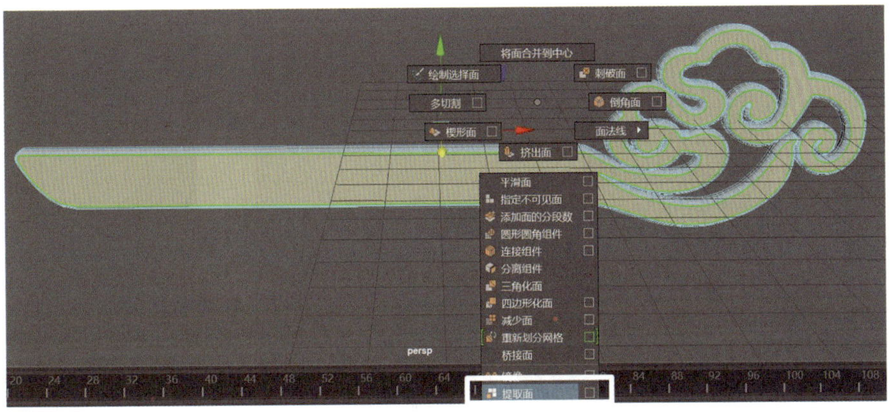

图 5-29

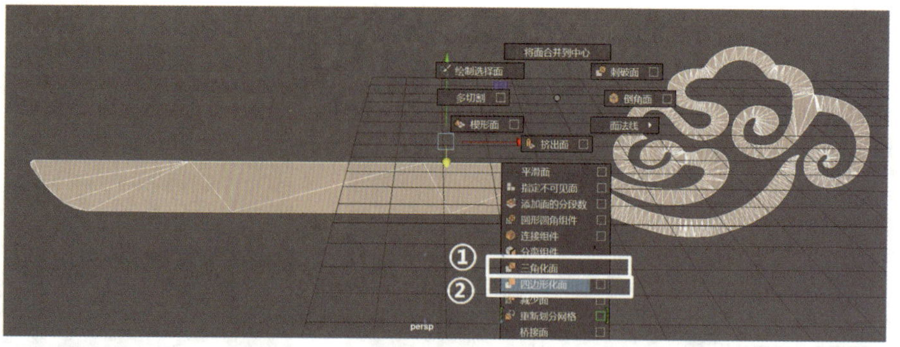

图 5-30

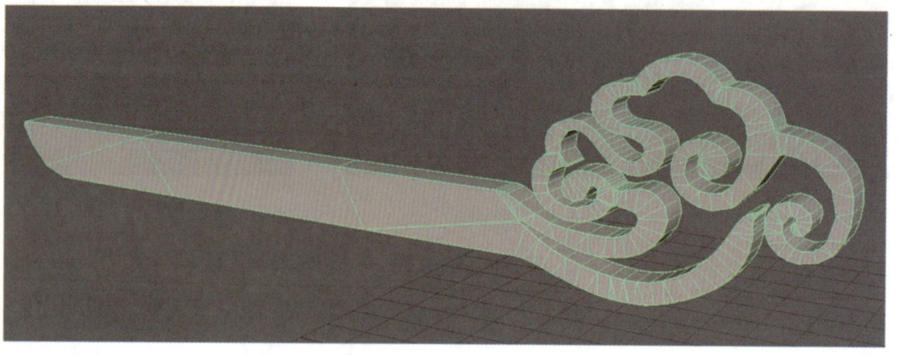

图 5-31

5.2.3　烛台模型 UV 拆解

本节以烛台结构中使用较多的瓜拱、栌坐和结构较为复杂的云纹耍头为例进行 UV 纹理的讲解。在本模型中，涉及部分金属和玻璃材质的对象，如灯罩的四个支架和用于衔接结构的“十八斗”，因为它们是单一材质，不涉及贴图，故可以不进行 UV 的展开。

5.2.3.1　栌坐模型 UV 拆解并排布

(1) 选中栌坐模型，在【UV】菜单栏创建一个自动映射，打开【UV 编辑器】，如图 5-32 所示。

(2) 在【UV 编辑器】里进入【UV】层级，框选所有 UV 点之后，按住<Shift＋鼠标右键>，在调出的菜单中，选择【展开】下的【展开】子命令，如图 5-33 所示。

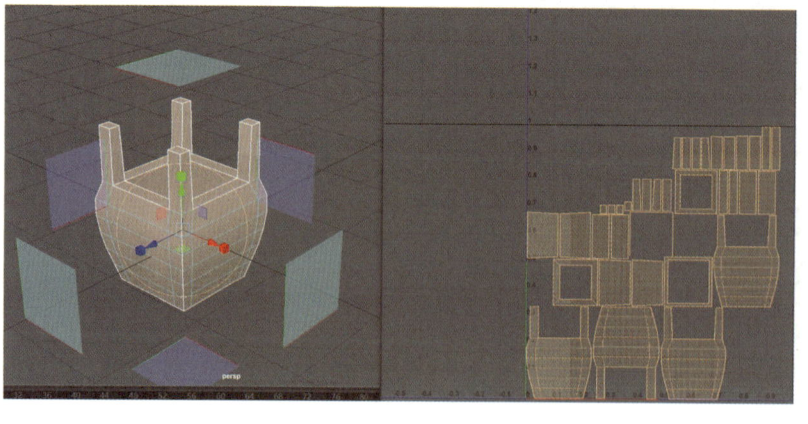

图 5-32

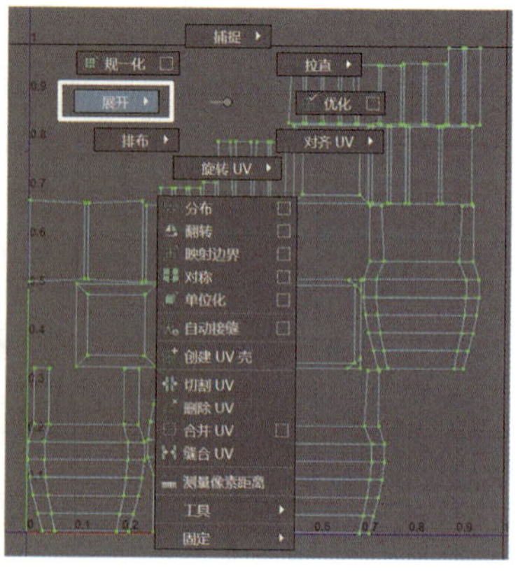

图 5-33

(3) 进入【边】层级，将比较零碎的 UV 壳进行整合。选中图 5-34 所示的橙黄色边执行【移动并缝合边】命令，将图中绿色框线部分整合为一块完整的UV壳。其他三处类似位置也用同样的方法进行整合。

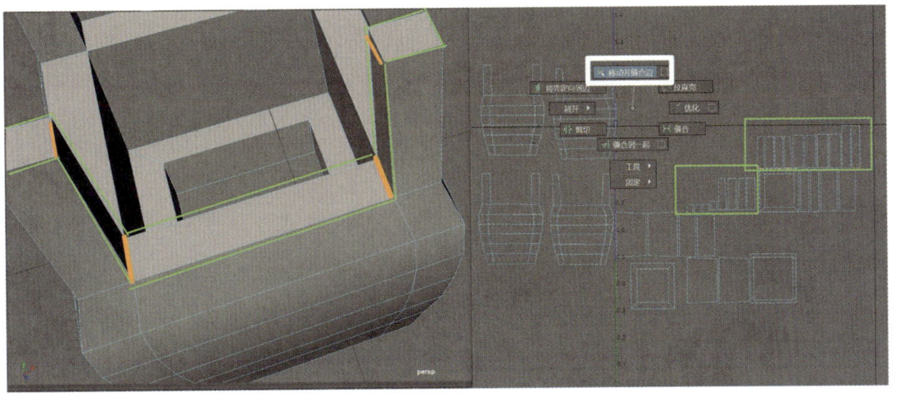

图5-34

（4）对栌坐内部面片的UV进行整合。图5-35中的绿色框线部分是UV和模型相对应的部分，选择图中橙黄色高亮显示的边，执行【剪切】命令。以同样的方式处理栌坐内侧底部部分，如图5-36所示，选中橙黄色高亮显示的边，执行【剪切】命令。

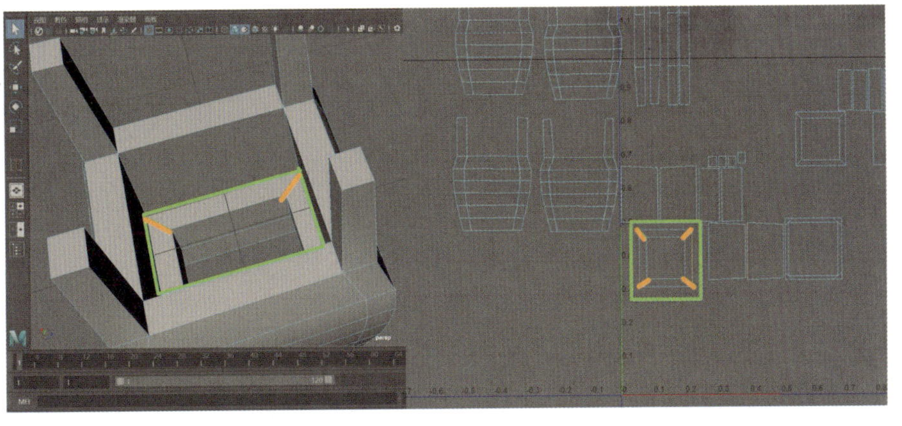

图5-35

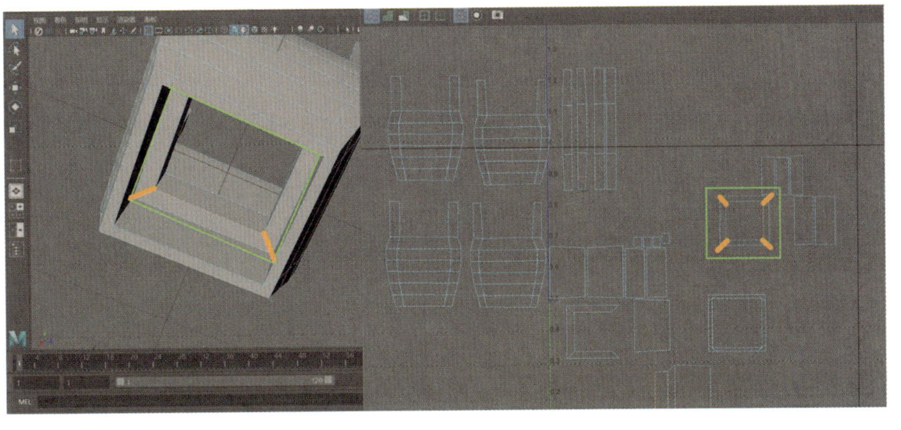

图5-36

（5）将栌坐内部按照四个方向的立面缝合为四片较为完整的UV壳，如图5-37中绿色框线部分所示。

（6）框选所有的UV，执行【排布UV】命令，使所有的UV排列有序，如图5-38所示。

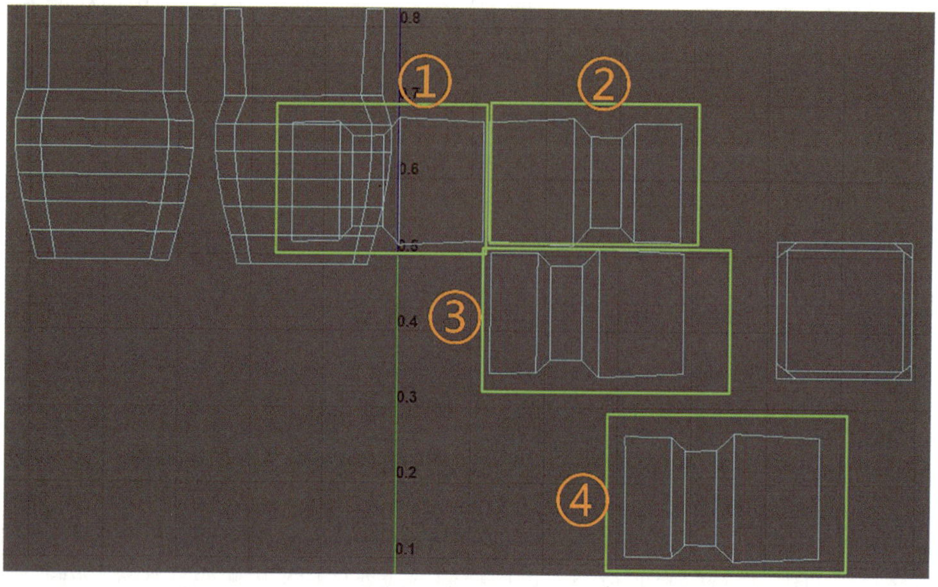

图 5-37

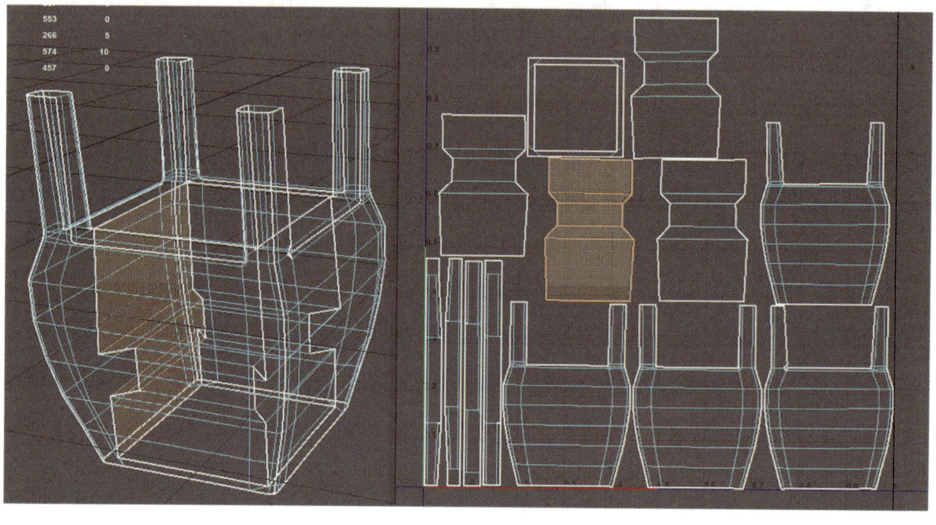

图 5-38

5.2.3.2 瓜拱模型 UV 拆解并排布

(1) 选择瓜拱模型,执行【UV】菜单下的【自动】命令,对模型进行映射。进入【UV 编辑器】,在【UV】层级框选所有 UV 点,执行【展开】命令,如图 5-39 所示。

(2) 从上、下、左、右四个方向观察模型,将顶面过于零碎的 UV 壳进行缝合,如图 5-40 所示,选中边后执行【移动并缝合边】命令。完成后再从不同角度进行整合,执行【排布 UV】命令,如图 5-41 所示。

5.2.3.3 云纹耍头模型 UV 拆解并排布

选中云纹耍头模型,创建自动映射,进入【UV 编辑器】后,再进入【UV】层级,框选所有的 UV 点执行【展开】命令,如图 5-42 所示。因为模型比较复杂,可以单击【UV 编辑器】的【UV 线显示】按钮,蓝色是已缝合的,白色是未缝合的,采用第 4 章中介绍的方式,对较为零碎的 UV 壳进行整合。基本的整合思路:整合为 5 块 UV 壳,左右各一块,耍头厚度部分的面,根据耍头转折曲度拆分为 2 块条形 UV 壳,云纹中间镂空部分拆分为 2 块条形 UV 壳,注意将 UV 接缝放置在凹陷处,如图 5-43 所示。

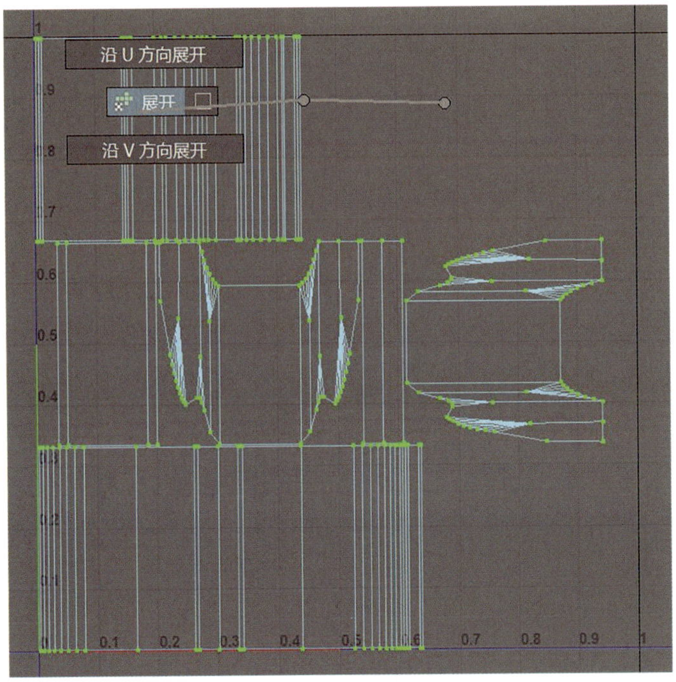

图 5-39

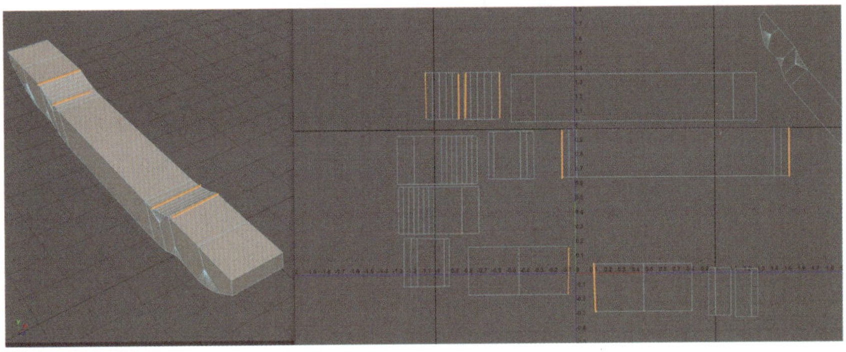

图 5-40

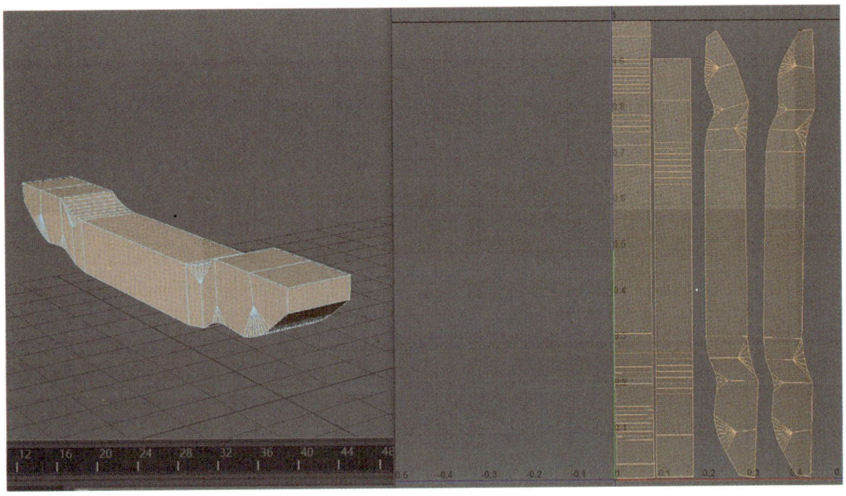

图 5-41

图 5-42

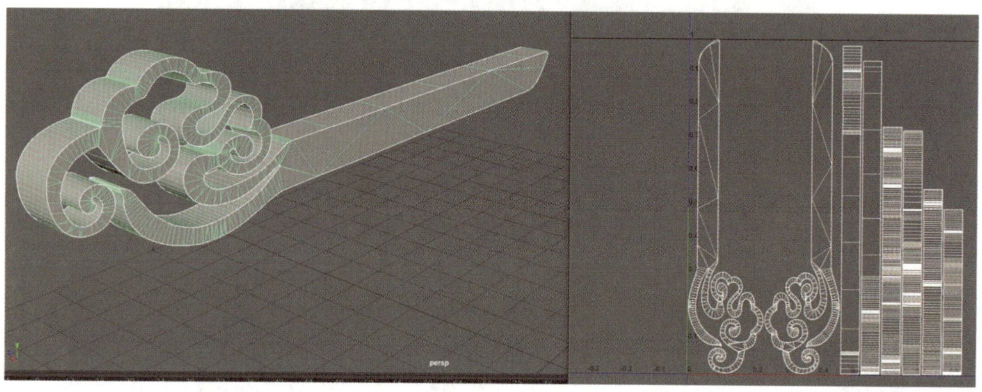

图 5-43

5.2.4 烛台模型锁边

(1) 在这个模型中,因为部分模型的精度较高,部分平滑部分的细分导致模型的网格较密,所以采取先展开 UV,再对细节边缘进行倒角的方法。以云纹要头为例,进入【边】层级,选择所有结构硬转折的边,如图 5-44 所示,执行【倒角边】命令,将【分段】数值设置为“1”,如图 5-45 所示。

图 5-44

图 5-45

(2) 完成倒角后，按<3>键，使用高质量显示模式查看模型，如果发现凹陷，如图 5-46 所示，使用【多切割】工具对布线进行优化，如图 5-47 所示，使倒角后形成的边变得连贯。

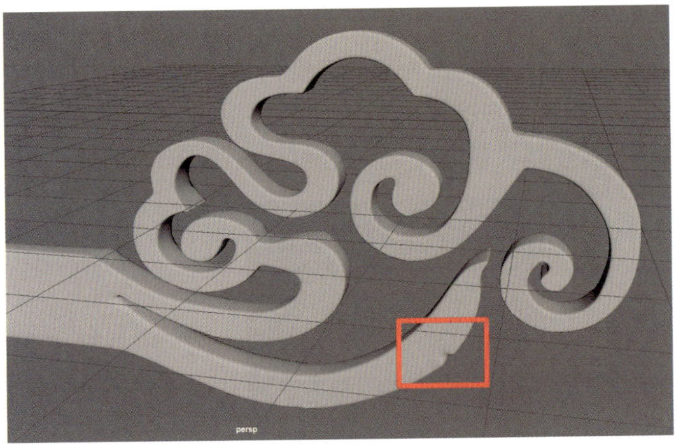

图 5-46

图 5-47

注意：在对倒角边进行优化时，需要考虑保持所有面的边数，不能出现多边面，删除边时不能直接按<Delete>键，而是要执行【删除边】命令。

5.2.5 烛台材质设置

本模型会涉及木纹、陶瓷、金属、玻璃等材质，其中木纹材质会运用到凹凸贴图，在贴图制作中会根据需要对 UV 进行细调。另外，确保已经创建好本项目的工程文件夹，并在开始制作材质、灯光时，每次都已经完成【项目设置】，保证贴图链接可靠。

在这个项目中，还会涉及如何使用第三方的现有材质快速进行材质的设置和渲染操作。

5.2.5.1 木纹材质

(1) 大部分的斗拱结构的材质都是木纹，此处以瓜拱为例，创建一个带有木纹凹凸和常见的木纹烙印的材质。在【对象模式】下，在【UV 编辑器】中单击【图像】菜单，选择【UV 快照】，在【UV 快照选项】中，将

【图像格式】设置为【PNG】,【大小 X(像素)】和【大小 Y(像素)】均设置为“1024”,设置完成后单击【应用】并关闭【UV 快照选项】,如图 5-48 所示。

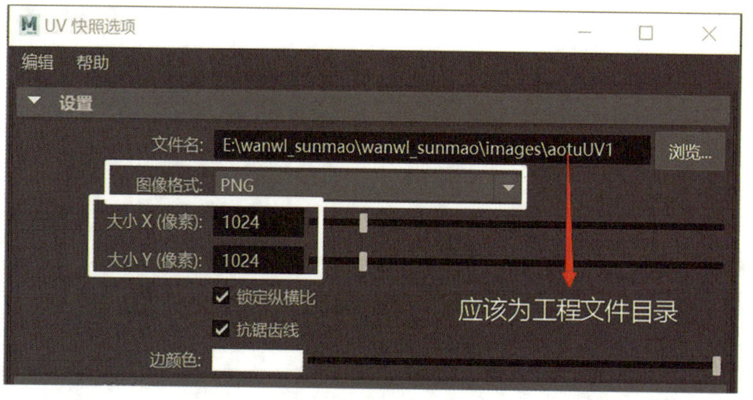

图 5-48

(2) 打开 PS 软件,导入上一步骤中保存的 UV 快照和选择好的木纹贴图。在某一面上放置烙印图案或者文字。一般情况下,烙印文字颜色较深,且具有凹陷效果,如图 5-49 所示。然后,将制作好的木纹颜色贴图放置在工程文件“sourceimages”文件夹中(保存的木纹颜色贴图文件要将 UV 纹理图层隐藏)。

(3) 对贴图进行【去色】处理,将图片变为黑、白两色,便于调整凹凸贴图。在凹凸贴图中,白色部分为凸,黑色部分为凹,如果链接的是彩色图片,系统也会自动将色彩替换为相应亮度的黑白颜色。在本模型中,既要保留木纹的凹凸效果,又要保留烙印的文字,因此需要对文字和木纹的黑白对比度进行调整,如图 5-50 所示。然后将贴图命名并加上“bump”的后缀,另存在工程文件“sourceimages”文件夹中。

图 5-49

图 5-50

注意:在调整黑白对比度的时候,对比度越大,凹凸越明显,但是实际生活中的凹凸效果通常并不明显,不能调整得太大。

(4) 回到 Maya 软件界面中,选中对象后单击鼠标右键,选择【指定新材质】,创建一个【VRay Mtl】类型的材质(需要安装并启用 V-Ray for Maya 插件),如图 5-51 所示。在工具架单击 (Hypershade)图标,如图 5-52 所示,在【Hypershade】窗口右侧可以看到当前材质的属性。在【Basic parameters】卷展栏下,单击【Diffuse Color】右边的黑白棋盘格图标,如图 5-53 所示,进入【创建渲染节点】界面,选择【文件】类型,如图 5-54 所示。在弹出的属性栏中,单击【图像名称】右边的文件夹图标,如图 5-55 所示,选择之前制作完成的彩色木纹贴图。

图 5-51

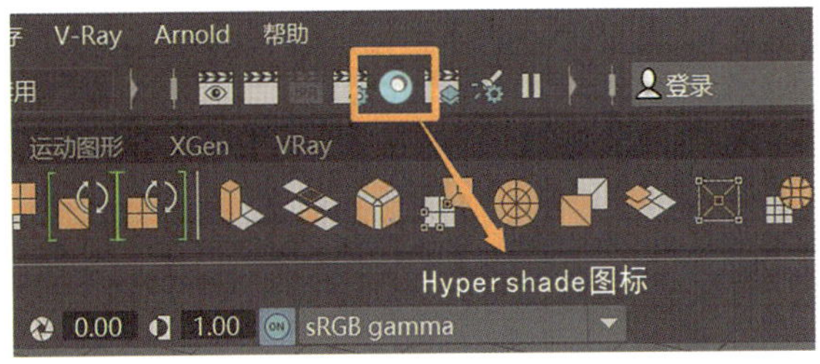

图 5-52

图 5-53

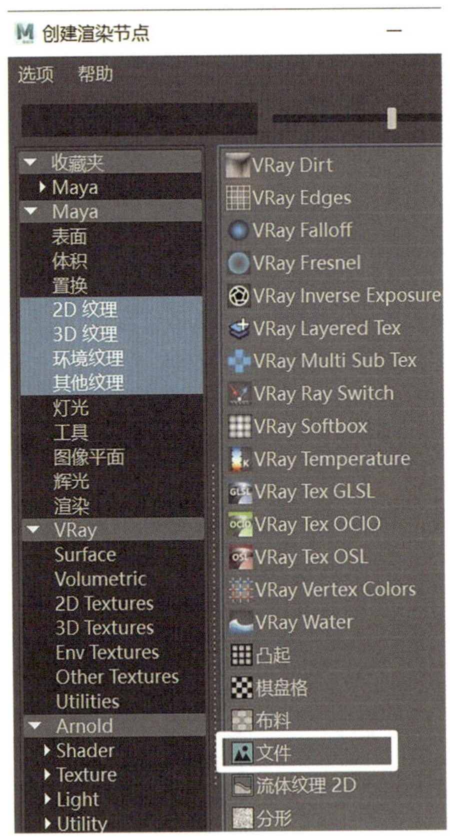

图 5-54

(5) 完成颜色贴图后，单击【Hypershade】窗口左上角的材质球，再次回到材质属性界面，在【Bump and Normal mapping】卷展栏下，单击【Map】栏右边的黑白棋盘格图标，给模型贴上凹凸贴图，如图 5-56 所示。进入【创建渲染节点】界面，选择【文件】类型，在弹出的属性栏中，单击【图像名称】右边的文件夹图标，选择刚才制作的黑白木纹凹凸贴图，将【Bump Mult】的参数改成“0.3”(此参数可以是负数，设置为负数就相当于反向的凹凸效果)。

图 5-55

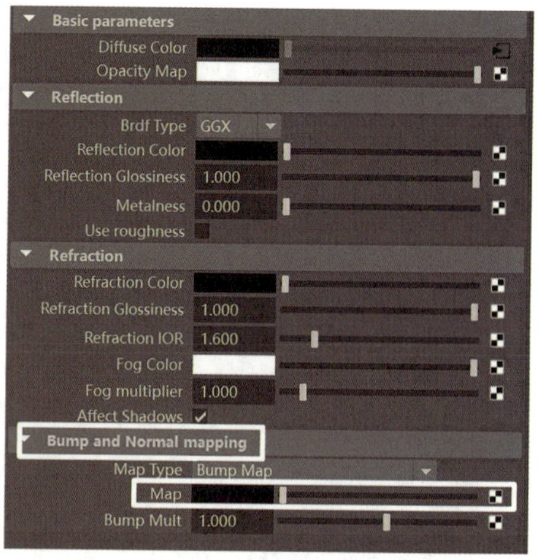

图 5-56

5.2.5.2　金属材质和其他材质

在实际工作流程中，材质库是一个可以快速进行材质编辑的工具。常用方法是将预设材质导入场景中后，根据场景需要进行微调，提高材质编辑效率。在此模型中也使用了此类方法创建金属材质，预设材质的工程文件可以扫描本章末的二维码获取。

注意：由于渲染插件众多，因此选择的材质库类型一定要与渲染器匹配。部分预设材质带有若干贴图，所有的贴图都要拷贝放入预设好的工程文件“sourceimages”文件夹中。

(1) 在【文件】菜单中，单击【导入】命令，将材质文件“Antique_Gold. ma”导入场景中。

(2) 打开【Hypershade】窗口，导入的材质可以在【Hypershade】的【材质】选项卡中查找，并在【材质查看器】窗口预览相应的材质球，如图 5-57 所示。在视口中，进入【对象模式】，选中所有金属材质的模型，在【Hypershade】中将鼠标移动到导入的预设金属材质球上，单击鼠标右键，在快捷菜单中选择【为当前选择指定材质】，如图 5-58 所示。将该材质赋予被选择的对象。

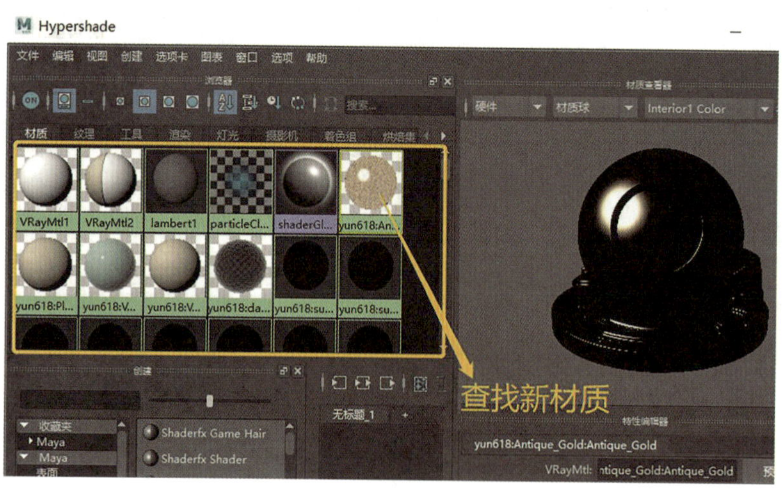

图 5-57

想一想：还有其他方法可以将该材质赋予指定的模型吗？

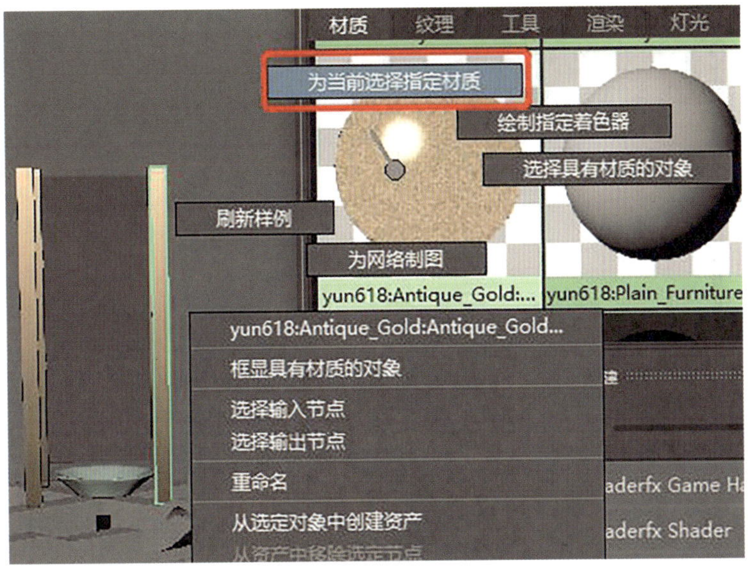

图 5-58

(3) 本模型中其他材质的基本设置都已在第 4 章中讲解过,这里就不再赘述。青瓷灯盏材质的参数设置如图 5-59 所示,宫灯玻璃灯罩材质的参数设置如图 5-60 所示,更改过的参数使用白色线框标注。

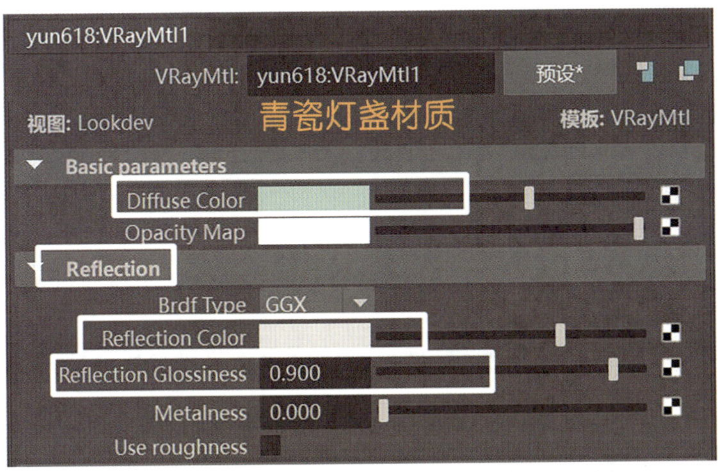

图 5-59

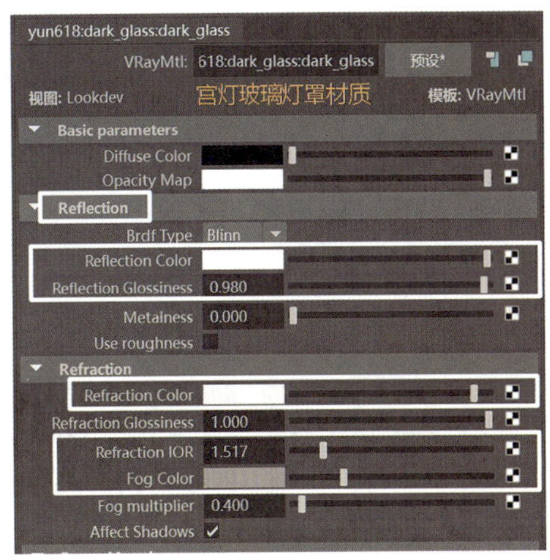

图 5-60

5.2.6 烛台模型的灯光和渲染设置

(1) 在这个场景中使用 VRay 的太阳光系统。打开【渲染设置】,在【使用以下渲染器渲染】的下拉框中选择【V-Ray】。

在【渲染设置】的【Overrides】选项卡下的【Environment】卷展栏中单击【Create sun】和【Create sky】,打开太阳光系统。

在【GI】选项卡下,勾选【On】打开全局照明,并根据需要,调整首次反弹引擎和二次反弹引擎的参数,进行测试渲染。

在【属性编辑器】中,选择【Vraysunshade1】选项卡,将【Intensity multiplier】参数设置成"0.02"。

(2) 完成测试渲染后,在【公用】选项卡中的【Resolution】卷展栏下,在【Presets】下拉列表中选择【1K square】(1024 像素×1024 像素)或【2K square】(2048 像素×2048 像素)渲染出结果,如图 5-61 所示。

图 5-61

知识拓展

【Hypershade】窗口除通过工具架的图标打开之外，还可以通过【窗口】→【渲染编辑器】→【Hypershade】打开，如图 5-62 所示。【Hypershade】窗口如图 5-63 所示。

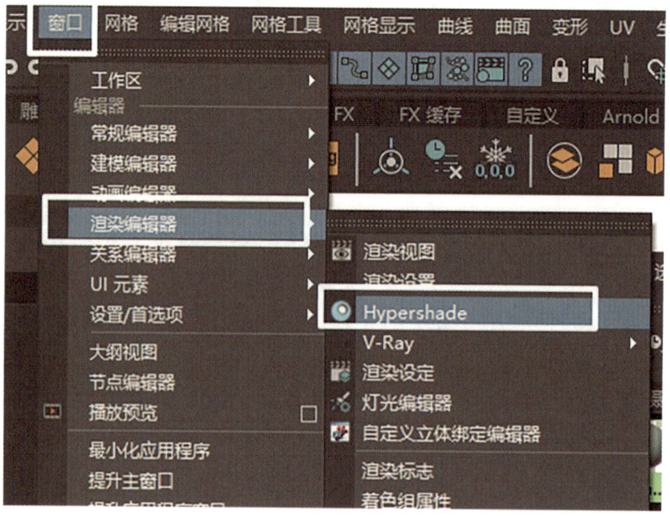

图 5-62

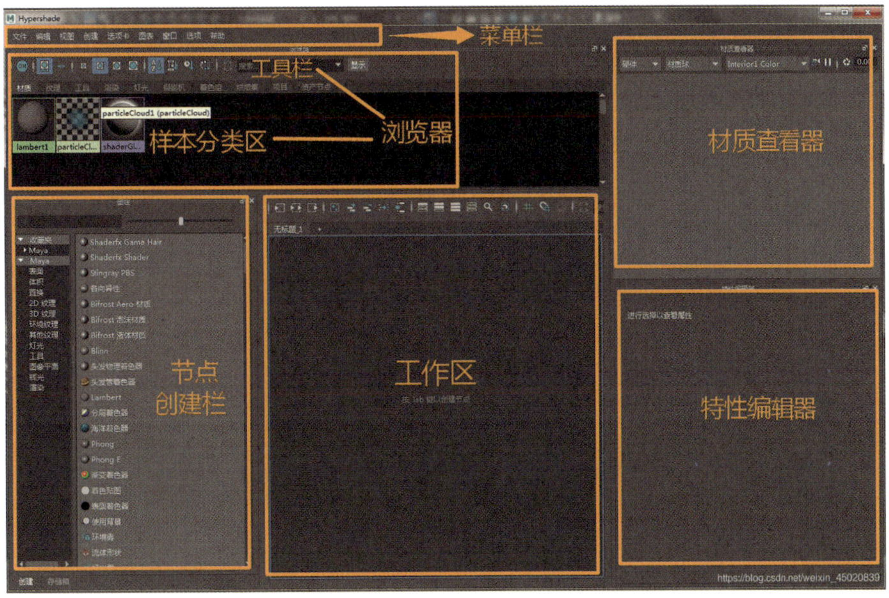

图 5-63

(1) 主要操作区。

①【Hypershade】菜单栏，位于【Hypershade】窗口的顶部，利用菜单栏可以创建或删除节点和纹理图片，还可以对材质节点以及节点工具进行连接和属性的编辑。【Hypershade】的菜单栏由【文件】、【编辑】、【视图】、【创建】等多个菜单组成。

②浏览器，位于菜单栏的下方区域，由“工具栏”和“样本分类区”两部分组成。可以利用工具栏中的工具来编辑和调整材质节点在样本区中的显示方式；利用样本分类区中的【材质】、【纹理】、【工具】、【灯光】、【摄影机】等多个选项卡将节点网络进行分类，从而方便查找相应的节点。

③节点创建栏，用来创建材质、纹理、灯光、工具等节点，通过单击该栏中相应的节点名称，即可在工作区创建相应的材质或纹理等节点，同时还将在样本分类区对应的选项卡中显示出相应的材质球、纹理、灯光图标。

④工作区，主要用来编辑材质节点、构建节点网络，在 Maya 软件中，设置材质节点的属性，通过单击材质节点即可在特性编辑器中进行设置。

⑤材质查看器，位于【Hypershade】窗口的右上方，可以通过它预览材质节点的颜色、质感、贴图等信息概况，还可以选择【材质球】、【布料】、【茶壶】、【海洋】等不同的查看模式来预览材质效果。

⑥特性编辑器，位于【Hypershade】界面的右下方，可以通过它设置各种节点的属性参数，此外也可在【通道栏/层编辑器】中进行设置。

(2) 常用基础操作。

①创建材质，指定材质。

在【Hypershade】中，可以直接通过节点创建栏创建材质，编辑后再通过【为当前选择指定材质】命令，将材质指定给某一对象。还可以按住鼠标中键将【Hypershade】中的材质直接拖曳到指定对象上，释放鼠标中键后就可以将材质赋予对象，如图 5-64 所示。

②根据材质查找对象。

在【Hypershade】中除了可以创建指定材质，还可以根据材质快速选择具有同一材质的对象。将鼠标移动到浏览器的某一个材质上，单击鼠标右键，在弹出的快捷菜单上选择【选择具有材质的对象】命令，如图 5-65 所示。

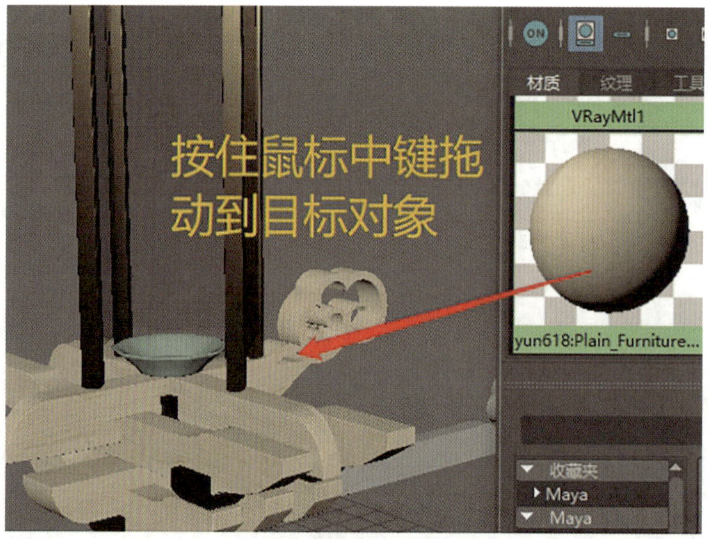

图 5-64

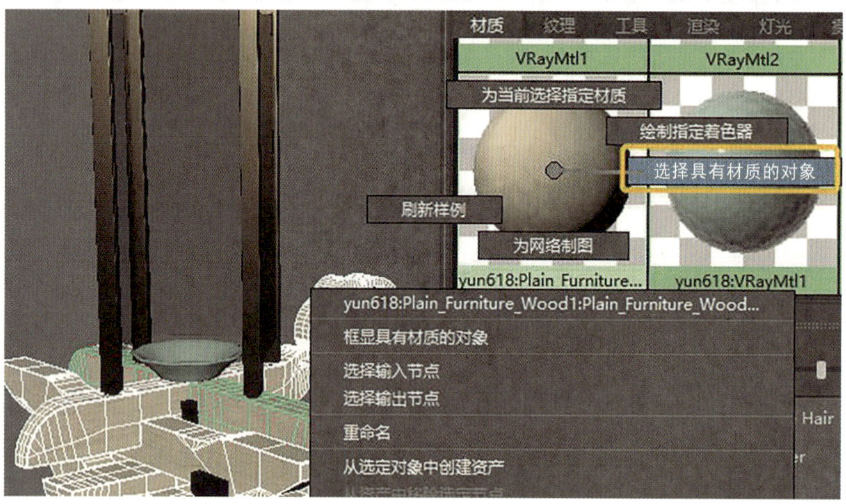

图 5-65

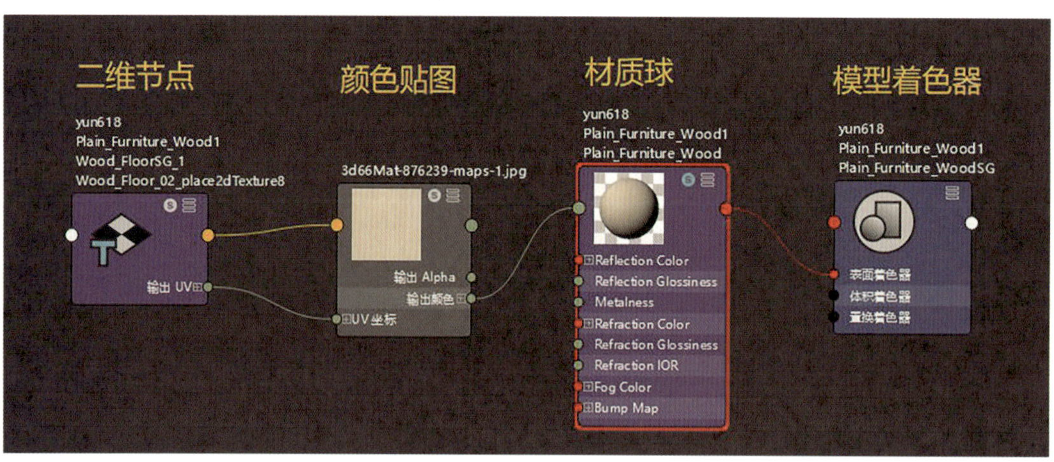

图 5-66

③显示材质的节点网络。

使用、和工具栏图标，可以显示任何渲染节点的上游链接、下游链接或上游和下游链接。以本模型的瓜拱为例，如图 5-66 所示，最左侧的二维节点链接的是颜色贴图，用于定义左二的颜色贴图以何种方式显示在材质上。也就是说，左二的颜色贴图是木地板的花纹，而二维节点就是用来确定一个房间里怎么贴这个木地板，是整个房间贴一块木地板(默认情况)，还是在房间中以 8×8 的平铺方式来贴木地板。右二材质球，包含诸如颜色、反射等多种属性(这些属性也可以用贴图控制)，左二的木纹贴图就是链接在这一节点的【Diffuse Color】属性上的。最右侧的模型着色器可以理解为具有这一材质的所有模型的集合，这是材质网络节点的最终端节点，材质球链接到这个节点完成材质对于模型的赋予。

本章小结

本章介绍了如何使用一定的设计方法进行三维模型设计，并巧妙地利用矢量曲线，快速生成模型；介绍了根据需要拆分模型 UV 的操作和【Hypershade】的使用方法，方便学生理解材质节点的链接方式和含义。

练习作业

以榫卯结构为主题，设计一个三维模型作品，要求绘制作品草图，撰写不少于 200 字的作品说明；根据草图创建三维模型，为三维模型编辑材质，并输出渲染图。

优秀作品欣赏

进入网站(网址：https://sketchfab.com/jingjing-haili/collections/03d218605b4641c08c6c1c14505c74ed)欣赏优秀榫卯设计作品。

本章预设材质

6 中国娃娃模型制作

6.1 项目介绍

在这个项目中，我们要根据参考图完成中国娃娃的模型制作、UV 拆分和材质贴图。中国娃娃模型是一个较为简单的角色模型，我们将通过这个项目来学习如何进行人物角色的布线和 UV、贴图的制作，为较为复杂的生物角色模型制作打下基础。

中国娃娃模型参考图如图 6-1 所示。

图 6-1

6.2 项目模型制作

参考图导入及头部模型创建视频

6.2.1 导入参考图

(1) 在三维模型的制作过程中，参考图十分关键。因此，在将参考图导入三维软件前我们要保证导入的参考图位置精确，避免后续建模中出现问题。在导入参考图前，我们需要比对不同角度的参考图的位置是否匹配，具体方法如下：以直线连接 3 个视图的头顶（最高点）、脚底（最低点）、下巴、眼睛中间等关键位置，观察是否有高低上的出入，如有，则可以在参考图上直接微调，如图 6-2 所示。

图 6-2

(2) 将参考图导入三维软件中。参考图只能在【前视图】、【侧视图】这样的正交视图中进行导入，不可以在【透视图】中导入，如图 6-3 所示。

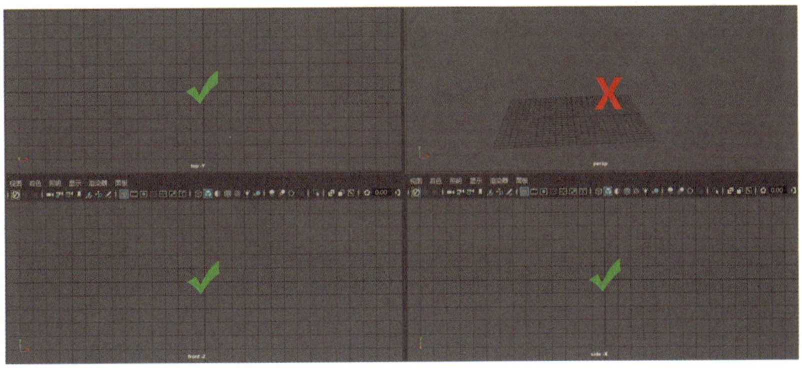

图 6-3

(3) 在【前视图】的视口菜单中单击【视图】，找到【图像平面】，选择【导入图像】，找到目标图像所在的位置，将图像打开，如图 6-4 所示。

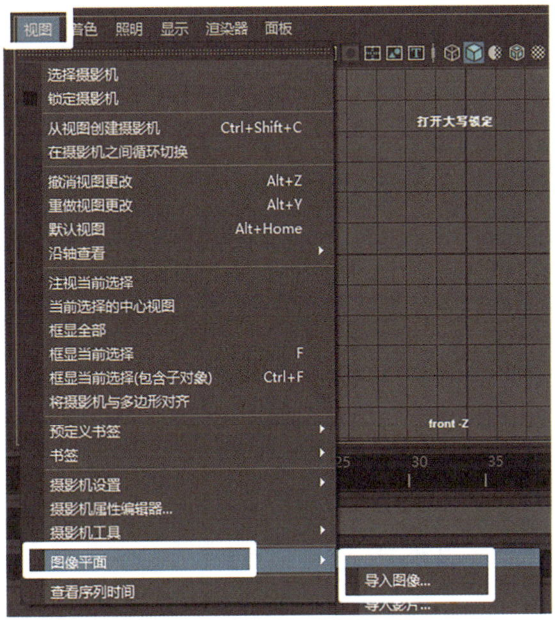

图 6-4

(4) 在【前视图】中,我们将这个人物参考图的前视图移动到栅格的中心位置,再将人物前视图的中线对齐到前视图的 X 轴为"0"位置。在【侧视图】进行同样的导入操作,移动这张参考图的侧面图,将侧视图 Z 轴为"0"位置对齐到侧视图脖子中间。如图 6-5 所示。

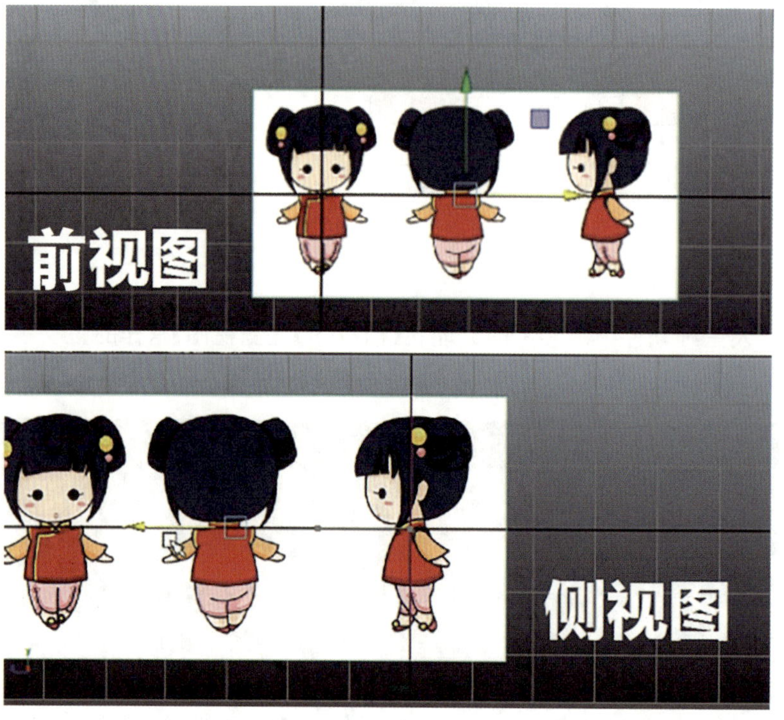

图 6-5

(5) 接下来在【透视图】当中选中导入的参考图进行移动,我们将前视图上的参考图沿 $-Z$ 方向移动,侧视图上的参考图沿 $-X$ 方向移动。空出中间的位置,为后续的模型建立做准备,如图 6-6 所示。

图 6-6

6.2.2 创建头部基本型

(1) 使用立方体创建头部的一个基本型,在【前视图】拖出一个与中国娃娃模型头部大小基本匹配的立方体。为方便下一步操作,图中使用【X 射线模式】,并在通道栏将这个立方体的 X 方向归零,如图 6-7 所示。

图 6-7

（2）在【侧视图】中也使用【X 射线模式】。接下来进入【顶点】层级，进行大小上的微调，使用【缩放】工具或者【移动】工具，使得立方体大小接近中国娃娃的头部大小，如图 6-8 所示。

图 6-8

（3）大致对准位置之后，进入【对象模式】，按住<Shift＋鼠标右键>调出菜单，并单击【平滑】命令后面的“□”，进入【平滑选项】，将【分段级别】设置为“1”，单击【应用】并关闭【平滑选项】，如图 6-9 所示。

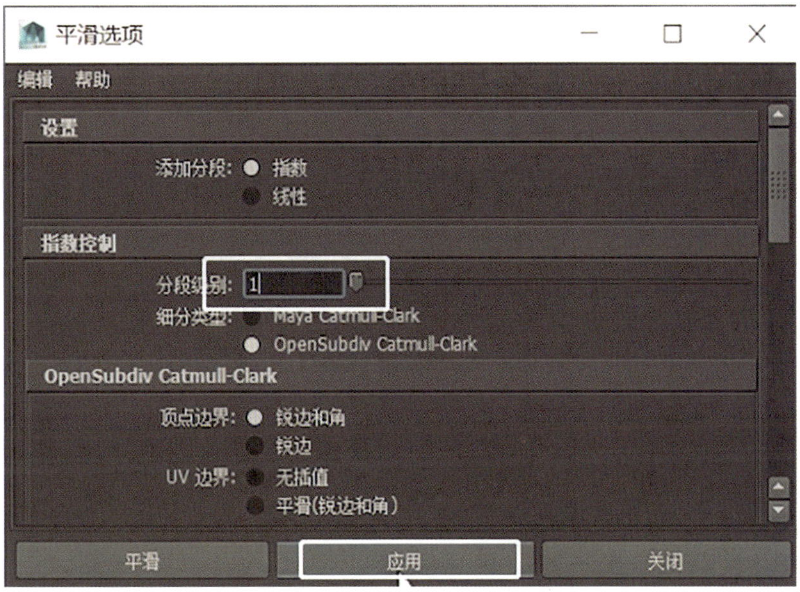

图 6-9

（4）进入【顶点】层级，在【前视图】和【侧视图】进行点的微调，结果如图 6-10、图 6-11 所示。

图 6-10

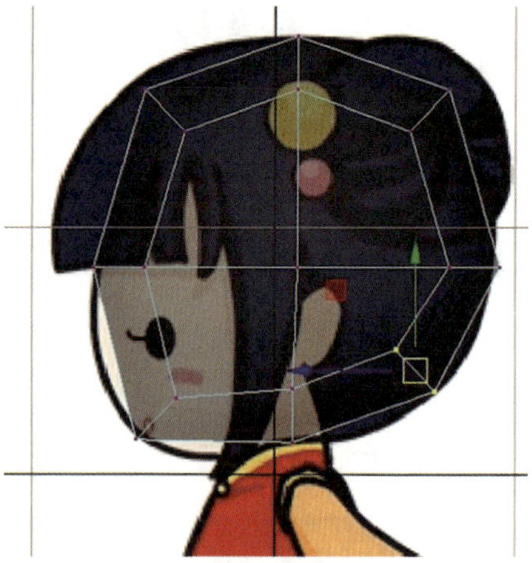

图 6-11

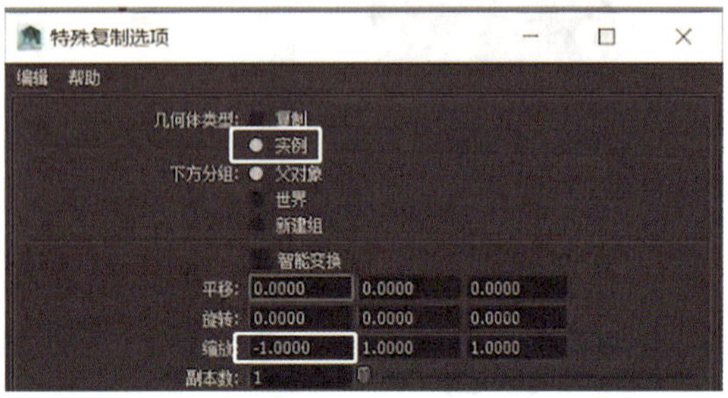

图 6-12

（5）进入【面】层级，在【前视图】中删除左半边脸的面。进入【对象模式】，找到【编辑】菜单下【特殊复制】命令，在【特殊复制选项】中进行工具设置，如图 6-12 所示，【几何体类型】中选择【实例】进行复制，并且将【缩放】的 *X* 轴方向数值（缩放行的第一个数值）设置为“－1.0000”。这样，就得到了两个一模一样的镜像对称的模型，无论我们对模型的任意一边进行【顶点】层级的何种操作，另一边都会进行同样的操作。

（6）增加细节。添加细节的方式有很多，可以使用【插入循环边】工具，也可以使用【偏移循环边】工具。

在此项目当中先使用【偏移循环边】工具。在【边】层级下，按住<Shift＋鼠标右键>，在调出的快捷菜单中找到【偏移循环边】工具，单击后面的“□”，进入【偏移边工具选项】，勾选【使用边流插入】。在【侧视图】用鼠标左键单击图 6-13 左下图中白色框线选中的边，不松开，左右拖动鼠标可以调整左右两侧的循环边位置，如图 6-13 所示。

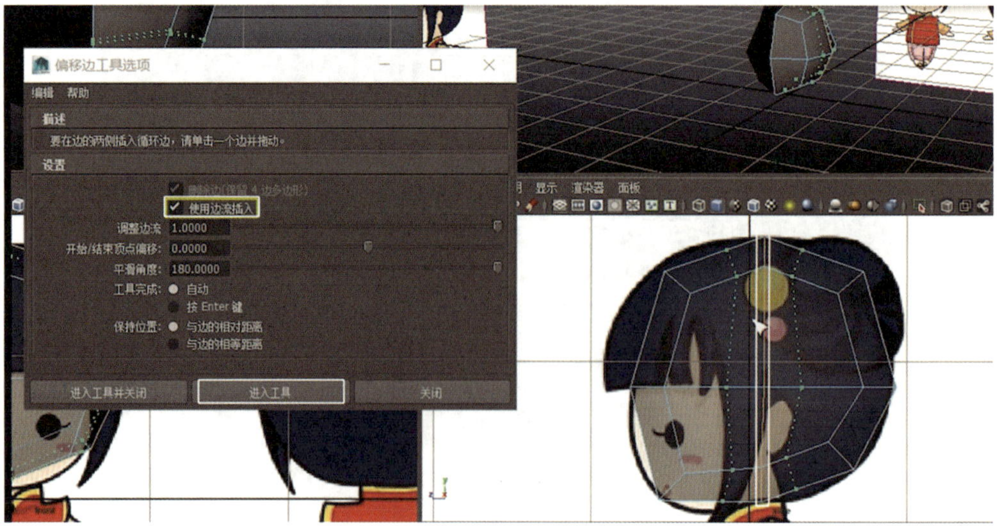

图 6-13

接下来我们选择图 6-14 中橙黄色框线选中的循环边，使用同样的方式在这条边的上下各插入一条循环边，如图 6-14 所示。

(7) 完成边的插入后，在【侧视图】进行逐个顶点的调节，进入【顶点】层级，将靠近边缘的这些点向边缘靠拢，这样会使整个模型头部看起来更加圆润，结果如图 6-15 所示。

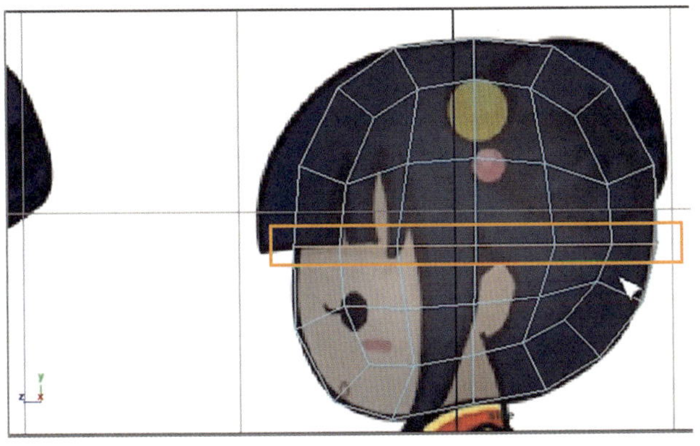

图 6-14

图 6-15

注意：随着角色模型制作的深入，插入的各个维度的循环边会越来越多，但是一定要遵循一个重要原则——先调点再加线。也就是在某一个视图添加了若干条循环边之后，一定要先进入【顶点】层级进行细节的调整，然后才能再次添加新的布线。

(8) 进入【前视图】丰富细节。使用【插入循环边】工具，按住＜Shift＋鼠标右键＞，在调出的快捷菜单中找到【插入循环边】工具，单击后面的“□”进行工具设置，勾选【使用边流插入】，接下来开始插入循环边，如图 6-16 所示。

图 6-16

(9) 完成插入循环边操作以后，进入【顶点】层级，进行顶点的细节调整，前视图、侧视图模型布线如图 6-17 所示。进入【顶视图】，从这个角度看模型稍微偏方一些，可以在【顶点】层级将其调节得圆润一些，如图 6-18 所示。

图 6-17

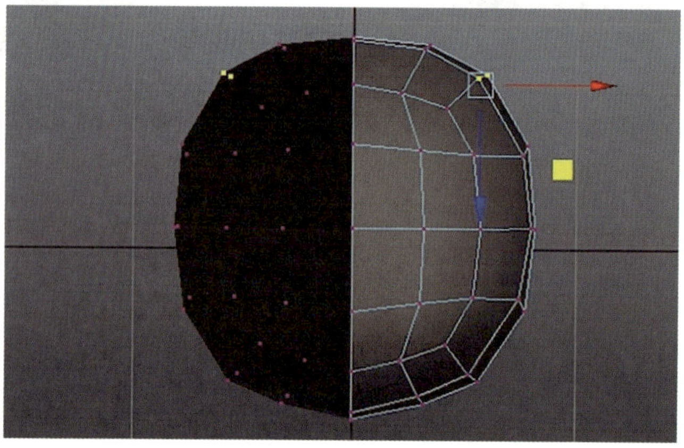

图 6-18

6.2.3 制作脖子

脖子和身体模型制作视频

(1) 进入【面】层级，选中一侧底部的两个面(左右加在一起一共是 4 个面)，然后按住<Shift+鼠标右键>，执行【挤出面】命令，并且将操纵杆切换为【世界坐标】，单击【缩放】按钮，沿着 *XZ* 平面向内收缩，如图 6-19 所示。之后把中间以及侧边的两个面按<Delete>键删除，通过顶点的调整，我们得到了近似脖子的一个八边形开口，如图 6-20 所示。

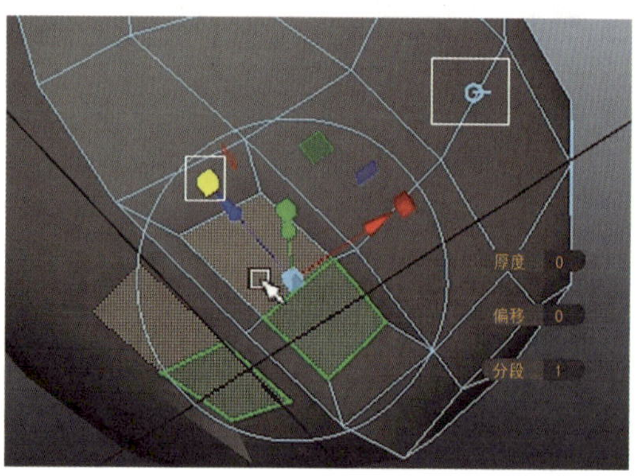

图 6-19

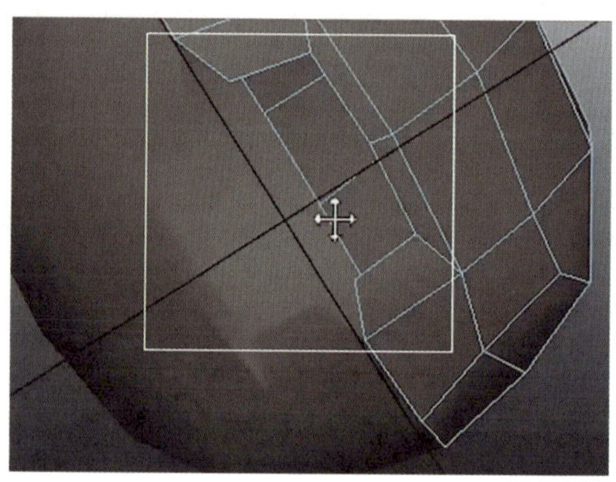

图 6-20

(2) 进入【顶点】层级进行调整，首先把分开的两个点合在一起，再向圆柱的方向进行调节，在【透视图】里面先进行一个初步的调整，如图 6-21 所示。在【侧视图】里进一步调整脖子侧边的弧度截面，主要是从上下方向进行调节，如图 6-22 所示。之后进入【前视图】，用类似的方法进行左右方向的调节。最终我们得到了一个近似圆柱的八边形截面。

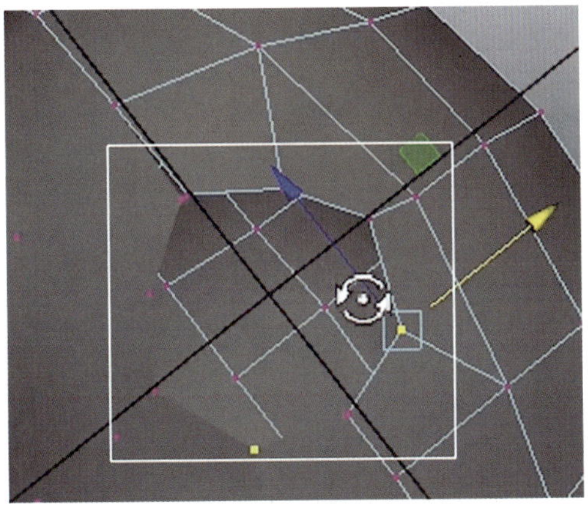

图 6-21

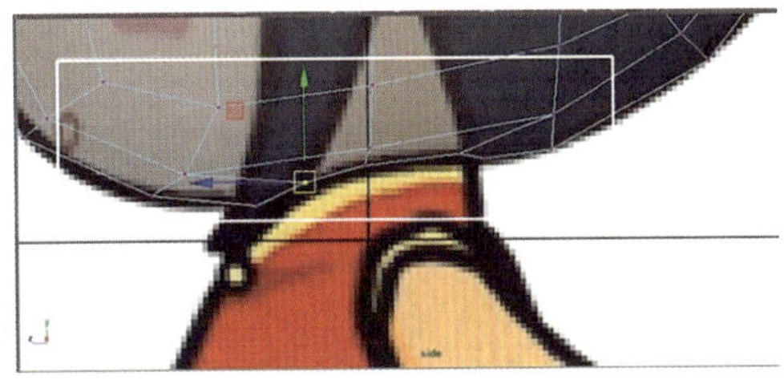

图 6-22

(3) 进入【边】层级，选中八边形截面的边后，按住＜Shift＋鼠标右键＞，执行【挤出边】命令，切换为【世界坐标】，沿着 Y 轴向下挤出脖子，如图 6-23 所示。

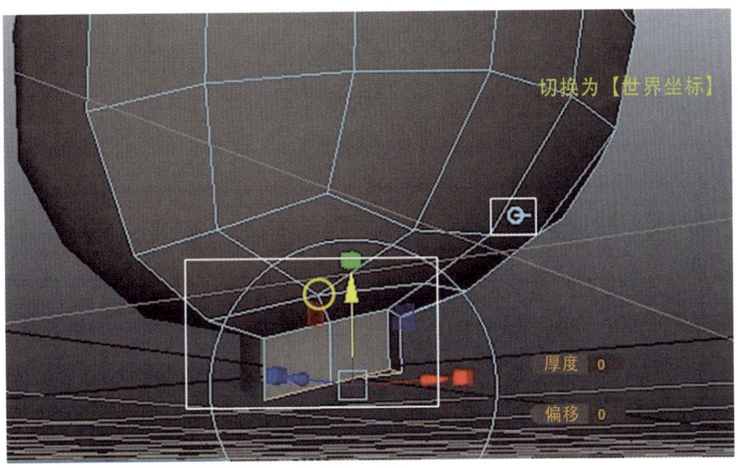

图 6-23

6.2.4 制作身体

(1) 肩部分成三段线条，分别进行挤出。进入【边】层级，选择靠身体前侧的两条边，按住＜Shift＋鼠标右键＞，执行【挤出边】命令，切换为【世界坐标】，沿 Y 轴挤出之后，再略微沿 Z 轴进行调整，挤出前胸部分，如图 6-24 所示。

(2) 选中肩膀处的边，执行【挤出边】命令，沿着 Z 轴向身体外侧挤出，如图 6-25 所示。之后选中身体后侧两条边，执行【挤出边】命令，切换为【世界坐标】，沿着 Y 轴向下挤出，接下来进入【顶点】层级调整细节，如图 6-26 所示。

(3) 将前胸部分模型补充完整。进入【边】层级，选中靠前这部分肩膀的边，执行【挤出边】命令，切换为【世界坐标】，沿着 Z 轴向下挤出，将挤出的矩形位置向前移动，如图 6-27 所示。进入【顶点】层级，选中

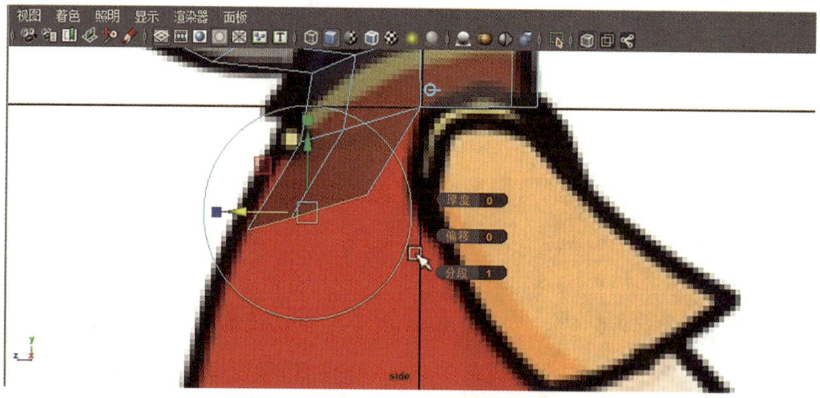

图 6-24

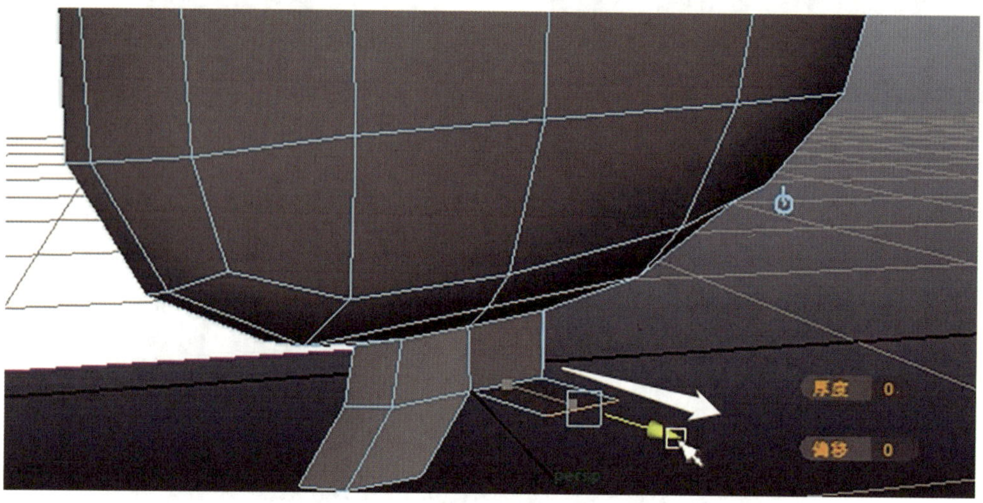

图 6-25

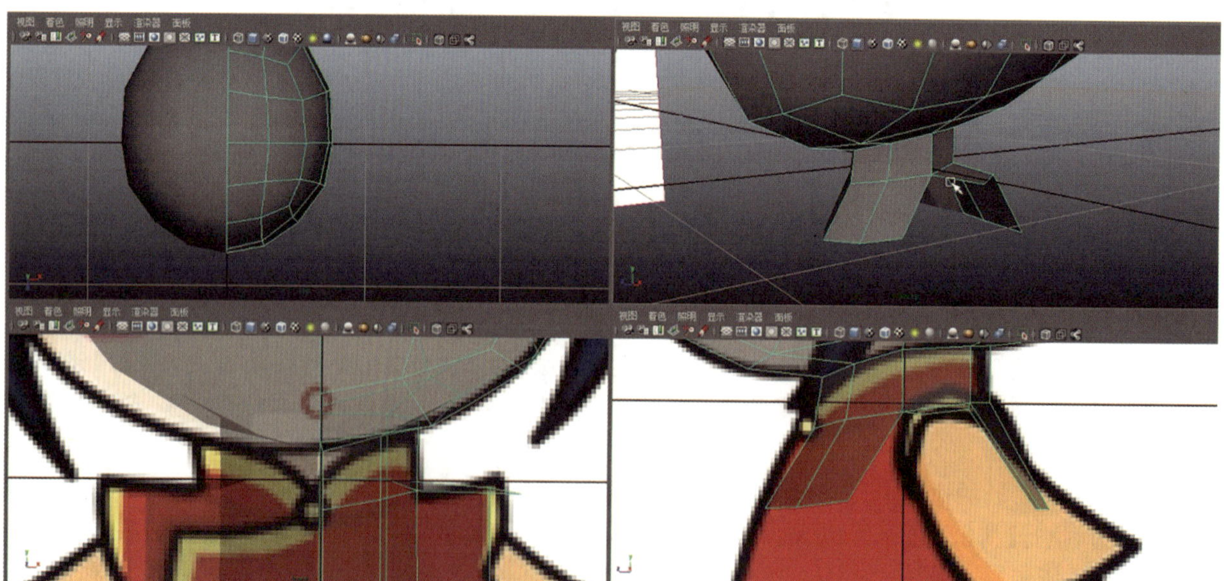

图 6-26

靠近的两个顶点，按住＜Shift＋鼠标右键＞，进入【合并顶点】，选择【目标焊接工具】，选中一个顶点，将其拖曳到另一个顶点上，执行两个顶点的合并，如图 6-28 所示。

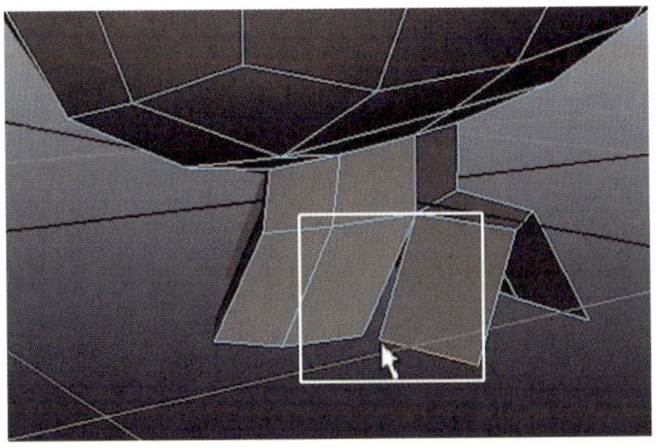

图 6-27

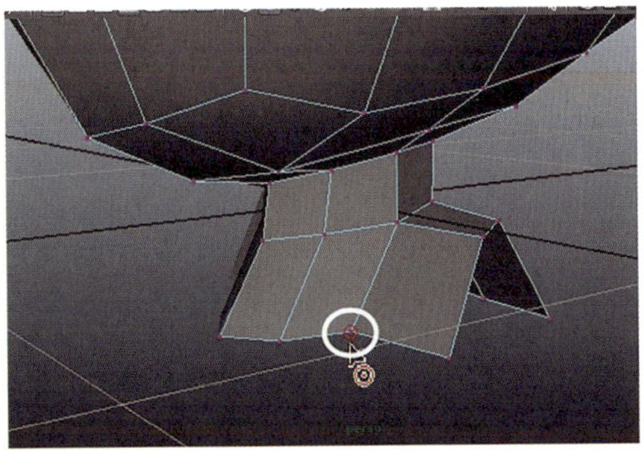

图 6-28

(4) 进入【边】层级，选中左右两边的边，按住＜Shift＋鼠标右键＞，执行【桥接】命令，将侧面梯形进行桥接，形成一个完整的截面，如图 6-29 所示。

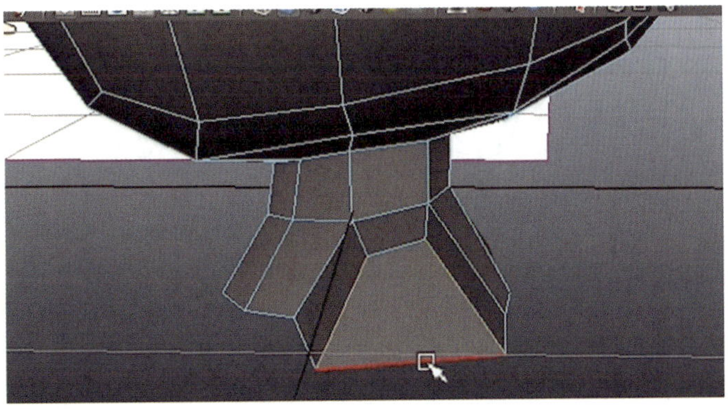

图 6-29

(5) 结合【透视图】和其他正交视图，调整出一个接近人身体截面的形状，如图 6-30 所示。

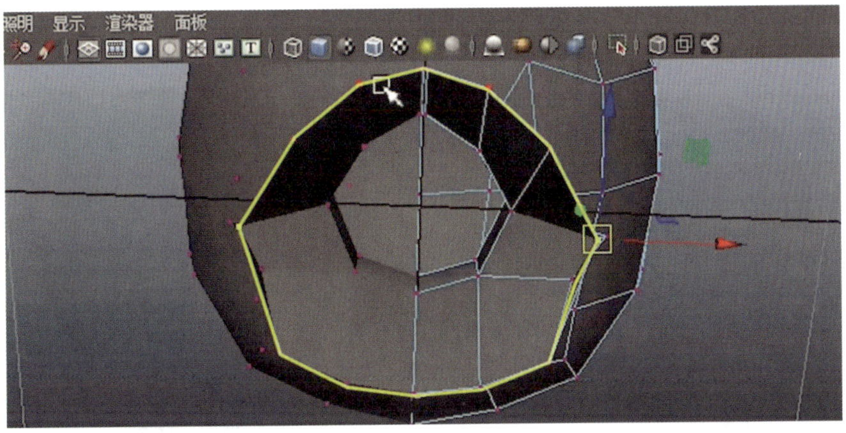

图 6-30

(6) 进入【边】层级，选中底部的边，执行【挤出边】命令，切换为【世界坐标】，沿着 Y 轴向下挤出，挤出到接近参考图整个躯干下缘的位置。在【前视图】和【侧视图】调整局部顶点位置，使其更接近参考图，如图 6-31 所示。

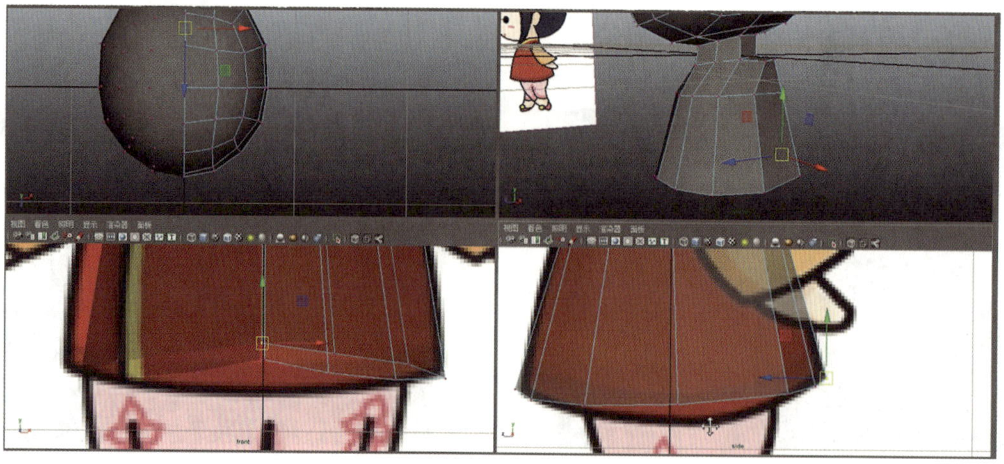

图 6-31

（7）进入【对象模式】，按住＜Shift＋鼠标右键＞，在调出的快捷菜单中选择【插入循环边】工具，在【工具设置】中勾选【使用边流插入】，如图 6-32 所示。在身体躯干部分插入两条循环边，微调顶点直至和参考图更加接近，如图 6-33、图 6-34 所示。

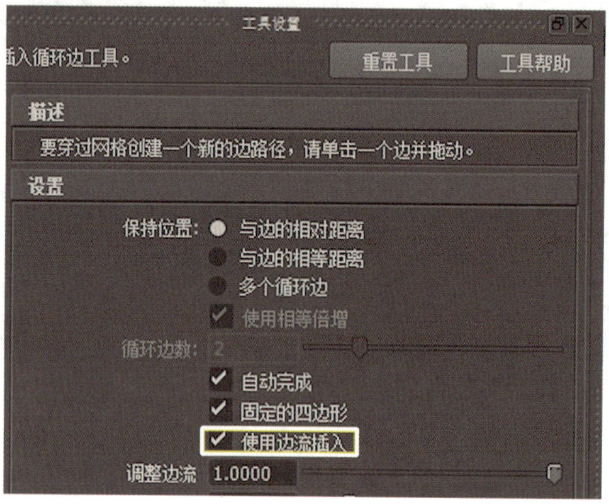

图 6-32

图 6-33

图 6-34

不同于建筑和道具模型常见的纵横布线，生物角色模型由于结构复杂通常需要大量的插入布线，在四肢、关节、五官等区域形成圈线的分布，如图 6-35 所示。

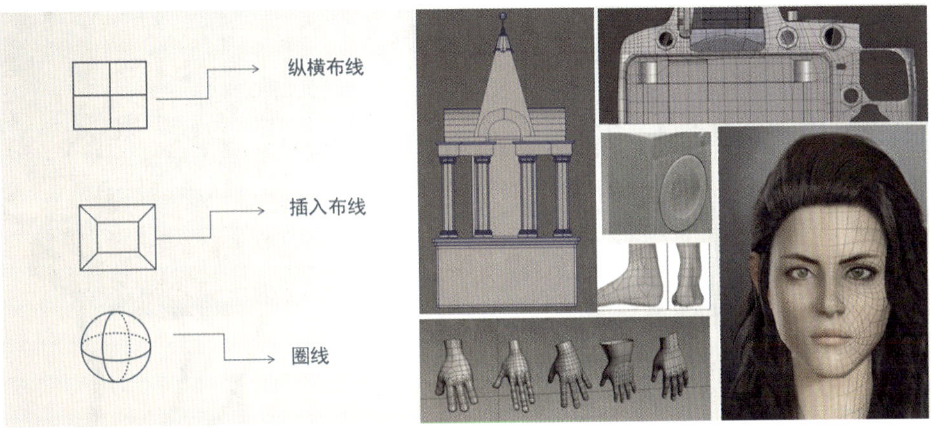

图 6-35

在头颈的衔接处，我们可以把头部理解为一个圆球，颈部理解为一个圆柱，将二者衔接，就会在下颌位置出现 4 个因为插入布线而出现的五星点，线的方向也在这里发生变化。如图 6-36 所示，橙黄色高亮标注的部分显示了布线的变化。

颈部和躯干的衔接，颈部是一个八边形圆柱，身体是一个大立方体，将二者衔接，需要在宽度、深度上进行匹配，因此在由脖子挤出身体时，需要进行深度、宽度两个维度上的挤出，同样会形成五星点，线的方向也会发生变化，如图 6-37 所示。

图 6-36

图 6-37

6.2.5 制作下肢

(1) 进入【边】层级，选中躯干最底部的一圈边，按住<Shift+鼠标右键>，执行【挤出边】命令，沿着 Z 轴向内推移，挤出上衣衣摆的厚度，再进入【顶点】层级，对顶点进行调整，如图6-38所示，最终要保证身体的截面从下往上看是比较浑圆的。

下肢模型制作视频

(2) 进入【边】层级，将底边靠近中间的前后两条边选中，按住<Shift+鼠标右键>，在调出菜单中单击【桥接】命令后面的“□”，在【桥接选项】中将【分段】数值设置为“3”。进入【顶点】层级，进行局部的调整，制作裆部的形状，如图 6-39 所示。

(3) 进入【边】层级，选中裆部下缘一圈边，按住<Shift+鼠标右键>，执行【挤出边】命令，沿着 Y 轴向下的方向挤出，直到与参考图的脚尖齐平，用【缩放】工具将这些边压平，如图 6-40 所示。

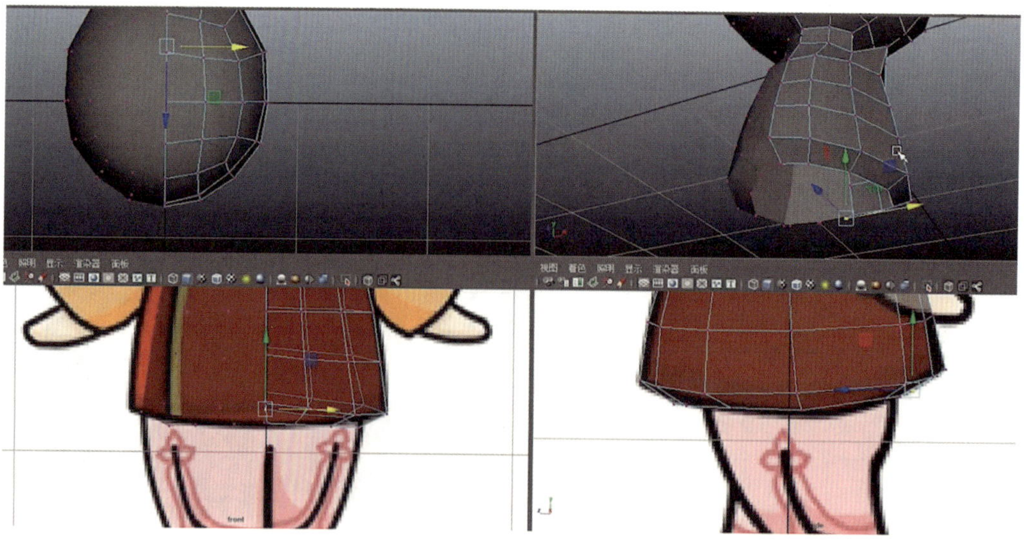

图 6-38

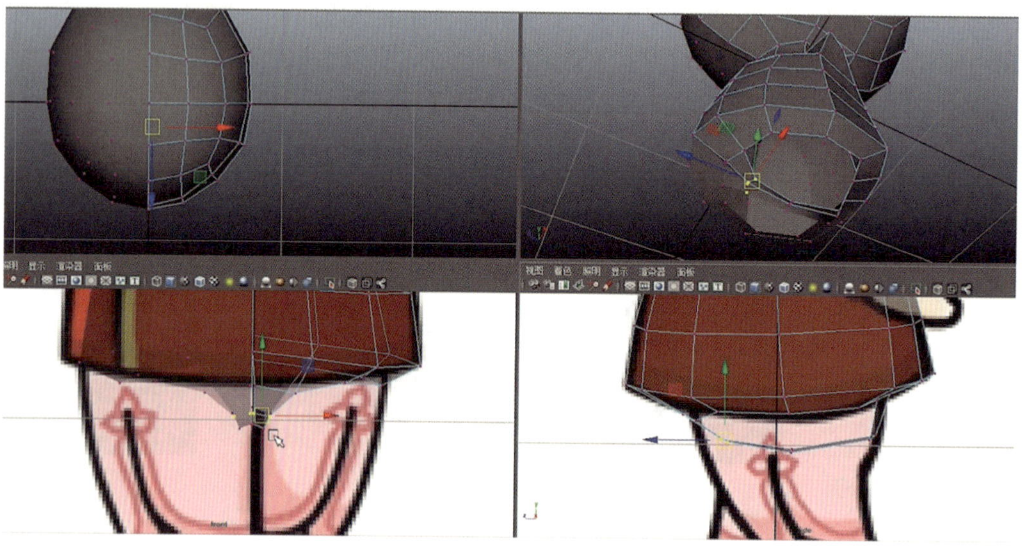

图 6-39

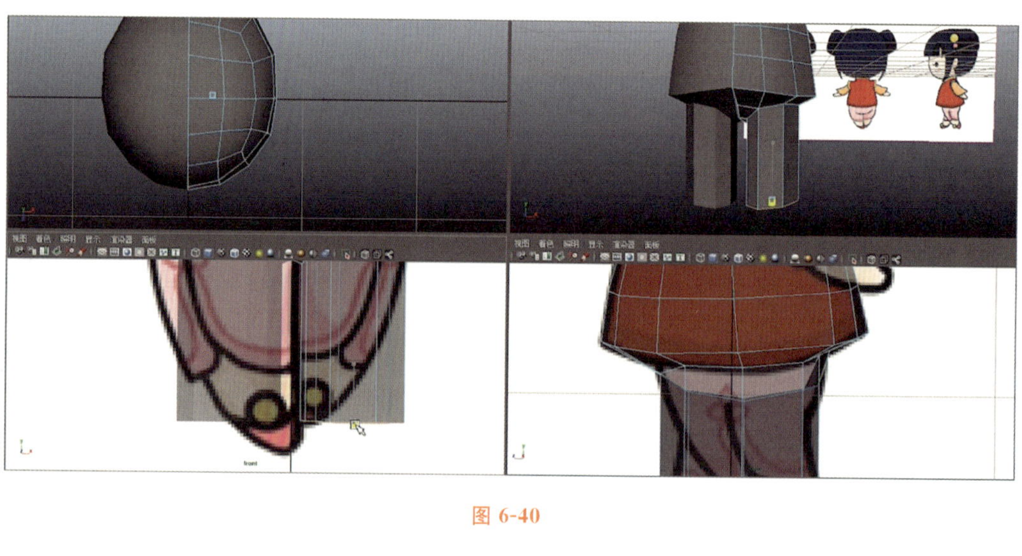

图 6-40

(4) 使用【缩放】工具将腿部最下缘的一圈边缩小，调整腿部位置，使左、右腿位置向身体内侧靠拢。单击【插入循环边】工具，依次插入 3 条循环边(此时不要勾选【使用边流插入】)，第 1 条循环边在大腿中部的位置，第 2 条边在膝盖的位置，第 3 条边在小腿肚的位置。

进入【顶点】层级，调整腿部截面大小和细节，让腿部形成圆润鼓胀的弧度，如图 6-41 所示。

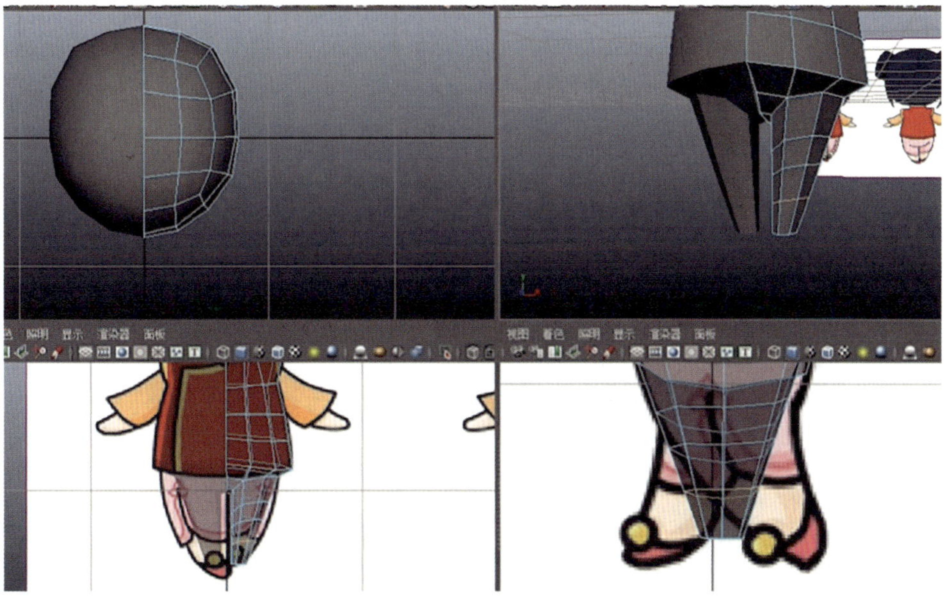

图 6-41

注意：完成【前视图】的调整之后，再进行【侧视图】调整，最后在【透视图】检视整个模型是否饱满。

(5) 进入【边】层级，选中最下缘的循环边，执行【挤出边】命令，沿着 Y 轴向下的方向拖动，挤出脚面厚度，如图 6-42 所示。进入【面】层级，选中最下圈正前方的三个面，执行【挤出面】命令，切换为【世界坐标】，沿着 Z 轴向正前方挤出。

图 6-42

(6) 进入【顶点】和【边】层级，调整脚部的长度和形状细节，将脚踝处的厚度适当增加，脚尖处的厚度适当减小，如图 6-43 所示。

图 6-43

(7) 角色模型通常要考虑后续的动画，为了方便后续动画的操作，在靠近大腿根部、脚踝、脚腕三处使用【插入循环边】工具插入 3 条循环边，如图 6-44 所示。

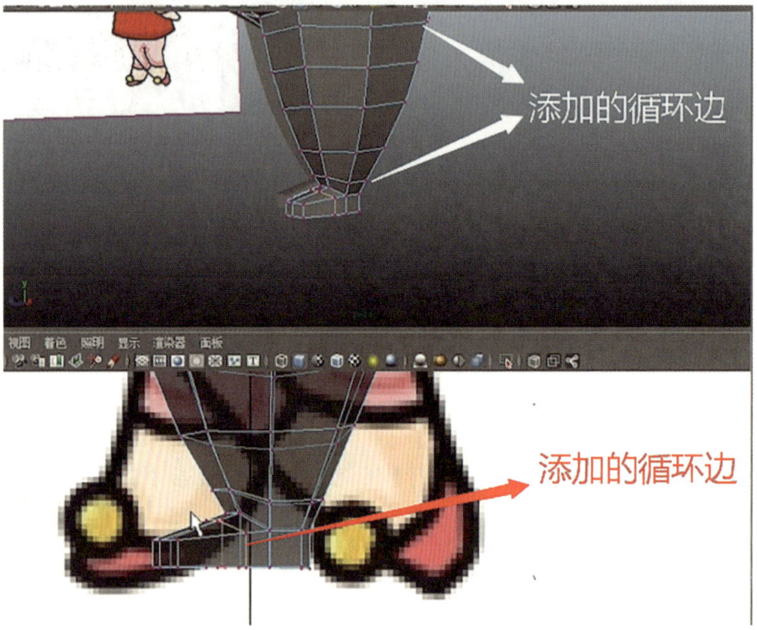

图 6-44

(8) 进入【边】层级，选中脚底开口部分的边，按住＜Shift＋鼠标右键＞，执行【填充洞】命令，将开口填充为一个多边面。执行【多切割】命令，将这个面切割为图 6-45 所示的三个平行四边形的面。

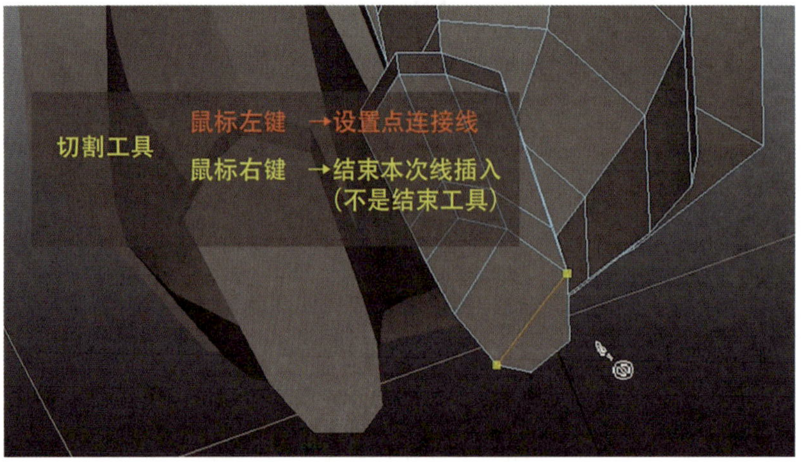

图 6-45

6.2.6 制作上肢

上肢模型制作视频

(1) 进入【面】层级，选中图 6-46 所示的四个面，执行【挤出面】命令，切换为【世界坐标】，在 YZ 平面上缩放挤出手臂横截面，如图 6-47 所示。进入【顶点】层级，进行截面调整，注意调整的截面要接近手臂的圆形截面，从【前视图】上看要形成圆弧，结果如图 6-48 所示。

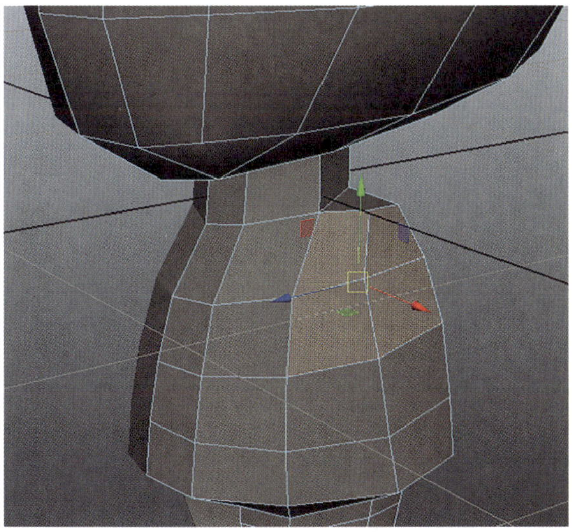

图 6-46

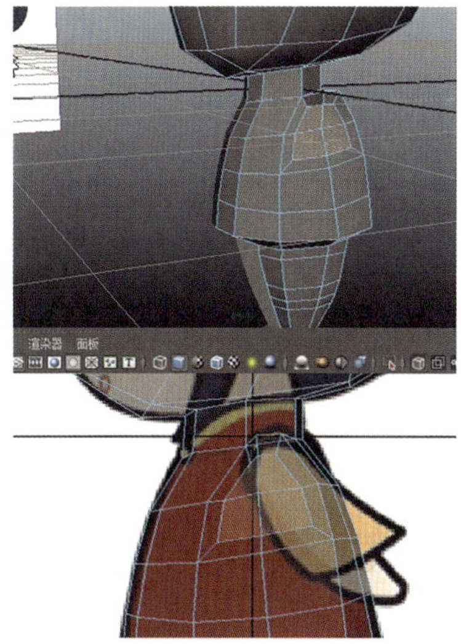

图 6-47

图 6-48

(2) 进入【面】层级，选中中间四个面，执行【挤出面】命令，切换为【世界坐标】，沿 X 轴方向向身体外侧挤出，挤出到和手腕长度一致的位置，如图 6-49 所示。使用【缩放】工具将面压平，并扩大到袖口的大小，稍微向下调整袖头位置，使用【插入循环边】工具，在手肘的位置插入一条循环边，调整位置和大小，如图 6-50 所示。

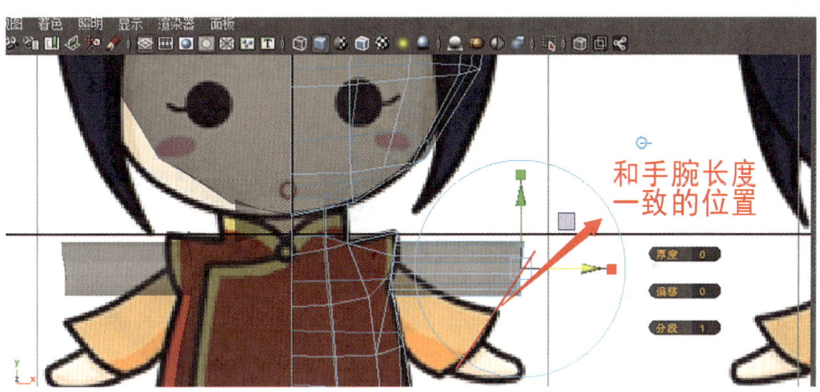

图 6-49

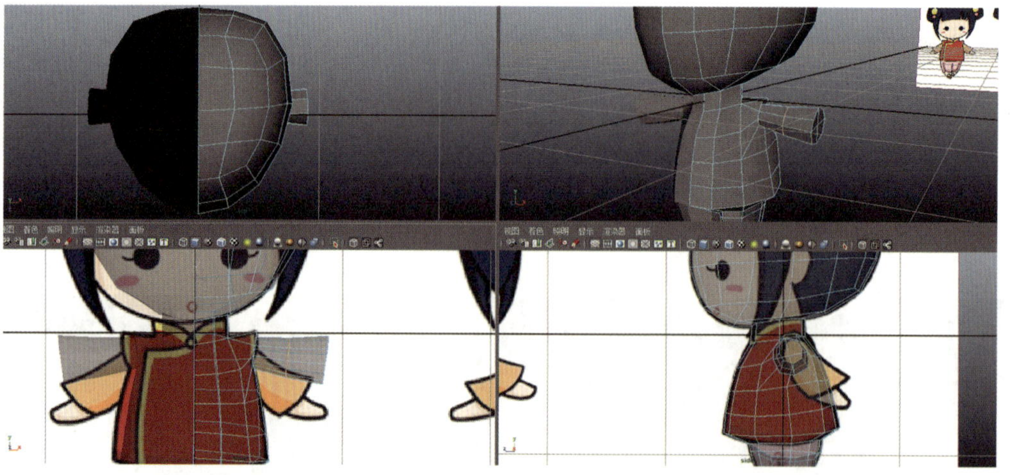

图 6-50

(3) 选中手部的四个面，执行【挤出面】命令，切换为【世界坐标】，使用缩放操纵杆沿着 YZ 平面，挤出手腕的截面，如图 6-51 所示。继续执行【挤出面】命令，切换为【世界坐标】，沿着 X 轴方向挤出手掌。进入【顶点】层级调整截面，使其更扁、更小，整个手掌看起来更圆，结果如图 6-52 所示。

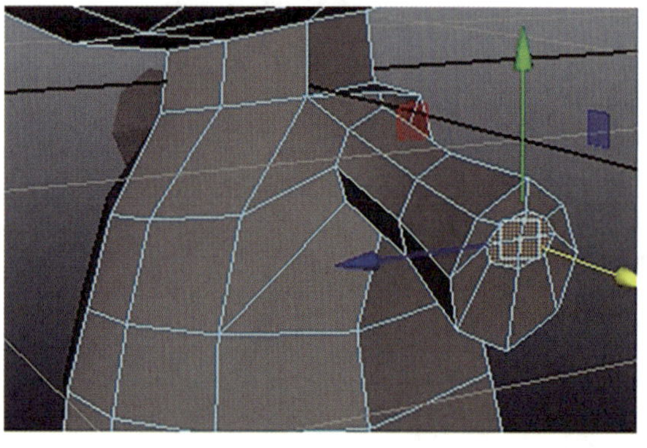

图 6-51

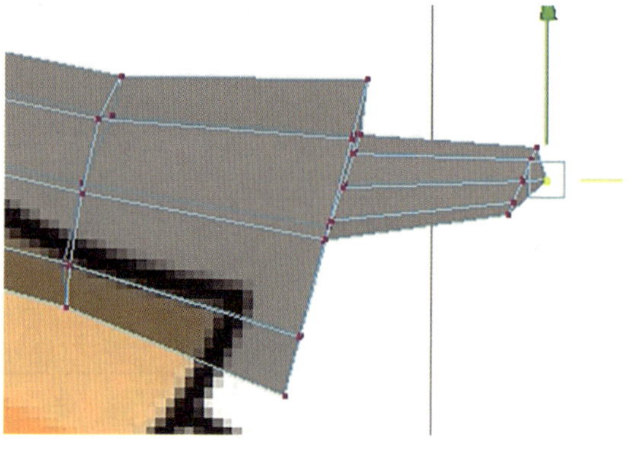

图 6-52

(4) 使用【插入循环边】工具，在手掌中间插入一条循环边，调整细节。再在手肘两侧和肩部位置添加 3 条循环边，注意这些新添加的循环边需要调整细节，使整个袖管、手掌形成一个比较流畅的弧度，如图 6-53、图 6-54 所示。

图 6-53

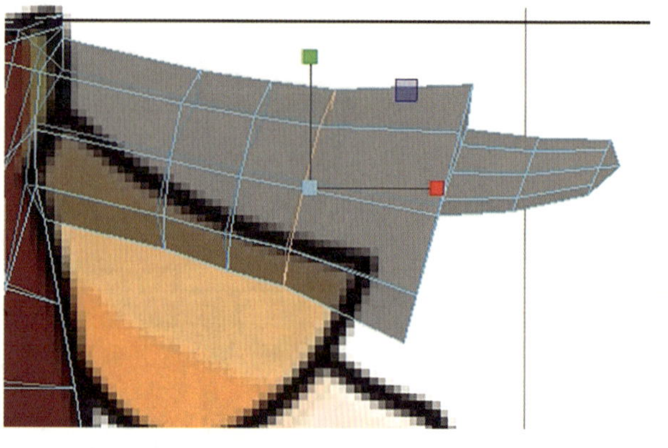

图 6-54

一般角色的四肢布线方式都是圈线，因此肢体和身体的衔接需要对线的方向进行修改。下肢部分由于多出一个臀部结构，躯干和腿部的衔接显得比较复杂。

腿部是两个八边形圆柱，身体是一个大立方体，将二者衔接，需要在裆部进行调整，调整出臀部的位置后再进行挤出，这时同样也会在每条腿的腿根处形成 4 个五星点，线的方向也会发生变化，如图 6-55 所示。

手臂可理解为一个八边形圆柱，把身体理解为一个立方体，将二者衔接，就会在胸、颈等环绕手臂的位置形成 4 个五星点，线的方向也在这里发生变化，如图 6-56 所示。

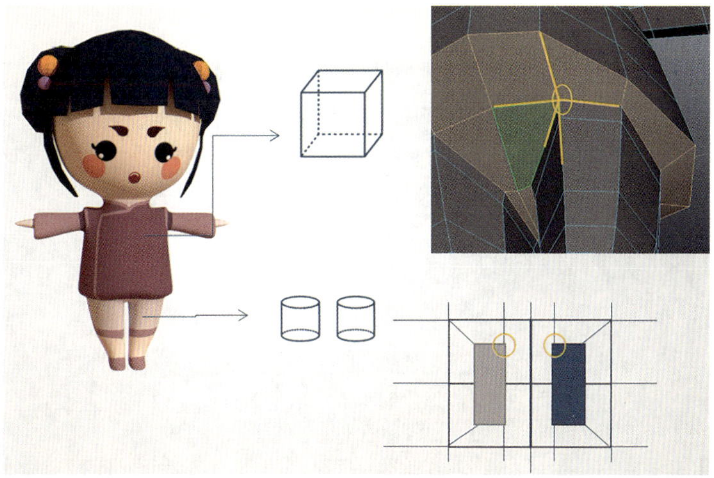

图 6-55

图 6-56

6.2.7 制作头发

(1) 创建一个【球体】，比头部模型略大，【轴向细分数】设置为“12”，【高度细分数】设置为“8”，进入【面】层级，删除最下面 3 排面，如图 6-57 所示。

(2) 删除左边的面，进入【对象模式】，单击【特殊复制】工具后面的“□”，在【特殊复制选项】中，【几何体类型】选择【实例】，将【缩放】的 X 轴方向数值(缩放行的第一个数值)设置为“-1.0000”，如图 6-58 所示。

头发模型制作视频

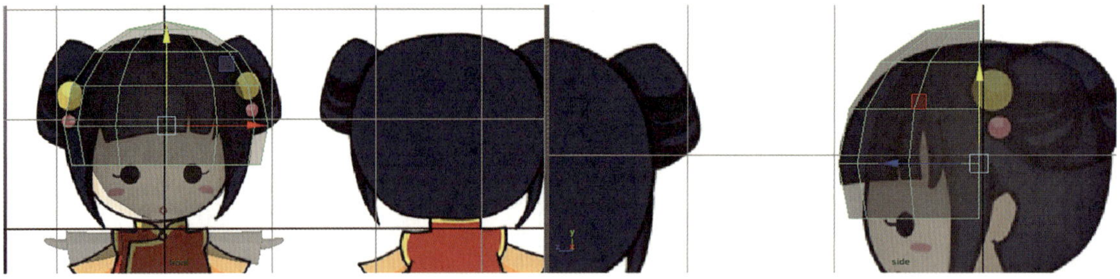

图 6-57

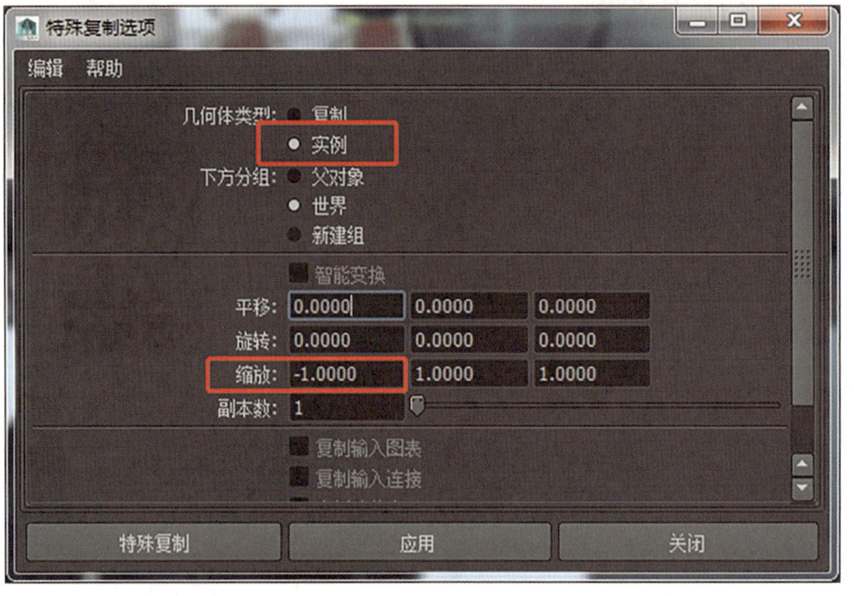

图 6-58

(3) 使用【多切割】工具在头发最外侧添加一条边，分割出鬓角头发的宽度，如图 6-59 所示。进入【边】层级，将切割出的鬓角执行【挤出边】操作，并将挤出的【分段】设置为“4”(或者重复 4 次【挤出边】操作)。进入【顶点】层级，调整出上宽下窄的形状，如图 6-60 所示。

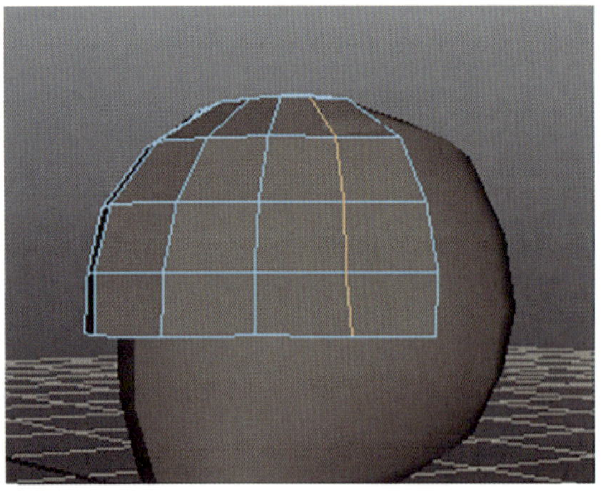

图 6-59

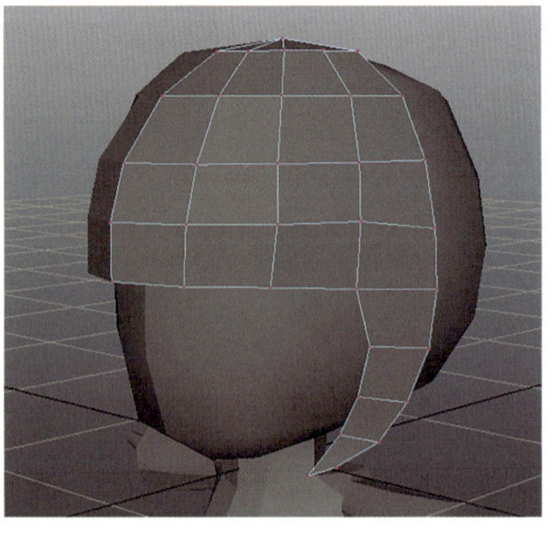

图 6-60

(4) 继续使用【多切割】工具调整刘海的细节，如图 6-61 所示。进入【面】层级，将多余的面删除，形成刘海的分块，如图 6-62 所示。

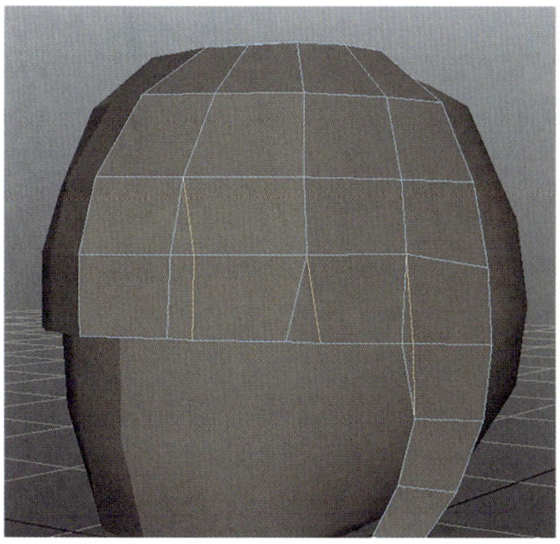

图 6-61

图 6-62

(5) 进入【边】层级，选中头发外轮廓边缘，执行【挤出边】操作，如图 6-63 所示。

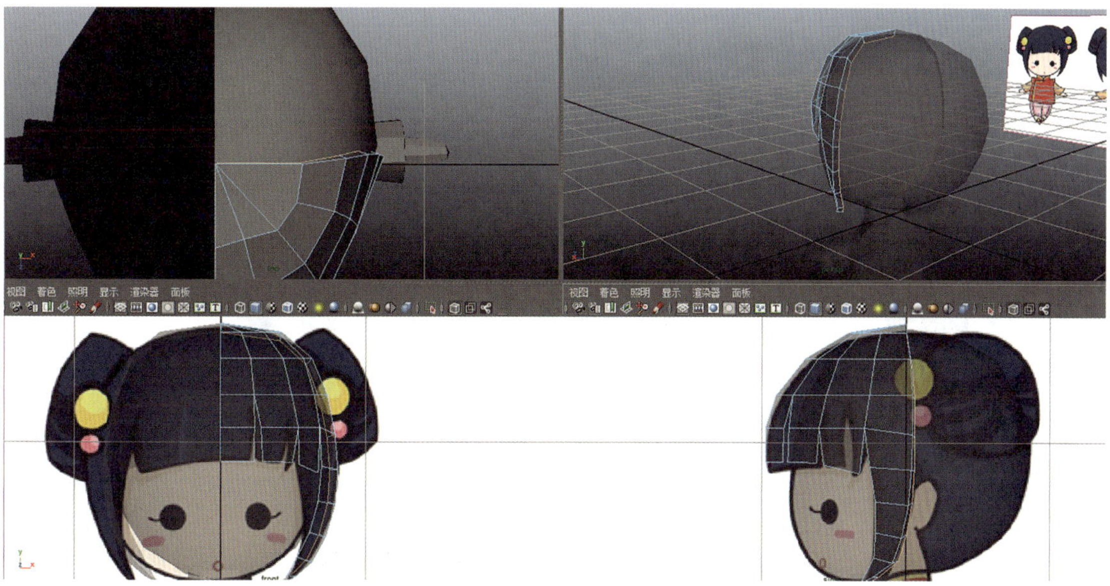

图 6-63

(6) 在头发的后方，进入【顶点】层级进行调整，制作鬓角的厚度，如图 6-64 所示。

图 6-64

(7) 创建一个【圆柱体】，将【高度细分数】和【端面细分数】均设置为“2”，【轴向细分数】设置为“10”。进入【顶点】层级，选中上下两端的中心顶点，使用【缩放】工具使其凹陷。从上到下选择圈线沿着 Y 轴进行旋转。如图 6-65 所示。

(8) 将发髻放置到中国娃娃右侧头上的合适位置，注意要到后视图调整点的位置，让发髻和头部尽量贴合，如图 6-66 所示。选中发髻，单击【变形】菜单下【晶格】后面的“□”，在【晶格选项】中，将【分段】全部设置为“3”。进入【晶格点】层级，使得整个发髻更加贴合中国娃娃头部的弧形曲线，如图 6-67 所示。最后，选中晶格后，执行【编辑】→【按类型删除】→【历史】命令，如图 6-68 所示。

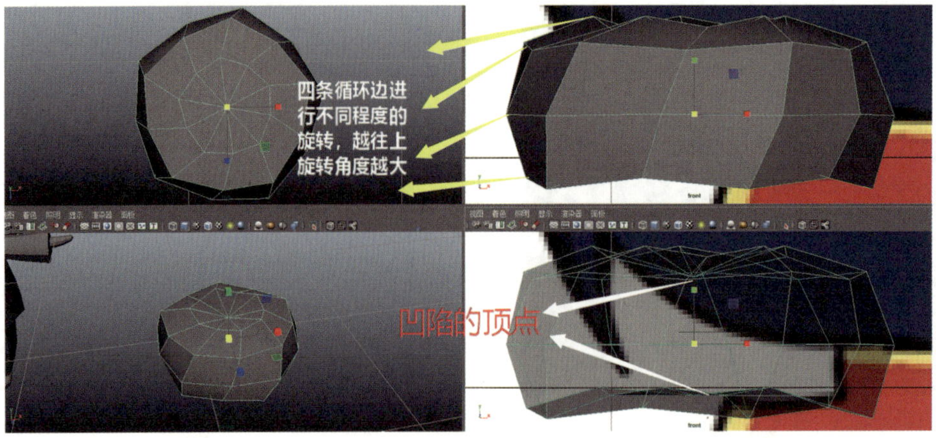

图 6-65

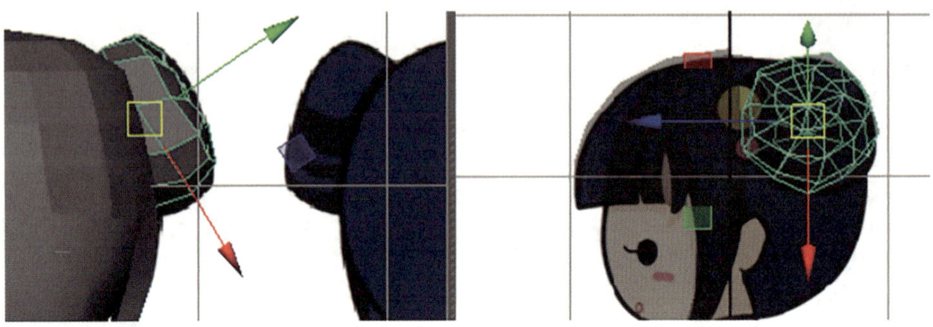

图 6-66

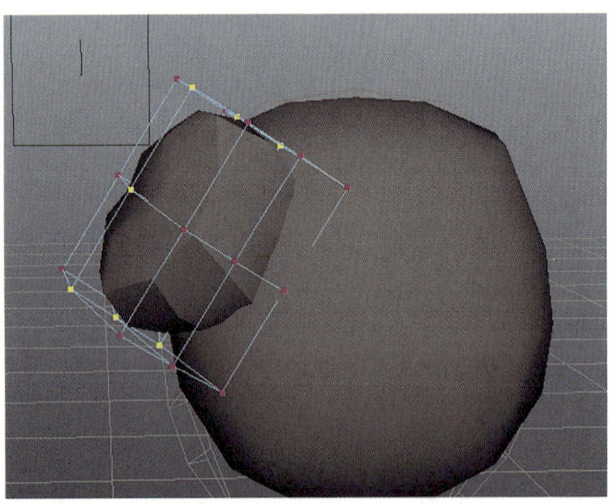

图 6-67

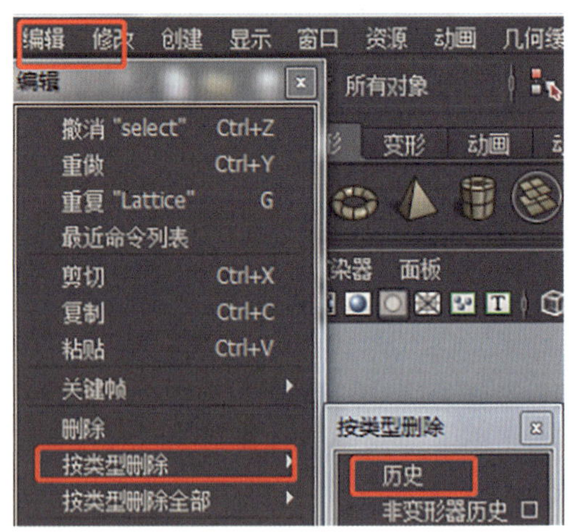

图 6-68

(9) 创建两个圆球，作为头饰，放到合适位置，如图 6-69 所示。框选发髻和两个圆球头饰，使用快捷键<Ctrl+G>分组，并确保该组的枢轴中心在原点(0，0，0)位置(默认情况下组的枢轴就在原点)。选中该组，单击【特殊复制】工具后面的"□"，在【特殊复制选项】中，【几何体类型】选择【实例】，将【缩放】的 X 轴方向数值(缩放行的第一个数值)设置为"-1.0000"，如图 6-70 所示。

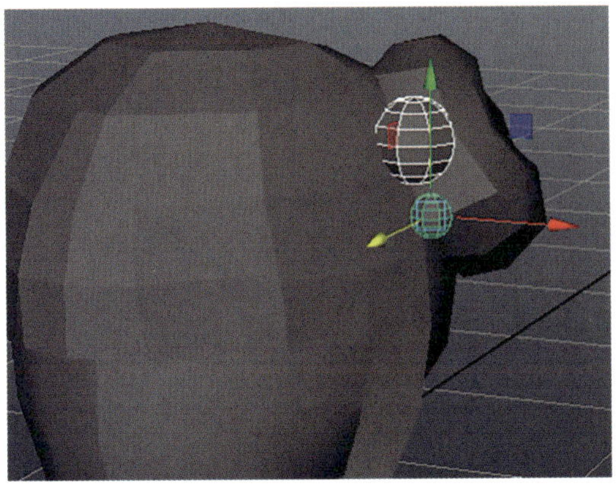

图 6-69

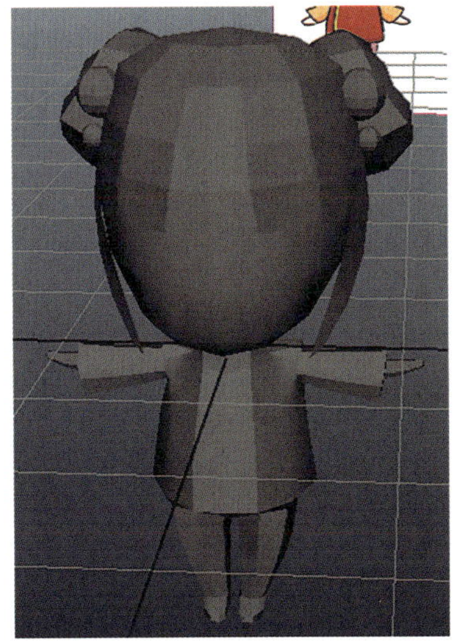

图 6-70

6.3 中国娃娃模型 UV 展开

6.3.1 头部模型 UV 展开

头部模型 UV 展开视频

(1) 在【UV】菜单中，打开【UV 编辑器】，在【前视图】中进入【面】层级，框选从头到脖子部分的所有面。注意要在【透视图】中检查是否多选或少选。对选中的面进行【平面映射】，单击【平面】命令后面的“□”，在【平面映射选项】中，【投影源】选择【摄影机】，最后单击【应用】并关闭【平面映射选项】，如图 6-71 所示。

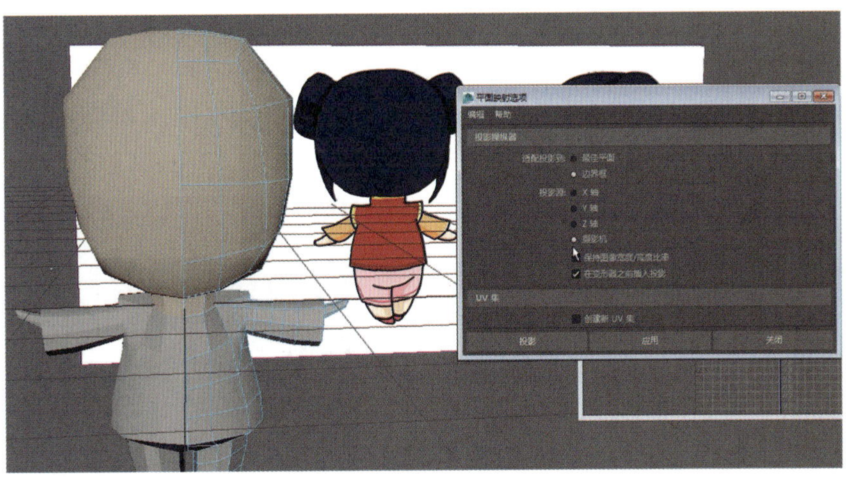

图 6-71

(2) 进入【边】层级，选中图 6-72、图 6-73 中的两条橙黄色高亮显示的边，在【UV 编辑器】中执行【剪切】命令。然后进入【UV】层级，执行【展开】命令。

(3) 进入【边】层级，在展开的 UV 纹理中选中头部中心线，如图 6-74 所示，按住＜Ctrl＋鼠标右键＞，执行【到 UV】命令，切换到【UV】层级，按住＜Shift＋鼠标右键＞，执行【拉直 UV 边界】命令，将拉直的 UV 点进行旋转和左移，如图 6-75 所示。

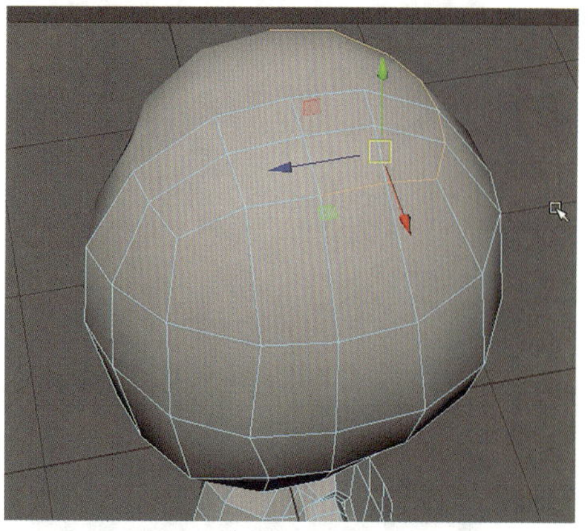

图 6-72

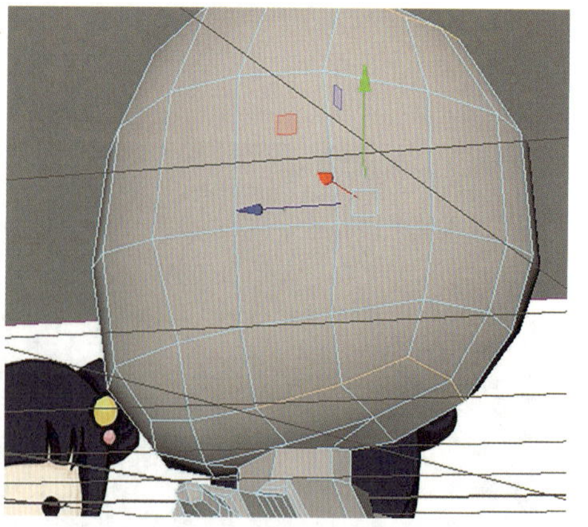

图 6-73

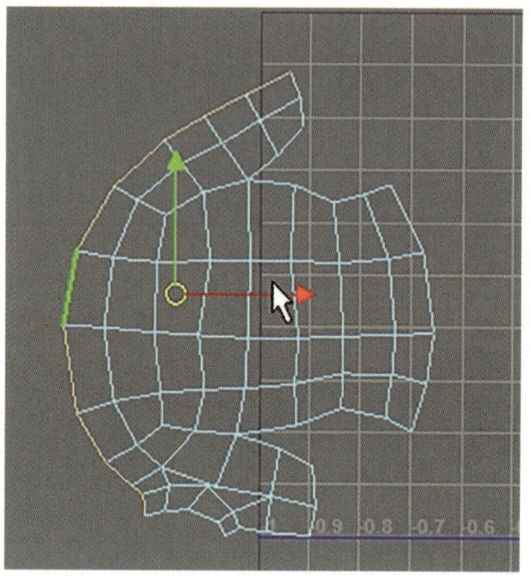

图 6-74

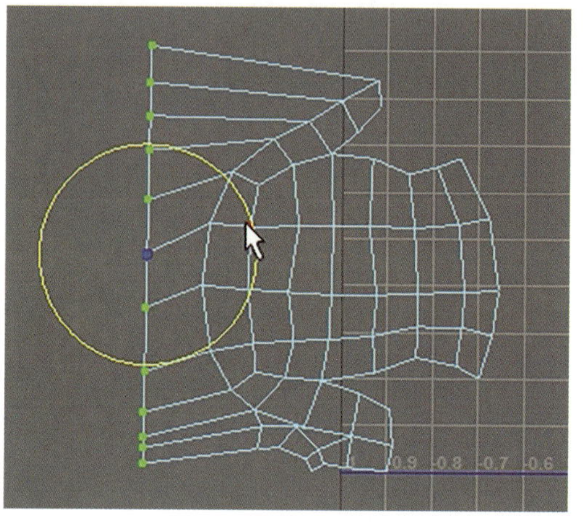

图 6-75

(4) 如图 6-76 所示，框选右侧的所有 UV 点，按住<Shift+鼠标右键>，执行【平滑】工具(Maya 2019 版本中为【优化】命令)，用鼠标左键按住【平滑】命令下的【展开】不松开，向右拖曳鼠标，无明显变化后松开鼠标。如此反复拖曳多次，直至 UV 纹理无明显拉伸改变如图 6-77 所示。

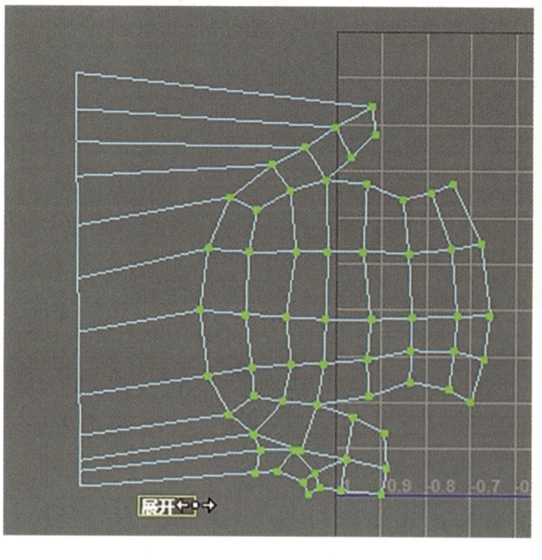

图 6-76

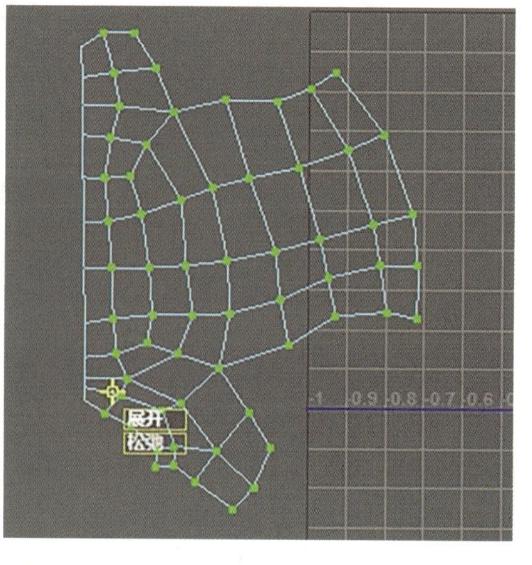

图 6-77

6.3.2 四肢模型 UV 展开

四肢模型 UV 展开视频

(1) 进入【面】层级，在【前视图】中选中手部所有的面，如图 6-78 所示。在【透视图】中检查是否多选或漏选。单击【UV】菜单下【平面】命令后面的“□”，在【平面映射选项】中将【投影源】设置为【Z 轴】，对手部进行 UV 映射，如图 6-79 所示。

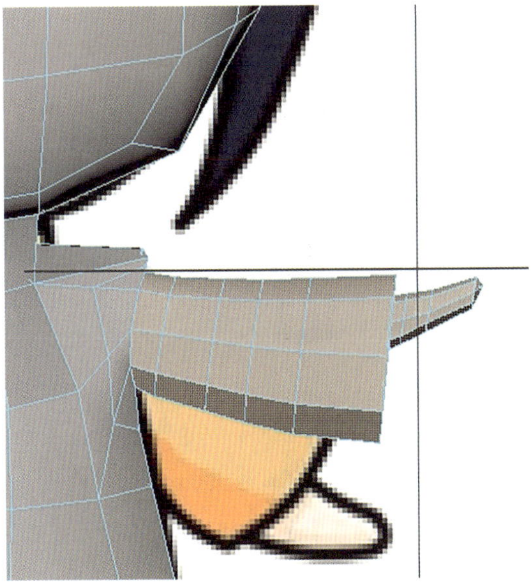

图 6-78

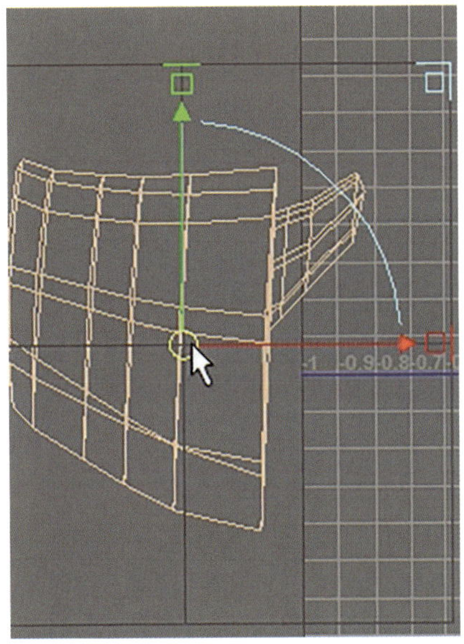

图 6-79

(2) 进入【边】层级，选中图 6-80、图 6-81 所示的橙黄色高亮显示的边，在【UV 编辑器】中执行【剪切】命令。进入【UV】层级，执行【展开】命令，如图 6-82 所示。

(3) 进入【面】层级，在【前视图】中选中下肢所有的面，如图 6-83 所示。在【透视图】中检查是否多选或漏选。单击【UV】菜单下【平面】命令后面的“□”，在【平面映射选项】中将【投影源】设置为【Z 轴】，对下肢进行 UV 映射。

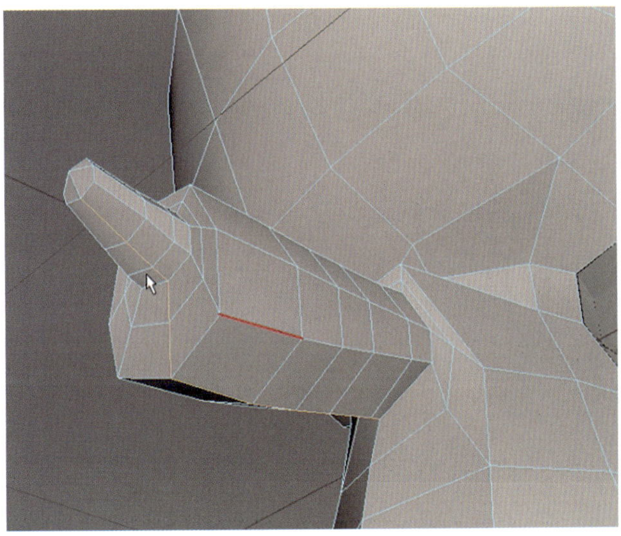

图 6-80

图 6-81

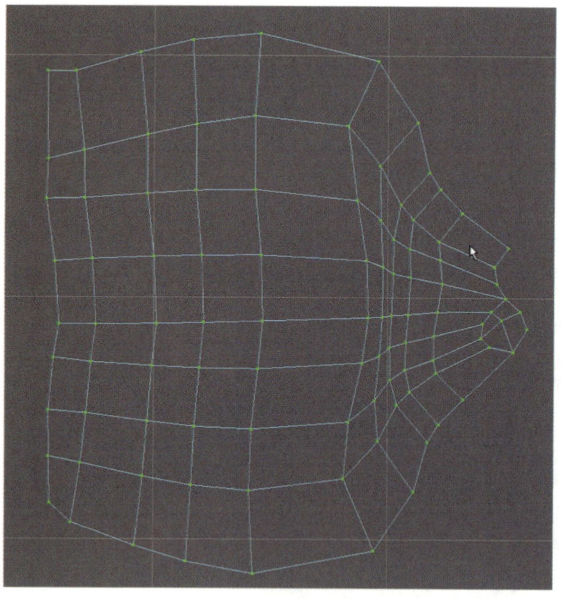

图 6-82

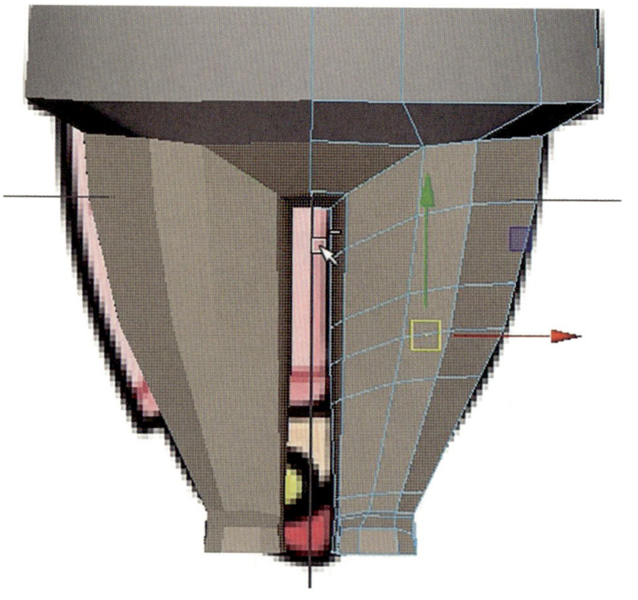

图 6-83

(4) 进入【边】层级，选中腿部靠近身体内侧的边和脚底边缘的边，如图 6-84、图 6-85 所示，在【UV 编辑器】中执行【剪切】命令。进入【UV】层级，选中腿部所有 UV 点，执行【展开】命令，如图 6-86 所示(图中绿色高亮显示的 UV 部分是脚底的 UV 信息)。

图 6-84

图 6-85

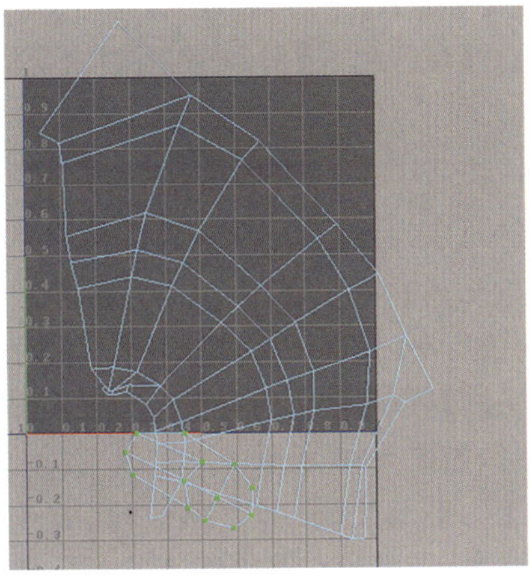

图 6-86

6.3.3 模型合并

模型合并

模型身体部分的贴图并不对称，导致 UV 无法重叠绘制，因此在这个步骤需要将左、右两侧身体的模型进行合并。

注意：通过【特殊复制】→【实例】方式复制出来的模型无法直接进行左、右两侧的合并，需要删除后重新使用【复制】工具进行复制。

（1）在【对象模式】下，删除左半边身体，选中右半边，单击【特殊复制】命令后面的“□”，在【特殊复制选项】中将【几何体类型】设置为【复制】，【缩放】的 X 轴方向数值（缩放行的第一个数值）设置为“－1.0000”，如图 6-87 所示，将模型再次镜像复制。

图 6-87

（2）选中左、右两侧的模型，执行【结合】命令，然后进入【顶点】层级，在【前视图】中使用【缩放】工具，将中间一排的顶点进一步对齐后，执行【合并顶点】命令，将两侧的身体合并为一个模型。此时，需要注意检查所有顶点是否完全合并。

6.3.4 躯干模型UV展开

躯干模型UV展开视频

（1）在【UV编辑器】中进入【UV壳】层级，选中已经展开过的UV壳拖动到一侧。进入【面】层级，框选所有的面（这部分未展开的面就是躯干部分），如图6-88所示。单击【UV】菜单下【平面】后面的“□”，在【平面映射选项】中将【投影源】设置为【Z轴】，对躯干进行UV映射，如图6-89所示。

（2）进入【边】层级，选中图6-90、图6-91、图6-92中橙黄色高亮显示的边，在【UV编辑器】中执行【剪切】。进入【UV】层级，选中所有躯干部分的UV点，执行【展开】命令，如图6-93所示。

（3）将所有的UV摆放到U1V1象限内，将左右对称的UV进行重叠摆放，如头、上下肢等都可以重叠摆放，如图6-94所示。

图 6-88

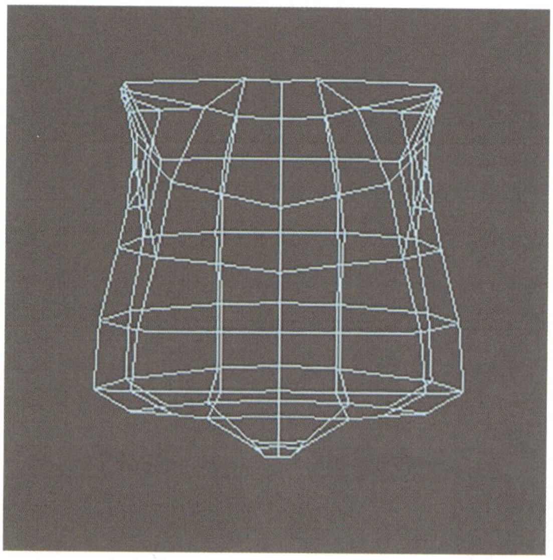

图 6-89

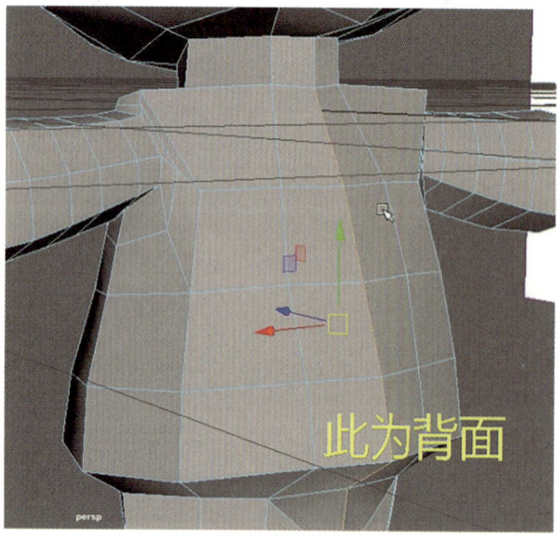

图 6-90

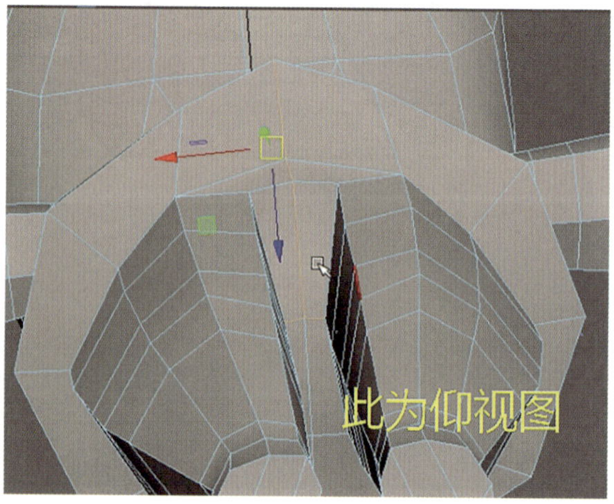

图 6-91

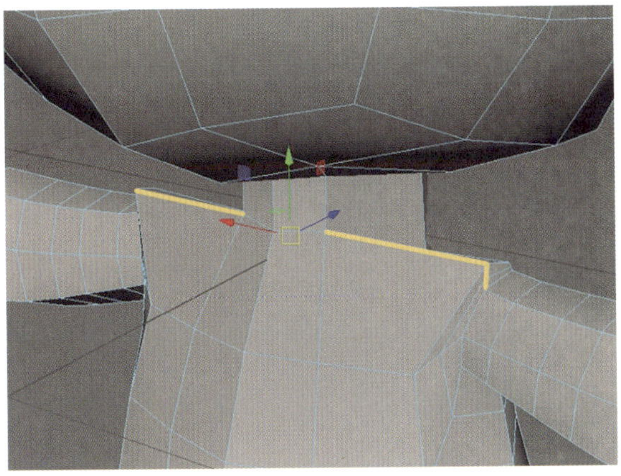

图 6-92

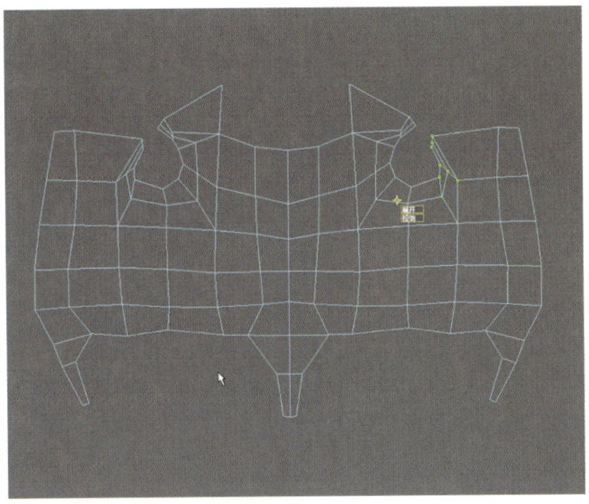

图 6-93

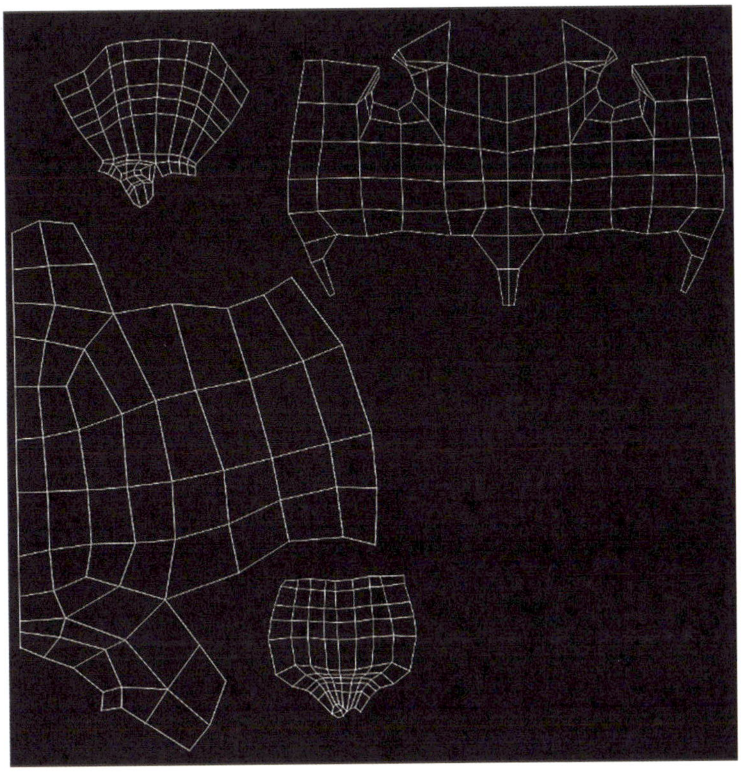

图 6-94

知识拓展

人物模型的 UV 较建筑类、道具类 UV 最大的区别是，人物模型很多时候是对称的，贴图也十分对称。因此，为了绘制贴图方便，通常会将人物对称部分的 UV 进行重叠，方便后期的贴图制作。

另外，在展开人物头部模型 UV 时，不可避免会碰到 UV 的拉伸和接缝，在建筑中我们会刻意将这些拉伸和接缝藏在转折比较大或者看不见的底部。在人物角色制作中也是如此，我们在拆分 UV 的时候要尽量避免面部，尤其是五官部分 UV 的拉伸，尽量将接缝藏在人物角色后脑勺、腿部内侧等不易被看出的位置。

UV 展开在模型制作过程中是根据需要进行的，如果不需要导入对 UV 有要求的渲染平台或渲染引擎中，颜色单一、材质单一的模型可以不进行 UV 展开。在此项目中，刘海、发髻等模型的材质都是同一种颜色，因此没有对它们的 UV 进行展开。

6.4 中国娃娃模型贴图制作

6.4.1 导出 UV 纹理

在【对象模式】下，选择模型，在界面【UV 编辑器】中的【多边形】菜单下选择【UV 快照】(Maya 2019 版本在【图像】菜单下)，在【UV 快照选项】中将【大小 X(像素)】和【大小 Y(像素)】都设置为“1024”，【图像格式】设置为【PNG】(或者其他包含透明通道的图片格式)，如图 6-95 所示。

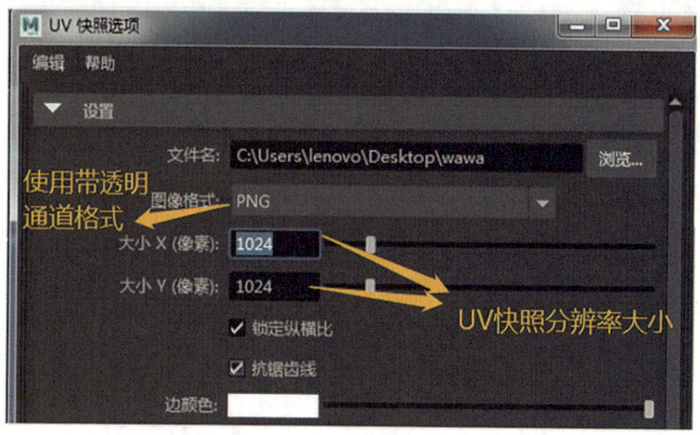

图 6-95

6.4.2 贴图的绘制

贴图绘制视频

(1) 将导出的 UV 纹理文件在 PS 中打开。在背景图层之下创建一个新的图层【图层 1】，并将【图层 1】填充为黑色。将背景图层锁定后，再创建一个图层【图层 2】，在这个图层中进行贴图基本颜色的填充。使用魔棒工具快速选取，将所有的 UV 纹理根据参考图填充为单色，如图 6-96 所示。

(2) 将参考图作为新的一个图层导入贴图文件中，使得其脸部和贴图的脸部基本对齐，如图 6-97 所示。

注意：网格的分布情况需要在 Maya 和 PS 中切换对照观察，图 6-97 中的橙黄色框线区域就是两个软件中相对应的同一位置。

(3) 继续对照 Maya 和 PS 中的网格分布，在 PS 中使用【画笔】工具绘制出额头、侧脸颊、脖子部分的肤色，头发部分的深蓝色，如图 6-98 所示。完成该阶段后可以隐藏背景图层(UV 纹理图层)，保存为 JPG 格式，保存到创建好的工程文件“sourceimages”文件夹中。在 Maya 软件界面中，选中模型，单击鼠标右键为中国娃娃添加【Lambert】材质，并在【属性编辑器】中找到该材质，单击【颜色】栏后面的棋盘格图标，链接上刚刚保存的图片，检查贴图是否准确，并可以回到 PS 中进行微调。

图 6-96

图 6-97

在 PS 中使用【钢笔工具】，沿着 UV 纹理的网格绘制出领口部分的细节，如图 6-99 所示，使用【钢笔工具】的【描边】工具绘制出黄色的领口绲边，并将脖子的其他区域填涂为红色，如图 6-100 所示。贴图的绘制方法较为相似，此处不过多展开。

图 6-98

图 6-99

图 6-100

6.5 中国娃娃模型灯光和渲染设置

6.5.1 三点灯光概念

布光又称为区域照明。一般布光有三盏灯即可，分别为主体光、辅助光与轮廓光，用于较小范围的场景照明。如果场景很大，可以把它拆分成若干个较小的区域进行布光。在 Maya 的场景中，三点灯光是最常见的光源分布，如图 6-101 所示。

(1) 主体光。

主体光通常用来照亮场景中的主要对象与其周围区域，并且具有给主体对象投影的功能。主要的明暗关系由主体光决定，包括投影的方向。在实际操作中，主体光根据需要也可以用几盏灯光共同完成。主光灯与拍摄主体位置的相对关系不同，可产生不同的效果：在 15°～30°的位置上，称为顺光；在 45°～90°的位置上，称为侧光；在 90°～120°的位置上，称为逆侧光，如图 6-102 所示。

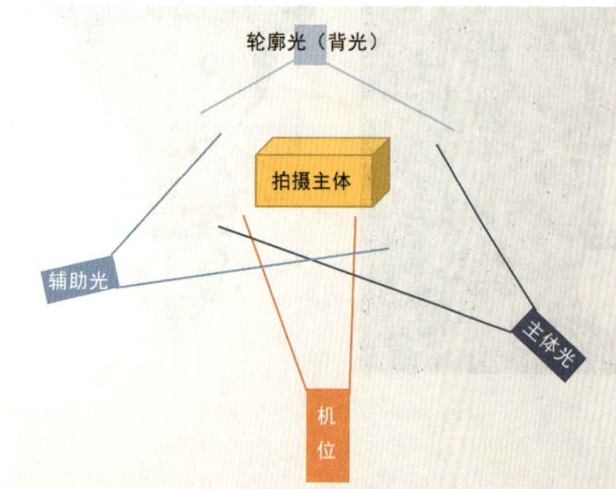

图 6-101

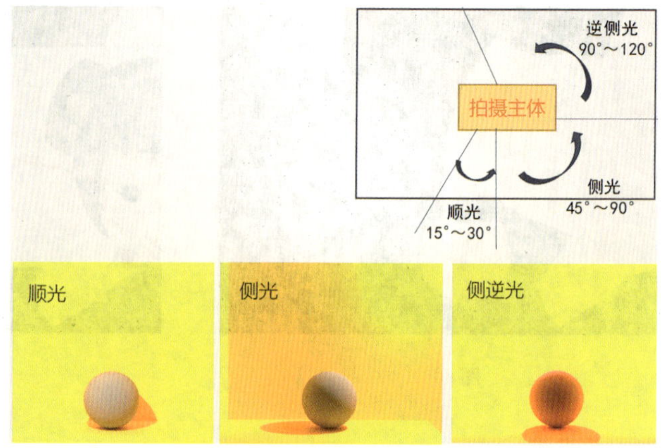

图 6-102

（2）辅助光。

辅助光又称补光，可用来填充阴影区以及被主体光遗漏的场景区域，调和明暗区域之间的反差，同时能形成景深与层次，通常其角度位置和主光源相对，如图 6-103(a)所示。而且这种广泛均匀布光的特性使它为场景打出一层底色，定义了场景的基调。由于要达到柔和照明的效果，通常辅助光的亮度只有主体光的 50%～80%。

（3）轮廓光。

轮廓光又称背光，作用是将主体与背景分离，帮助凸显空间的形状和深度感，特别是当主体为暗色头发、皮肤、衣服，背景也很暗时，如果没有轮廓光主体和背景就容易混为一体，难以区分。轮廓光通常来自被摄体后方或侧后方，位置如同自然光中的逆光照明一样，如图 6-103(b)所示。

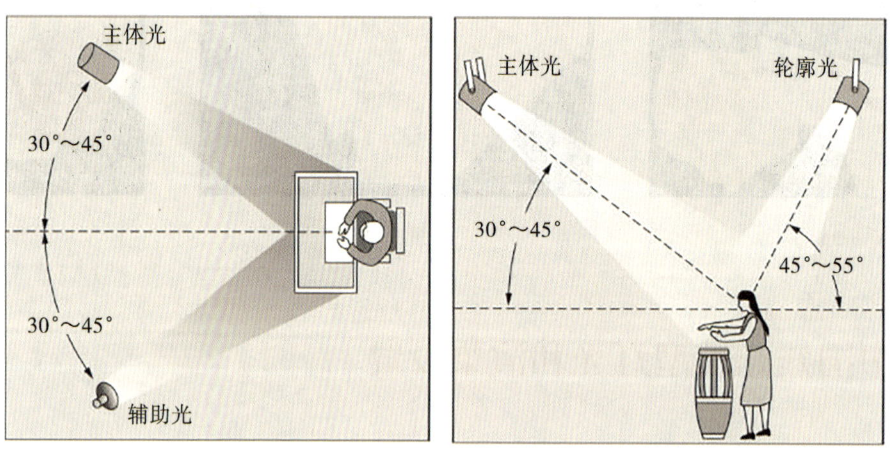

(a)　　(b)

图 6-103

6.5.2 VRay 灯光设置

在之前的项目中多使用 VRay 的太阳光，对于较小的室内场景，三点灯光的布置更为常见。在场景中进行灯光的布置需要遵循一定的顺序，同时设置好渲染器，通过测试渲染对灯光的参数进行微调。灯光

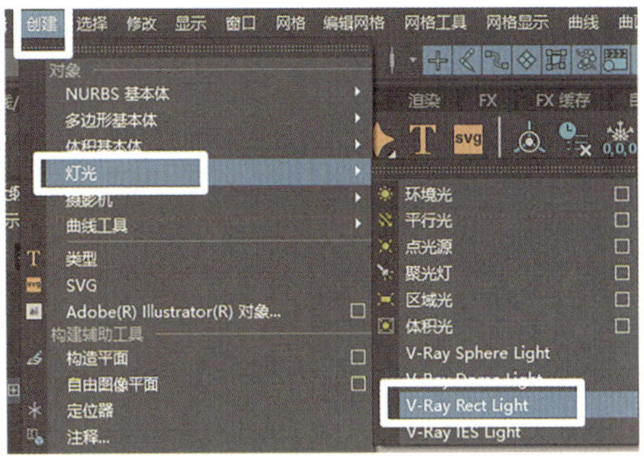

图 6-104

的设置通常会遵循以下顺序：

①确定主体光的位置与强度；

②确定辅助光的强度与角度；

③确定轮廓光的位置与强度；

④根据需要，确定是否分配背景光与装饰光（在本项目中不展开）。

（1）选择【创建】→【灯光】→【V-Ray Rect Light】，创建一个面光源，如图 6-104 所示。将该面光源调整到角色的右上方，如图 6-105 所示的顺光源方向。

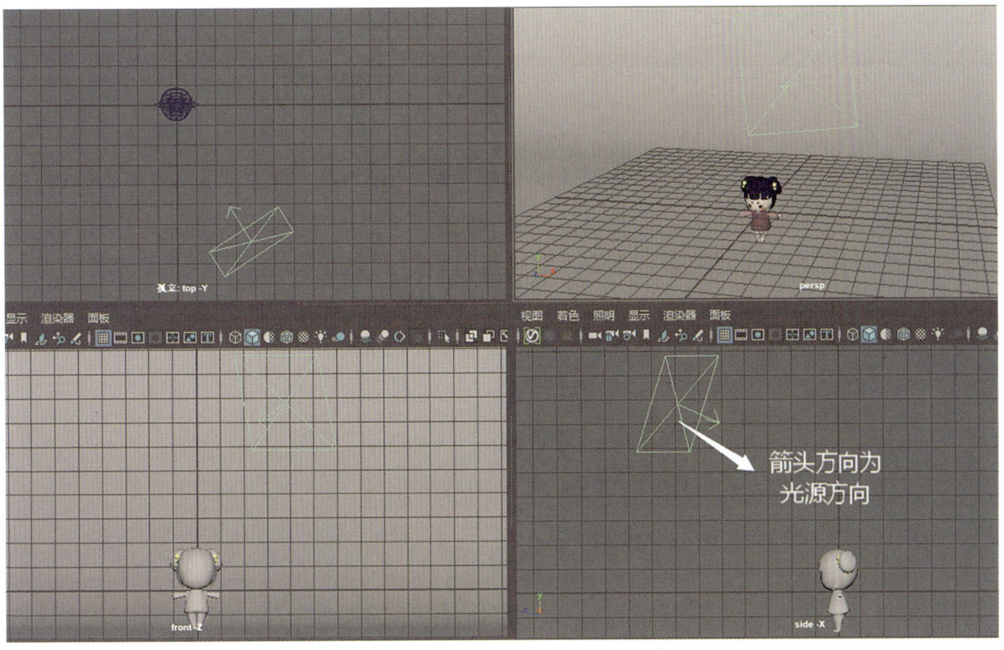

图 6-105

（2）选择【创建】→【摄影机】→【摄影机】，创建一个摄影机，如图 6-106 所示。在视口菜单下找到摄影机图标，单击鼠标右键并选择刚刚创建的摄影机【camera1】，切换为【camera1】视口，如图 6-107 所示。在新视口中将主体角色放置到视口的合适位置，如图 6-108 所示。

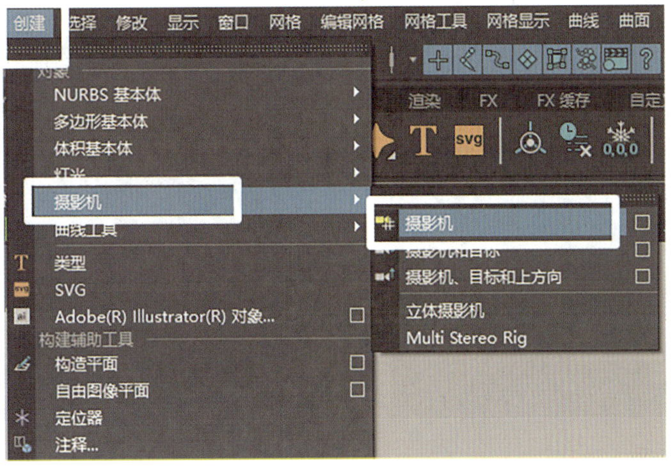

图 6-106

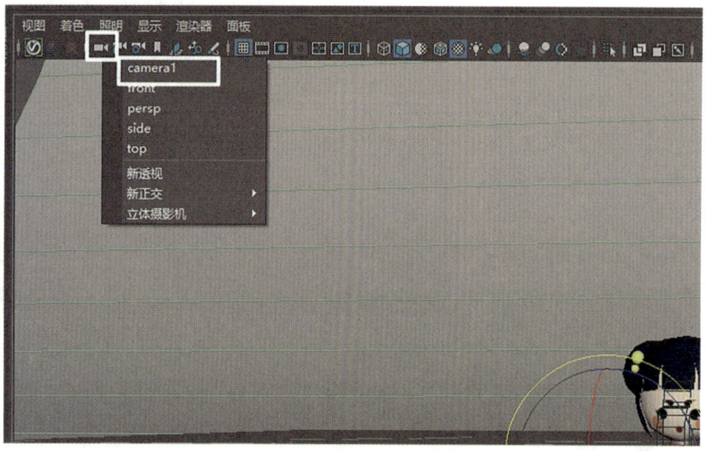

图 6-107

图 6-108

(3) 在【大纲视图】中选中【camera1】,在【属性编辑器】中选中【平移 X】、【平移 Y】、【平移 Z】和【旋转 X】、【旋转 Y】、【旋转 Z】6 个属性,单击鼠标右键,在弹出的快捷菜单中选择【锁定选定项】,将摄影机的角度进行锁定,如图 6-109 所示。被锁定的属性会显示为灰色,如图 6-110 所示。

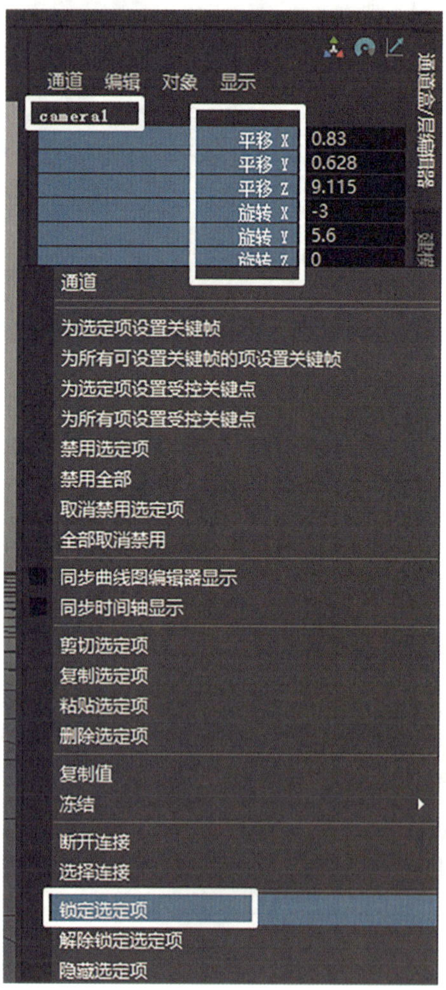

图 6-109

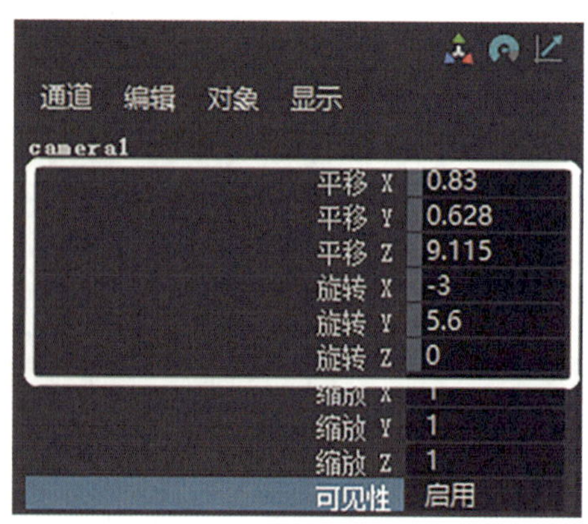

图 6-110

(4) 使用视口中的摄影机图标，切换到【透视图】视口，选中创建出的 VRay 面光源，在【属性编辑器】中将【Basic parameters】卷展栏下的【Intensity multiplier】(灯光强度)设置为“10.000”，如图 6-111 所示。

调整好主光源后可以进行测试渲染。打开【渲染设置】中的【GI】选项卡，勾选【GI】卷展栏下的【On】选项，激活全局光照明选项。将【Primary bounces】中的【Engine】(首次反弹引擎)设置为【Irradiance map】(发光贴图)，将【Secondary bounces】中的【Engine】(二次反弹引擎)设置为【Light cache】(灯光缓存)。

为了更快得到测试结果，可以适当降低渲染质量。将【Irradiance map】卷展栏下的【Presets】设置为【Very low】，将【Light cache】卷展栏下的【Subdivs】数值改为“250”，如图 6-112 所示。切换到【camera1】进行渲染，结果如图 6-113 所示。

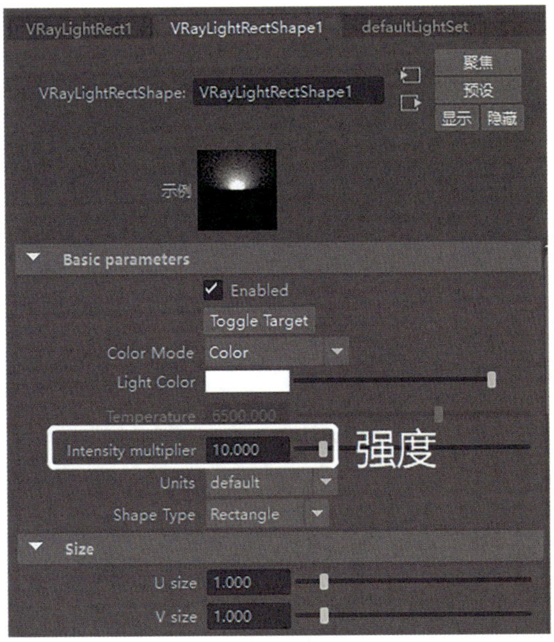

图 6-111

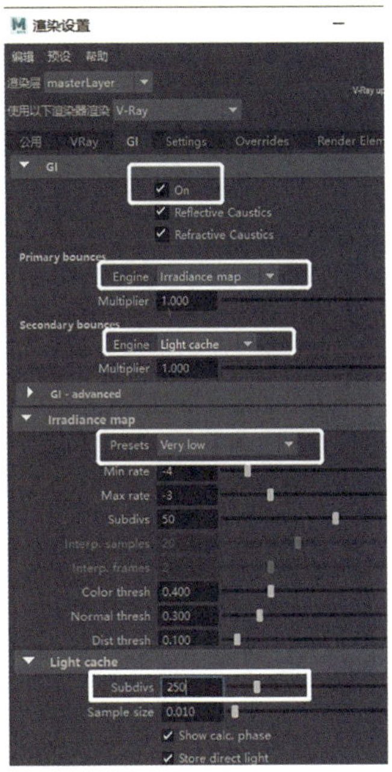

图 6-112

图 6-113

（5）继续在场景中创建辅助光，辅助光相对主光源的位置，如图 6-114 的绿色高亮面光源所示。选中该灯光，在【属性编辑器】中将【Basic parameters】卷展栏下的【Color Mode】设置为【Temperature】（色温），将【Temperature】的数值改为“7850.000”，这个数值可以决定灯光颜色的冷暖，6500 是正白色，低于 6500 是暖光源，数值越低越暖；高于 6500 是冷光源，数值越高越冷。将【Intensity multiplier】设置为“6.000”，如图 6-115 所示。

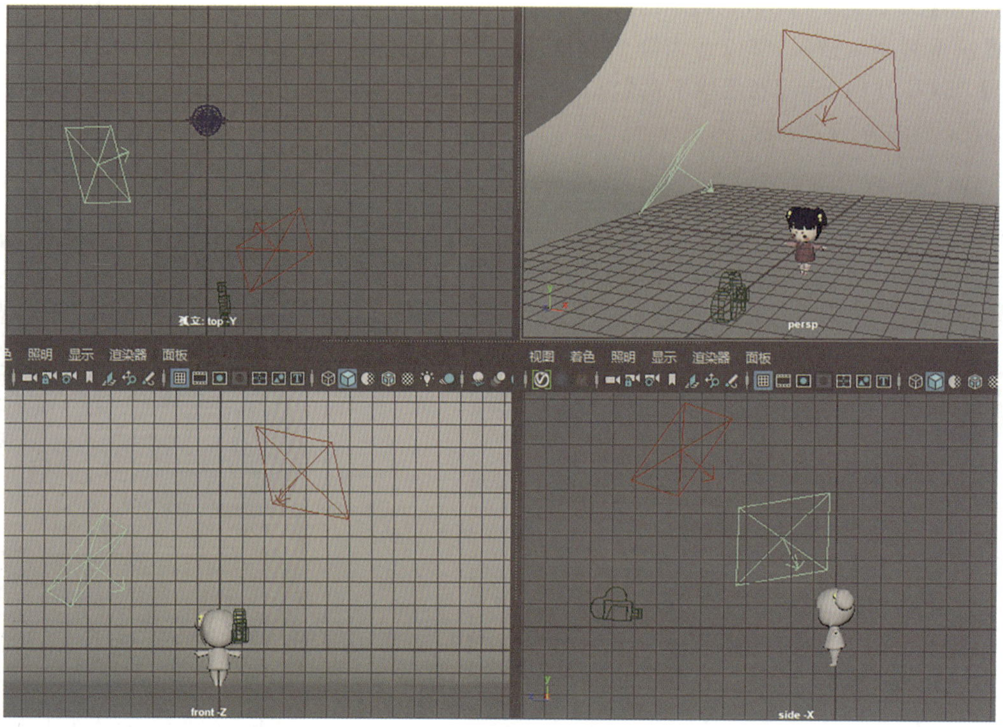

图 6-114

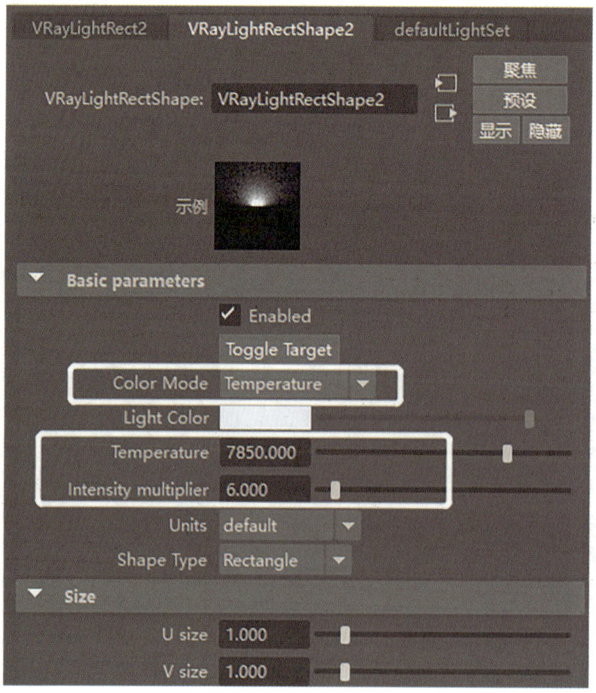

图 6-115

(6) 在现实中,灯光阴影的产生和不可见是无法避免的,但是在三维设计中可以改变。将辅助光的【属性编辑器】中【Options】卷展栏下的【Invisible】勾选,如图 6-116 所示,这样灯光将仅发光,但光源位置不可见。在【Shadows】卷展栏下,取消【Shadows】的勾选,如图 6-117 所示,这样辅助光将不会产生阴影。渲染后的效果如图 6-118 所示。

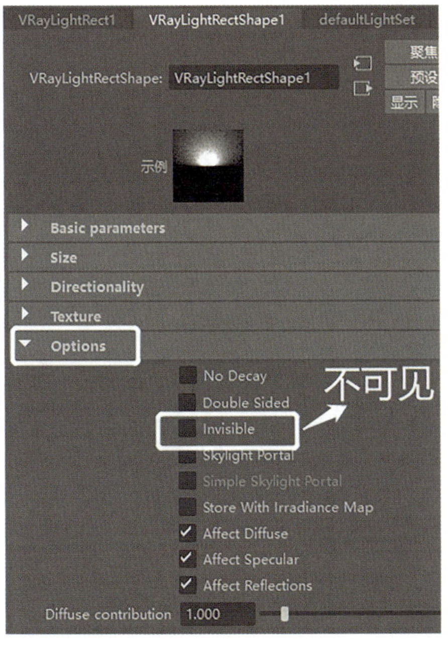

图 6-116

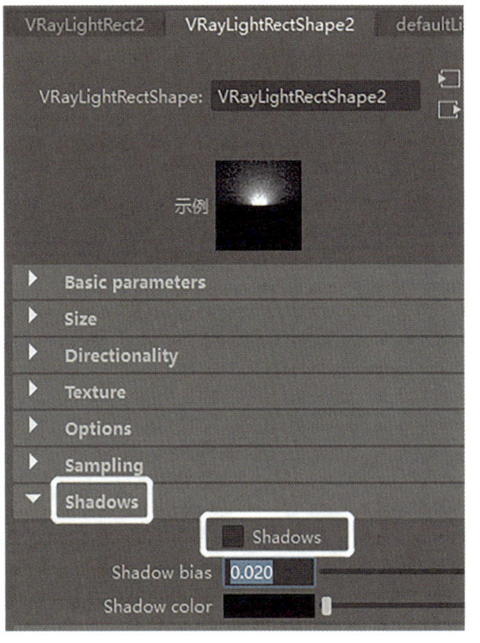

图 6-117

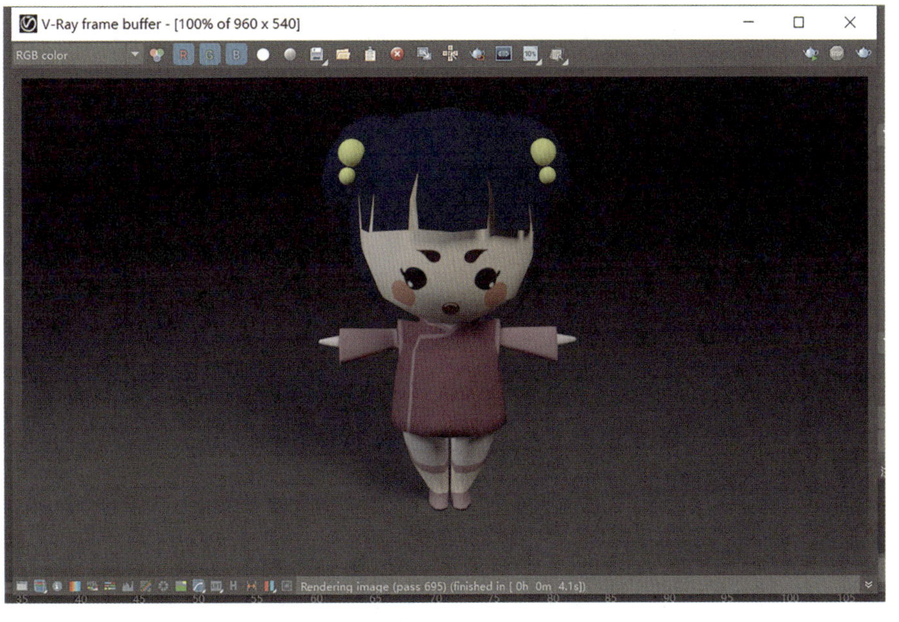

图 6-118

(7) 继续在场景中创建轮廓光(背光),轮廓光的位置在角色的背部,如图 6-119 的绿色高亮面光源所示。选中该灯光,在【属性编辑器】中将【Basic parameters】卷展栏下的【Intensity multiplier】(灯光强度)设置为"12.000",将【Color Mode】设置为【Temperature】(色温),将【Temperature】的数值修改为"3700.000",如图 6-120 所示。

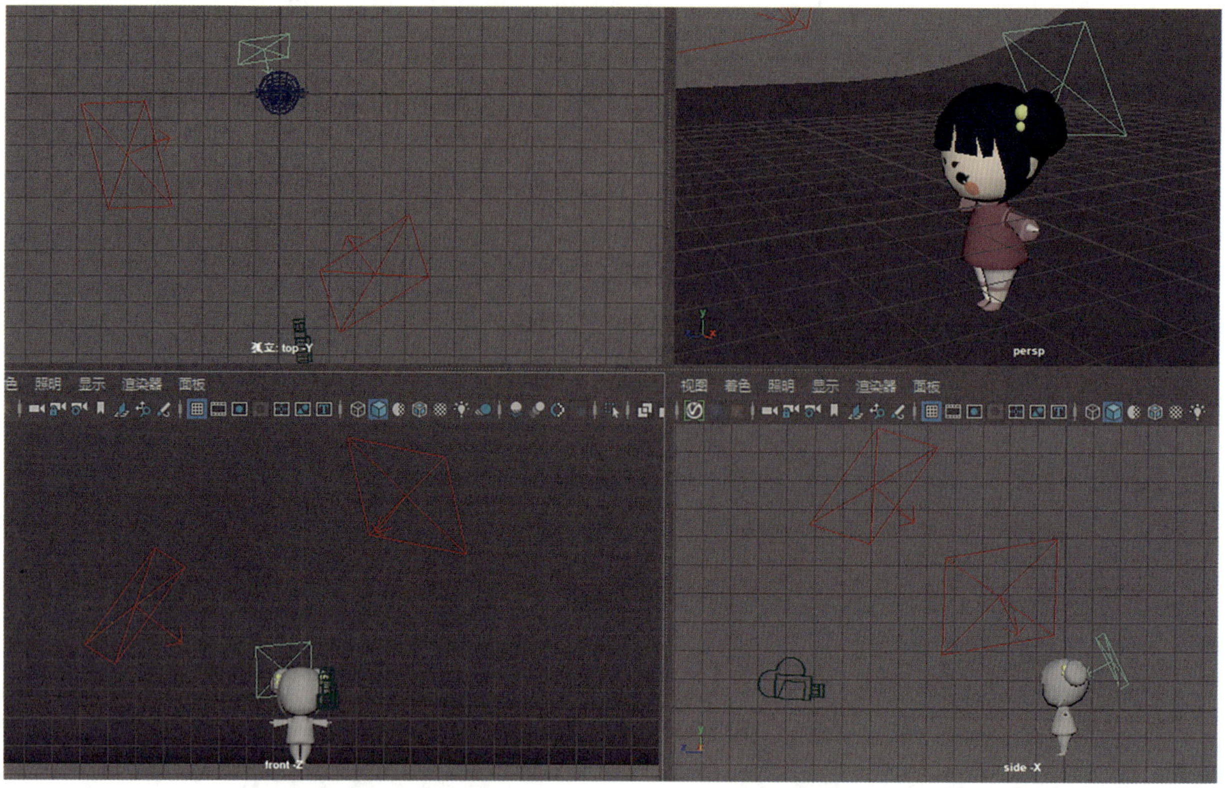

图 6-119

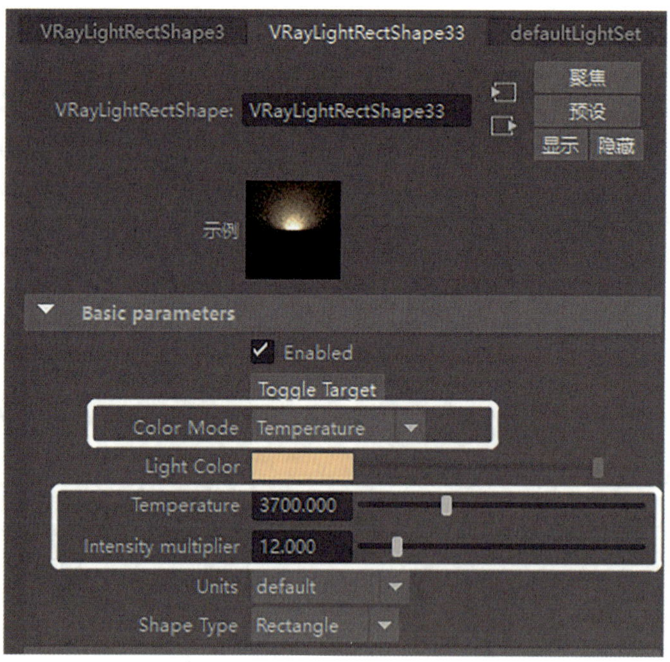

图 6-120

轮廓光同样不需要看到灯光位置和阴影，因此同样将【Options】卷展栏下的【Invisible】勾选，这样灯光将仅发光，但光源位置不可见。在【Shadows】卷展栏下，取消【Shadows】的勾选。渲染结果如图 6-121 所示。

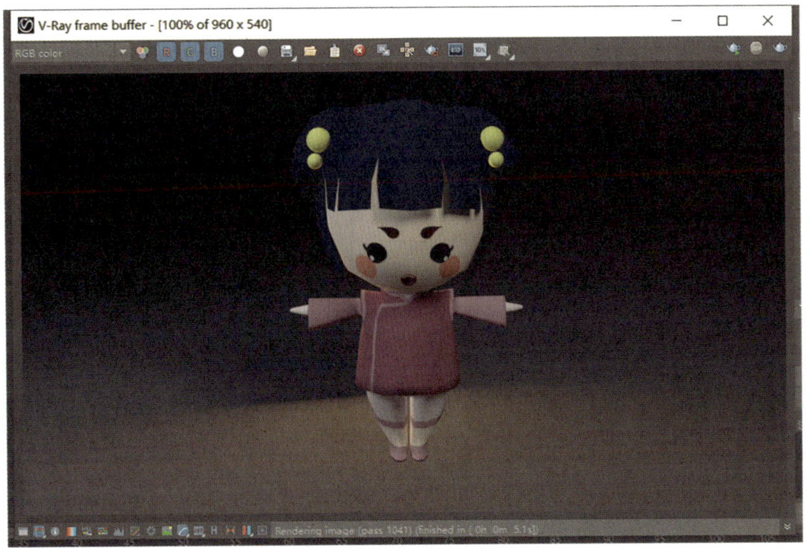

图 6-121

(8) 在步骤(7)的渲染结果中，因为轮廓光距离地面比较近，在地面产生了比较明显的不自然亮光。在 Maya 中，灯光照亮哪些部分是可以控制的，就是为了避免出现不自然的光照。在【窗口】菜单的【关系编辑器】菜单下，找到【灯光链接】，并选择【以灯光为中心】类型，如图 6-122 所示。

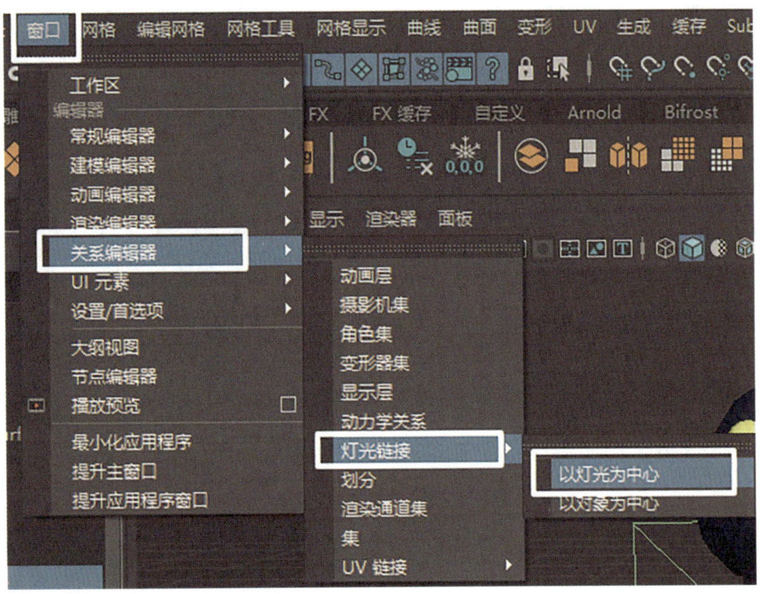

图 6-122

在【关系编辑器】窗口中，有两栏对象，左栏是光源，右栏是模型等可以被灯光照亮的受照明对象。用鼠标左键单击【VRayLightRectShape3】(背光)，可以看到右栏中所有的对象都呈蓝色高亮显示，如图 6-123 所示，这表示所有对象都会被该灯光照亮。用鼠标左键单击不想被照亮的对象，该对象将不再蓝色高亮显示，如图 6-124 所示。完成后关闭窗口，并进行渲染。

(9) 如图 6-125 所示，渲染出的效果图有几个问题：①边缘处光线不够，主体和背景层级没有区分开；②主光源不够明显；③腿部边缘光过亮。

针对这些问题，将轮廓光位置调高，并移动到角色的右后侧；主光源的【Intensity multiplier】(灯光强度)提高为“14.000”。渲染结果如图 6-126 所示。

图 6-123

图 6-124

图 6-125

图 6-126

灯光的设置需要进行反复的试验，可以多尝试一些灯光的布设位置，并配合灯光强度的调整，学习者应多加练习，体会其中的联系。

知识拓展

Maya 软件中灯光设置的注意要点

(1) 灯光宜精不宜多。过多的灯光使工作过程变得杂乱无章，显示与渲染速度也会受到严重影响，应只保留必要的灯光。另外，要注意灯光投影与阴影贴图及材质贴图的使用，能用贴图替代灯光的地方最好用贴图。例如，要表现晚上从室外观看到的窗户内灯火通明的效果，不需要用灯光去模拟，用自发光贴图会方便得多，效果也很好。切忌随手布光，否则成功率将非常低。对于可有可无的灯光，坚决不予保留。

(2) 灯光要体现场景的明暗分布，要有层次性，切不可把所有灯光一概处理。根据需要决定灯光的亮度与对比度。如果要达到更真实的效果，一定要在灯光衰减方面下一番功夫。可以采取暂时关闭某些灯光的方法排除干扰，以更好地设置其他灯光。

(3) Maya 软件中的灯光是可以超现实的。要学会利用【灯光链接】设置不同灯光与不同对象之间的影响关系，通过“排除”与“包括”的设置，调整灯光对某个物体的照明或投影效果。例如，要模拟烛光的照明与投影效果，我们通常在蜡烛灯芯位置放置一盏泛光灯。如果这盏灯不对蜡烛主体进行投影排除，那么蜡烛主体将在桌面上产生一大片阴影。

(4) 布光时应该遵循由主体到局部、由简到繁的过程。对于灯光效果的形成，应该先调整角度定下主格调，再调节灯光的衰减等特性来增强现实感，最后调整灯光的颜色做细致修改。不同场合下的布光用灯也是不一样的，比如在室内效果图的制作中，往往会把一些主灯光的颜色设置为淡淡的橘黄色，以呈现一种金碧辉煌的效果，这种效果是材质本身难以达到的。

本章小结

本章介绍了角色模型制作的基本方法，完成本章的学习后能够具备简单角色的建模和UV展开能力，理解UV纹理和角色模型贴图制作的关系，具备为角色绘制合适的贴图并使用三点灯光进行渲染的能力。其中，UV纹理和角色模型的关系是难点，需要学生多加练习以熟悉和掌握。

练习作业

扫描下方二维码，根据参考图完成简单角色模型的制作、UV展开，并制作材质，完成渲染。

练习作业参考图

7 海派建筑模型制作实训

本章以实训为主，要求学生根据多角度参考图或者实地考察结果，独立制作一幢（一组）海派建筑模型，并完成关于该海派建筑的历史、现状考察报告。本章将介绍海派建筑的相关知识，以及写实场景的制作要点。本章不会逐步讲解制作的每一个细节，而以典型海派建筑“中国共产党第一次全国代表大会会址”为例，以任务清单模式，结合难点剖析，讲解制作的方法和全部流程。

7.1 海派建筑

7.1.1 海派建筑简介

19 世纪中叶，在上海，西方现代文化与中国传统文化相互交流、碰撞，并发展形成了一种具有上海特色的文化。这种文化被称为“海派文化”，“海派文化”的影响涉及方方面面，在建筑方面形成独具特色的海派建筑，如图 7-1 所示。

图 7-1

从建筑形式上看，海派建筑有两个特点：一是“原味”；二是“改良”。在上海外滩，可以看到50多幢欧美风格的高楼大厦，如欧美折中主义风格的海关大楼，近代美式建筑和平饭店北楼等，它们被称为上海的“万国建筑博览群”。建筑样式有法国古典式、法国大住宅式、哥特式、巴洛克式、近代西方式、东印度式、折中主义式、中西掺合式等，充满了刚健、雄浑、雍容、华贵的气势。

在上海，还可以看到那些外表形式采用了西方联体排列式而内部结构却好像中国传统布局的“改良式”建筑——石库门住宅。这种结构借鉴了江南民居的住宅形式，一般为三开间或五开间，保持了中国传统建筑以中轴线左右对称布局的特点，虽处闹市，却仍有一点高墙深院、闹中取静的意味。如黄浦区的“步高里”、“田子坊”和改建后的“新天地”，都能反映出石库门的今昔面貌。20世纪二三十年代，上海汇集八方来客，各种文化思潮汇聚，见证了中国近现代社会的变迁。无论是经历商贸波澜的西式建筑，还是记录了寻常百姓生活的石库门，它们承载的海派历史都是老上海最美的记忆。

7.1.2 海派建筑风格细节

始建于1849年的英国领事馆（现为半岛酒店）是外滩建筑群中现存最古老的建筑，也是早期“原味”海派建筑中较有代表性的建筑。建筑为当时流行的文艺复兴风格，主体采用两层砖木结构，立面采用半圆形拱券和平拱式窗洞，底层设计有五孔券廊，还有随处可见的多种古典柱式，如图7-2所示。

图7-2

20世纪初，上海滩大规模扩修重建，海派建筑迎来了摩登时代。1929年建成的沙逊大厦（现为和平饭店）是装饰艺术风格的代表，被誉为“远东第一楼”。退台式设计、竖向线条轮廓、抽象几何装饰和高达19米的绿色铜顶都体现了现代几何元素的应用，装饰艺术风格强烈，如图7-3所示。

早期的石库门产生于19世纪70年代初，它脱胎于江南民居的住宅形式，得名于大门外的一圈石头门框，称为“石箍门”，后渐渐变为“石库门”。早期的石库门一般为三开间或五开间，保持了中国传统建筑以中轴线左右对称布局的特点，空间布局宽敞，如图7-4所示。后期的石库门大多采用单开间或双开间，双开间石库门只保留一侧的前后厢房，单开间则完全取消了厢房，以减少占地面积、节省建筑用材，如图7-5所示。

老虎窗、门头、人字山墙都是典型的石库门建筑特色。老虎窗是在阁楼上开设的窗户；门头则是这个建筑最为精彩的部分，不仅有半圆形、三角形、长方形等形制，而且镶嵌了西式柱头花式和线脚等，如图7-6所示；人字山墙呈人字形，配嵌了西式装饰纹样。

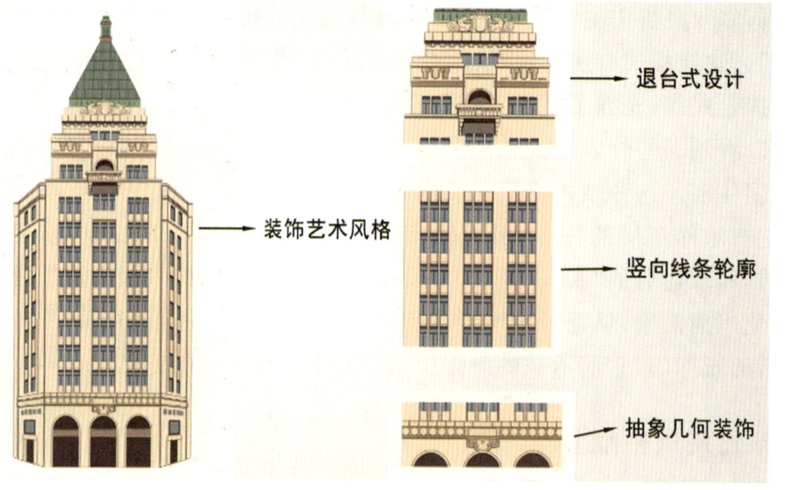
退台式设计
装饰艺术风格
竖向线条轮廓
抽象几何装饰

图 7-3

二层砖木结构
封闭式独立单元
面积100平方米
高墙厚门

图 7-4

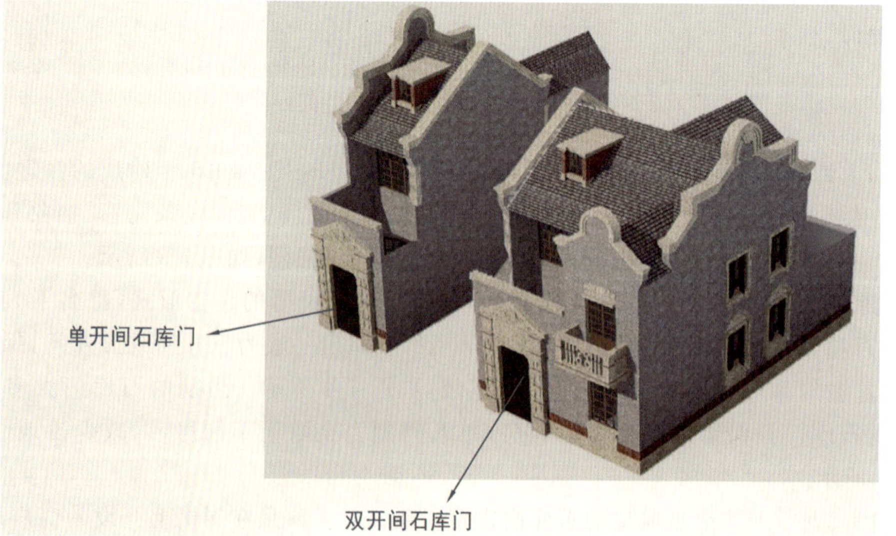
单开间石库门
双开间石库门

图 7-5

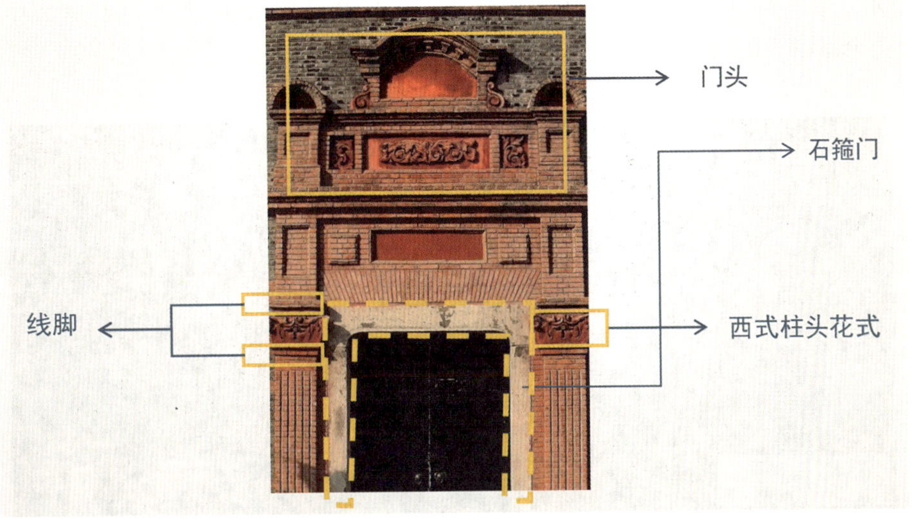

图 7-6

更多的海派建筑资料可以进入本课程主页(网址:http://www.xueyinonline.com/detail/204430335)“海派建筑”章节下的“海派建筑资料库”获得。

7.2 海派建筑模型资料搜集

在开始制作场景之前需要有充分的资料准备,包括文字、图片以及后期会使用到的贴图等,准备资料的过程也是一个厘清建模思路的过程。

7.2.1 资料搜集任务清单

资料搜集任务清单见表 7-1。

表 7-1

资料类型	具体内容、要求
文字资料	建筑的历史资料、建筑风格、保护现状等文字资料
参考图	正面、左右侧面、顶面的完整参考图和局部细节的多角度参考图
贴图	①场景涉及的各种类型多材质贴图需要准备多张; ②根据材质类型进行命名和分类,命名不得使用中文字符和特殊符号; ③将墙面、砖块等可重复贴图进行无缝制作

7.2.2 资料搜集

7.2.2.1 文字资料

文字资料的搜集过程也是对创作对象的深度了解过程,为了保证资料的准确性,应尽可能从权威的官方网站、史料等搜集文字资料。

7.2.2.2 参考图

除了实地考察、拍照以外,网络上的图片也是很常用的参考图素材,可以搜集到很多实地考察不方便拍摄的图片，如航拍图片、内景图片等。另外，使用全景地图也是一个非常好的多方位了解创作对象的方式，如图 7-7 所示。在本案例的素材搜集中使用“百度地图”的“全影预览”功能，可以进入中国共产党第一次全国代表大会会址附近的实景地图对建筑进行多角度观察。

图 7-7

搜集到的参考图需要包括多个角度，如图 7-8 所示。

7.2.2.3　贴图

在搜集和整理参考图的过程中可以对需要的贴图进行梳理，为需要的材质制作列表。如果有条件进行实地考察，可以拍摄对象实物局部照片，作为贴图素材。在该案例中，制作者需要按表 7-2 整理贴图。

图 7-8

表 7-2

贴图门类	应用位置	贴图图片
红砖颜色+凹凸	建筑主体墙面	
青砖颜色+凹凸	建筑主体墙面	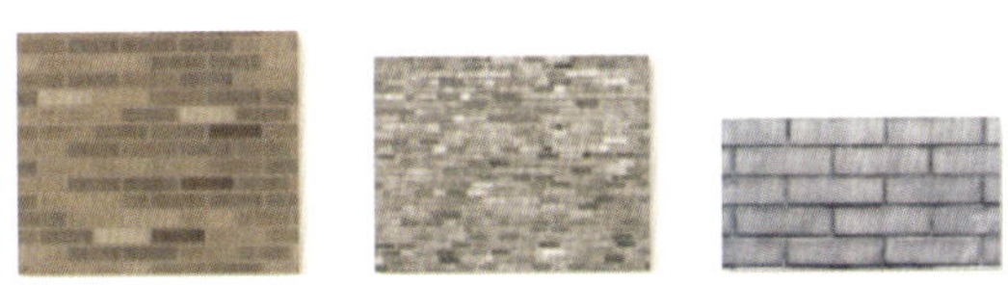
瓦片	建筑主体顶面	
石灰、石材类	砖墙底部、窗台、露台、石库门框、人字山墙	

续表

贴图门类	应用位置	贴图图片
地砖类	门口地砖、树德里弄地砖	
木板类	黑色石库门、红色门窗	
树德里石牌、门牌	建筑侧面拱门顶部、门牌	
污渍	作为墙面元素和砖墙、地砖、石灰墙等贴图	
青苔	作为墙面元素和砖墙、地砖、石灰墙等贴图	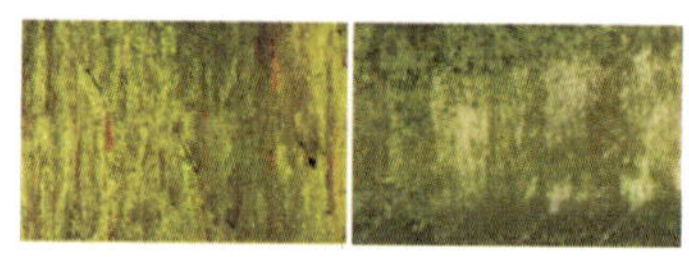
雕花门头、会址石牌	雕花门头、建筑正面砖墙	
蒙版素材	用作污渍、青苔的蒙版	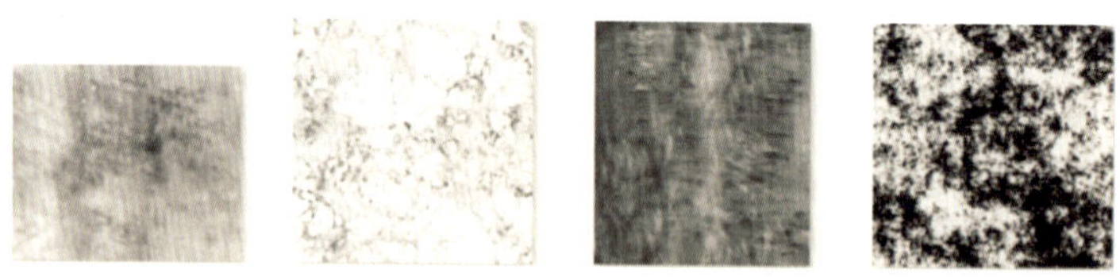

7.3 海派建筑模型制作 UV 拆分要点分析

7.3.1 建模任务清单

建模任务清单见表 7-3。

表 7-3

任务	具体内容
创建工程文件	在【文件】→【项目窗口】中创建工程文件，并确保文件夹命令和文件夹路径不包含中文和特殊字符。每次打开软件后，先在【文件】→【设置项目】中设置工程文件，再开始后续工作
整体比例	根据多角度参考图，在软件中使用简单几何体搭建场景主体比例
最小元素制作	分析场景中的最小元素，结合局部参考图并根据主体比例进行元素模型的制作，细节部分先不进行锁边和倒角。每个元素需要单独保存在工程文件的【scenes】文件夹里的【mode】目录中，并使用"日期＋英文＋版本"的方式进行区别命名
模型检查	对制作好的小元素模型进行检查： 1. 确保模型在 *XZ* 平面之上，并且在原点位置。 2. 确保模型和组的中心点在原点。 3. 使用【修改】→【冻结变化】命令，确保模型的位移节点参数归零。 4. 使用【网格】→【清理】命令，清理模型。 5. 确保没有使用【特殊复制】→【实例】方式复制模型。 6. 确保模型的法线向外（特殊需求除外）。 7. 确保模型的所有对象和组有且只有唯一的命名
UV 拆分	对制作好的小元素模型进行 UV 拆分，将同一材质对象拆分在同一个 UV 象限内，导出成同一张 UV 快照，考虑将部分结构和贴图纹理相同的模型（或模型的局部结构）的 UV 信息（UV 壳）进行重叠
倒角锁边	拆分好 UV 以后，对于部分比较平滑的位置进行锁边和倒角处理。将部分模型根据需要执行【平滑】操作
UV 调整	将倒角和平滑过的模型进行局部的重新优化。主要注意锁边位置，因为平滑命令的关系，边会变得较为扭曲，需要使用【UV 编辑器】中的【拉直 UV】、【拉直 UV 边界】和【优化】命令进行调整。对 UV 进行检查： 1. 没有反法线 UV（即红块显示）。 2. UV 间隔预留足够空间，以防止后续绘制出错。 3. UV 块边界没有超出 U1V1 象限。 4. 使用棋盘格贴图检查 UV 拉伸，确保没有严重拉伸和明显 UV 边界
复制与合并	将小元素进行复制，将对称的元素进行合并
模型检查和整理	对整合好的模型进行检查，主要检查是否存在重叠复制以及在合并的过程中是否有点没有被正确合并。将合并好的场景进行分组整理
UV 整理	将部分需要制作贴图的 UV 进行 UV 快照导出，导出的文件不得小于 1024 像素×1024 像素

7.3.2 建模

7.3.2.1 整体比例

开始模型搭建之前，在场景中根据参考图使用简单几何体搭建场景的主体比例。在实际工作中，场景通常提供的是概念参考图，这就要求建模设计师在开始制作细节之前，对场景的整体有一个把控。在本案例中，根据多个角度，搭建出中国共产党第一次全国代表大会会址的整体比例，如图 7-9 所示。

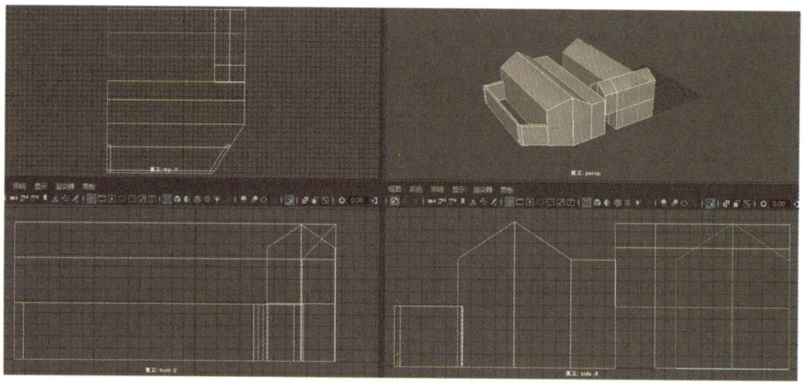

图 7-9

7.3.2.2 最小元素分析

确定比例后开始细节制作。对场景进行分析，为了将模型的制作量降至最少，应尽可能利用三维软件方便复制的特性，最大限度地提高效率。将场景拆分成若干可以复制的元素，如瓦片、门窗、门头等，如图 7-10 所示。每一个元素又可以进一步拆分。拆分的目的是能够在不影响模型造型的基础上，在场景中减少面的总数，并方便后期 UV 的拆分。巧妙利用 Maya 中的特殊复制功能，制作模型。

图 7-10

7.3.3 难点讲解

中国共产党第一次全国代表大会会址是砖木结构，是一底一楼的典型旧式石库门住宅建筑。外墙青红砖交错，镶嵌白色粉线，门楣有矾红色雕花，黑漆大门上配有铜环，门框围以米黄色石条，门楣上部有拱形堆塑花饰。这个部分是建筑的亮点，同时也是本案例的难点所在。在本案例中，将石库门的模型根据结构和材质不同进行了几个部分的拆分，如图 7-11 所示。

其中，拱形红砖门楣使用【端面细分数】为“48”、【轴向细分数】为“4”的圆柱进行制作，将圆柱的一个平面保留，其余部分删除，如图 7-12 所示。将最外延的两圈面选中挤出一次后，再将最外延的一圈面挤出一次。将圆形的下半段和最内圈的面删除，如图 7-13 所示。将最内圈的面进行间隔选择并挤出，最后选择边缘边，挤出拱门厚度，如图 7-14 高亮显示的橙黄色面所示。

图 7-11

图 7-12

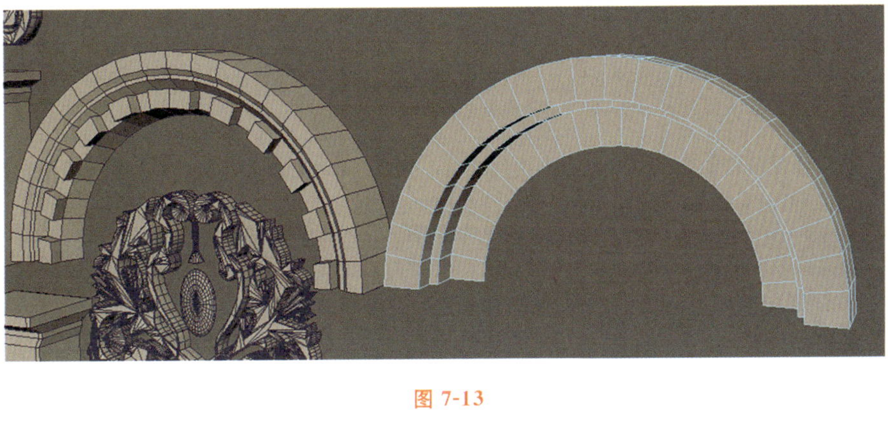

图 7-13

堆塑花饰则使用 AI 路径建模的方式进行制作。在 AI 中使用曲线绘制花饰的剪影外形，如图 7-15 所示。将该曲线通过【创建】→【Adobe Illustrator】命令导入 Maya 软件，生成体积模型。将该模型的面提取，通过【三角化面】和【四边化面】修正布线后再挤出花饰的厚度。该花饰没有特殊的贴图材质，可以直接选择边缘的边，通过执行【倒角边】命令，进行平滑处理。该花饰是对称图形，在修正布线的过程中可以使用【镜像】命令以提高效率。

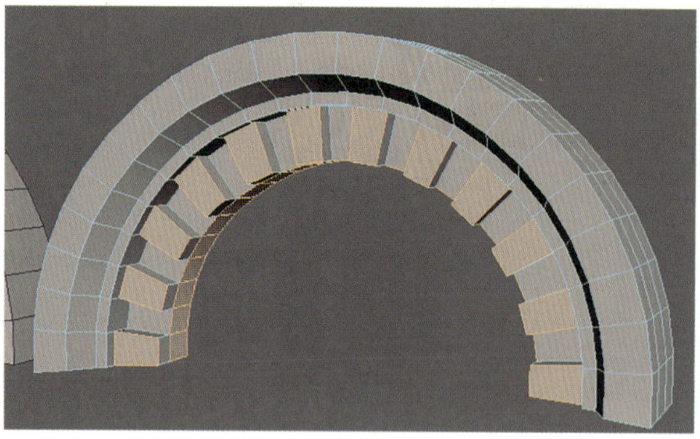

图 7-14

图 7-15

7.4 海派建筑模型材质和渲染设置要点分析

7.4.1 材质和渲染任务清单

材质和渲染任务清单见表 7-4。

表 7-4

任务	具体内容
贴图制作	根据需要为场景模型制作贴图。贴图的尺寸取决于场景中模型的大小和 UV 纹理中的比例，如果模型较大，模型尺寸要与 UV 信息所占的比例、贴图尺寸成正比。最大贴图尺寸不要大于 4K，最小贴图尺寸不小于 100 像素×100 像素。贴图命名和模型命名一致，如同一对象需要若干不同通道贴图，则加上通道简写后缀，如颜色贴图-color、法线贴图-nor、凹凸贴图-bump、透明贴图-opa、反射贴图-refl、折射贴图-refr。所有贴图都要保存在工程文件的“sourceimages”文件夹中
材质设置	材质命名和模型命名一致，如一个模型有若干种材质，则根据材质所处的模型位置或材质类型添加后缀。玻璃材质不可使用单一面片，需要制作体积
灯光设置	灯光设置按照先确定主体光的位置与强度，再确定辅助光的强度与角度，然后确定轮廓光的位置与强度，最后根据需要确定是否分配背景光与装饰光的顺序
渲染设置	渲染设置分为两个阶段：渲染测试阶段和渲染输出阶段。在渲染测试阶段，需要测试场景的整体灯光效果、局部灯光效果、材质的细节效果，检查是否有贴图扭曲和材质失真的情况。在渲染输出阶段，提高渲染尺寸和全局照明的质量
作品输出	构图合理、层次分明，分辨率不低于 2K，无明显噪点

7.4.2 材质与渲染设置分析

7.4.2.1 贴图和材质

在材质制作阶段，场景中除通过调节参数，制作出玻璃、金属、石材等不同质感的材质外，还要注意同类材质中细节的区别。初学者容易将同一类材质赋予一种颜色或是相同纹理的贴图，缺乏生活痕迹等细节，使得场景总体看上去过于崭新，缺乏烟火气。

在本案例的石库门建筑中，材质在细节上有一定的共性特点：墙面、石料、木制门窗上有岁月痕迹和常年使用留下的污渍，比如烟熏过的痕迹、水渍、泥水印子等；布满琐碎的生活痕迹，比如门牌号码、小广告、牛奶箱子、历史建筑说明铭牌等；有青苔、绿植的痕迹，尤其是在粉刷过的墙面上、砖石的缝隙里等，都容易留下青苔的痕迹；有破损的墙皮，在多次粉刷的老房子中尤为多见，往往出现在靠近地面的位置、容易受潮的位置、墙角的位置等；木制门窗上有油漆不均匀和使用后掉漆、剥落的痕迹；玻璃因为风雨等因素导致不完全透明，许多地方会有雾状模糊、油漆泼溅痕迹等，如图 7-16 所示。

图 7-16

这些细节，需要在贴图的制作、合成过程中结合 UV 纹理位置进行优化。如图 7-17 所示，在黄色框线部分的墙体贴图、石材贴图，添加了使用的痕迹，如污渍、水渍等，相对右侧的门框，显得更为生动写实。

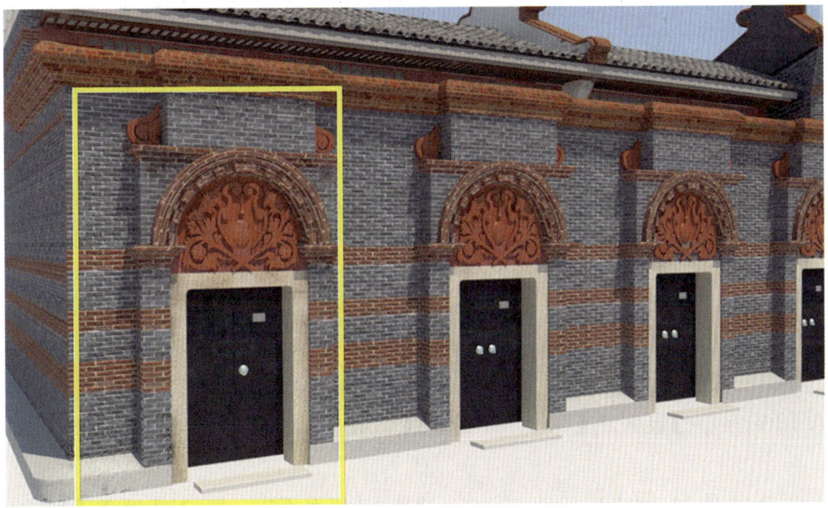

图 7-17

7.4.2.2 灯光和渲染

本案例涉及户外建筑，故场景中使用 VRay 的太阳光配合【GI】，【Primary bounces】的【Engine】（首次反弹引擎）设置为【Irradiance map】（发光贴图）；【Secondary bounces】的【Engine】（二次反弹引擎）设置为【Light cache】（灯光缓存）。

在渲染测试阶段，可通过以下三个方面降低渲染质量、加快渲染时间：

（1）在【渲染设置】中设置较小的图像分辨率，如 640 像素×480 像素。

（2）降低渲染采样数值，在【VRay】选项卡的【Image sampler】卷展栏中，将【Min Shading Rate】数值设置为“1”；将【AA filter type】设置为【Box】；将【Min subdivs】数值设置为“0”；将【Max subdivs】数值设置为“20”，如图 7-18 所示。

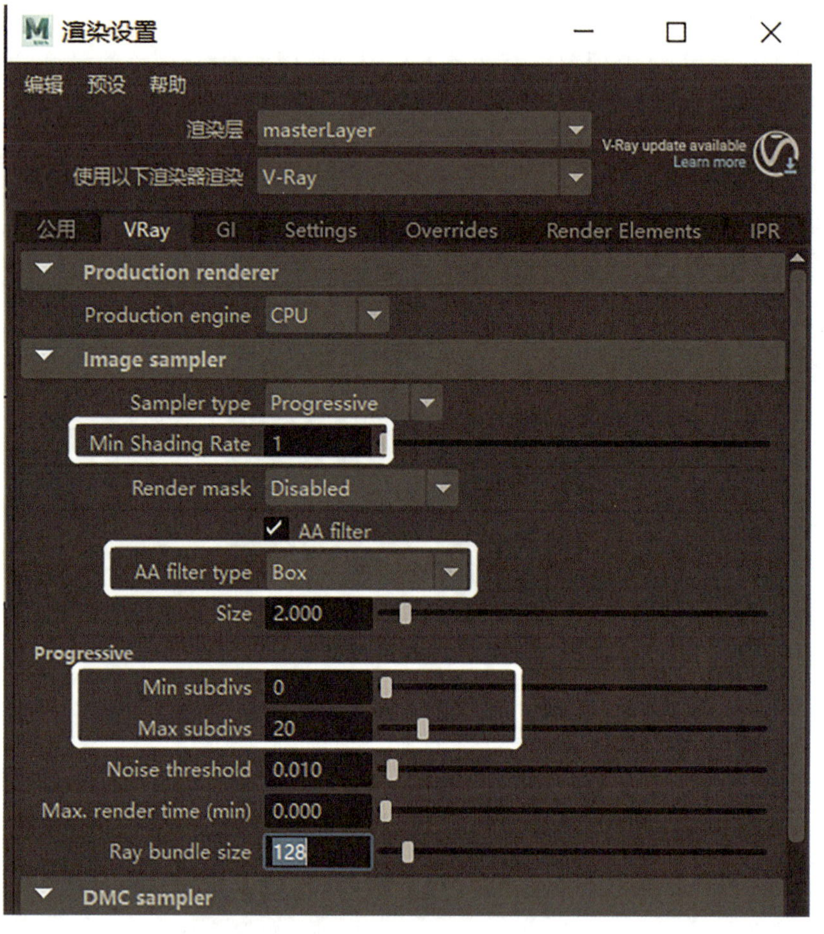

图 7-18

（3）降低全局光照明质量，将【Irradiance map】卷展栏的【Presets】设置为【Very low】，将【Light cache】卷展栏的【Subdivs】数值改为“250”。

在结束测试渲染后，将数值调整为高质量模式：

（1）在【渲染设置】中设置较大的图像分辨率，如 1K、2K。

（2）提高渲染采样数值，在【VRay】选项卡的【Image sampler】卷展栏中，将【Min Shading Rate】数值设置为“6”；将【AA filter type】设置为【Gaussian】；将【Min subdivs】数值设置为“2”；将【Max subdivs】数值设置为“100”。

（3）提高全局光照明质量，将【Irradiance map】卷展栏的【Presets】设置为【Very high】，将【Light cache】卷展栏的【Subdivs】数值改为“2000”。

注意：对金属、玻璃等需要高采样率的材质进行局部渲染，确认后再整体渲染输出。

本章小结

本章实训内容可对学生的软件掌握程度做一个比较全面的考察。在创作一个场景时，会有许多的细节，在考虑这些细节时，如何进行取舍，哪些是主体，哪些可以用贴图来表现，都要认真分析，做到主次分明。学生应多加练习以培养独立分析的能力。

练习作业

根据多角度参考图或者实地考察结果，独立制作一幢（一组）海派建筑的模型，并赋予写实的贴图和灯光，同时完成该海派建筑的历史、现状考察报告。

优秀作品欣赏

进入网站（网址：https://sketchfab.com/jingjing-haili/collections/0f351a8122594847a57b8291ff0d9004）欣赏优秀作品。

本章相关材质、贴图、模型

参考文献

[1] 王琦. Autodesk Maya 2015 标准教材 I [M]. 北京:人民邮电出版社,2014.

[2] 王琦. Autodesk Maya 2015 标准教材 II [M]. 北京:人民邮电出版社,2014.

[3] ZHENG Jing. Implementation path of construction and application of online open courses of 3D animation[C]//Wuhan Zhicheng Times Cultural Development Co. , Ltd. Proceedings of 2nd International Symposium on Education and Social Sciences (ESS 2021). BCP Social Sciences & Humanities,2021.

[4] 商浩楠,金坚强,吴清. 榫卯结构美学分析与修复技术研究[J]. 建筑与文化,2021(10):38-39.

[5] 赵鸿铁,张风亮,薛建阳,等. 古建筑木结构的结构性能研究综述[J]. 建筑结构学报,2012,33(8):1-10.

工具详解(活页设计)

【插入循环边】工具

【插入循环边】工具在所有的建模过程中都十分常见,可以通过两个方式找到:

①【建模】菜单集→【网格工具】→【插入循环边】工具。

②按住＜Shift＋鼠标右键＞,在对象模式下可以选择【插入循环边】工具。

单击【插入循环边】命令后面的“□”,可以进入【工具设置】面板,图 1 所示为默认情况下的设置。

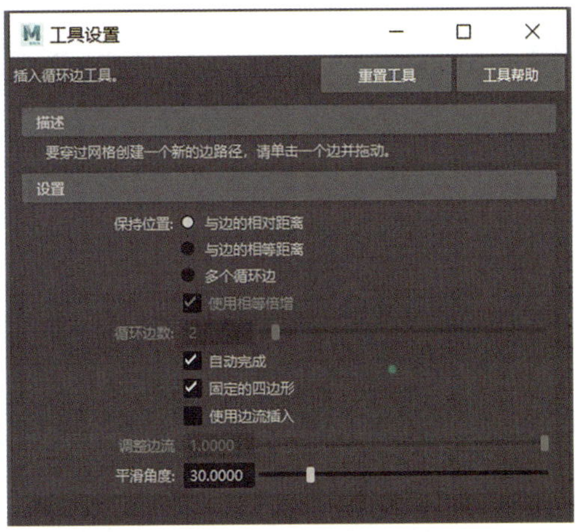

图 1

在【保持位置】选项中有三个选项:

①当设定为【与边的相对距离】(默认)时,会基于选定边上的百分比距离,沿着选定边放置点插入边。例如,按住鼠标左键不松开,将插入的循环边拖动到沿选定边约一半的位置,那么预览定位器将会出现在沿选定环形边与其他边之间约一半的位置。

②当设定为【与边的相等距离】时,将沿着选定边按照基于单击第一条边的位置的绝对距离放置点插入边预览定位器。

如图 2 所示,右侧为选择【与边的相对距离】的效果(默认),左侧为选择【与边的相等距离】的效果。

图 2

③当设定为【多个循环边】时,【循环边数】被激活,可以设置同时插入的循环边数,并插入等距的若干条循环边。

【工具设置】面板中还有【使用边流插入】选项(默认未勾选),勾选后可以插入遵循周围网格曲率的循环边。未勾选与勾选【使用边流插入】区别如图 3 所示。

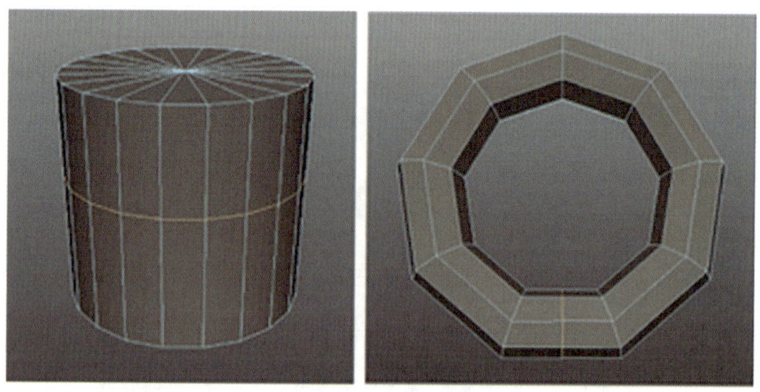

未勾选【使用边流插入】

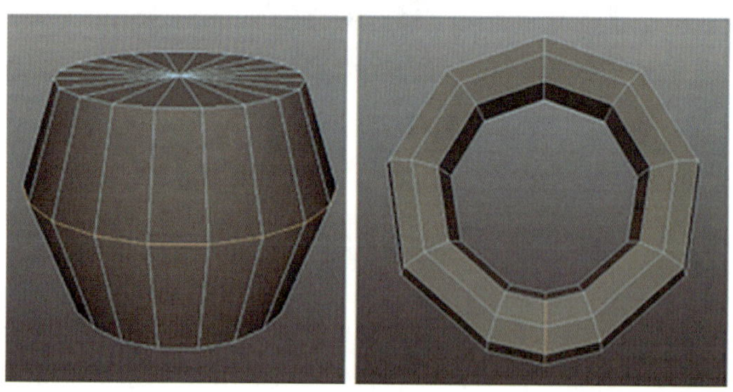

勾选【使用边流插入】

图 3

【挤出】工具

【挤出】工具 操作示例

【挤出】工具在 Maya 中有多种，如【挤出顶点】、【挤出边】、【挤出面】，具体如图 4 所示，可以通过以下两种方式找到：

①在主菜单栏中选择【编辑网格】→【挤出】工具。

②在【顶点】、【边】、【面】层级下，选择要挤出的顶点、边、面，同时按住＜Shift＋鼠标右键＞，可选择【挤出顶点】、【挤出边】、【挤出面】工具。

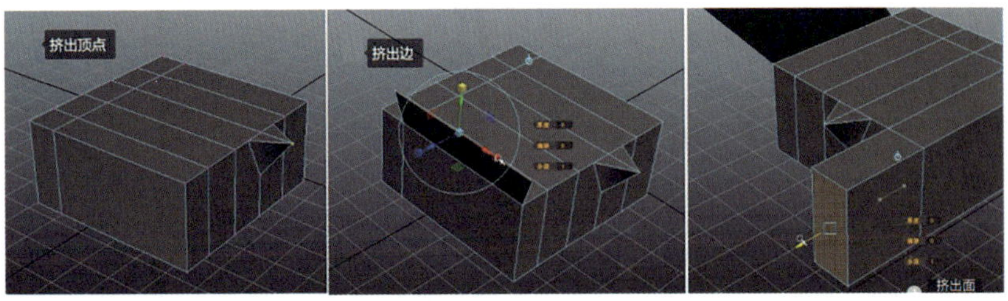

图 4

执行【挤出】操作后，会出现一个【挤出】工具的操纵杆，具体功能如图 5 所示。默认情况下，【挤出】工具的操作方式是沿着 Z 方向位移拖动出一定厚度。我们也可以在操纵杆上进行自定义，当点击任一箭头顶端的小立方体时，【挤出】工具操纵杆切换为缩放的挤出方式；当点击操纵杆外面的蓝色圆圈时，【挤出】工具操纵杆切换为旋转的挤出方式。

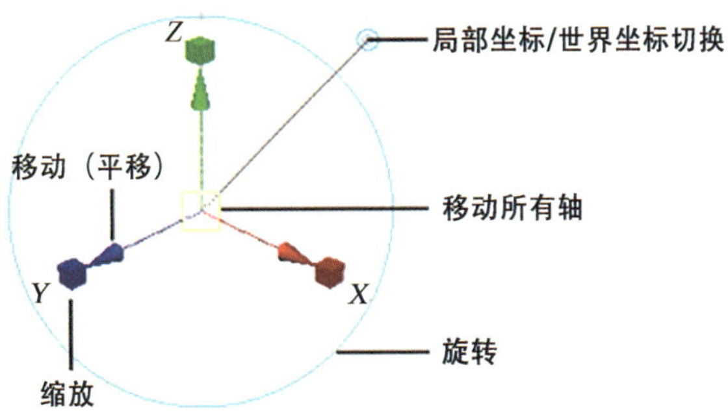

图 5

【挤出】工具的右边还有一个很小的圆形开关，用于【世界坐标】和【局部坐标】的切换。

除了操纵杆以外，保持【挤出】工具在使用状态时，通道栏内有一系列与【挤出】命令相关的参数。其中，【保持面的连接性】可以控制挤出的面是连接在一起或是分开。

练习小案例：

练习制作一个螺旋形刀片的简单模型，如图 6 所示。

图 6

【挤出】工具操作起来比较复杂，更多的工具设置可以通过以下网址进行扩展学习：http://mooc1.xueyinonline.com/nodedetail-controller/visitnodedetail?courseId=204430335&knowledgeId=177431857。

螺旋形刀片模型制作视频

【合并顶点】工具

在模型的制作过程中，不可避免会出现面的删减和多个模型的合并，因此【合并顶点】工具十分常见，它可以通过以下两种方式找到：

①【建模】菜单集→【编辑网格】→【合并】工具。

②按住<Shift+鼠标右键>，选择【顶点】层级→【合并顶点】工具，工具中包含三个子命令，即【合并顶点到中心】、【合并顶点】和【目标焊接工具】，如图 7 所示。

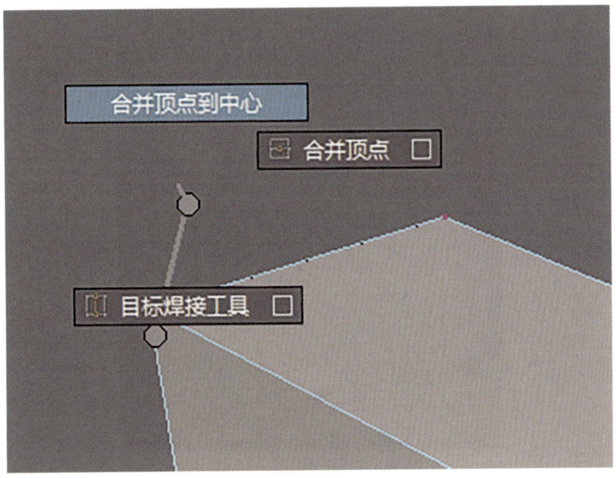

图 7

【合并顶点到中心】：当选中若干顶点时，执行该命令会把所有点进行合并，并且合并后顶点的位置是这些顶点原来的物理中心。

【合并顶点】：将距离小于【阈值】的顶点进行合并。【阈值】的默认数值为"0.0010"，单击【合并顶点】后面的"□"可以进入工具的设置面板，进行阈值的设置，如图 8 所示。

图 8

使用【合并顶点】工具的注意事项：

● 该命令往往用于两个多边形的合并，因此阈值不宜设置得过大，否则很容易出现距离很近但本应该位于两条线上的顶点被错误合并。

● 该命令要求只能在一个对象上执行，务必确保要执行【合并顶点】的两个对象是同一个物体，或者使用【结合】命令，使两个对象结合成为一个对象。

● 该命令在实际操作过程中很容易出现因为阈值过小、顶点位置较大而没有顺利合并的情况，因此需要进行检验。检验的方法是进入高质量显示模式(快捷键＜3＞)，如果顶点全部顺利合并，则显示为一条平滑曲线；如果有局部并未成功合并，则会出现不自然的起伏，如图 9 所示。

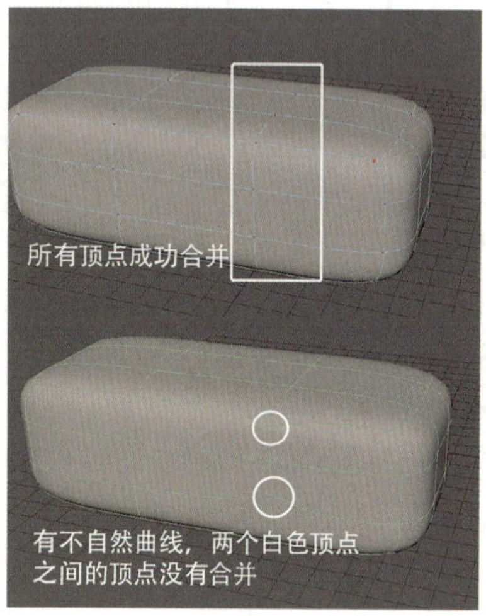

图 9

【目标焊接工具】：鼠标左键单击其中一个顶点，并在保持按住的情况下将该顶点拖动至目标顶点，执行后，原顶点和目标顶点合并为一个顶点。单击该命令后面的“□”，进入【工具设置】面板，进行相应的设置，如图 10 所示。

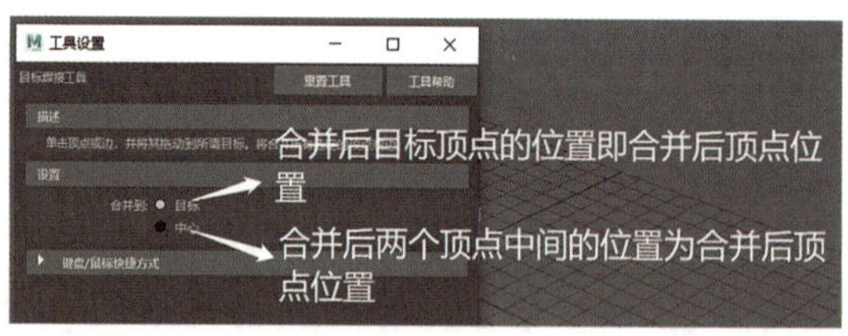

图 10

【特殊复制】工具

【特殊复制】工具
讲解视频

在模型的制作过程中，不可避免会出现多个形状类似的模型，因此【特殊复制】工具十分重要，可以通过【建模】菜单集→【编辑】→【特殊复制】工具（快捷键＜Shift＋Ctrl＋D＞）找到，单击该工具后面的“□”可进入工具的设置面板，如图11所示。

【几何体类型】：选中【复制】则复制出的几何体就是普通的对象；选中【实例】时，会创建出和原本几何体同步被编辑（组件点、边、面）的对象，在创建角色时较常用。

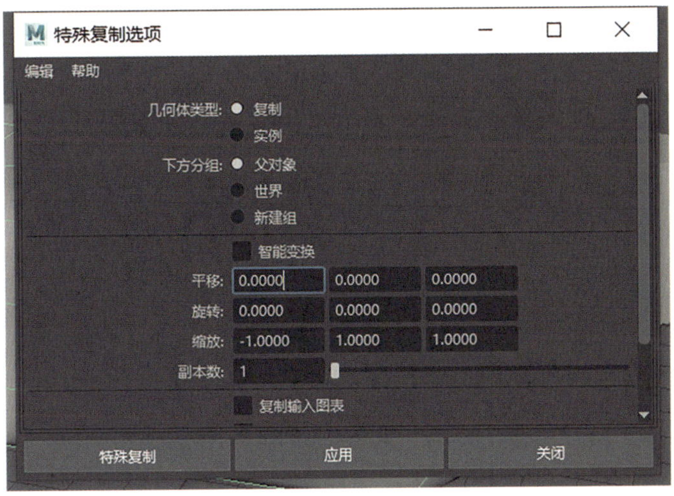

图11

【平移】、【旋转】、【缩放】：为 X、Y 和 Z 方向指定偏移值。Maya将这些值应用至复制的几何体，可以定位、缩放或旋转对象，就如Maya复制对象一样。每一行都有三个数值，从左至右分别代表 X、Y、Z 三个方向。

【副本数】：指定要创建的副本数，数值范围为1～1000。

练习小案例：

练习制作一个螺旋楼梯的简单模型，如图12所示。

螺旋楼梯模型
制作视频

图 12

【晶格变形器】工具

【晶格变形器】工具可以对单个对象、多个对象、组、组件(顶点、面、边、UV)等起作用。

【晶格变形器】及其他非线性变形器讲解视频

命令位置:【变形】(部分 Maya 版本需要切换为【装备】菜单集)菜单下的【晶格】。

【晶格变形器】包括两个晶格,即影响晶格和基础晶格,如图 13 所示。术语"晶格"本身通常指影响晶格。

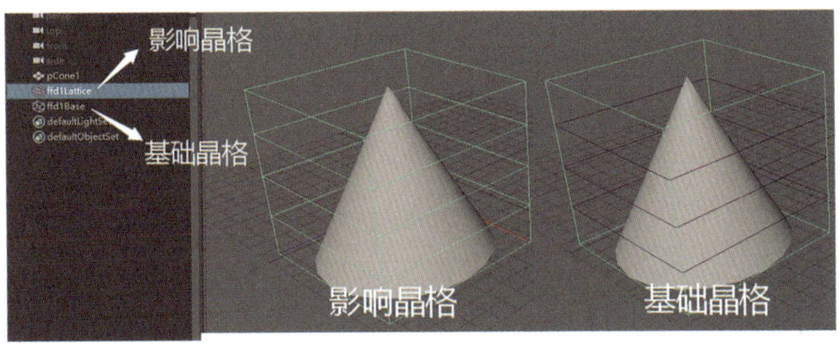

图 13

单击【晶格】命令右边的"□",进入【晶格选项】,可以对晶格工具的参数进行设置,如图 14 所示。【分段】可以按 S 分段数、T 分段数和 U 分段数指定晶格的结构。当指定分段数时,还可以间接指定晶格中的晶格点数量,分区数越大,晶格点分辨率越大。【使用局部模式】指定每个晶格点是否可以只影响附近(局部)的可变形对象的点,或是可以影响所有可变形对象的点。勾选【启用】或【禁用】(默认为【启用】)。

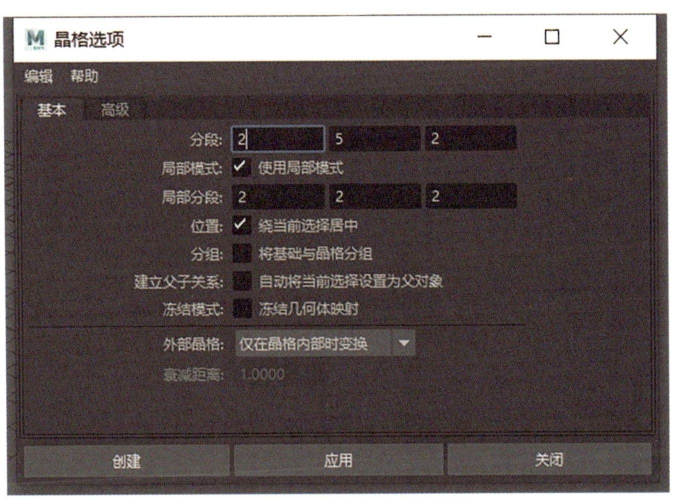

图 14